Vahlens Lernbücher

Wöhe/Kußmaul, Grundzüge der
Buchführung und Bilanztechnik

Grundzüge der Buchführung und Bilanztechnik

von

Dr. Dr. h.c. mult. Günter Wöhe†

ord. Professor an der Universität des Saarlandes

und

Dr. Heinz Kußmaul

ord. Professor an der Universität des Saarlandes

7., völlig überarbeitete Auflage

Verlag Franz Vahlen München

ISBN 978 3 8006 3683 9

© 2010 Verlag Franz Vahlen GmbH, Wilhelmstr. 9, 80801 München
Satz: DTP-Vorlagen der Autoren
Druck und Bindung der C. H. Beck'schen Buchdruckerei, Nördlingen
(Adresse wie Verlag)

Gedruckt auf säurefreiem, alterungsbeständigem Papier
(hergestellt aus chlorfrei gebleichtem Zellstoff).

Vorwort zur 7. Auflage

Die 7. Auflage des „*Wöhe/Kußmaul*" beinhaltet eine vollständige Überarbeitung sowie eine Erweiterung des gesamten Werkes. Dabei wurde eine komplette Anpassung an das Bilanzrechtsmodernisierungsgesetz genauso vorgenommen wie eine Einarbeitung der anderen handels- und steuerrechtlichen Änderungen. Insofern beruht das Buch auf dem gesetzlichen Stand zum 01.01.2010. Das Werk wendet sich an Leser, die sich umfassend und grundlegend mit den Fragen der Buchführung und Bilanztechnik auseinandersetzen wollen, seien es Lehrende und Studierende an Universitäten, Fachhochschulen, Berufsakademien, Verwaltungs- und Wirtschaftsakademien, seien es interessierte Praktiker. Für die von Zielstrebigkeit und Kompetenz getragene Unterstützung bei der inhaltlichen Überarbeitung des Werkes sowie bei der formalen Gestaltung inklusive der Erstellung einer Druckformatvorlage für den Verlag gilt mein besonderer Dank Frau Dipl.-Kffr. *Christine Cloß*; Frau *Doris Schneider* sage ich genauso herzlichen Dank für die Unterstützung im gesamten Umfeld der Publikation wie dem Lektor des Verlags, Herrn *Dennis Brunotte,* für die harmonische Zusammenarbeit.

Im Dezember 2007 verstarb mein akademischer Lehrer *Günter Wöhe*, der dieses Lehrbuch mit mir vor fast 20 Jahren auf den Weg gebracht hat. Ihm gilt mein Dank genauso wie den im Vorwort zur ersten Auflage erwähnten Personen sowie allen an der 2. bis 6. Auflage beteiligten Personen (wissenschaftliche Mitarbeiterinnen und Mitarbeiter Dipl.-Kfm. *Friedbert Maier* und Dipl.-Wirtsch.-Ing. *Wolfgang Wegener* in der 2. Aufl., Dipl.-Kfm. *Andy Junker* in der 3. Aufl., Dipl.-Kfm. Dipl. ESC *René Schäfer* in der 4. Aufl., Dipl.-Hdl. *Jörg Henkes* in der 5. Aufl. und Dr. *Vassil Tcherveniachki* in der 6. Aufl., lektoratsmäßig von der 2. bis 5. Aufl. Dipl.-Vw. *Dieter Sobotka* und in der 6. Aufl. Dipl.-Vw. *Hermann Schenk*, sekretariatsmäßig durchgehend Frau *Doris Schneider*, zunächst langjährige Chefsekretärin von Herrn Professor Wöhe, dann in seiner Lehrstuhlnachfolge von mir).

Saarbrücken, im März 2010   *Heinz Kußmaul*

Vorwort zur 1. Auflage

Das Buch hat in erster Linie die Aufgabe, den Leser in das System der doppelten Buchführung und in die Technik der Erstellung der Bilanz und der Gewinn- und Verlustrechnung (Jahresabschluß) einzuführen. Folglich bilden die verrechnungstechnischen Grundlagen, die buchtechnische Behandlung der wichtigsten Geschäftsvorfälle bei Handels- und Industriebetrieben und die Technik der Aufstellung des Jahresabschlusses den Schwerpunkt der Ausführungen. Da aber sowohl die Führung von Büchern als auch der Aufbau und Inhalt des Jahresabschlusses im Handels- und Steuerrecht geregelt sind, war es erforderlich, einen Überblick über die gesetzlichen Vorschriften zur Führung von Büchern und zur Aufstellung des Jahresabschlusses sowie über die Grundsätze ordnungsmäßiger Buchführung und Bilanzierung der Darstellung der Buchführungs- und Bilanztechnik voranzustellen.

Für die Umsicht und Sorgfalt beim Schreiben der Manuskripte danken wir Frau *Doris Schneider* und Frau *Gertrud Metzler.* Für die Übernahme der Korrekturarbeiten gilt unser Dank den Herren Dipl.-Kfm. *Rudolf Mohr, Karl Wadle, Christian Reith, Armin Pfirmann, Michael Jacob, Richard Lutz* und Dipl.-Wirtsch.-Ing. *Matthias Schmitz* sowie Frau cand. rer. oec. *Cordula Müller* und Herrn cand. rer. oec. *Helge Braun.* Nicht zuletzt sind wir dem Lektor des Verlages, Herrn Dipl.-Vw. *Dieter Sobotka,* für die stets harmonische Zusammenarbeit verbunden.

Saarbrücken und Kaiserslautern, im Juli 1991   *Günter Wöhe*

                                                           Heinz Kußmaul

Inhaltsübersicht

Inhaltsverzeichnis

3.5 Die Folgen der Verletzung der Buchführungspflichten ... 52

3.6 Die Grundsätze ordnungsmäßiger Bilanzierung ... 53

3.6.1 Inhalt und Auslegung der Generalnorm des § 264 Abs. 2 HGB ... 53

3.6.2 Der Grundsatz der Bilanzklarheit ... 55

3.6.3 Grundsätze für die Bilanzierung dem Grunde nach ... 57

3.6.3.1 Der Grundsatz der Bilanzidentität ... 57

3.6.3.2 Der Grundsatz der Vollständigkeit ... 58

3.6.3.3 Das Verrechnungsverbot (Bruttoprinzip) ... 58

3.6.3.4 Der Grundsatz der Darstellungsstetigkeit (formale Bilanzkontinuität) ... 59

3.6.3.5 Der Grundsatz der Ansatzstetigkeit ... 59

3.6.4 Grundsätze für die Bilanzierung der Höhe nach ... 60

3.6.4.1 Der Grundsatz der Unternehmensfortführung (Going-concern-Prinzip) ... 60

3.6.4.2 Der Grundsatz der Einzelbewertung ... 60

3.6.4.3 Das Vorsichtsprinzip ... 61

3.6.4.4 Das Anschaffungskostenprinzip ... 63

3.6.4.5 Der Grundsatz der Bewertungsstetigkeit (materielle Bilanzkontinuität) ... 63

3.6.4.5.1 Die Stetigkeit der Anwendung der Bewertungsgrundsätze ... 63

3.6.4.5.2 Die Fortführung der Wertansätze (Prinzip des Wertzusammenhangs) ... 64

3.6.5 Die Maßgeblichkeit der handelsrechtlichen Grundsätze ordnungsmäßiger Buchführung und Bilanzierung für die Steuerbilanz ... 64

4 Die Grundlagen der Buchungstechnik ... 67

4.1 Die Auflösung der Bilanz in Konten ... 67

4.1.1 Begriff des Kontos ... 67

4.1.2 Kontenarten ... 68

4.1.2.1 Bestandskonten ... 68

4.1.2.2 Erfolgskonten ... 71

4.1.2.3 Zusammenfassender Überblick über die Kontenarten ... 72

4.2 Der Buchungssatz ... 73

4.3 Eröffnungsbilanzkonto und Schlussbilanzkonto ... 78

Verzeichnis der Abkürzungen im Text

a. a. O.	am angegebenen Ort
AB	Anfangsbestand
Abs.	Absatz
Abschn.	Abschnitt
abzgl.	abzüglich
a. F.	alte Fassung
AfA	Absetzung für Abnutzung
AfaA	Absetzung für außergewöhnliche Abnutzung
AG	Aktiengesellschaft
AK/HK	Anschaffungs-/Herstellungskosten
AktG	Aktiengesetz
Anm.	Anmerkung
AO	Abgabenordnung
AOK	Allgemeine Ortskrankenkasse
Art.	Artikel
Aufl.	Auflage
Aufw.	Aufwand/Aufwendungen
BB	Betriebs-Berater
Bd.	Band
BDI	Bundesverband der Deutschen Industrie e. V.
ber.	bereinigt
betr.	betreffend
betriebl.	betrieblich
BFH	Bundesfinanzhof
BGB	Bürgerliches Gesetzbuch
BGBl	Bundesgesetzblatt
BierStV	Biersteuer-Durchführungsverordnung
BilMoG	Bilanzrechtsmodernisierungsgesetz
BMF	Bundesminister der Finanzen

BR-Drucksache	Bundesrats-Drucksache
BStBl	Bundessteuerblatt
BT-Drucksache	Bundestags-Drucksache
Buchst.	Buchstabe
bzw.	beziehungsweise
DATEV	Datenverarbeitungsorganisation des steuerberatenden Berufes in der Bundesrepublik Deutschland eG
DB	Der Betrieb
dgl.	dergleichen
d.h.	das heißt
DM	Deutsche Mark
DStR	Deutsches Steuerrecht
durchschnittl.	durchschnittlich
DV	Datenverarbeitung
EDV	Elektronische Datenverarbeitung
EG	Europäische Gemeinschaft
eG	eingetragene Genossenschaft
EGHGB	Einführungsgesetz zum Handelsgesetzbuch
einschl.	einschließlich
EnergieStV	Energiesteuer-Durchführungsverordnung
Erl.	Erläuterung
EStDV	Einkommensteuer-Durchführungsverordnung
EStG	Einkommensteuergesetz
EStR	Einkommensteuer-Richtlinien
€	Euro
EU	Europäische Union
EURIBOR	European Interbank Offered Rate
EuroBilG	Euro-Bilanzgesetz
e.V.	eingetragener Verein
evtl.	eventuell
EWG	Europäische Wirtschaftsgemeinschaft
f.	folgende (Seite)
ff.	fortfolgende (Seiten)

Fifo	First in – First out
Finanzverw.	Finanzverwaltung
Forts.	Fortsetzung
gem.	gemäß
GenG	Genossenschaftsgesetz
ggf.	gegebenenfalls
Gj.	Geschäftsjahr
GKR	Gemeinschaftskontenrahmen
GmbH	Gesellschaft mit beschränkter Haftung
GmbHG	GmbH-Gesetz
GoB	Grundsätze ordnungsmäßiger Buchführung
GoBS	Grundsätze ordnungsmäßiger DV-gestützter Buchführungssysteme
GuV-Rechnung	Gewinn- und Verlustrechnung
H	Richtlinienhinweis
HFA	Hauptfachausschuss des Instituts der Wirtschaftsprüfer
HGB	Handelsgesetzbuch
Hrsg.	Herausgeber
HWR	Handwörterbuch des Rechnungswesens
i. d. F.	in der Fassung
i. d. R.	in der Regel
IFRS	International Financial Reporting Standards
IKR	Industriekontenrahmen
INF	Die Information über Steuer und Wirtschaft
insb.	insbesondere
InsO	Insolvenzordnung
i. S.	im Sinne
i. V. m.	in Verbindung mit
i. w. S.	im weiteren Sinn
KapCoRiLiG	Kapitalgesellschaften- und Co-Richtlinie-Gesetz
KfZ	Kraftfahrzeug
KG	Kommanditgesellschaft
Kl.	Klasse
km	Kilometer

KStG	Körperschaftsteuergesetz
kum.	kumuliert
Lifo	Last in – First out
Lj.	Lebensjahr
LKW	Lastkraftwagen
LStDV	Lohnsteuer-Durchführungsverordnung
lt.	laut
LuG-Aufwand	Lohn- und Gehaltsaufwand
m. a. W.	mit anderen Worten
Mio.	Million(en)
Nr.	Nummer
NWB	Neue Wirtschafts Briefe
OHG	Offene Handelsgesellschaft
p. a.	per annum
PiR	Praxis der internationalen Rechnungslegung
PublG	Publizitätsgesetz
R	Richtlinie
RAP	Rechnungsabgrenzungsposten
RBW	Restbuchwert
RGBl	Reichsgesetzblatt
Rn.	Randnummer
RStBl	Reichssteuerblatt
S.	Seite(n)
s.b.S.	siehe besonders Seite
s. o.	siehe oben
SKR	Spezialkontenrahmen
SME	Small and Medium-sized Entities
sog.	so genannt(er/e)
Sp.	Spalte
StEntlG	Steuerentlastungsgesetz
StGB	Strafgesetzbuch
StSenkG	Steuersenkungsgesetz
StuB	Steuern und Bilanzen

Tz.	Textziffer
u.	und
u. a.	und andere/unter anderem
u. Ä.	und Ähnliches
u. dgl.	und dergleichen
u. E.	unseres Erachtens
u. U.	unter Umständen
UStDV	Umsatzsteuer-Durchführungsverordnung
UStG	Umsatzsteuergesetz
UStR	Umsatzsteuer-Richtlinien
usw.	und so weiter
VAG	Versicherungsaufsichtsgesetz
VerbrkrG	Verbraucherkreditgesetz
Verf.	Verfasser
vgl.	vergleiche
Vj.	Vorjahr
WG	Wechselgesetz
WiSt	Wirtschaftswissenschaftliches Studium
WPg	Die Wirtschaftsprüfung
z. B.	zum Beispiel
ZfB	Zeitschrift für Betriebswirtschaft
z. T.	zum Teil
zzgl.	zuzüglich

Verzeichnis wichtiger Abkürzungen
in den Konten und Buchungssätzen

AB	Anfangsbestand
Abschr./Abschreib.	Abschreibungen
abzuführ.	abzuführende
Akt. RAP	Aktiver Rechnungsabgrenzungsposten
Anlageverm.	Anlagevermögen
Ao	Außerordentlich
Aufw.	Aufwand/Aufwendungen
Außerord./außerordentl.	Außerordentlich
AV	Anlagevermögen
betriebl.	betriebliche
BuG-Ausstattung/Betr.- und Geschäftsausstat.	Betriebs- und Geschäftsausstattung
BV	Bestandsveränderungen
Darlehensverb./Darlehensver-bindl./Darlehensverbindlichk.	Darlehensverbindlichkeiten
EB	Endbestand
einschl.	einschließlich
EK	Eigenkapital/Einzelkosten
FF	Fertigfabrikate
Ford.	Forderungen
Gem. f. Gew.steuer/Gem. f. Gewerbesteuer	Gemeinde für Gewerbesteuer
Ges./Gesetzl.	Gesetzlich(er)
Ges. Sozialaufwand/Gesetzl. Sozialaufwand	Gesetzlicher Sozialaufwand
Gew.steuerforderung	Gewerbesteuerforderung
Gewerbest.-aufwand	Gewerbesteueraufwand
Gew.steuerverb.	Gewerbesteuerverbindlichkeit

GK	Gemeinkosten
Gr. und Geb.	Grundstücke und Gebäude
GuV-Konto	Gewinn- und Verlustkonto
GuV-Rechnung	Gewinn- und Verlustrechnung
H	Haben
HK	Herstellungskosten
Kfz	Kraftfahrzeug
kum.	kumuliert
Kto.	Konto
Lief.-Boni	Lieferantenboni
Lieferantenverbindl./	
Lieferantenverbindlichk.	Lieferantenverbindlichkeiten
Lkw	Lastkraftwagen
Lohn- und Gehaltsaufw./LuG-	
Aufwand	Lohn- und Gehaltsaufwand
lt.	laut
Masch.	Maschinen
ME	Mengeneinheit(en)
MWSt	Mehrwertsteuer
NaA	Noch abzuführende Abgaben
Pass. RAP	Passiver Rechnungsabgrenzungsposten
P_B	Bruttopreis
Pkw	Personenkraftwagen
P_N	Nettopreis
Privateinl.	Privateinlagen
Privatentn.	Privatentnahmen
RAP	Rechnungsabgrenzungsposten
RBW	Restbuchwert
S	Soll
Sk.-Aufw./Skontoaufw.	Skontoaufwendungen
Sk.-Erträge/Skontoer./Skontoertr.	Skontoerträge
Sonst. betr. Aufw./Sonstige betr.	
Aufwendungen	Sonstige betriebliche Aufwendungen

Sonst. betr. Ertr./Sonstige betr. Erträge	Sonstige betriebliche Erträge
Sozialaufw.	Sozialaufwand
U	Umsatzsteuer
u	Umsatzsteuersatz
Umlaufverm.	Umlaufvermögen
Umsatzerl.	Umsatzerlöse
USt	Umsatzsteuer
UV	Umlaufvermögen
Verb./Verbindl.	Verbindlichkeiten
Vj.	Vorjahr
VSt	Vorsteuer
Wareneink.	Wareneinkauf
Warenverk.	Warenverkauf
Wertber./Wertberichtig./WB	Wertberichtigung
Wertp.	Wertpapiere

1 Buchführung, Bilanz und Erfolgsrechnung als Teilgebiete des betrieblichen Rechnungswesens

1.1 Die Güter- und Finanzbewegungen des Unternehmens und ihre Erfassung durch das betriebliche Rechnungswesen

Ein Unternehmen ist eine planvoll organisierte Wirtschaftseinheit, mit der seine Eigentümer das Ziel verfolgen, mit Hilfe der Erstellung und des Absatzes von Sachgütern und Dienstleistungen einen Gewinn, d.h. einen Überschuss über das zur Durchführung dieses Leistungserstellungs- und Leistungsverwertungsprozesses eingesetzten Eigenkapitals zu erwirtschaften. Dieser Betriebsprozess vollzieht sich als Kreislauf von Güter- und Finanzbewegungen, die vom betrieblichen Rechnungswesen aufgezeichnet und überwacht werden.

Die **Güter- und Finanzbewegungen eines Unternehmens** lassen sich schematisch folgendermaßen umschreiben: Ein Unternehmen kann nicht isoliert für sich allein existieren, sondern ist über die Beschaffungs- und Absatzmärkte sowie den Geld- und Kapitalmarkt mit anderen Wirtschaftseinheiten und über den gesetzlichen Zwang zur Zahlung von Steuern mit dem Staat (Gebietskörperschaften) verbunden.[1]

Das Unternehmen beschafft sich zunächst Geldmittel in Form von Eigen- und Fremdkapital. **Eigenkapital** wird vom Unternehmer bzw. von den Mitunternehmern von Personengesellschaften oder von den Anteilseignern von Kapitalgesellschaften in Form von Einlagen, **Fremdkapital** von Banken oder sonstigen Kreditgebern (z.B. Lieferanten) in Form von Krediten zur Verfügung gestellt. Diese finanziellen Mittel werden zum Kauf von **Betriebsmitteln** (z.B. Grundstücke, Gebäude, Maschinen, Betriebs- und Geschäftsausstattung), **Werkstoffen** (z.B. Roh-, Hilfs- und Betriebsstoffe) und **Waren** auf den Beschaffungsmärkten bzw. zur Entlohnung von am Arbeitsmarkt gewonnenen **Arbeitskräften** verwendet. Die so geschaffenen Bestände an Elementarfaktoren (Arbeit, Betriebsmittel, Werkstoffe) werden von der **Betriebsführung** zur Leistungserstellung (Produktion von Halb- und Fertigfabrikaten in Industriebetrieben, Dienstleistungen in Handels-, Bank- und Versicherungsbetrieben) eingesetzt. Diese Leistungen werden – ggf. nach einer bestimmten Zeit der Lagerung – schließlich am Absatzmarkt an Weiterverwender (Unternehmen) oder Letztverbraucher (Haushalte) verkauft (Leistungsverwertung, Absatz). Nach dem Rückfluss der finanziellen Mittel beginnt der beschriebene Kreislauf von neuem.

---

[1] Vgl. die Abbildung auf S. 2.

Die Güter- und Finanzbewegungen des Betriebes

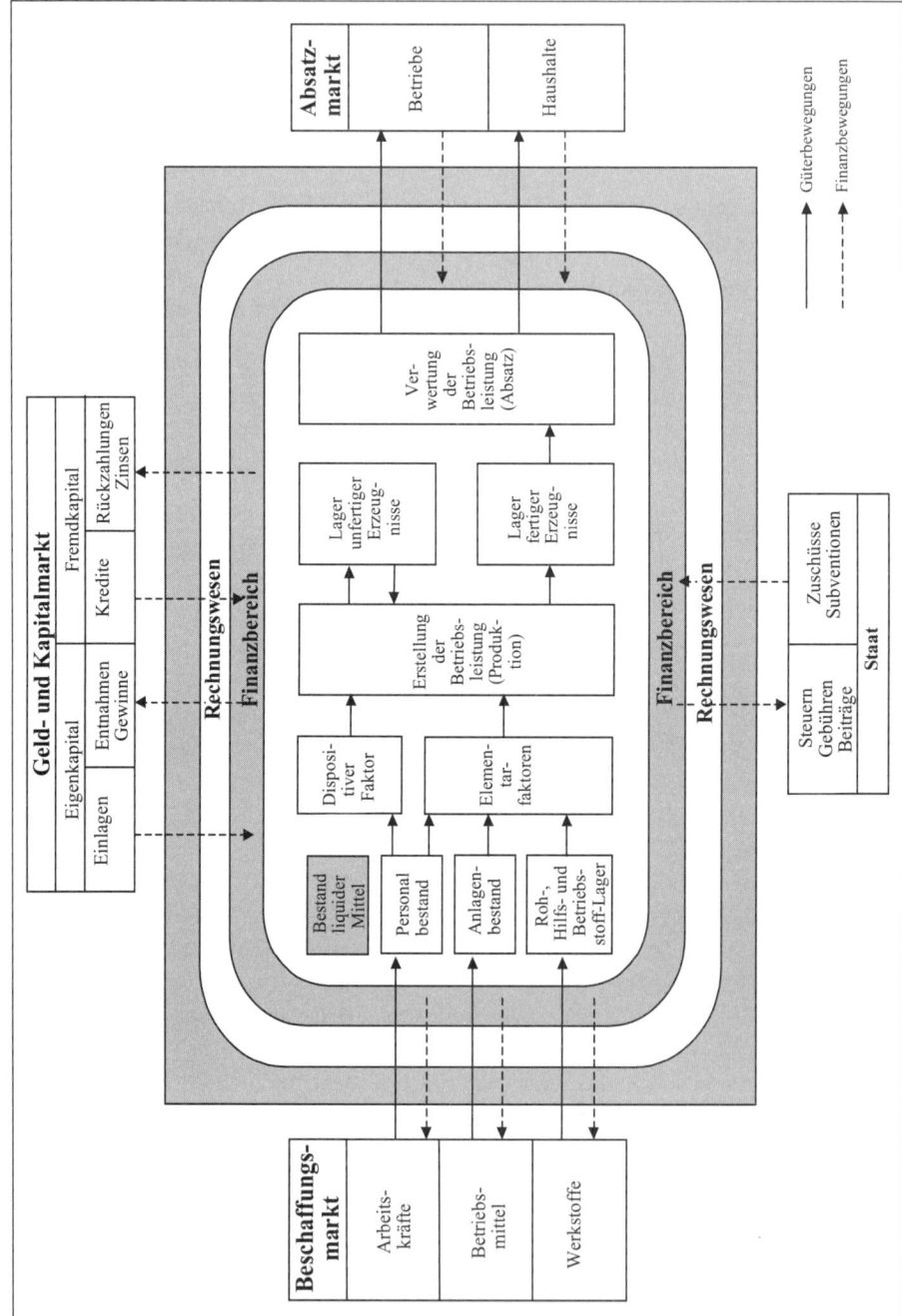

Quelle: Wöhe, G., Einführung in die Allgemeine Betriebswirtschaftslehre, 21. Aufl., München 2002, S. 11; aktuell nicht mehr enthalten.

Die in Form von Geld- und Leistungsströmen auftretenden Finanz- und Güterbewegungen des betrieblichen Umsatzprozesses werden vom betrieblichen Rechnungswesen erfasst. Dieses hat neben dieser **Dokumentations- und Kontrollfunktion** weitere Aufgaben **(Rechenschaftslegung, Information, Entscheidungshilfe)** zu erfüllen und besteht deshalb aus mehreren Teilgebieten, die in enger Verbindung miteinander stehen und zum Teil das gleiche Zahlenmaterial – allerdings unter verschiedenen Gesichtspunkten bzw. mit unterschiedlichen Zielsetzungen – verwenden.

Die genannten Aufgaben werden mit Hilfe der folgenden vier Hauptgebiete des betrieblichen Rechnungswesens erfüllt, die wiederum aus mehreren Teilbereichen bestehen:

- **Finanzbuchführung und Bilanz**
  - Buchführung
  - Inventar
  - Jahresabschluss (Jahresbilanz, Erfolgsrechnung und ggf. Anhang)
  - Sonderbilanzen, Zwischenbilanzen
- **Kostenrechnung**
  - Betriebsabrechnung (kalkulatorische Buchführung)
    - Kostenartenrechnung
    - Kostenstellenrechnung
    - Kostenträgerzeitrechnung/kurzfristige Erfolgsrechnung
  - Selbstkostenrechnung (Kostenträgerstückrechnung)
- **Betriebswirtschaftliche Statistik und Vergleichsrechnung**
  - Betriebswirtschaftliche Statistik
  - Einzelbetrieblicher Vergleich
    - Zeitvergleich
    - Verfahrensvergleich
    - Soll-Ist-Vergleich
  - Zwischenbetrieblicher Vergleich
- **Planungsrechnung**

1.2 Die Buchführung als Voraussetzung für die Aufstellung des Jahresabschlusses

Die **Aufgabe der Buchführung** besteht darin, alle in Zahlenwerten festgestellten wirtschaftlich bedeutsamen Vorgänge (Geschäftsvorfälle), die sich im Unternehmen ereignen, in chronologischer Reihenfolge, lückenlos und systematisch geordnet festzuhalten. Wirtschaftlich bedeutsam sind alle Vorgänge, die zu einer Änderung der Höhe und/oder der Zusammensetzung des Vermögens und des Kapitals eines Unternehmens führen. Die Buchführung beginnt mit der Gründung und endet mit der Liquidation des Unternehmens.

Da eine Vielzahl von Personen entweder ein Recht auf periodische Rechenschaftslegung oder ein berechtigtes Interesse an aktuellen Informationen über die Vermögens-, Finanz- und Ertragslage des Unternehmens hat, musste der Gesetzgeber **Vorschriften** über Buchführungs-, Aufzeichnungs-, Rechenschaftslegungs- und Informationspflichten erlassen. Sie sind im HGB bzw. in Spezialgesetzen wie z. B. dem AktG, dem GmbHG und dem GenG sowie in den Steuergesetzen zu finden.[2] Die wichtigsten **Interessentengruppen** sind die Gläubiger (Kreditgeber, Lieferanten), die Gesellschafter von Personengesellschaften (Mitunternehmer) bzw. die Anteilseigner von Kapitalgesellschaften, die nicht an der Geschäftsführung beteiligt sind, ferner die Finanzverwaltung und die Arbeitnehmer. Gemeinsam ist diesen Gruppen, dass sie **Ansprüche auf** vertraglich festgelegte oder vom Periodenerfolg abhängige **Zahlungen** des Unternehmens haben und dass sie deshalb aus dem aus der Buchführung abgeleiteten Jahresabschluss Informationen gewinnen wollen, ob und wie ihre Ansprüche durch die Tätigkeit des Unternehmens positiv oder negativ beeinflusst worden sind und in Zukunft voraussichtlich beeinflusst werden.

An derartigen Informationen sind nicht nur die aktuellen, sondern auch die potenziellen Gläubiger und Anteilseigner interessiert. Ein **Informationsinteresse** besitzen ferner bestimmte Personen und Institutionen, ohne dass sie Zahlungsansprüche gegenüber dem Unternehmen haben: Konkurrenten, Abnehmer, Gewerkschaften, Arbeitgeberverbände, Kartellbehörden, Wirtschaftsministerien, wirtschaftswissenschaftliche Institute, die Wirtschaftspresse u. a.

Im Interesse dieser Gruppen – und auch des Unternehmens selbst, dessen Geschäftsleitung sich anhand von Zahlen über die Lage des Unternehmens unterrichten muss, damit richtige Entscheidungen getroffen werden – schreibt § 242 HGB vor, dass der Kaufmann „zu Beginn seines Handelsgewerbes und für den Schluss eines jeden Geschäftsjahrs einen das Verhältnis seines Vermögens und seiner Schulden darstellenden Abschluss (Eröffnungsbilanz, Bilanz)" sowie „eine Gegenüberstellung der Aufwendungen und Erträge des Geschäftsjahrs (Gewinn- und Verlustrechnung) aufzustellen" hat. Bilanz und Gewinn- und Verlustrechnung bilden zusammen den **Jahresabschluss**. Eine Sonderregelung gilt für sog. **kleingewerbetreibende Einzelkaufleute i.S.d.** § 241a HGB, wonach Einzelkaufleute, die an zwei aufeinanderfolgenden Abschlussstichtagen nicht mehr als **500.000 € Umsatzerlöse** aufweisen und deren **Jahresüberschuss** an diesen Abschlussstichtagen den Betrag von **50.000 €** nicht übersteigt, von der Pflicht zur Aufstellung einer Bilanz und einer Gewinn- und Verlustrechnung befreit sind.[3] Ihnen ist es jedoch freigestellt, freiwillig Bücher zu führen oder alternativ ihren Gewinn nach § 4 Abs. 3 EStG zu ermitteln. Bei Kapitalgesellschaften tritt als dritter Bestandteil des Jahresabschlusses der **Anhang** hinzu, in dem die Positionen der Bilanz und der Gewinn- und Verlustrechnung erläutert und ergänzt werden. Kapitalgesellschaften müssen außerdem einen **Lagebericht** aufstellen, der zusätzliche Informationen über die Lage der Gesellschaft gibt.

---

[2] Einzelheiten vgl. S. 21 ff.

[3] Vgl. § 242 Abs. 4 HGB.

Die **Bilanz** ist eine Gegenüberstellung von Vermögen und Kapital eines Betriebes. Das **Vermögen** stellt als Gesamtheit aller im Betrieb eingesetzten Vermögensgegenstände die **Aktiva**, das **Kapital** als Summe aller **Schulden** des Betriebes gegenüber Beteiligten und Gläubigern die **Passiva** dar. Beide Seiten der Bilanz sind stets gleich groß und stellen zwei verschiedene Ausdrucksformen der Gesamtheit aller betrieblichen Werte dar. Die Passivseite zeigt die **Herkunft** der finanziellen Mittel (Beteiligungs- = Eigenkapital, Darlehens- = Fremdkapital), die Aktivseite die **Verwendung** der Mittel (Anlage- und Umlaufvermögen). Die Differenz zwischen dem Bilanzvermögen (Aktiva) und den Verbindlichkeiten bezeichnet man als **Reinvermögen**. Es ist gleich dem auf der Passivseite ausgewiesenen Eigenkapital.

Aufgrund gesetzlicher Vorschriften über den Inhalt der Bilanz[4] und über die Gliederung der Bilanzen der Kapitalgesellschaften[5] wird die Aktivseite in Anlage- und Umlaufvermögen und die Passivseite in Eigen- und Fremdkapital eingeteilt.[6] Zum **Anlagevermögen** zählen die Vermögensgegenstände, die dem Betrieb für eine längere Dauer zu dienen bestimmt sind (z. B. Grund und Boden, Gebäude, Maschinen, Werkzeuge). Das **Umlaufvermögen** wird von den Wirtschaftsgütern gebildet, die gewöhnlich innerhalb einer kürzeren Zeitspanne umgeformt oder umgesetzt werden (z. B. Roh-, Hilfs- und Betriebsstoffe, Fertigfabrikate, Waren, Zahlungsmittel).

Der Ausweis des **Eigenkapitals** wird von der Rechtsform beeinflusst. Bei **Personenunternehmen** wird für den Unternehmer bzw. die Gesellschafter je eine Kapitalposition bilanziert, der Gewinnanteile und Einlagen zugeschrieben werden und die um Verlustanteile und Entnahmen gekürzt wird. Der Saldo zwischen Anfangs- und Endbestand eines Kapitalkontos ergibt – wenn man Entnahmen hinzuzählt und Einlagen abzieht – den **Erfolg** bzw. Erfolgsanteil der Periode.

Infolge gesetzlicher Vorschriften muss bei **Kapitalgesellschaften** ein Teil des Eigenkapitals, nämlich das im Handelsregister eingetragene **Haftungskapital** (Grundkapital der AG, Stammkapital der GmbH)[7], stets **in nomineller Höhe** in der Bilanz ausgewiesen werden, auch dann, wenn durch Gewinne das Eigenkapital erhöht wird oder wenn durch Verluste ein Teil dieses Nominalkapitals verloren gegangen ist. Im Gewinnfalle erscheint in der Bilanz entweder die Position **„Jahresüberschuss"** (erzielter Gewinn)[8] oder – wenn Teile des Jahresüberschusses nicht ausgeschüttet werden – eine (oder mehrere) zusätzliche Eigenkapitalposition(en) (Bilanzgewinn, Rücklagen, Gewinnvortrag).

Für den **Ausweis des Fremdkapitals** werden mehrere Gliederungsprinzipien angewendet:

- die Fristigkeit (lang-, mittel-, kurzfristig);

---

[4] Vgl. § 247 HGB.

[5] Vgl. §§ 266 ff. HGB.

[6] Hier wird nur ein erster Überblick gegeben. Einzelheiten zur Gliederung und ihrer Problematik werden auf S. 234 ff. besprochen.

[7] §§ 266 Abs. 3 und 272 Abs. 1 HGB verwenden den Begriff „Gezeichnetes Kapital" als Oberbegriff.

[8] § 266 Abs. 3 HGB sieht den Ausweis des Jahresüberschusses bzw. Jahresfehlbetrages auf der Passivseite bei den Eigenkapitalpositionen vor.

- die Sicherheit oder Unsicherheit über Bestehen oder Entstehen, über Höhe und Fälligkeitstermin (Verbindlichkeiten – Rückstellungen);

- die Art der Verbindlichkeit (z. B. Lieferantenschulden, erhaltene Anzahlungen, Bankschulden);

- die besondere rechtliche Sicherung (Akzepte, Sicherung durch Grundpfandrechte u. a.);

- die besondere rechtliche und wirtschaftliche Verbindung mit dem Gläubiger (z. B. Verbindlichkeiten gegenüber verbundenen Unternehmen).

Die folgende Übersicht zeigt schematisch den Formalaufbau der Bilanz:

Aktiva	Bilanz zum 31.12.01	Passiva

Anlagevermögen
  Immaterielle Vermögensgegenstände
  Sachanlagen
  Finanzanlagen
	Eigenkapital	

Umlaufvermögen
  Vorräte
  Forderungen und sonstige Vermögensgegenstände
  Wertpapiere
  Zahlungsmittel
	Rückstellungen
	Verbindlichkeiten	

Rechnungsabgrenzungsposten	Rechnungsabgrenzungsposten	
Aktive latente Steuern	Passive latente Steuern	
Aktiver Unterschiedsbetrag aus der Vermögensverrechnung		
(Jahresfehlbetrag)	(Jahresüberschuss)	

Während in der Bilanz der Erfolg einer Abrechnungsperiode als Saldo durch Gegenüberstellung von Vermögens- und Kapitalpositionen **an einem Zeitpunkt** (Bilanzstichtag) ermittelt wird, saldiert die Gewinn- und Verlustrechnung die Summe aller Erträge und die Summe aller Aufwendungen einer **Abrechnungsperiode** und bestimmt so nicht nur den Erfolg als Saldo, sondern zeigt je nach dem Umfang der Aufgliederung der Aufwands- und Ertragsarten auch die **Quellen des Erfolges** auf, d. h., sie erklärt sein Zustandekommen.

Die Erfolgsrechnung ist eine Aufwands- und Ertragsrechnung, keine Zahlungsrechnung. Nur ein Teil der Aufwendungen und Erträge einer Abrechnungsperiode stimmt mit den Auszahlungen und Einzahlungen dieses Zeitraums überein; anderen Aufwendungen und Erträgen sind Auszahlungen und Einzahlungen in früheren Perioden vorausgegangen, oder es folgen ihnen in späteren Perioden – wenn aus Kreditvorgängen Zahlungsvorgänge werden – Auszahlungen und Einzahlungen nach, z. B. Abschreibungen auf Maschinen (Auszahlungen früher, Aufwand jetzt), Verbrauch von Rohstoffen, die auf Kredit gekauft worden sind (Aufwand jetzt, Auszahlungen später), Lieferungen aufgrund früherer Anzahlungen (Einzahlungen früher, Ertrag jetzt) oder Forderungen aus Warenlieferungen (Ertrag jetzt, Einzahlungen später).

Die Pflicht zur Aufstellung einer Gewinn- und Verlustrechnung im Rahmen des handelsrechtlichen Jahresabschlusses ergibt sich aus § 242 Abs. 2 HGB.[9]

Voraussetzung für die Aufstellung des Jahresabschlusses ist die lückenlose und ordnungsmäßige **Aufzeichnung aller Geschäftsvorfälle** des dem Jahresabschluss zugrunde liegenden Geschäftsjahrs. Deshalb schreibt § 238 Abs. 1 HGB vor, dass jeder Kaufmann verpflichtet ist, „Bücher zu führen und in diesen seine Handelsgeschäfte und die Lage seines Vermögens nach den Grundsätzen ordnungsmäßiger Buchführung ersichtlich zu machen".

Alle in Buchhaltung und Bilanz erfassten Bestands- und Bewegungsgrößen werden in Geldeinheiten ausgedrückt. Die mengenmäßige Erfassung der Bestände erfolgt durch **Inventur** (körperliche Bestandsaufnahme) vor der Bilanzaufstellung und findet ihren Niederschlag in einem Bestandsverzeichnis, das als **Inventar** bezeichnet wird. Das Inventar enthält neben den durch körperliche Inventur ermittelten Beständen die Forderungen und Schulden des Betriebes, die nur durch Buchinventur ermittelt werden können. Alle Vermögensbestände und Schulden sind dabei art-, mengen- und wertmäßig aufzuführen.

Die Bilanz unterscheidet sich vom Inventar dadurch, dass sie in der Regel in Kontoform aufgestellt wird und keine mengenmäßigen, sondern nur art- und wertmäßige Angaben enthält. Außerdem zieht sie die vielen Arten von Wirtschaftsgütern zu Gruppen, sog. **Bilanzpositionen**, zusammen (z. B. Gebäude, Maschinen, Werkzeuge). Das Inventar steht zwischen Bilanz und Buchhaltung und ist eine Voraussetzung dafür, dass überhaupt eine ordnungsmäßige Bilanz erstellt werden kann.

1.3 Die Abgrenzung der Buchführung und des Jahresabschlusses zu anderen Teilgebieten des Rechnungswesens

1.3.1 Buchführung, Bilanz und Erfolgsrechnung – Kosten- und Leistungsrechnung

Die Buchführung ist – wie gezeigt – eine Zeitrechnung. Sie kann **Finanzbuchführung** (Geschäftsbuchführung) oder **Betriebsbuchführung** (Betriebsabrechnung) sein. Erstere erfasst den gesamten Wertzuwachs oder Wertverbrauch sowie die Änderungen der Vermögens- oder Kapitalstruktur während einer Periode (Jahr, Monat); den gesamten Wertverbrauch einer Abrechnungsperiode bezeichnet man als **Aufwand**, den gesamten Wertzuwachs als **Ertrag**. Letztere bildet zusammen mit der Selbstkostenrechnung (Kalkulation) das Gebiet der **Kostenrechnung**, deren Aufgabe die Erfassung, Verteilung und Zurechnung der Kosten ist, die bei der betrieblichen Leistungserstellung und -verwertung entstehen, zu dem Zweck,

- durch Vergleich der Kosten mit den erstellten Leistungen und somit durch Feststellung des Erfolges (kurzfristige Erfolgsrechnung) eine **Kontrolle der Wirtschaftlichkeit** des

---

[9] Zu Einzelheiten zur Gliederung der Gewinn- und Verlustrechnung vgl. S. 237 ff. Kleingewerbetreibende Einzelkaufleute i.S.d. § 241a HGB sind nach § 242 Abs. 4 HGB und nach § 241a HGB sowohl von der Pflicht zur Erstellung einer Gewinn- und Verlustrechnung als auch von der Buchführungspflicht befreit.

Betriebsprozesses zu ermöglichen und dadurch eine Grundlage für betriebliche Dispositionen zu schaffen und

- auf der Grundlage der ermittelten Selbstkosten der Leistungen (Kostenträger) eine **Kalkulation des Angebotspreises** bzw. die Feststellung der Preisuntergrenze zu ermöglichen.

Die Kostenrechnung erfasst nur den Teil des Wertverbrauchs und Wertzuwachses, der durch die Erfüllung der spezifischen Aufgaben des Betriebes (Erzeugung und Absatz von Gütern und Leistungen) verursacht wird, nicht dagegen betriebsfremde und außerordentliche Aufwendungen und Erträge, die neben den betriebsbedingten Aufwendungen und Erträgen in der Finanzbuchhaltung aufgezeichnet werden. Den Wertverbrauch, der bei der Erstellung der Betriebsleistungen erfolgt, bezeichnet man als **Kosten**, den entstandenen Wertzuwachs als **Leistung**.[10]

Zwischen der Finanzbuchführung und der Bilanz einerseits und der Kostenrechnung andererseits bestehen **enge Wechselbeziehungen**. Die Bestände an Halb- und Fertigfabrikaten und die vom Betrieb für die eigene Verwendung erstellten Werkzeuge und Maschinen werden in der Bilanz mit ihren Herstellungskosten bewertet, die in der Kostenrechnung ermittelt werden. Die Finanzbuchführung zeichnet zwar die in einer Periode verbrauchten Aufwandsarten (Löhne, Gehälter, Material usw.) auf, verteilt sie aber nicht auf die einzelnen Leistungen (Kostenträger). Das ist Aufgabe der Betriebsabrechnung.

Ein wesentlicher Unterschied zwischen Finanzbuchführung und Bilanz einerseits und Kostenrechnung andererseits ist darin zu sehen, dass die Bilanz eine periodische Rechenschaftslegung der Personen darstellt, die für die Verbindlichkeiten des Betriebes haften bzw. die – bei Kapitalgesellschaften – als verfassungsmäßige Organe die Geschäfte für die Personen, die das Eigenkapital zur Verfügung stellen (Aktionäre, Anteilseigner), führen.

Die Verpflichtung zur Rechenschaftslegung **beruht auf Gesetz**; auch ihr Umfang, ihre Form und ihr Inhalt (Bilanzgliederung, Bilanzbewertung usw.) sind gesetzlich geregelt. Sie trifft stets den Betrieb als rechtliche Einheit in seiner Gesamtheit und richtet sich nach außen (Gläubiger, Finanzbehörden, Gesellschafter von Kapitalgesellschaften).

Dagegen sind Aufbau und Organisation der Kostenrechnung in das **Ermessen des Betriebes** gestellt. Die Kostenrechnung ist eine innerbetriebliche Angelegenheit. Sie ist keine Rechenschaftslegung gegenüber einem bestimmten Personenkreis. Ihr Gegenstand ist nicht der gesamte betriebliche Prozess eines Zeitraumes und der Zustand an einem Zeitpunkt, sondern sie kann sich je nach der vom Betrieb gewünschten Ausgestaltung auf einzelne betriebliche Bereiche (Kostenstellen) oder auf einzelne Produkte (Kostenträger) richten. Die Länge des Abrechnungszeitraums kann vom Betrieb ebenso bestimmt werden wie das angewandte Verrechnungsverfahren (z. B. Istkosten-, Normalkosten- oder Plankostenrechnung, Vollkosten- oder Teilkostenrechnung).

---

[10] Vgl. die ausführliche Abgrenzung der Begriffe auf S. 16 f.

1.3.2 Betriebswirtschaftliche Statistik – Betriebsvergleich – Planungsrechnung

Die **Informationsaufgabe** des betrieblichen Rechnungswesens erfüllt in erster Linie der Jahresabschluss, daneben aber auch die Statistik und der Betriebsvergleich. Während Buchführung, Jahresabschluss und Kostenrechnung in erster Linie Werte, Wertbewegungen und Wertveränderungen erfassen, gewinnt die **betriebswirtschaftliche Statistik** durch Vergleich von betrieblichen Tatbeständen und Entwicklungen (z. B. der Entwicklung der Produktion, der Lagerbewegungen, der Umsätze in verschiedenen Monaten) oder durch Feststellung von Beziehungen und Zusammenhängen zwischen betrieblichen Größen (z. B. Beziehungen zwischen Eigenkapital und Gewinn, zwischen eingesetztem Material und Materialabfall, zwischen Lohnkosten und Gesamtkosten) neue zusätzliche Erkenntnisse über betriebliche Vorgänge und Erscheinungen.

Die Vergleichsrechnung (Betriebsvergleich) kann als Zeitvergleich die Entwicklung bestimmter betrieblicher Größen im Zeitablauf (z. B. die Umsatzentwicklung, die Produktionsentwicklung) erfassen, als **Verfahrensvergleich** die Wirtschaftlichkeit verschiedener Verfahren (z. B. Fertigungsverfahren) ermitteln oder als **Soll-Ist-Vergleich** Soll-Werte, d. h. vorgegebene Richtgrößen (z. B. Plankosten), den Ist-Werten, d. h. den tatsächlich angefallenen Größen, gegenüberstellen.

Sie kann ferner als **zwischenbetrieblicher Vergleich** Betriebe derselben oder verschiedener Branchen vergleichen oder Kennzahlen des eigenen Betriebs an Hand von Branchendurchschnittszahlen (Richtzahlen) überprüfen. Die Methoden der Betriebsstatistik dienen dabei als Hilfsmittel.

Die **Planungsrechnung** stellt eine mengen- und wertmäßige Schätzung der erwarteten betrieblichen Entwicklung dar und hat die Aufgabe, die betriebliche Planung in Form von Voranschlägen der zukünftigen Ausgaben und Einnahmen zahlenmäßig zu konkretisieren. Sie bedient sich einerseits des bereits von der Buchführung, der Bilanz, der Kostenrechnung und der betriebswirtschaftlichen Statistik erfassten und verarbeiteten Zahlenmaterials; da jedoch jede Planung in die Zukunft gerichtet ist, müssen andererseits auch die **Zukunftserwartungen** geschätzt und in Rechnung gestellt werden. Je unvollkommener die Informationen sind, die der Betriebsführung zur Verfügung stehen, desto größer sind die Unsicherheiten und Risiken, die in den Erwartungen stecken.

Die Planungsrechnung lässt sich nicht immer scharf von den anderen Teilgebieten des Rechnungswesens abgrenzen. So ist z. B. die Kostenplanung in Form einer Plankostenrechnung ihrem Wesen nach eine Planungsrechnung, zugleich aber als Bestandteil der Kostenrechnung anzusehen.

1.4 Tabellarische Übersicht über das betriebliche Rechnungswesen

Die folgende Übersicht gibt einen stichwortartigen Überblick über die Hauptgebiete, Teilbereiche und Aufgaben des betrieblichen Rechnungswesens:[11]

Betriebliches Rechnungswesen			
Hauptgebiete	Aufgaben	Teilbereiche	Aufgaben
Finanzbuchführung und Bilanz	Dokumentation, Rechenschaftslegung, Information, Kontrolle, Disposition	Buchführung	Chronologische und sachlich geordnete, wertmäßige Erfassung aller Geschäftsvorfälle auf Bestands- und Erfolgskonten
		Inventar	Ergebnis der art-, mengen- und wertmäßigen Erfassung von Vermögensgegenständen und Schulden durch körperliche oder buchmäßige Bestandsaufnahme (Inventur)
		Jahresabschluss (Bilanz und Erfolgsrechnung, bei Kapitalgesellschaften außerdem Anhang)	Jährliche Rechenschaftslegung und Information der Bilanzadressaten über die Vermögens-, Finanz- und Ertragslage (Unternehmer, Gläubiger, geschäftsführende Organe, Gesellschafter, Anteilseigner, Belegschaft) und über die Steuerbemessungsgrundlagen (Finanzverwaltung)

---

[11] Modifiziert und erweitert entnommen aus *Wöhe, G., Kaiser, H., Döring, U.,* Übungsbuch zur Einführung in die Allgemeine Betriebswirtschaftslehre, 11. Aufl., München 2005, S. 391 f.; aktuell nicht mehr enthalten.

Betriebliches Rechnungswesen			
Hauptgebiete	Aufgaben	Teilbereiche	Aufgaben
Finanzbuchführung und Bilanz (Forts.)		Zwischenbilanzen, Sonderbilanzen (Gründungs-, Kapitalerhöhungs-, Umwandlungs-, Sanierungs-, Auseinandersetzungs-, Liquidationsbilanzen)	Information und Rechenschaftslegung in kürzeren Zeitabständen, Rechenschaftslegung und Information über außerordentliche (einmalige) rechtliche und wirtschaftliche Anlässe
		Konzernabschluss (Bilanz, Erfolgsrechnung, Anhang, Eigenkapitalspiegel, Kapitalflussrechnung, ggf. Segmentberichterstattung), Lagebericht	Jährliche Information über die Vermögens-, Finanz- und Ertragslage des Konzerns durch Konsolidierung der Jahresabschlüsse der in einem Konzern zusammengeschlossenen Unternehmen
Kostenrechnung	Kontrolle der Wirtschaftlichkeit des Betriebsprozesses, Kalkulation des Angebotspreises, Feststellung von Preisuntergrenzen	Kostenartenrechnung	Erfassung der Kostenarten nach verschiedenen Gliederungskriterien, z. B. nach Faktorarten (Personal-, Sach-, Kapitalkosten u. a.), nach Art der Verrechnung (Einzelkosten – Gemeinkosten), nach Verhalten bei Beschäftigungsänderungen (fixe – variable Kosten)
		Kostenstellenrechnung	Verteilung der Kostenarten nach einzelnen Kostenbereichen (z. B. Fertigung, Verwaltung, Vertrieb), Ermittlung von Bezugsgrößen zur Zurechnung der Gemeinkosten auf die Kostenträger, Überwachung und Kontrolle der Wirtschaftlichkeit

Betriebliches Rechnungswesen			
Hauptgebiete	Aufgaben	Teilbereiche	Aufgaben
Kostenrechnung (Forts.)		Kostenträgerzeit- rechnung (Be- triebsergebnis- rechnung, kurzfris- tige Erfolgsrech- nung)	Verrechnung der Kosten einer Periode auf sämtliche Leis- tungen dieser Perio- de und Feststellung des Betriebsergeb- nisses
		Kostenträgerstück- rechnung (Kalkula- tion)	Ermittlung der Kos- ten pro Leistungs- einheit
Betriebswirtschaft- liche Statistik und Vergleichs- rechnung	Aufbereitung und Auswertung der Zahlen der übrigen Teile des Rech- nungswesens und zusätzlich gewonne- nen Zahlenmaterials zur Überwachung, Kontrolle und Ge- winnung von Pla- nungsunterlagen	Betriebswirtschaft- liche Statistik (z. B. Beschaffungs-, Lager-, Produk- tions-, Vertriebs-, Personal-, Bilanz-, Erfolgssta- tistik)	Zahlenmäßige Erfas- sung, Verarbeitung und tabellarische oder graphische Dar- stellung betrieblicher Vorgänge für Pla- nung und Kontrolle
		Innerbetrieblicher (einzelbetriebli- cher) Vergleich	Vergleich betrieb- licher Vorgänge, Entwicklungen und Zustände innerhalb eines Betriebes
		(a) Zeitvergleich	Vergleich bestimm- ter betrieblicher Größen an verschie- denen Zeitpunkten (z. B. Forderungsbe- stand) oder innerhalb verschiedener Zeit- räume (z. B. Um- satz)
		(b) Verfahrensver- gleich	Wirtschaftlichkeits- vergleich ver- schiedener Ferti- gungs-, Lagerungs-, Finanzierungsverfah- ren, verschiedener Absatzwege oder Formen der Wer- bung als Entschei- dungsgrundlage für die optimale Verfah- renswahl

Betriebliches Rechnungswesen			
Hauptgebiete	Aufgaben	Teilbereiche	Aufgaben
Betriebswirtschaftliche Statistik und Vergleichsrechnung (Forts.)		(c) Soll-Ist-Vergleich	Vergleich von Soll- und Istzahlen (z. B. Plankosten und Istkosten) zur Feststellung und Analyse von Differenzen
		Zwischenbetrieblicher Vergleich	Vergleich betrieblicher Vorgänge, Entwicklungen und Zustände in verschiedenen Betrieben oder Wirtschaftszweigen
		(a) Betriebe desselben Wirtschaftszweiges	Wirtschaftlichkeits- und Rentabilitätskontrolle (z. B. Herstellungskosten gleicher Produkte, Umsatz je Verkaufskraft, Kapital- und Arbeitsintensität)
		(b) Betriebe verschiedener Wirtschaftszweige	Wirtschaftlichkeits- und Rentabilitätsvergleich (z. B. Eigenkapitalrentabilität, Anlagenintensität) als Entscheidungsgrundlage für potenzielle Anleger, wirtschafts- und steuerpolitische Maßnahmen u. a.
		(c) Richtzahlenvergleich	Vergleich von betriebseigenen Kennzahlen mit Branchendurchschnittszahlen für Kontroll- und Dispositionszwecke
Planungsrechnung	Mengen- und wertmäßige Festlegung (Schätzung) der zukünftigen betrieblichen Entwicklung in Form von Voranschlägen	Funktional gegliederte Teilpläne, z. B. Beschaffungsplan	Planung der Investitionen mit Hilfe der Investitionsrechnung, Planung der Beschaffung von Werkstoffen und Ermittlung der optimalen Bestellmengen, Personalplanung

Betriebliches Rechnungswesen			
Hauptgebiete	Aufgaben	Teilbereiche	Aufgaben
Planungsrechnung (Forts.)		Produktionsplan	Planung der Arten und Mengen von Gütern, die innerhalb eines Zeitraumes hergestellt werden sollen, unter Berücksichtigung von Kapazitäts- und Absatzmöglichkeiten
		Absatzplan	Planung des Verkaufs, der Vertriebskosten, der Werbung
		Finanzplan	Sicherung der Aufrechterhaltung des finanziellen Gleichgewichts, Minimierung der Kapitalkosten

1.5 Die Grundbegriffe des betrieblichen Rechnungswesens

1.5.1 Übersicht

Im betrieblichen Rechnungswesen sind folgende Begriffspaare scharf zu trennen, die im täglichen Sprachgebrauch teilweise synonym verwendet werden:

- Einzahlungen – Auszahlungen;
- Einnahmen – Ausgaben;
- Ertrag – Aufwand;
- Leistung – Kosten.

Das Steuerrecht verwendet in den Vorschriften über die Gewinnermittlung mit Hilfe der Steuerbilanz ein weiteres Begriffspaar, das sich mit keinem der oben genannten in vollem Umfang deckt:

- Betriebseinnahmen – Betriebsausgaben.

Bei allen genannten betriebswirtschaftlichen Begriffen handelt es sich um **Strömungsgrößen**, also um Zahlungs- bzw. Leistungsvorgänge, die sich innerhalb einer bestimmten Periode ereignen. Diese Strömungsgrößen führen zu einer **Veränderung von Bestandsgrößen**, wobei die „positiven" Strömungsgrößen (Einzahlung, Einnahme, Ertrag, Leistung) eine Bestandserhöhung, die „negativen" (Auszahlung, Ausgabe, Aufwand, Kosten) eine Bestandsverminderung hervorrufen. Dabei bewirkt jedes der vier Begriffspaare die Veränderung eines anders definierten Bestandes. Die Differenz zwischen der „positiven" Strömungsgröße einer Periode (Bestandserhöhung) und der dazugehörigen „negativen" Strömungsgröße einer Periode (Bestandsverminderung) ergibt die Veränderung (Erhöhung oder Verminderung) des betreffenden Bestandes in einer Periode.

1.5.2 Einzahlungen – Einnahmen; Auszahlungen – Ausgaben

Auszahlungen und Einzahlungen bezeichnen **Barzahlungsvorgänge**, also den Zu- oder Abfluss liquider Mittel (Kassenbestände und jederzeit verfügbare Bankguthaben = Zahlungsmittelbestand). Die Begriffe Ausgaben und Einnahmen sind um den Bereich der Forderungs- und Schuldenentstehung erweitert. Die Summe aus Zahlungsmittelbestand und dem Bestand aller übrigen Forderungen abzüglich des Bestandes an Verbindlichkeiten bezeichnet man als **Geldvermögen**. Einnahmen entstehen durch Geschäftsvorfälle, die zu einer Erhöhung des Geldvermögens führen; Ausgaben liegen vor, wenn das Geldvermögen durch Geschäftsvorfälle vermindert wird:

Ausgaben	=	Auszahlungen	+	Forderungsabgänge	+	Schuldenzugänge
Einnahmen	=	Einzahlungen	+	Forderungszugänge	+	Schuldenabgänge

Das Begriffspaar Einzahlungen – Auszahlungen hat also einen engeren Begriffsumfang als das Begriffspaar Einnahmen – Ausgaben.

E i n z a h l u n g e n (Periode)	
(= Erhöhungen des Zahlungsmittelbestandes)	
Einzahlungen, keine Einnahmen (1)	Einzahlungen = Einnahmen (2)
	Einnahmen = Einzahlungen (2)
	E i n n a h m e n (Periode)

Einnahmen, keine Einzahlungen (3)

E i n n a h m e n (Periode)
(= Erhöhungen des Geldvermögens)

Beispiele:

(1) Aufnahme eines Barkredits (z. B. Bankdarlehen): Einzahlung = Schuldenzugang;

(2) Barverkauf von Waren: Zunahme des Zahlungsmittelbestandes = Zunahme des Geldvermögens;

(3) Warenverkauf auf Kredit („auf Ziel"): Zunahme des Geldvermögens durch Zunahme der Forderungen.

Auszahlungen (Periode) (= Verminderungen des Zahlungsmittelbestandes)		
Auszahlungen, keine Ausgaben (1)	Auszahlungen = Ausgaben (2)	
	Ausgaben = Auszahlungen (2)	Ausgaben, keine Auszahlungen (3)
	Ausgaben (Periode) (= Verminderungen des Geldvermögens)	

Beispiele:

(1) Der Betrieb gewährt einen Barkredit: Auszahlung = Forderungszugang;

(2) Bareinkauf von Rohstoffen: Abnahme des Zahlungsmittelbestandes = Abnahme des Geldvermögens;

(3) Wareneinkauf auf Ziel: Abnahme des Geldvermögens durch Zunahme der Schulden.

1.5.3 Ertrag – Leistung; Aufwand – Kosten

Die Summe aus Geldvermögen und Sachvermögen, also die Summe aus Kassenbestand und jederzeit verfügbaren Bankguthaben, dem Bestand an sonstigen Forderungen sowie dem Bestand an Sachvermögen, für dessen Bewertung die Wertansätze der Finanzbuchhaltung herangezogen werden, abzüglich des Bestandes an Verbindlichkeiten, wird als **Netto- oder Reinvermögen** bezeichnet. Sieht man von Einlagen und Entnahmen ab, so ist jeder Vorgang, der zu einer Erhöhung dieses Nettovermögens führt, ein **Ertrag**, jeder Geschäftsvorfall, der eine Verminderung des Nettovermögens hervorruft, ein **Aufwand**. Als Aufwand bezeichnet man den Wertverzehr (Wertverbrauch) einer Abrechnungsperiode. Der „Verbrauch" von Werten kann einerseits in einer Umformung von Werten (z.B. Verbrauch von Rohstoffen zur Erstellung von Fabrikaten) bestehen; dann steht dem Güterverzehr ein Gegenwert in Form von Betriebsleistungen gegenüber. Andererseits kann er ohne Gegenwert erfolgen, wie z.B. bei der Zahlung einer Spende (freiwillig) oder der Zahlung von Steuern (zwangsweise).

Der Teil des in einer Periode eingetretenen Wertverzehrs, der bei der Erstellung der Betriebsleistungen angefallen ist, stellt die **Kosten** dar. Aufwand und Kosten stimmen nicht in vollem Umfang überein, da es einerseits Aufwand gibt, der entweder nichts mit der Erstellung von Betriebsleistungen zu tun hat (z.B. eine Spende des Betriebes an das Rote Kreuz) und folglich die Selbstkostenrechnung verfälschen würde, oder ihnen nicht oder nicht in voller Höhe zugerechnet wird (**neutraler Aufwand**, z.B. Abschreibungen vorübergehend stillgelegter Anlagen) und andererseits Kosten verrechnet werden, denen entweder kein

Aufwand (**Zusatzkosten**, z. B. Unternehmerlöhne bei Personengesellschaften oder Eigenkapitalzinsen) oder nicht in voller Höhe der Kosten Aufwand (**Anderskosten**, z. B. kalkulatorische Abschreibungen) gegenübersteht. Sie müssen in der Kostenrechnung in die Selbstkosten der Produkte eingerechnet werden, da anderenfalls die Preisuntergrenze zu niedrig kalkuliert würde. Im Jahresabschluss werden sie dagegen nicht als Aufwand verrechnet, sondern sind im Gewinn enthalten – falls ein solcher erzielt wird. Soweit sich Aufwand und Kosten decken, spricht man von **Zweckaufwand** und **Grundkosten**.

Die Beziehungen zwischen Aufwand und Kosten lassen sich anhand des folgenden Schemas erläutern:

(1) Betriebsfremder Aufwand (z. B. Spende an das Rote Kreuz).

(2) Außerordentlicher Aufwand (z. B. Beseitigung von Schäden infolge eines Blitzeinschlags).

(3) Bewertungsbedingter neutraler Aufwand (z. B. Periodenabschreibung wird im Jahresabschluss höher angesetzt als in der Kostenrechnung).

(4) Kalkulatorische Kostenarten, denen keine Aufwandsarten entsprechen (Zusatzkosten, z. B. kalkulatorischer Unternehmerlohn).

(5) Kalkulatorische Kostenarten, deren Aufgabe die Periodisierung aperiodisch eintretenden betriebsbedingten Wertverzehrs ist (z. B. kalkulatorische Wagnisse).

(6) Kalkulatorische Kostenarten, soweit sie entsprechende Aufwandsarten übersteigen (Anderskosten, z. B. kalkulatorische Abschreibungen).

AUFWAND						
Neutraler Aufwand			Zweckaufwand			
(1)	(2)	(3)				
			Grundkosten	Zusatz- und Anderskosten		
				(4)	(5)	(6)
			KOSTEN			

Der Gegenbegriff zum Aufwand ist der **Ertrag** als der in Geld bewertete Wertzugang einer Periode. Soweit er eine Folge der betrieblichen Leistungserstellung und -verwertung ist, bezeichnet man ihn als **Betriebsertrag**. Anderenfalls handelt es sich um einen **neutralen Ertrag** (z. B. Zinserträge aus Wertpapieren). Der Gegenbegriff zu den Kosten ist die **Betriebsleistung**. Sie ist das Ergebnis der betrieblichen Tätigkeit, die sich in Form von Sachgütern und Dienstleistungen zeigt.

1.5.4 Betriebseinnahmen – Ertrag; Betriebsausgaben – Aufwand

Das Steuerrecht hat eine eigene Terminologie für die Ermittlung des steuerlichen Ergebnisses (Gewinn oder Verlust) mit Hilfe der Steuerbilanz entwickelt. Nach § 4 Abs. 1 EStG ist **steuerpflichtiger Gewinn** „der Unterschiedsbetrag zwischen dem Betriebsvermögen am

Schluss des Wirtschaftsjahrs und dem Betriebsvermögen am Schluss des vorangegangenen Wirtschaftsjahrs, vermehrt um den Wert der Entnahmen und vermindert um den Wert der Einlagen". Der Wert des Betriebsvermögens kann durch Betriebsausgaben vermindert und durch Betriebseinnahmen erhöht werden. § 4 Abs. 4 EStG definiert den Begriff der **Betriebsausgaben** als „Aufwendungen, die durch den Betrieb veranlasst sind". Aus dieser Definition kann jedoch nicht abgeleitet werden, dass Betriebsausgaben grundsätzlich Aufwand im oben definierten Sinne darstellen, da das Steuerrecht unter „Aufwendungen" auch Ausgaben versteht, die kein Wertverzehr einer Periode sind.

Trotz dieser Gleichsetzung zwischen Aufwendungen und steuerlichen Betriebsausgaben bedarf die obige Darstellung der Beziehungen zwischen Ausgaben und Aufwand für die Betriebsausgaben einer Ergänzung, weil diese Beziehungen kraft steuerrechtlicher Vorschriften in der Weise verändert werden können, dass z. B. bestimmte Betriebsausgaben, die zugleich Aufwand der Periode sind, zu **„nichtabzugsfähigen"** Betriebsausgaben erklärt werden, d. h. zu Betriebsausgaben, die im Gegensatz zum Aufwand den (steuerlichen) Erfolg der Periode nicht vermindern dürfen (z. B. Aufwendungen für Geschenke über 35 €, 30 % der angemessenen Bewirtungsaufwendungen, Körperschaftsteuer der Kapitalgesellschaften).[12]

Der Begriff der (steuerlichen) **Betriebseinnahmen** ist gesetzlich nicht definiert. Der BFH bezeichnet als Betriebseinnahmen alle Zugänge in Geld und Geldeswert, die durch den Betrieb veranlasst sind.[13] Ebenso wie bei den Betriebsausgaben kann der Gesetzgeber auch die Erfolgswirksamkeit von Betriebseinnahmen aufheben, so dass dann Betriebseinnahmen, die ihrem Wesen nach Ertrag der Periode sind, den steuerlichen Erfolg nicht beeinflussen können (sog. steuerfreie Einnahmen).

1.5.5 Erfolg – Betriebsergebnis

Unter Verwendung der bisher erläuterten Begriffe ergibt sich der Erfolg einer Periode in der Handels- und Steuerbilanz bzw. das Betriebsergebnis in der Kostenrechnung aus folgenden Beziehungen:

(1) **Bilanz**

Betriebsertrag	–	Zweckaufwand	=	Betriebserfolg
Neutraler Ertrag	–	neutraler Aufwand	=	neutraler Erfolg
Gesamtertrag	–	Gesamtaufwand	=	Gesamterfolg
Gesamtertrag	>	Gesamtaufwand	=	Gewinn
Gesamtertrag	<	Gesamtaufwand	=	Verlust

---

[12] Vgl. § 4 Abs. 5 EStG bzw. § 10 KStG.
[13] Vgl. BFH-Urteil vom 21.11.1963, BStBl 1964 III, S. 183.

(2) **Steuerbilanz**

Erfolgswirksame Betriebseinnahmen – abzugsfähige Betriebsausgaben
= steuerpflichtiger Erfolg

Erfolgswirksame Betriebseinnahmen > abzugsfähige Betriebsausgaben
= steuerpflichtiger Gewinn

Erfolgswirksame Betriebseinnahmen < abzugsfähige Betriebsausgaben
= steuerlicher Verlust

(3) **Kostenrechnung**

Leistung – Kosten = Betriebsergebnis

Betriebserfolg und Betriebsergebnis einer Periode stimmen in der Regel nicht überein, da – wie oben gezeigt – sowohl zwischen Betriebsertrag und Leistung als auch zwischen Zweckaufwand und Kosten einer Periode Differenzen bestehen können.

Ebenso sind Gesamterfolg und steuerlicher Erfolg in der Regel nicht identisch, weil sowohl zwischen dem Gesamtertrag und den erfolgswirksamen Betriebseinnahmen als auch zwischen dem Gesamtaufwand und den abzugsfähigen Betriebsausgaben einer Periode Differenzen bestehen können.

2 Gesetzliche Vorschriften zur Führung von Büchern und zur Aufstellung des Jahresabschlusses

2.1 Gesetzliche Buchführungsvorschriften

2.1.1 Der nach handelsrechtlichen Vorschriften zur Buchführung verpflichtete Personenkreis

Im Interesse der Rechtssicherheit (Dokumentations-, Rechenschaftslegungs- und Beweissicherungsfunktion), der Information und der Gleichmäßigkeit der Besteuerung ist die Frage, wer buchführungspflichtig ist, eindeutig geregelt. Nach § 238 Abs. 1 HGB ist jeder Kaufmann verpflichtet, Bücher zu führen und in diesen seine Handelsgeschäfte und die Lage seines Vermögens nach den Grundsätzen ordnungsmäßiger Buchführung ersichtlich zu machen. Als **Kaufmann** bezeichnet das HGB denjenigen, der ein Handelsgewerbe betreibt.

Handelsgewerbe ist dabei jeder Gewerbebetrieb, es sei denn, dass das Unternehmen nach Art und Umfang einen in kaufmännischer Weise eingerichteten Geschäftsbetrieb nicht erfordert.[14] Für den Kaufmann gelten uneingeschränkt die Regeln des HGB, insbesondere die Vorschriften über die Führung von Handelsbüchern,[15] es sei denn, es handelt sich um einen **kleingewerbetreibenden Einzelkaufmann** i.S.d. § 241a HGB, auf den die §§ 238-241 HGB keine Anwendung finden. Entspricht das Unternehmen nicht einem vollkaufmännischen Betrieb und ist das Unternehmen nicht ins Handelsregister eingetragen, so muss es den Regeln des BGB und nicht denen des HGB folgen. Einer Unterteilung zwischen Grundhandelsgewerbe und sonstiger gewerblicher Tätigkeit bedarf es aufgrund der Änderung des HGB durch das Handelsrechtsreformgesetz seit dem 01.07.1998 nicht mehr.[16] Auch die größenabhängige Unterteilung zwischen Muss- und Minderkaufmann, bei der das HGB nur teilweise anwendbar war, wurde aufgehoben. Die Eintragung in das Handelsregister hat für einen Kaufmann nur deklaratorischen Charakter.

Ein Unternehmen, welches keine Kaufmannseigenschaften aufweist, kann jedoch nach § 2 HGB optieren und ein vollwertiger Kaufmann werden („**Kannkaufmann**"). Voraussetzung hierfür ist eine Eintragung ins Handelsregister. Das Unternehmen braucht keine Begründung abzugeben und keinen bestimmten Geschäftsumfang aufzuweisen. Mit der Option unterliegt der **Kleingewerbetreibende** – wie ein Kaufmann – allen sich aus dem HGB ergebenden Rechten und Pflichten. In § 2 HGB ist auch das Löschungsantragsrecht eingebunden, wonach der Kleingewerbetreibende sich durch Löschung aus dem Handelsregister vom Kaufmannsstatus zurückziehen kann. Zu beachten ist hierbei, dass das Unternehmen nicht unter

---

[14] Vgl. § 1 Abs. 2 HGB.

[15] Vgl. §§ 238–263 HGB.

[16] Vgl. Gesetz zur Neuregelung des Kaufmanns- und Firmenrechts und zur Änderung handels- und gesellschaftsrechtlicher Vorschriften (Handelsrechtsreformgesetz) vom 22.06.1998, BGBl 1998 I, S. 1474.

die Voraussetzungen des § 1 Abs. 2 HGB fallen darf, dass mittlerweile also nicht Kaufmannseigenschaft vorliegen darf.

Die Vorschriften des Handelsgesetzbuches gelten grundsätzlich **nicht für Land- und Forstwirte**. Erfordert ein land- und forstwirtschaftlicher Betrieb jedoch nach Art und Umfang einen in kaufmännischer Weise eingerichteten Geschäftsbetrieb, oder ist dem land- und forstwirtschaftlichen Betrieb ein gewerblicher Nebenbetrieb (z. B. Sägewerk, Mühle) angegliedert, so kann der Land- und Forstwirt den Haupt- oder Nebenbetrieb ins Handelsregister eintragen lassen und dadurch Kaufmannseigenschaft erlangen. Ein Zwang dazu besteht aber nicht. Man spricht deshalb auch hier von **„Kannkaufleuten"**.[17] Schließlich wird die Kaufmannseigenschaft aufgrund der Organisationsform erworben. Personenhandelsgesellschaften sind untrennbar mit dem Betrieb eines Handelsgewerbes verbunden. Somit besteht ohnehin Kaufmannseigenschaft. Kapitalgesellschaften sind kraft ihrer Rechtsform Kaufleute im Sinne des HGB (**„Formkaufleute"**).[18]

Es lässt sich damit festhalten, dass alle im Handelsregister eingetragenen Betriebe – abgesehen von den kleingewerbetreibenden Einzelkaufleuten i.S.d. § 241a HGB – handelsrechtlich der Buchführungspflicht unterliegen. Für freiberuflich Tätige und für die Land- und Forstwirtschaft gibt es grundsätzlich keine handelsrechtlichen Buchführungspflichten.

Die Buchführungspflicht umfasst auch die Verpflichtung des Betriebes, „eine mit der Urschrift übereinstimmende Wiedergabe der abgesandten Handelsbriefe (Kopie, Abdruck, Abschrift oder sonstige Wiedergabe des Wortlauts auf einem Schrift-, Bild- oder anderen Datenträger) zurückzubehalten".[19]

Der Betrieb ist außerdem nach § 240 Abs. 1 HGB zur Aufstellung eines **Inventars** verpflichtet, d.h., er hat „zu Beginn seines Handelsgewerbes seine Grundstücke, seine Forderungen und Schulden, den Betrag seines baren Geldes sowie seine sonstigen Vermögensgegenstände genau zu verzeichnen und dabei den Wert der einzelnen Vermögensgegenstände und Schulden anzugeben". Diese art-, mengen- und wertmäßige Erfassung der Bestände ist sowohl die Grundlage für die erste Eröffnungsbilanz und die daraus abgeleiteten Konten der Buchführung als auch die Grundlage für die Abschlussbuchungen zur Vorbereitung des Jahresabschlusses.

Die Buchführungspflicht entsteht mit Beginn des Handelsgewerbes, bei Kannkaufleuten mit Handelsregistereintragung und bei Formkaufleuten mit ihrer Gründung.

2.1.2 Der nach steuerrechtlichen Vorschriften zur Buchführung verpflichtete Personenkreis

2.1.2.1 Buchführungs- und Aufzeichnungspflichten nach der Abgabenordnung

Eine Buchführungs- und Aufzeichnungspflicht für steuerliche Zwecke ergibt sich aus den Bestimmungen der **Abgabenordnung**. § 140 AO bestimmt, dass jeder, der nach anderen Gesetzen als den Steuergesetzen Bücher und Aufzeichnungen zu führen hat, die für die

---

[17] Vgl. § 3 HGB.

[18] Vgl. § 6 HGB.

[19] § 238 Abs. 2 HGB.

Besteuerung von Bedeutung sind, die Verpflichtungen, die ihm nach diesen Gesetzen obliegen, auch im Interesse der Besteuerung zu erfüllen hat (sog. derivative Buchführungspflicht). Damit werden nicht nur die handelsrechtlichen Buchführungsvorschriften automatisch ins Steuerrecht übernommen, sondern auch spezielle Aufzeichnungspflichten, die bestimmte Betriebe zur Führung von Büchern verpflichten. Derartige Aufzeichnungspflichten ergeben sich z. B. aus dem Depotgesetz (§ 14), dem Steuerberatungsgesetz (§ 21) und dem Wohnungseigentumsgesetz (§ 28).[20] Diese Aufzeichnungen sind für steuerliche Zwecke auch dann zu führen, wenn sich aus § 141 Abs. 1 AO keine Verpflichtung zur Buchführung ergibt.

Sind aber die Voraussetzungen des § 141 Abs. 1 AO erfüllt, ergibt sich die (originäre) Pflicht, Bücher zu führen und aufgrund jährlicher Bestandsaufnahmen regelmäßig Abschlüsse zu erstellen. Das bedeutet, dass Betriebe, die handelsrechtlich nicht buchführungspflichtig sind, steuerrechtlich in den Kreis der buchführungspflichtigen Kaufleute aufgenommen werden, wenn § 141 Abs. 1 AO auf sie zutrifft.

Für die Gewinnermittlung ist für Gewerbetreibende § 5 Abs. 1 EStG maßgebend. Nach Satz 1 dieser Vorschrift haben alle Gewerbetreibenden, die aufgrund gesetzlicher (nicht nur handelsrechtlicher) Vorschriften verpflichtet sind, Bücher zu führen und regelmäßig Abschlüsse zu machen oder dies freiwillig tun, für den Schluss des Wirtschaftsjahrs das Betriebsvermögen anzusetzen, das nach handelsrechtlichen Grundsätzen ordnungsmäßiger Buchführung auszuweisen ist (**vollständiger Betriebsvermögensvergleich**). Die Steuerbilanz ist in diesem Falle eine für steuerliche Zwecke korrigierte Handelsbilanz (**derivative Steuerbilanz**). Buchführungspflichtige Land- und Forstwirte sowie Land- und Forstwirte und freiberuflich Tätige, die freiwillig Bücher führen, können ihren Gewinn nach § 4 Abs. 1 EStG durch einen **Teilbetriebsvermögensvergleich** ermitteln, d. h., das Betriebsvermögen ist nicht nach handelsrechtlichen Grundsätzen ordnungsmäßiger Buchführung, sondern nur nach steuerrechtlichen Vorschriften zu ermitteln (**originäre Steuerbilanz**).

In H 5.1 EStR, Stichwort „Gesetzliche Vorschriften", werden als gesetzliche Vorschriften im Sinne des § 5 Abs. 1 Satz 1 EStG ausdrücklich die handelsrechtlichen Vorschriften (§§ 238, 240, 242, 264-264c, 336, 340a und 341a HGB) und die Vorschrift des § 141 AO genannt. Der Kreis der Buchführungspflichtigen wird somit durch die Abgabenordnung gegenüber den handelsrechtlichen Vorschriften erweitert.

Im Einzelnen bestimmt § 141 Abs. 1 AO: „Gewerbliche Unternehmen sowie Land- und Forstwirte, die nach den Feststellungen der Finanzbehörde für den einzelnen Betrieb

1. Umsätze einschl. der steuerfreien Umsätze, ausgenommen die Umsätze nach § 4 Nr. 8 bis 10 des Umsatzsteuergesetzes, von mehr als 500.000 € im Kalenderjahr oder

2. (weggefallen)

3. selbstbewirtschaftete land- und forstwirtschaftliche Flächen mit einem Wirtschaftswert (§ 46 des Bewertungsgesetzes) von mehr als 25.000 € oder

4. einen Gewinn aus Gewerbebetrieb von mehr als 50.000 € im Wirtschaftsjahr oder

---

[20] Eine Aufzählung der Bestimmungen findet sich im Einführungserlass zur AO 1977, BStBl 1976 I, S. 600 ff.

5. einen Gewinn aus Land- und Forstwirtschaft von mehr als 50.000 € im Kalenderjahr

gehabt haben, sind auch dann verpflichtet, für diesen Betrieb Bücher zu führen und auf Grund jährlicher Bestandsaufnahmen Abschlüsse zu machen, wenn sich eine Buchführungspflicht nicht aus § 140 ergibt."[21]

In diesen Fällen beginnt die Buchführungspflicht nicht mit dem Überschreiten der angegebenen Grenzen, sondern erst mit Beginn des Kalenderjahrs, das dem Jahr folgt, in welchem dem Betrieb die Buchführungspflicht durch die Finanzbehörde bekannt gegeben wurde.

Damit wird der Kreis der zur Buchführung für steuerliche Zwecke Verpflichteten – wie oben bereits erwähnt – im Interesse einer Gleichmäßigkeit der Besteuerung über die Personen hinaus ausgedehnt, die aufgrund handelsrechtlicher Vorschriften zur Führung von Büchern verpflichtet sind. Es werden vor allem Gewerbetreibende ohne Kaufmannseigenschaft und Land- und Forstwirte zusätzlich erfasst.

2.1.2.2 Aufzeichnungspflichten für die Umsatzbesteuerung

Auch für die Umsatzbesteuerung muss der Betrieb Aufzeichnungen erstellen, aus denen zu ersehen ist, welche Entgelte erzielt wurden, die nach § 1 UStG der Umsatzsteuer unterliegen. Durch Einführung des Mehrwertsteuersystems (01.01.1968) sind die Aufzeichnungspflichten erheblich erweitert worden. Sie sind unabhängig davon zu erfüllen, ob der Betrieb sonst nach handels- oder steuerrechtlichen Vorschriften buchführungspflichtig ist oder nicht. Entscheidend ist, dass es sich um einen Unternehmer oder ein Unternehmen im Sinne des § 2 Abs. 1 UStG handelt. Danach ist **Unternehmer**, wer eine gewerbliche oder berufliche Tätigkeit selbstständig ausübt. Gewerblich oder beruflich ist jede nachhaltige Tätigkeit zur Erzielung von Einnahmen, auch wenn die Absicht, Gewinn zu erzielen, fehlt.

Die Aufzeichnungen für Zwecke der Umsatzsteuer haben die Aufgabe, die Steuerbemessungsgrundlage nach den Vorschriften des UStG festzustellen. **Besteuerungsmaßstab** für Lieferungen und sonstige Leistungen und beim innergemeinschaftlichen Erwerb sind das Entgelt abzüglich der Umsatzsteuer (Solleinnahme)[22] oder die Selbstkosten[23] der entnommenen Gegenstände (bzw. die bei der Ausführung der Umsätze entstandenen Kosten) und für die Einfuhr der Wert des eingeführten Gegenstandes nach den jeweiligen Vorschriften über den Zollwert.[24] Es sind Vorkehrungen zu treffen, die die Erfassung von Umsatzsteuer und Vorsteuer ermöglichen (zu Einzelheiten wird auf § 22 UStG verwiesen).

Zur Vereinfachung des Besteuerungsverfahrens können Unternehmer, die nicht verpflichtet sind, Bücher zu führen und aufgrund jährlicher Bestandsaufnahmen regelmäßig Abschlüsse zu machen, und deren Umsatz in den einzelnen Berufs- und Gewerbezweigen im vorangegangenen Jahr 61.356 € nicht überschritten hat, die abzuziehenden Vorsteuern gem. § 69

---

[21] Im Zuge des Zweiten Gesetzes zum Abbau bürokratischer Hemmnisse insbesondere in der mittelständischen Wirtschaft wurde die Gewinnschwelle von 30.000 € auf 50.000 € angehoben. Vgl. Art. 5 des Zweiten Gesetzes zum Abbau bürokratischer Hemmnisse insbesondere in der mittelständischen Wirtschaft vom 07.09.2007, BGBl I 2007, S. 2246.

[22] Vgl. § 10 Abs. 1 UStG.

[23] Vgl. § 10 Abs. 4 UStG.

[24] Vgl. § 11 Abs. 1 UStG.

UStDV i. V. m. § 23 UStG **nach Durchschnittssätzen** berechnen. In diesen Fällen erfolgt nach § 66 UStDV eine Befreiung von den Aufzeichnungspflichten i. S. des § 22 Abs. 2 Nr. 5 und 6 UStG, d. h., die Aufzeichnung der Entgelte für die beschafften Güter und der darin enthaltenen Vorsteuern entfällt.

2.1.2.3 Sonstige Buchführungs- und Aufzeichnungspflichten

Buchführungspflichtige Land- und Forstwirte haben „neben den jährlichen Bestandsaufnahmen und den jährlichen Abschlüssen ein Anbauverzeichnis zu führen. In dem Anbauverzeichnis ist nachzuweisen, mit welchen Fruchtarten die selbstbewirtschafteten Flächen im abgelaufenen Wirtschaftsjahr bestellt waren"[25].

Für alle Steuerpflichtigen, die den Gewinn nach § 4 Abs. 1 oder § 5 EStG ermitteln, bestehen gem. § 4 Abs. 7 EStG **besondere Aufzeichnungspflichten** für folgende Aufwendungen, die einzeln und getrennt von den sonstigen Betriebsausgaben erfasst werden müssen:[26]

- Aufwendungen für Geschenke an Personen, die nicht Arbeitnehmer des Steuerpflichtigen sind (§ 4 Abs. 5 Nr. 1 EStG),

- Aufwendungen für die Bewirtung von Personen aus geschäftlichem Anlass, soweit sie 70 % der Aufwendungen übersteigen, die nach der allgemeinen Verkehrsauffassung als angemessen anzusehen und deren Höhe und betriebliche Veranlassung nachgewiesen sind (§ 4 Abs. 5 Nr. 2 EStG),

- Aufwendungen für Einrichtungen des Steuerpflichtigen, soweit sie der Bewirtung, Beherbergung oder Unterhaltung von Personen, die nicht Arbeitnehmer des Steuerpflichtigen sind, dienen (Gästehäuser) (§ 4 Abs. 5 Nr. 3 EStG),

- Aufwendungen für Jagd, Fischerei, Segel- oder Motorjachten u. Ä. (§ 4 Abs. 5 Nr. 4 EStG),

- Aufwendungen für ein häusliches Arbeitszimmer sowie die Kosten der Ausstattung (§ 4 Abs. 6b EStG),

- andere Aufwendungen, die die Lebensführung des Steuerpflichtigen oder anderer Personen berühren, soweit sie nach allgemeiner Verkehrsauffassung als unangemessen anzusehen sind (§ 4 Abs. 7 EStG).

Auch die **Verbrauchsteuergesetze** schreiben Aufzeichnungen und buchmäßige Nachweise zum Zweck der Steuerüberwachung vor. So sind z. B. für die Biersteuer ein Biersteuerbuch oder für die Energiesteuer ein Verwendungs- und Energielagerbuch zu führen.[27]

Auch aus der Tatsache, dass die Betriebe verpflichtet sind, **für dritte Personen Steuern einzubehalten**, entstehen steuerliche Buchführungsvorschriften. § 38 Abs. 3 EStG verlangt vom Arbeitgeber, dass er bei jeder Lohnzahlung die Lohnsteuer für den Arbeitnehmer ein-

---

[25] § 142 AO.

[26] Zwar handelt es sich bei diesen Aufwendungen um Betriebsausgaben, aber ihre Abzugsfähigkeit ist entweder vollständig oder teilweise eingeschränkt. Soweit diese Aufwendungen nicht vom Abzug ausgeschlossen sind, hat ein Verstoß gegen die Aufzeichnungspflichten zur Folge, dass auch die teilweise abziehbaren Aufwendungen nicht abgezogen werden können.

[27] Vgl. § 10 Abs. 2 BierStV, § 19 Abs. 2 EnergieStV.

behält und an das Finanzamt abführt. Die ordnungsmäßige Durchführung dieser Verpflichtung ist buchmäßig zu belegen und muss jederzeit nachgeprüft werden können. Zu diesem Zweck schreiben § 41 Abs. 1 EStG und § 4 LStDV vor, dass der Arbeitgeber am Ort der Betriebsstätte für jeden Arbeitnehmer ein **Lohnkonto** zu führen hat, aus dem neben den Personalien u. a. der Tag der Lohnzahlung und der Lohnzahlungszeitraum, der gezahlte Arbeitslohn ohne jeden Abzug, getrennt nach Barlohn und Sachbezügen, die einbehaltene Lohnsteuer sowie die gezahlten Bezüge, die steuerfrei sind oder für die Ermäßigungen bestehen, zu ersehen sind. Das Lohnkontoblatt ist nach § 41 Abs. 1 Satz 10 EStG bis zum Ablauf des sechsten Kalenderjahrs, das auf die zuletzt eingetragene Lohnzahlung folgt, aufzubewahren.

Neben der Lohnsteuer müssen die Betriebe auch die **Kapitalertragsteuer** bei Ausschüttung von Kapitalerträgen einbehalten und an das Finanzamt abführen. Nach § 43 Abs. 1 EStG wird die Einkommensteuer durch Abzug vom Kapitalertrag u. a. bei Gewinnanteilen (Dividenden) aus Beteiligungen an Kapitalgesellschaften und Erwerbs- und Wirtschaftsgenossenschaften, bei Einkünften aus der Beteiligung an einem Betrieb als typischer stiller Gesellschafter und bei Zinsen erhoben. Die Aufzeichnungspflichten bestehen hier darin, dass der zur Abführung der Kapitalertragsteuer verpflichtete Betrieb dem Finanzamt eine Anmeldung einzureichen hat, die mit der Versicherung zu versehen ist, dass die Angaben vollständig und richtig sind.[28]

2.1.2.4 Aufzeichnung des Wareneingangs und Warenausgangs

Wichtige Kontrollmittel zur Überprüfung des Buchführungsergebnisses durch eine Nachkalkulation sind gesonderte Aufzeichnungen über Warenein- und -ausgänge. Aus diesem Grunde ergingen bereits 1935 bzw. 1936 besondere Verordnungen über die Führung eines Wareneingangsbuches[29] bzw. eines Warenausgangsbuches.[30] Beide Verordnungen wurden mit In-Kraft-Treten der AO 1977 aufgehoben, ihr Inhalt jedoch im Wesentlichen in die Abgabenordnung übernommen.[31] Nach § 143 Abs. 2 AO sind **beim Wareneingang** sämtliche erworbenen Waren aufzuzeichnen, einschl. der Rohstoffe, Halbfabrikate und Hilfsstoffe, die der Unternehmer im Rahmen seines gewerblichen Betriebs zur Weiterveräußerung oder zum Verbrauch erwirbt. Zu erfassen sind das Datum des Wareneingangs oder der Rechnung, der Name und die Anschrift des Lieferanten, die handelsübliche Bezeichnung und der Preis der Ware. Abzüge (Skonti) und Warenrücksendungen sind nicht mit den Einkaufspreisen zu verrechnen, sondern für sich anzugeben. Verlangt werden ferner ein Hinweis auf den Beleg (Rechnung, Kassenzettel, Quittung) und die Angabe, wo er aufbewahrt wird.

Da nach § 144 AO zusätzlich sämtliche **Warenausgänge** analog aufgezeichnet werden müssen und dem Abnehmer ein Beleg zu erteilen ist, hat die Finanzverwaltung mittels dieser Aufzeichnungen ein wichtiges Kontrollmittel in der Hand, um Kleinbetriebe zu überprüfen.

---

[28] § 45 a Abs. 1 EStG.

[29] Verordnung über die Führung eines Wareneingangsbuches vom 20.06.1935, RStBl 1935 I, S. 881; übernommen in § 143 AO.

[30] Verordnung über die Verbuchung des Warenausganges vom 20.06.1936, RGBl 1936, S. 507 f.; übernommen in § 144 AO.

[31] Vgl. §§ 143, 144 AO 1977.

Auf diese Weise ist der gesamte Warenverkehr vom Hersteller über den Großhändler zum Einzelhändler unter die Kontrolle der Finanzbehörden gebracht worden. Bei Betriebsprüfungen lässt es sich relativ leicht feststellen, wenn Wareneingänge vom Abnehmer nicht in den Wareneingangsaufzeichnungen erfasst worden sind. Auf Land- und Forstwirte, die nach § 141 AO buchführungspflichtig sind, dehnt § 144 Abs. 5 AO die Vorschriften über die Aufzeichnung des Warenausgangs mit dem Ziel aus, auch den gewerblichen Handel mit land- und forstwirtschaftlichen Erzeugnissen steuerlich zu überwachen.

Für die Form der Aufzeichnungen bestehen keine ausdrücklichen Vorschriften. Insbesondere ist es nicht erforderlich, dass ein gesondertes Wareneingangs- bzw. Warenausgangsbuch geführt wird. Es genügt bei buchführungspflichtigen Gewerbetreibenden z. B. die Führung eines Warenkontos oder bei der sog. „Offene-Posten-Buchführung" eine gesonderte Ablage der Belege.

2.2 Gesetzliche Vorschriften zur Aufstellung des Jahresabschlusses

2.2.1 Nach dem HGB zur Rechnungslegung verpflichtete Unternehmen

2.2.1.1 Die Vorschriften für Unternehmen aller Rechtsformen

Nach § 242 Abs. 1 HGB ist jeder Kaufmann verpflichtet, „zu Beginn seines Handelsgewerbes und für den Schluss eines jeden Geschäftsjahrs einen das Verhältnis seines Vermögens und seiner Schulden darstellenden Abschluss (Eröffnungsbilanz, Bilanz) aufzustellen". Darüber hinaus muss er gem. § 242 Abs. 2 HGB für den Schluss eines jeden Geschäftsjahrs auch eine Gewinn- und Verlustrechnung anfertigen. Die Bilanz und die Gewinn- und Verlustrechnung bilden zusammen den **Jahresabschluss**.[32] Eine Sonderregelung gilt für sog. **kleingewerbetreibende Einzelkaufleute i.S.d. § 241a HGB**, wonach Einzelkaufleute, die an zwei aufeinanderfolgenden Abschlussstichtagen nicht mehr als **500.000 € Umsatzerlöse** aufweisen und deren **Jahresüberschuss** an diesen Abschlussstichtagen den Betrag von **50.000 €** nicht übersteigt, von der Pflicht zur Aufstellung einer Bilanz und einer Gewinn- und Verlustrechnung befreit sind.[33] Ihnen ist es jedoch freigestellt, freiwillig Bücher zu führen oder alternativ ihren Gewinn nach § 4 Abs. 3 EStG zu ermitteln. Der Begriff „Kaufmann" umfasst die in den §§ 1 bis 3, 5 und 6 HGB aufgeführten Kaufleute, beschränkt sich also nicht auf das Einzelunternehmen, sondern bezieht sich auch auf Personen- und Kapitalgesellschaften sowie Genossenschaften.

Unter **Eröffnungsbilanz** ist in diesem Zusammenhang in der Regel die Gründungsbilanz bei der Geschäftseröffnung zu verstehen. Eröffnungsbilanzen sind auch zu erstellen, wenn ein Unternehmen seine Rechtsform im Wege der Liquidation und Einzelübertragung des Vermögens und der Schulden auf die neue Rechtsform (Umgründung) ändert.

Der maßgebende **Stichtag des Beginns des Handelsgewerbes** hängt von der Kaufmannseigenschaft bzw. von der Rechtsform ab. Da Kapitalgesellschaften als juristische Personen erst mit der Eintragung ins Handelsregister entstehen, ist die Eröffnungsbilanz auf den Ein-

---

[32] Vgl. § 242 Abs. 3 HGB.

[33] Vgl. § 242 Abs. 4 HGB.

tragungsstichtag aufzustellen. Bei Einzelunternehmen und Personengesellschaften, die ein Handelsgewerbe i. S. des § 1 HGB betreiben, ist der Stichtag für die Eröffnungsbilanz der Tag der Aufnahme des Geschäftsbetriebs. Bei Kannkaufleuten i. S. des § 2 bzw. des § 3 HGB ist der maßgebende Stichtag für die Eröffnungsbilanz der Tag der Eintragung in das Handelsregister.

Die **Dauer des Geschäftsjahrs** darf nach § 240 Abs. 2 Satz 2 HGB zwölf Monate nicht überschreiten. Das Geschäftsjahr muss nicht mit dem Kalenderjahr übereinstimmen. Abweichungen vom Kalenderjahr sind z. B. bei Saisonbetrieben anzutreffen.

Das HGB schreibt für Nicht-Kapitalgesellschaften keine fest fixierte Aufstellungsfrist für den Jahresabschluss vor. Nach § 243 Abs. 3 HGB ist der Jahresabschluss „innerhalb der einem ordnungsmäßigen Geschäftsgang entsprechenden Zeit aufzustellen". Für die Aufstellung der Steuerbilanz, die als aus der Handelsbilanz abgeleitete Bilanz[34] die vorherige Aufstellung der Handelsbilanz voraussetzt, sieht der BFH eine Frist von einem Jahr nach Abschluss des Geschäftsjahrs noch als fristgerecht an.[35] Unter Abwägung der mit dem Jahresabschluss verbundenen Arbeitsbelastung einerseits und dem Anspruch der Gläubiger und Gesellschafter auf eine aktuelle Rechnungslegung andererseits wird ein Zeitraum von 6 bis 9 Monaten als angemessen angesehen.[36]

Seit 2001 ist die Aufstellung des Jahresabschlusses in € verpflichtend, nachdem nach der Einführung des Euro zum 01.01.1999 alternativ auch die Aufstellung in DM zulässig war.

2.2.1.2 Die ergänzenden Vorschriften für Kapitalgesellschaften und Genossenschaften

Obwohl die dargestellten Vorschriften des HGB für alle Kaufleute gelten, werden sie in § 264 Abs. 1 HGB für Kapitalgesellschaften und in § 336 Abs. 1 HGB für Genossenschaften dahingehend erweitert, dass diese Unternehmen den grundsätzlich aus Bilanz und Gewinn- und Verlustrechnung bestehenden Jahresabschluss um einen **Anhang** zu erweitern und außerdem einen **Lagebericht** aufzustellen haben. Kleine Kapitalgesellschaften (§ 267 Abs. 1 HGB) brauchen den Lagebericht gemäß § 264 Abs. 1 Satz 4 HGB nicht aufzustellen. Die strengeren Rechnungslegungsvorschriften für Kapitalgesellschaften werden mit der Haftungsbeschränkung gegenüber den Gläubigern begründet. Die ergänzenden Rechnungslegungsvorschriften für Kapitalgesellschaften werden in der Strenge ihrer Anwendung nach Größenmerkmalen differenziert.

§ 267 HGB unterscheidet **drei Größenklassen** von Kapitalgesellschaften: kleine, mittelgroße und große. Dabei wirkt sich die Differenzierung nach Größenmerkmalen einerseits auf die Aufstellungsfristen für den Jahresabschluss und den Lagebericht aus, andererseits auf die Tiefe der Gliederung von Bilanz und Gewinn- und Verlustrechnung sowie auf den Umfang der Angaben im Anhang. Ferner bestehen Unterschiede im Umfang und in der Form der Offenlegung des Jahresabschlusses. Außerdem unterliegen kleine Kapitalgesellschaften

---

[34] Vgl. § 5 Abs. 1 EStG.

[35] Vgl. BFH-Urteile vom 25.04.1978, BStBl 1978 II, S. 525; vom 28.10.1981, BStBl 1982 II, S. 485; vom 06.12.1983, BStBl 1984 II, S. 227.

[36] Vgl. *Baetge, J., Fey, D., Fey, G.*, in: *Küting, K., Weber, C.-P.*, Handbuch der Rechnungslegung, 5. Aufl., Stuttgart 2002 ff. (Loseblatt), § 243 HGB, Rn. 93.

nach § 316 Abs. 1 HGB nicht der **Pflicht zur Prüfung des Jahresabschlusses** und des Lageberichts. Die Größenmerkmale gelten entsprechend für Genossenschaften.[37]

In diesem Kontext werden nach § 267 HGB die drei Größenklassen folgendermaßen abgegrenzt:

Wenn an zwei aufeinanderfolgenden Abschlussstichtagen mindestens zwei der folgenden Merkmale zutreffen,	handelt es sich um eine		
	kleine Kapitalgesellschaft[1)]	mittlere Kapitalgesellschaft[1)]	große Kapitalgesellschaft[1)]
Bilanzsumme in €[2)]	≤ 4,84 Mio.	≤ 19,25 Mio.	> 19,25 Mio.
Umsatzerlöse in €	≤ 9,68 Mio.	≤ 38,5 Mio.	> 38,5 Mio.
Arbeitnehmer[3)]	≤ 50	≤ 250	> 250

1) Kapitalgesellschaften i.S.d. § 264d HGB gelten stets als große (§ 267 Abs. 3 Satz 2 HGB).
2) Ein auf der Aktivseite ausgewiesener Fehlbetrag muss abgezogen werden (§ 268 Abs. 3 HGB).
3) Als durchschnittliche Zahl der Arbeitnehmer gilt der vierte Teil der Summe aus den Zahlen der jeweils am 31.03., 30.06., 30.09. und 31.12. beschäftigten Arbeitnehmer einschl. der im Ausland beschäftigten Arbeitnehmer, jedoch ohne die Auszubildenden (§ 267 Abs. 5 HGB).

Große und mittelgroße Kapitalgesellschaften haben ihren Jahresabschluss und Lagebericht **in den ersten drei Monaten** des Geschäftsjahrs für das vergangene Geschäftsjahr aufzustellen, kleine Kapitalgesellschaften können diese Frist **bis auf sechs Monate** ausdehnen, „wenn dies einem ordnungsgemäßen Geschäftsgang entspricht"[38]. **Für Genossenschaften** beträgt diese Frist nach § 336 Abs. 1 HGB unabhängig von der Größe fünf Monate. Durch das Kapitalgesellschaften- und Co-Richtlinie-Gesetz[39] sind seit dem 01.01.2000 die Vorschriften der §§ 264-330 HGB auch anzuwenden auf OHG und KG, bei denen nicht wenigstens ein persönlich haftender Gesellschafter eine natürliche Person oder eine Personenhandelsgesellschaft mit einer natürlichen Person als persönlich haftendem Gesellschafter ist (Kapitalgesellschaften & Co). Sie unterliegen somit den (größenabhängigen) Regelungen zur Aufstellung, Prüfung und Offenlegung des Jahresabschlusses, wie sie auch für Kapitalgesellschaften gelten.[40]

In diesem Zusammenhang hatten bisher kleine und mittelgroße Kapitalgesellschaften (& Co) ihre Rechnungslegungsunterlagen dem jeweils zuständigen Handelsregister einzureichen. Große Kapitalgesellschaften (& Co) hatten gem. § 325 Abs. 1 i.V.m. Abs. 2 HGB a.F. ihre Rechnungslegungsunterlagen zunächst im Bundesanzeiger bekannt zu machen und anschließend die Bekanntmachung unter Beifügung der Rechnungslegungsunterlagen zum Handelsregister einzureichen. Mittelgroße und kleine Kapitalgesellschaften hatten im Bun-

---

[37] Vgl. § 336 Abs. 2 HGB mit Verweis u. a. auf § 267 HGB.

[38] § 264 Abs. 1 Satz 4 HGB.

[39] KapCoRiLiG – vom 24.02.2000, BGBl 2000 I, S. 154.

[40] Vgl. dazu z.B. *Strobel, W.*, Die Neuerungen des KapCoRiLiG für den Einzel- und Konzernabschluss, DB 2000, S. 53 ff.

desanzeiger hingegen nur bekannt zu machen, bei welchem Handelsregister und unter welcher Nummer die Unterlagen eingereicht worden sind.

Am 01.01.2007 ist das Gesetz über elektronische Handelsregister und Genossenschaftsregister sowie das Unternehmensregister (EHUG) vom 10.11.2006[41] in Kraft getreten, im Rahmen dessen europarechtliche Vorgaben der Publizitätsrichtlinie und der Transparenzrichtlinie umgesetzt wurden sowie weitreichende Änderungen für den Rechtsverkehr mit den Handelsregistern und für die Veröffentlichung und den Abruf von Unternehmensdaten vorgenommen wurden. Seitdem haben alle Kapitalgesellschaften (& Co.) ihre Rechnungslegungsunterlagen beim elektronischen Bundesanzeiger einzureichen und dort vollständig bekannt zu machen. Hingegen entfällt nach § 325 Abs. 1 bis 3 HGB n.F. die Einreichung zum Handelsregister. Dabei sind über die Internetseite des zentralen Unternehmensregisters (http://www.unternehmensregister.de) alle wesentlichen publikationspflichtigen Daten abrufbar und hierdurch allgemein einsehbar („one stop shop").

Der Jahresabschluss ist gem. § 325 Abs. 1 Satz 2 HGB unverzüglich nach seiner Vorlage an die Gesellschafter, spätestens aber innerhalb von zwölf Monaten nach dem Abschlussstichtag einzureichen. Abweichend davon gilt gem. § 325 Abs. 4 HGB eine Frist von nur vier Monaten für Gesellschaften i.S.d. § 264d HGB.

2.2.2 Nach dem HGB zur Aufstellung eines Konzernabschlusses verpflichtete Unternehmen

Das HGB verzichtet auf eine gesetzliche Definition des Konzernbegriffs und fasst den Kreis der verbundenen Unternehmen wesentlich enger als das Aktiengesetz. Nach § 271 Abs. 2 HGB sind verbundene Unternehmen „solche Unternehmen, die als Mutter- oder Tochterunternehmen (§ 290) in den Konzernabschluss eines Mutterunternehmens nach den Vorschriften über die Vollkonsolidierung einzubeziehen sind, das als oberstes Mutterunternehmen den am weitestgehenden Konzernabschluss ... aufzustellen hat, auch wenn die Aufstellung unterbleibt, oder das einen befreienden Konzernabschluss nach § 291 oder nach einer nach § 292 erlassenen Rechtsverordnung aufstellt oder aufstellen könnte; Tochterunternehmen, die nach § 296 nicht einbezogen werden, sind ebenfalls verbundene Unternehmen".

Nach dieser Definition ist der Inhalt des Begriffs „verbundene Unternehmen" im HGB „identisch mit dem Begriff ‚Konzernunternehmen', und zwar unabhängig davon, ob das einzelne Konzernunternehmen in einen Konzernabschluss eines inländischen oder ausländischen Mutterunternehmens tatsächlich einbezogen wird und unabhängig davon, ob das Mutterunternehmen an der Spitze des betreffenden Gesamtkonzerns tatsächlich einen Konzernabschluß aufstellt oder nicht"[42].

Eine Kapitalgesellschaft ist dann nach § 290 Abs. 1 HGB zur Aufstellung eines Konzernabschlusses und eines Konzernlageberichts verpflichtet, wenn sie die Möglichkeit hat, auf ein anderes Unternehmen unmittelbar oder mittelbar einen **beherrschenden Einfluss** auszuüben. Ein solcher beherrschender Einfluss des Mutterunternehmens liegt vor, wenn

---

[41] BGBl I 2006, S. 2553.

[42] *Wysocki, K. von, Wohlgemuth, M.*, Konzernrechnungslegung, 3. Aufl., Tübingen, Düsseldorf 1986, S. 17; aktuell nicht mehr enthalten.

„1. ihm bei einem anderen Unternehmen die Mehrheit der Stimmrechte der Gesellschafter zusteht;

2. ihm bei einem anderen Unternehmen das Recht zusteht, die Mehrheit der Mitglieder des die Finanz- und Geschäftspolitik bestimmenden Verwaltungs-, Leitungs- oder Aufsichtsorgans zu bestellen oder abzuberufen, und es gleichzeitig Gesellschafter ist;

3. ihm das Recht zusteht, die Finanz- und Geschäftspolitik auf Grund eines mit einem anderen Unternehmen geschlossenen Beherrschungsvertrages oder auf Grund einer Bestimmung in der Satzung des anderen Unternehmens zu bestimmen oder

4. es bei wirtschaftlicher Betrachtung die Mehrheit der Risiken und Chancen eines Unternehmens trägt, das zur Erreichung eines eng begrenzten und genau definierten Ziels des Mutterunternehmens dient (Zweckgesellschaft).“[43]

Auch ist die **bloße Möglichkeit** eines beherrschenden Einflusses für das Eintreten der Konzernrechnungslegungspflicht bereits ausreichend; ob tatsächlich ein beherrschender Einfluss durch das Mutterunternehmen ausgeübt wird, ist also unerheblich.[44] Beschränkt sich der beherrschende Einfluss des Mutterunternehmens lediglich auf solche Tochterunternehmen, die nach § 296 HGB nicht in den Konzernabschluss einbezogen werden müssen, entfällt die Pflicht zur Aufstellung eines Konzernabschlusses und eines Konzernlageberichts.[45]

Den dem Mutterunternehmen nach § 290 Abs. 2 HGB zustehenden Rechten sind nach § 290 Abs. 3 HGB die Rechte, die einem Tochterunternehmen oder einer für Rechnung des Mutter- oder Tochterunternehmens handelnden Person zustehen, hinzuzurechnen. Rechte, die mit Anteilen verbunden sind, die vom Mutter- oder Tochterunternehmen für Rechnung einer anderen Person gehalten werden und hinsichtlich deren Ausübung bestimmte Voraussetzungen erfüllt sind, sind abzuziehen.

2.2.3 Nach dem Publizitätsgesetz zur Rechnungslegung verpflichtete Unternehmen

Unternehmen, die nicht Kapitalgesellschaften, Genossenschaften oder Versicherungsvereine auf Gegenseitigkeit sind und die bestimmte Größenmerkmale erfüllen, sind verpflichtet, statt nach den oben dargestellten Rechnungslegungsvorschriften für Unternehmen aller Rechtsformen nach den Vorschriften des Publizitätsgesetzes Rechnung zu legen. Diese besondere Rechnungslegungspflicht entsteht, wenn für ein Unternehmen für den Tag des Ablaufs eines Geschäftsjahrs (Abschlussstichtag) und für die zwei darauf folgenden Abschlussstichtage jeweils mindestens zwei der drei nachstehenden Merkmale zutreffen:

• Die Bilanzsumme einer auf den Abschlussstichtag aufgestellten Jahresbilanz übersteigt 65 Mio. €.

---

[43] § 290 Abs. 2 Nr. 1-4 HGB.

[44] Vgl. *Bieg, H., Kußmaul, H., Petersen, K., Waschbusch, G., Zwirner, C.*, Bilanzrechtsmodernisierungsgesetz – Bilanzierung, Berichterstattung und Prüfung nach dem BilMoG, München 2009, S. 173 f.

[45] Vgl. § 290 Abs. 5 HGB.

- Die Umsatzerlöse des Unternehmens in den zwölf Monaten vor dem Abschlussstichtag übersteigen 130 Mio. €.

- Das Unternehmen hat in den zwölf Monaten vor dem Abschlussstichtag durchschnittlich mehr als 5.000 Arbeitnehmer beschäftigt.[46]

Nach § 5 Abs. 1 PublG haben die vom Publizitätsgesetz betroffenen Unternehmen den Jahresabschluss im Sinne des § 242 HGB, also die Bilanz und Gewinn- und Verlustrechnung, in den ersten drei Monaten des Geschäftsjahrs aufzustellen. Soweit ein Unternehmen nicht in der Rechtsform eines Einzelunternehmens oder einer Personenhandelsgesellschaft geführt wird, hat es den Jahresabschluss um einen Anhang zu erweitern und einen Lagebericht zu erstellen.[47]

Kapitalmarktorientierte Unternehmen, die in den Anwendungsbereich des PublG fallen, haben dem Jahresabschluss einen Anhang beizufügen; falls es sich bei diesen Unternehmen um kapitalmarktorientierte Unternehmen handelt, die keinen Konzernabschluss aufzustellen haben, ist der Jahresabschluss außerdem um eine **Kapitalflussrechnung** sowie einen **Eigenkapitalspiegel** zu erweitern, während eine **Segmentberichterstattung** nicht verpflichtend ist.[48] Ziel dieser Vorschrift ist es, eine Gleichbehandlung aller kapitalmarktorientierten Unternehmen zu erreichen, und zwar unabhängig davon, ob sie nun nach den Vorschriften des HGB oder aber nach den Vorschriften des PublG zur Rechnungslegung verpflichtet sind.[49]

Bei der Aufstellung des Jahresabschlusses sind die Vorschriften über die **Gliederung** der Bilanz und der Gewinn- und Verlustrechnung der Kapitalgesellschaften „sinngemäß" anzuwenden. Für Einzelunternehmen und Personenhandelsgesellschaften gelten nach § 5 Abs. 4 und 5 PublG Besonderheiten. So fordert § 5 Abs. 4 PublG eine strenge Trennung zwischen Betriebs- und Privatvermögen. Letzteres darf nicht in die Bilanz aufgenommen werden. Ebenso dürfen auf das Privatvermögen entfallende Aufwendungen und Erträge nicht in der Gewinn- und Verlustrechnung erscheinen. Die Gliederung der Gewinn- und Verlustrechnung darf nach den für das jeweilige Unternehmen geltenden Bestimmungen vorgenommen werden.

Der Jahresabschluss und der Lagebericht von Unternehmen, die dem Publizitätsgesetz unterliegen, sind durch einen Abschlussprüfer zu prüfen[50] und unter sinngemäßer Anwendung der Offenlegungsvorschriften für Kapitalgesellschaften **offen zu legen**.[51]

---

[46] Vgl. § 1 Abs. 1 PublG.

[47] Vgl. § 5 Abs. 2 PublG.

[48] Vgl. § 5 Abs. 2a PublG.

[49] Vgl. *Petersen, K., Zwirner, C.,* in: *Petersen, K., Zwirner, C.,* Bilanzrechtsmodernisierungsgesetz, München 2009, § 5 PublG, S. 610.

[50] Vgl. § 6 PublG.

[51] Vgl. § 9 PublG.

2.2.4 Rechnungslegung nach internationalen Rechnungslegungsvorschriften (IFRS)

Um die Harmonisierung der handelsrechtlichen Rechnungslegung in Europa voranzutreiben, beschlossen das EU-Parlament und der EU-Ministerrat die EU-Verordnung vom 19.07.2002[52] über die Anwendung internationaler Rechnungslegungsstandards. Damit soll ein hoher Grad an Transparenz und Vergleichbarkeit der Abschlüsse kapitalmarktorientierter Unternehmen erreicht und der Aufbau eines integrierten Kapitalmarkts ermöglicht werden.[53] Die EU-Verordnung sieht ab 01.01.2005 bzw. unter bestimmten Voraussetzungen ab 01.01.2007 die zwingende Anwendung der durch die EU-Kommission in einem besonderen Verfahren, dem sog. Komitologieverfahren[54], angenommenen **internationalen Rechnungslegungsstandards (IFRS)** auf die Konzernabschlüsse börsennotierter Mutterunternehmen, die dem Recht eines EU-Mitgliedstaates unterliegen, vor. Zugleich wird den Mitgliedstaaten das Wahlrecht eingeräumt, die IFRS-Anwendung auch in den Einzelabschlüssen des eben genannten Unternehmenskreises, aber auch in den Einzel- und Konzernabschlüssen der restlichen Unternehmen zu gestatten oder vorzuschreiben.

Gem. § 315a Abs. 1 und 2 HGB i. d. F. des Bilanzrechtsreformgesetzes[55] müssen kapitalmarktorientierte Mutterunternehmen, die handelsrechtlich zur Aufstellung eines **Konzernabschlusses** verpflichtet sind (vgl. S. 30 f.), in Umsetzung der erwähnten EU-Verordnung über die Anwendung internationaler Rechnungslegungsstandards diesen ab 2005 nach IFRS aufstellen; eine Aufstellung nach den Regelungen des HGB kommt nicht mehr in Frage. Gem. § 315a Abs. 3 HGB besteht für alle nicht gem. Abs. 1 und 2 der gleichen Vorschrift ohnehin zur Konzernrechnungslegung nach IFRS verpflichteten Mutterunternehmen ein Wahlrecht zur freiwilligen Anwendung der IFRS für Zwecke des Konzernabschlusses.

Für **Zwecke des Einzelabschlusses** bleibt es weiterhin bei der HGB-Rechnungslegung, allerdings besteht gem. § 325 Abs. 2a HGB für nach § 325 Abs. 2 HGB zur Bundesanzeigerpublizität verpflichtete Kapitalgesellschaften die Möglichkeit, einen Einzelabschluss nach IFRS zu veröffentlichen. Für die Einreichung beim Handelsregister ist allerdings weiterhin ein HGB-Einzelabschluss erforderlich.[56] Des Weiteren hat der Gesetzgeber ausdrück-

---

[52] Verordnung Nr. 1606/2002 des Europäischen Parlaments und des Rates vom 19.07.2002 betreffend die Anwendung internationaler Rechnungslegungsstandards, ABl EU 2002, Nr. L 243, S. 1.

[53] Vgl. Kommission der Europäischen Gemeinschaften: Kommentare zu bestimmten Artikeln der Verordnung (EG) Nr. 1606/2002 des Europäischen Parlaments und des Rates vom 19. Juli 2002 betreffend die Anwendung internationaler Rechnungslegungsstandards und zur Vierten Richtlinie 78/660/EWG des Rates vom 25. Juli 1978 sowie zur Siebenten Richtlinie 83/349/EWG des Rates vom 13. Juni 1983 über Rechnungslegung, Brüssel 2003, S. 3.

[54] Das Komitologieverfahren besteht darin, dass die vom IASB „privat" verabschiedeten Rechnungslegungsstandards durch die Annahmeentscheidung der EU-Kommission in geltendes Recht umgesetzt werden. Vgl. *Bieg, H., Hossfeld, C., Kußmaul, H., Waschbusch, G.*, Handbuch der Rechnungslegung nach IFRS – Grundlagen und praktische Anwendung –, 2. Aufl., Düsseldorf 2009, S. 55 f.

[55] Gesetz zur Einführung internationaler Rechnungslegungsstandards und zur Sicherung der Qualität der Abschlussprüfung (Bilanzrechtsreformgesetz – BilReG) vom 04.12.2004, BGBl 2004 I, S. 3166.

[56] Vgl. dazu auch *Kußmaul, H., Tcherveniachki, V.*, Überlegungen zu der Entwicklung der Rechnungslegung mittelständischer Unternehmen im Kontext der Internationalisierung der Bilanzierungspraxis, DStR 2005, S. 616-621, s.b.S. 618.

lich betont, dass der HGB-Einzelabschluss weiterhin die Grundlage für die steuerliche Gewinnermittlung bildet (vgl. dazu S. 64 f.).[57]

Zusammenfassend lässt sich vor diesem Hintergrund festhalten, dass die deutschen Rechnungslegungsvorschriften eine Annäherung an international anerkannte Normen – dies sind aufgrund der Entwicklungen in der EU insb. die IFRS – erfahren haben. Dies erfolgte im besonderen Maße durch das Bilanzrechtsmodernisierungsgesetz (BilMoG)[58]. Ob der am 09.07.2009 vom International Accounting Standards Board (IASB) veröffentlichte **International Financial Reporting Standard for Small and Medium-sized Entities (IFRS for SMEs)**[59], welcher kleinen und mittelgroßen Unternehmen die Umstellung auf eine international anerkannte Rechnungslegung erleichtern soll, einen tatsächlichen Vorteil für den Bilanzierenden mit sich bringt, erscheint vor diesem Hintergrund mehr als fraglich,[60] zumal bereits vor der Änderung der handelsrechtlichen Vorschriften durch das BilMoG eine Bilanzierung nach den IFRS for SMEs unter Kosten-Nutzen-Gesichtspunkten abgelehnt wurde.[61]

---

[57] Vgl. dazu auch die Gesetzesbegründung, BR-Drs. 326/04, S. 45.

[58] Vgl. Gesetz zur Modernisierung des Bilanzrechts (Bilanzrechtsmodernisierungsgesetz – BilMoG) vom 25.05.2009, BGBl I 2009, S. 1102.

[59] Nach Registrierung abrufbar unter http://www.iasb.org/IFRS+for+SMEs/IFRS+for+SMEs+and+related+material/IFRS+for+SMEs+and+related+material.htm.

[60] Vgl. *Kußmaul, H., Hilmer, K.,* Die Notwendigkeit von IFRS für kleine und mittelgroße Unternehmen nach dem Bilanzrechtsmodernisierungsgesetz, PiR 2008, S. 130.

[61] Vgl. *Kußmaul, H., Hilmer, K.,* Der Entwurf des IASB der IFRS für kleine und mittelgroße Unternehmen, PiR 2007, S. 124.

3 Die Grundsätze ordnungsmäßiger Buchführung und Bilanzierung

3.1 Begriff, Herkunft und Systematisierung

Der Gesetzgeber hat den Begriff Ordnungsmäßigkeit der Buchführung und Bilanzierung nirgends definiert, er hat aber die in das Dritte Buch des HGB übernommenen früheren Vorschriften über die Führung von Handelsbüchern[62] durch Regelungsinhalte der 4. EG-Richtlinie angereichert, die bereits als nicht kodifizierte Grundsätze ordnungsmäßiger Buchführung (GoB) angewendet wurden, z.B. über die Bilanzaufstellung, das Erstellen einer Gewinn- und Verlustrechnung,[63] die Bewertung,[64] das Gebot der Vollständigkeit und der Stetigkeit. Diese Vorschriften der §§ 238 bis 263 HGB gelten **für alle Kaufleute**, sind also von der Rechtsform und der Betriebsgröße, abgesehen von den Sonderregelungen des § 241a HGB sowie des § 242 Abs. 4 HGB, unabhängig. Dadurch sollen Mehrfachregelungen (z.B. im AktG, GmbHG und GenG) vermieden werden.

Die Tatsache, dass die GoB bis zur Verabschiedung des Bilanzrichtlinien-Gesetzes nicht kodifiziert waren, hatte erhebliche Vorteile, weil diese Grundsätze im Laufe der Zeit durch Veränderungen und Verfeinerungen der Methoden des betrieblichen Rechnungswesens, durch Einsatz von EDV und durch neue Aufgaben, die an das Rechnungswesen gestellt werden, einer **laufenden Weiterentwicklung** unterliegen.[65] Da sich die in der Praxis angewendeten Methoden des Rechnungswesens den veränderten Anforderungen anpassen, die die betrieblichen Ablaufprozesse an das Rechnungswesen stellen, und da sich andererseits die mit der Rechnungslegung verfolgten Zielsetzungen wandeln,[66] können viele in früherer Zeit durch Gesetz und Rechtsprechung entwickelte Grundsätze ordnungsmäßiger Buchführung und Bilanzierung im Laufe der wirtschaftlichen Entwicklung **nicht mehr zeitgemäß** sein. Folglich müssen sich der Gesetzgeber und die Rechtsprechung der neuen Entwicklung anpassen, damit sie die Betriebe nicht durch ein Beharren auf Normen und Prinzipien behindern, die von der praktischen Entwicklung der Technik und der Ziele des Rechnungswesens überholt worden sind. Je weniger starr die gesetzlichen Normen sind, desto reibungsloser kann sich dieser Prozess der Anpassung vollziehen und desto länger ist der Zeitraum, in dem sie auch bei einer Veränderung der wirtschaftlichen Verhältnisse angewendet werden können.

---

[62] Vgl. §§ 38 bis 47b HGB (a.F.).

[63] Vgl. § 242 Abs. 2 HGB.

[64] Vgl. §§ 252 bis 256a HGB.

[65] Vgl. *Wöhe, G.*, Sind die Anforderungen an die Ordnungsmäßigkeit der Buchführung noch zeitgemäß?, Steuer-Kongreß-Report 1967, München 1967, S. 213.

[66] Z.B. Betonung des Aktionärsschutzes neben dem Gläubigerschutz im AktG 1965, Überlagerung des Prinzips der periodengerechten Gewinnermittlung in der Steuerbilanz durch wirtschaftspolitische Zielsetzungen, die zu Steuerverschiebungen führen.

Die **amtliche Begründung** zum Bilanzrichtlinien-Gesetz weist jedoch darauf hin, dass die Kodifizierung durch eine „auch von der Sache her gebotene Verwendung unbestimmter Rechtsbegriffe … ein hohes Maß an Flexibilität"[67] ermögliche, so dass auch in der Zukunft die GoB durch die kaufmännische Praxis weiterentwickelt werden könnten.

Die Grundsätze ordnungsmäßiger Buchführung und Bilanzierung haben ihren Ursprung in **vier unterschiedlichen Bereichen**:

- in der **praktischen Übung** ordentlicher Kaufleute, die zum Handelsbrauch geworden ist und einer laufenden Entwicklung unterliegt;

- in der **Rechtsordnung** (Handelsrecht, Aktienrecht, Steuerrecht, Rechtsprechung);

- in **Erlassen, Steuerrichtlinien, Empfehlungen und Gutachten** von Behörden und Verbänden (z.B. die vom Reichswirtschaftsminister erlassenen „Grundsätze für Buchführungsrichtlinien der gewerblichen Wirtschaft" vom 11.11.1937, die vom Bundesverband der Deutschen Industrie herausgegebenen „Gemeinschaftsrichtlinien für das Rechnungswesen" vom 12.12.1952, die zahlreichen Gutachten des Deutschen Industrie- und Handelskammertages und des Instituts der Wirtschaftsprüfer). Die Gutachten und Empfehlungen bilden in der Regel für Gesetzgebung und Rechtsprechung wichtige Hilfsmittel der Information über die Weiterentwicklung der Grundsätze ordnungsmäßiger Buchführung und Bilanzierung in der Praxis;

- in der **wissenschaftlichen Diskussion** der Probleme der Buchführung und Bilanzierung, die zur Entwicklung neuer Grundsätze oder zur Feststellung und Präzisierung von Praktikergrundsätzen führen und damit für Gesetzgebung und Rechtsprechung Impulse geben kann.

Die Grundsätze ordnungsmäßiger Buchführung und Bilanzierung lassen sich folgendermaßen systematisieren:

- **Allgemeine Grundsätze**

Es gibt eine Anzahl von allgemeinen Grundsätzen der Rechnungslegung, die sowohl bei der Führung der Bücher als auch bei der Aufstellung des Jahresabschlusses beachtet werden müssen. **Formelle Grundsätze** (z.B. Klarheit und Übersichtlichkeit, Beibehaltung der gewählten Gliederung der Bilanz, der Erfolgsrechnung und des Anhangs) dienen der besseren Information der Bilanzadressaten und der Vergleichbarkeit des Jahresabschlusses mit früheren Jahresabschlüssen. Ihre Verletzung hat keinen Einfluss auf die Höhe des ausgewiesenen Vermögens und Erfolgs.

Die Verletzung **materieller Grundsätze** (z.B. Vollständigkeit und Richtigkeit der Buchführung oder der Angaben im Anhang) kann zur Folge haben, dass das gesetzliche Gebot des § 264 Abs. 2 HGB, wonach der Jahresabschluss ein den tatsächlichen Verhältnissen entsprechendes Bild der Vermögens-, Finanz- und Ertragslage vermitteln soll, nicht erfüllt werden kann.

---

[67] Begründung zum Entwurf eines Gesetzes zur Durchführung der Vierten Richtlinie des Rates der Europäischen Gemeinschaften zur Koordinierung des Gesellschaftsrechts (Bilanzrichtlinien-Gesetz), BR-Drucksache 257/83, S. 68.

• **Grundsätze für die Bilanzierung dem Grunde nach**

Bei der Bilanzierung dem Grunde nach lautet die Fragestellung: Welche Vermögensgegenstände und Schulden **müssen**, welche **dürfen** und welche **dürfen nicht** bilanziert werden, d. h. man unterscheidet:

- Aktivierungs- und Passivierungsgebote,

- Aktivierungs- und Passivierungswahlrechte,

- Aktivierungs- und Passivierungsverbote.

Diese Grundsätze beeinflussen die Höhe des Vermögens, der Schulden und des Erfolges. Wird ein Aktivierungswahlrecht eingeräumt, so bedeutet die Entscheidung für die Aktivierung den Ausweis eines im Vergleich zur Nichtaktivierung höheren Vermögens und Erfolges. Besteht ein Passivierungswahlrecht, so bedeutet die Passivierung einen höheren Schuldenausweis und eine entsprechende, den Periodenerfolg mindernde Verrechnung von Aufwand.

• **Grundsätze für die Bilanzierung der Höhe nach**

Bei der Bilanzierung der Höhe nach geht es um die Frage: Wenn ein Vermögensgegenstand oder eine Schuld bilanziert werden muss oder darf, wie ist dann zu bewerten? Man unterscheidet:

- Bewertungsgebote,

- Bewertungswahlrechte bzw. Bewertungsspielräume (Ermessensspielräume).

Der Unterschied zwischen Bewertungswahlrechten und Ermessensspielräumen besteht darin, dass bei gesetzlich eingeräumten **Bewertungswahlrechten** der Bilanzierende „die Wahl zwischen mindestens zwei gesetzlich zulässigen Wertansätzen"[68] hat. So darf z.B. nach § 253 Abs. 3 Satz 4 HGB bei Vermögensgegenständen des Finanzanlagevermögens im Falle einer voraussichtlich nur vorübergehenden Wertminderung sowohl der bisherige Buchwert fortgeführt als auch eine Abschreibung auf den niedrigeren beizulegenden Wert vorgenommen werden. Beide Werte sind also gesetzmäßig.

Ermessensspielräume bei der Bewertung ergeben sich dadurch, „daß der Gesetzgeber einen bestimmten Wert bzw. eine bestimmte Wertart zwar zwingend vorgeschrieben hat, nicht jedoch die jeweilige Methode und die jeweiligen Komponenten zu seiner Bestimmung"[69]. So schreibt das HGB z.B. in bestimmten Fällen den Ansatz der Herstellungskosten vor, räumt aber bei ihrer Ermittlung insofern einen Ermessensspielraum ein, als es sowohl Herstellungskosten, die auf Vollkostenbasis errechnet sind, als auch Herstellungskosten, die auf Teil- oder Grenzkostenbasis ermittelt sind, zulässt. Ermessensspielräume ergeben sich auch – ohne dass sie vom Gesetzgeber ausdrücklich vorgesehen sind – dadurch, dass viele Wertansätze unter unvollkommener Information über die zukünftige Entwicklung fixiert

---

[68] *Marettek, A.,* Ermessensspielräume bei der Bestimmung wichtiger aktienrechtlicher Wertansätze, WiSt 1976, S. 515.

[69] *Marettek, A.,* a.a.O., S. 515.

werden müssen. Das gilt z. B. bei der Bemessung von Garantie-, Prozess- oder Bergschäden-rückstellungen oder bei der Bemessung von Abschreibungen auf Vorräte.

3.2 Tabellarische Übersicht über die Grundsätze für die Aufstellung des Jahresabschlusses

Zum Verständnis der Buchführung und der Jahresabschlusstechnik müssen nicht alle in der folgenden Übersicht[70] aufgeführten Grundsätze näher erläutert werden. Insbesondere sind die Bewertungsprobleme (Bilanzierung der Höhe nach), die bei der Aufstellung des Jahres-abschlusses auftreten können, nicht Gegenstand dieses Buches.[71]

Grundsätze für die Aufstellung des Jahresabschlusses		
Grundsatz	Inhalt	Rechtsgrundlage
I. Allgemeine Grundsätze		
(1) Der Jahresab-schluss ist nach Grundsätzen ord-nungsmäßiger Buchführung (GoB) aufzustellen	Alle kodifizierten und nicht kodifi-zierten formellen und materiellen GoB sind bei der Aufstellung des Jah-resabschlusses zu beachten.	§ 243 Abs. 1 HGB
(2) Die Generalnorm für Kapitalgesell-schaften	Der Jahresabschluss der Kapitalge-sellschaft hat ein den tatsächlichen Verhältnissen entsprechendes Bild der Vermögens-, Finanz- und Ertrags-lage zu vermitteln.	§ 264 Abs. 2 HGB
(3) Klarheit und Übersichtlichkeit	Insb. Beachtung der Gliederungsvor-schriften der Bilanz und Erfolgsrech-nung sowie klarer Aufbau von An-hang und Lagebericht.	§ 243 Abs. 2 HGB
(4) Bilanzwahrheit	Die Bilanzansätze sollen nicht nur rechnerisch richtig, sondern auch ge-eignet sein, den jeweiligen Bilanz-zweck zu erfüllen.	nicht kodifiziert
(5) Einhaltung der Aufstellungsfristen	• Aufstellung innerhalb der einem ordnungsmäßigen Geschäftsgang entsprechenden Zeit; • kleine Kapitalgesellschaften inner-halb von 3, spätestens 6 Monaten des folgenden Geschäftsjahrs; • mittelgroße und große Kapitalge-sellschaften innerhalb von 3 Mona-ten des folgenden Geschäftsjahrs.	§ 243 Abs. 3 HGB § 264 Abs. 1 Satz 4 HGB § 264 Abs. 1 Satz 3 HGB

---

[70] Leicht modifiziert entnommen aus *Wöhe, G.,* Die Handels- und Steuerbilanz, 5. Aufl., München 2005, S. 78 ff.

[71] Zum Bewertungsproblem vgl. *Wöhe, G.,* Bilanzierung und Bilanzpolitik, 9. Aufl., München 1997, S. 342 ff.

	II. Grundsätze für die Bilanzierung dem Grunde nach		
(1)	Bilanzidentität	Mengen- und wertmäßige Übereinstimmung der Ansätze in der Eröffnungsbilanz und der vorangegangenen Schlussbilanz.	§ 252 Abs. 1 Nr. 1 HGB
(2)	Vollständigkeit	Ausweis sämtlicher Vermögensgegenstände, Schulden, RAP, Aufwendungen, Erträge sowie bei Kapitalgesellschaften sämtlicher Pflichtangaben im Anhang und Lagebericht.	§ 246 Abs. 1 HGB §§ 284 und 285 HGB
(3)	Verrechnungsverbot (Saldierungsverbot, Bruttoprinzip)	Keine Aufrechnung zwischen Aktiv- und Passivposten oder zwischen Aufwendungen und Erträgen sowie zwischen Grundstücksrechten und -lasten. Ausnahme: § 246 Abs. 2 Satz 2 HGB.	§ 246 Abs. 2 HGB
(4)	Darstellungsstetigkeit (formelle Bilanzkontinuität)	Die Form der Darstellung, insb. die Gliederung der Bilanz und Gewinn- und Verlustrechnung, ist beizubehalten.	§ 265 Abs. 1 HGB
(5)	Ansatzstetigkeit	Die im vorgehenden Jahresabschluss angewandten Ansatzmethoden sind beizubehalten.	§ 246 Abs. 3 HGB
	III. Grundsätze für die Bilanzierung der Höhe nach		
(1)	Unternehmensfortführung	Sog. „Going-concern"-Prinzip. Bewertung hat unter dem Gesichtspunkt der Weiterführung des Unternehmens, nicht der Liquidation zu erfolgen.	§ 252 Abs. 1 Nr. 2 HGB
(2)	Einzelbewertung	Vermögensgegenstände und Schulden sind einzeln zu bewerten, soweit nicht Ausnahmen zulässig sind (Gruppenbewertung, § 240 Abs. 4 HGB, Festbewertung, § 240 Abs. 3 HGB, Sammelbewertung mittels Verbrauchsfolgefiktionen (Lifo, Fifo), § 256 HGB, § 254 HGB).	§ 252 Abs. 1 Nr. 3 HGB
(3)	Vorsichtsprinzip	• **Realisationsprinzip** für Gewinne: kein Ausweis von noch nicht durch Umsatz realisierten Gewinnen. (Ausnahmen insb. bei Kredit- und Finanzdienstleistungsinstituten durch § 340e Abs. 3 HGB) • **Imparitätsprinzip**: Im Gegensatz (Imparität) zu Gewinnen müssen noch nicht durch Umsatz realisierte Verluste bereits ausgewiesen werden.	§ 252 Abs. 1 Nr. 4 HGB

(4)	Anschaffungs-kostenprinzip (Prinzip der nominellen Kapitalerhaltung)	Die historischen bzw. fortgeführten Anschaffungs- bzw. Herstellungs-kosten bilden die obere Grenze für die Bewertung und die Bemessung der Gesamtabschreibungen. Höhere Wiederbeschaffungskosten dürfen nicht berücksichtigt werden.	§ 253 HGB
(5)	Periodenabgren-zung	Aufwendungen und Erträge des Geschäftsjahrs sind unabhängig von den Zeitpunkten der entsprechenden Zahlungen im Jahresabschluss zu berücksichtigen.	§ 252 Abs. 1 Nr. 5 HGB
(6)	Bewertungsstetig-keit (materielle Bilanzkontinuität)	Die im vorhergehenden Jahresab-schluss angewandten Bewertungs-methoden sind beizubehalten.	§ 252 Abs. 1 Nr. 6 HGB

3.3 Die Grundsätze ordnungsmäßiger Buchführung im engeren Sinn

3.3.1 Materielle und formelle Ordnungsmäßigkeit

Ordnungsmäßig ist die Buchführung dann, wenn sich ein **„sachverständiger Dritter"** aus den Aufzeichnungen ein Bild über die Lage des Unternehmens machen kann. Das ist eine sehr dehnbare Definition. Grundsätzlich müssen die Aufzeichnungen der Geschäftsvorfälle vollständig und richtig (**materielle Ordnungsmäßigkeit**) sein, es darf nichts ausgelassen, aber auch nichts fingiert werden; ferner darf keine Buchung ohne Beleg erfolgen, d.h., sämtliche Aufzeichnungen müssen nachgeprüft werden können, alle Buchungen müssen klar und übersichtlich ausgeführt sein (**formelle Ordnungsmäßigkeit**).

Handelsrecht[72] und Steuerrecht[73] haben einige Grundregeln aufgestellt, deren Beachtung die Voraussetzung für die Anerkennung der Ordnungsmäßigkeit der Buchführung darstellt. Sie sind jedoch nicht erschöpfend und sind im Laufe der Zeit durch die Rechtsprechung ergänzt worden. Nach den **Einkommensteuer-Richtlinien** liegt eine ordnungsmäßige Buchführung vor, wenn folgende Grundsätze beachtet sind:

- **Handelsrechtliche Grundsätze ordnungsmäßiger Buchführung.**

  Eine Buchführung ist ordnungsmäßig, wenn die für die kaufmännische Buchführung erforderlichen Bücher geführt werden, die Bücher förmlich in Ordnung sind und der Inhalt sachlich richtig ist. Ein bestimmtes Buchführungssystem ist nicht vorgeschrie-ben; allerdings muss bei Kaufleuten die Buchführung den Grundsätzen der doppelten Buchführung entsprechen (§ 242 Abs. 3 HGB). Im Übrigen muss die Buchführung so beschaffen sein, dass sie einem sachverständigen Dritten innerhalb angemessener Zeit einen Überblick über die Geschäftsvorfälle und über die Vermögenslage des Unter-

---

[72] Vgl. §§ 239 ff. HGB.
[73] Vgl. §§ 145 bis 147 AO.

nehmens vermitteln kann. Die Geschäftsvorfälle müssen sich in ihrer Entstehung und Abwicklung verfolgen lassen.[74]

- **Ordnungsmäßige Eintragung in den Geschäftsbüchern.**

  „Die Eintragungen in den Geschäftsbüchern und die sonst erforderlichen Aufzeichnungen müssen vollständig, richtig, zeitgerecht und geordnet vorgenommen werden (§ 239 Abs. 2 HGB). Die zeitgerechte Erfassung der Geschäftsvorfälle erfordert – mit Ausnahme des baren Zahlungsverkehrs – keine tägliche Aufzeichnung. Es muss jedoch ein zeitlicher Zusammenhang zwischen den Vorgängen und ihrer buchmäßigen Erfassung bestehen ...“[75]

Vollständigkeit und **Richtigkeit** sind also die Voraussetzungen für die materielle Ordnungsmäßigkeit. Ein **sachlicher Mangel** liegt vor, wenn die Eintragungen in den Büchern nicht der Wahrheit entsprechen, weil

- Geschäftsvorfälle, die stattgefunden haben, nicht aufgezeichnet werden,

- Geschäftsvorfälle falsch aufgezeichnet werden,

- Geschäftsvorfälle aufgezeichnet werden, die nicht stattgefunden haben,

- bei der Inventur nicht alle Vermögensgegenstände und Schulden erfasst werden,

- bei der Inventur Vermögensgegenstände und Schulden aufgeführt werden, die nicht vorhanden sind, oder

- Vermögensgegenstände und Schulden falsch, d. h. nicht den gesetzlichen Vorschriften entsprechend, bewertet werden.

Formelle Ordnungsmäßigkeit bedeutet, dass die Führung der Bücher so klar und übersichtlich ist, dass ein sachverständiger Dritter die Buchführung ohne Schwierigkeiten übersehen kann und die Aufzeichnungen somit jederzeit nachprüfbar sind. Die **Klarheit und Übersichtlichkeit** der Buchführung wird einmal durch die Einhaltung der in den §§ 239, 243, 244, 257, 261 HGB und 145–147 AO aufgeführten Grundsätze erreicht, zum anderen durch die Organisation der Buchführung, insbesondere durch die Anwendung des **Kontenrahmens**, durch das System der Buchführung und durch die Art der geführten Bücher.

3.3.2 Einzelanforderungen an die formelle Ordnungsmäßigkeit

3.3.2.1 Fortlaufende Eintragungen und Belege

Nach § 239 Abs. 2 HGB sollen die Eintragungen in den Büchern **vollständig, richtig, zeitgerecht und geordnet** erfolgen. Die Buchungen sind erstens in der richtigen zeitlichen Reihenfolge, nach Möglichkeit täglich, in den Grundbüchern zu erfassen. Für Kasseneinnahmen und -ausgaben wird die tägliche Aufzeichnung ausdrücklich gefordert.[76] Die Buchungen müssen zweitens auch räumlich fortlaufend erfolgen, d. h., sie dürfen nicht über

---

[74] Vgl. dazu H 5.2 EStR, Stichwort „Grundsätze ordnungsmäßiger Buchführung (GoB)“.

[75] H 5.2 EStR, Stichwort „Zeitgerechte Erfassung“.

[76] Vgl. § 146 Abs. 1 Satz 2 AO.

mehrere gleichartige Bücher, Listen oder Karteien in einer Art verteilt werden, dass die Übersichtlichkeit der Buchführung beeinträchtigt wird. Werden diese Anforderungen nicht beachtet, so kann ein formaler Mangel vorliegen.

Die Finanzverwaltung führt in R 5.2 Abs. 1 Satz 4 EStR zur Frage der „zeitnahen" Erfassung der Geschäftsvorfälle aus, dass in der Praxis aus Gründen der Rationalisierung der Buchführungsarbeiten und zum wirtschaftlichen Einsatz von Datenverarbeitungsanlagen die Geschäftsvorfälle nicht laufend, sondern periodenweise verbucht werden; für diesen Fall „ist es nicht zu beanstanden, wenn die grundbuchmäßige Erfassung der Kreditgeschäfte eines Monats bis zum Ablauf des folgenden Monats erfolgt, sofern durch organisatorische Vorkehrungen sichergestellt ist, dass Buchführungsunterlagen bis zu ihrer grundbuchmäßigen Erfassung nicht verloren gehen …" Neben der zeitnahen Erfassung der Geschäftsvorfälle muss auch der Jahresabschluss innerhalb einer bestimmten Frist erstellt werden.[77]

Die Bücher sind in einer **lebenden Sprache** zu führen.[78] Diese Bestimmung darf jedoch nicht so ausgelegt werden, dass ein deutscher Betrieb seine Aufzeichnungen in einer fremden Sprache führen darf, wenn der Unternehmer Deutscher ist. Grundsätzlich dürfen keine Einrichtungen getroffen werden, die die Ausübung der Aufsicht der Finanzämter behindern oder erschweren. Ausländer, die im Inland einen Betrieb haben, dürfen die Aufzeichnungen in ihrer Muttersprache vornehmen, sind jedoch verpflichtet, einen im Inland aufzustellenden handelsrechtlichen Jahresabschluss in deutscher Währung (€) und in deutscher Sprache anzufertigen.[79]

Nicht zu beanstanden ist die Verwendung von Abkürzungen, Signa u. dgl., sofern die Bedeutung der verwendeten Zeichen eindeutig festliegt (z.B. durch ein Abkürzungsverzeichnis oder einen Symbolschlüssel);[80] die verwendeten Zeichen dürfen dabei nicht willkürlich variiert werden. Besondere Bedeutung kommt dieser Bestimmung im Zusammenhang mit der Verwendung von EDV-Anlagen zu.[81]

Die formelle Ordnungsmäßigkeit der Buchführung setzt nach § 239 Abs. 3 HGB und § 146 Abs. 4 AO weiterhin voraus, dass Buchungen oder Aufzeichnungen nicht in einer Weise verändert werden, dass ihr ursprünglicher Inhalt nicht mehr feststellbar ist. Auch Veränderungen, deren Beschaffenheit es ungewiss lässt, ob sie bei der ursprünglichen Eintragung oder erst später angebracht worden sind, dürfen nicht vorgenommen werden. Bei konventionellen Buchführungssystemen dürfen deshalb in den Büchern und Aufzeichnungen **keine unausgefüllten Zwischenräume** gelassen werden. Die ursprünglichen Eintragungen sollen nicht durch Durchstreichen oder auf andere Weise unleserlich gemacht werden. **EDV-Buchführungssysteme** müssen programmgemäße **Sicherungen und Sperren** enthalten,

---

[77] Zu den Aufstellungsfristen vgl. S. 38.

[78] Vgl. § 239 Abs. 1 Satz 1 HGB, § 146 Abs. 3 AO.

[79] Vgl. § 244 HGB.

[80] Vgl. § 146 Abs. 3 AO: „Werden Abkürzungen, Ziffern, Buchstaben oder Symbole verwendet, muss im Einzelfall deren Bedeutung eindeutig festliegen."

[81] Vgl. *Kuhfus, W.,* in: *von Wedelstädt, A.,* Abgabenordnung, Finanzgerichtsordnung, Nebengesetze, 19. Aufl., Stuttgart 2008, § 146 AO, S. 44.

durch die verhindert wird, dass einmal eingegebene Daten verändert oder nachträglich weitere Daten eingegeben werden können.[82]

Die Ordnungsmäßigkeit erfordert ferner, dass die **Belege mit Nummern zu versehen und aufzubewahren** sind. Einer der wichtigsten Grundsätze der Buchführung ist der, dass **keine Buchung ohne Beleg** (Rechnungen, Quittungen, Lieferscheine, Frachtbriefe, Bankauszüge, Kassenzettel, Inventurunterlagen u. a.) ausgeführt werden darf. Eine Buchung kann nur dann gegenüber Prüfungsorganen bewiesen werden, wenn ein Beleg vorgelegt werden kann; Belege bilden also einen Bestandteil der Buchführungsunterlagen.

Die Belege müssen nicht nur aufbewahrt, sondern auch in einer **systematischen Ordnung** abgelegt und mit Nummern oder Buchungszeichen versehen werden, damit sie als Beweis für die Richtigkeit der einzelnen Buchungen herangezogen werden können. Ebenso muss bei der Buchung ein Hinweis auf den Beleg gegeben werden, damit von dem Buchungsvorfall jederzeit auf den Beleg zurückgegriffen werden kann, umgekehrt aber vom Beleg auch jederzeit die dazugehörige Buchung überprüft werden kann. Fehlen derartige gegenseitige Verweisungen, so kann das die formelle Ordnungsmäßigkeit der Buchführung beeinträchtigen, da sich dann auch ein sachverständiger Dritter nur noch mit Schwierigkeiten und außerordentlich hohem Zeitaufwand in einer derartigen Buchführung zurechtfindet. Das **Fehlen von Belegen** kann zur Folge haben, dass die Ordnungsmäßigkeit der Buchführung nicht anerkannt wird.

3.3.2.2 Aufbewahrungsfristen

Für die Bücher, Aufzeichnungen, Geschäftspapiere und sonstigen Unterlagen besteht eine Aufbewahrungspflicht. Aufzubewahren sind nach § 257 Abs. 1 HGB[83]:

- Handelsbücher, Inventare, Eröffnungsbilanzen, Jahresabschlüsse, Einzelabschlüsse nach § 325 Abs. 2a HGB, Lageberichte, Konzernabschlüsse, Konzernlageberichte sowie die zu ihrem Verständnis erforderlichen Arbeitsanweisungen und sonstigen Organisationsunterlagen,

- die empfangenen Handelsbriefe,[84]

- Wiedergaben der abgesandten Handelsbriefe,

- Belege für Buchungen in den nach § 238 Abs. 1 HGB zu führenden Büchern (Buchungsbelege).

Außerdem sind nach § 147 Abs. 1 Nr. 5 AO auch sonstige Unterlagen aufzubewahren, soweit sie für die Besteuerung von Bedeutung sind. Die **Fristen für die Aufbewahrung** der unter (1) und (4) genannten Unterlagen betragen gem. § 257 Abs. 4 HGB bzw. für steuerliche Zwecke gem. § 147 Abs. 3 AO **10 Jahre**, für die übrigen in § 257 Abs. 1 HGB bzw. in § 147 Abs. 1 AO aufgezählten Unterlagen **6 Jahre**. Belege dürfen auch als Wiedergabe auf einem Bildträger oder auf anderen Datenträgern aufbewahrt werden, wenn das den GoB

---

[82] Vgl. *Kußmaul, H.,* Führung der Handelsbücher, in: *Küting, K., Weber, C.-P.,* Handbuch der Rechnungslegung, a. a. O., § 239 HGB, Rn. 32 ff.

[83] Eine weitestgehend deckungsgleiche Aufzählung enthält § 147 Abs. 1 AO.

[84] Handelsbriefe sind nach § 257 Abs. 2 HGB nur Schriftstücke, die ein Handelsgeschäft betreffen.

entspricht.[85] § 147 Abs. 5 AO bestimmt weiter, dass der Betrieb auf Verlangen der Finanzbehörden oder der Gerichte auf seine Kosten die Unterlagen auszudrucken oder ohne Hilfsmittel lesbare Reproduktionen vorzulegen hat, wenn er die Unterlagen, z.B. aufgrund einer Mikroverfilmung, nur in einer ohne Hilfsmittel nicht lesbaren Form vorlegen kann.

Eine Aufbewahrungspflicht für Lochkarten, Lochstreifen, Magnetbänder oder Plattenspeicher besteht nur, wenn sie Buchfunktion erfüllen, d.h., wenn sie an die Stelle von Konten der Buchhaltung treten, wie z.B. bei der Offene-Posten-Buchführung. Die Aufbewahrungsfrist beträgt dann 10 Jahre. Werden die Angaben der Lochkarten usw. dagegen auf Listen übertragen, so sind nur die Listen – soweit sie Buchfunktion erfüllen – aufzubewahren. Allerdings sind die Unterlagen zur Verfahrensdokumentation und damit auch die Programmbeschreibungen bei EDV-Buchführungen aufbewahrungspflichtig (10 Jahre), wenn sie zum Verständnis der Buchführung erforderlich sind.[86]

3.3.2.3 Buchführungssystem und Art der zu führenden Bücher

Nach geltendem Bilanzrecht hat der Kaufmann theoretisch die Wahl zwischen der einfachen und der doppelten Buchführung. Praktisch ergibt sich jedoch das Erfordernis der **doppelten Buchführung** aus der Verpflichtung zur Aufstellung einer Gewinn- und Verlustrechnung in § 242 Abs. 2 HGB, da die einfache Buchführung keine Erfolgskonten besitzt und folglich eine Feststellung des Gewinns oder Verlustes der Periode mittels einer Erfolgsrechnung nicht möglich ist. Der Gewinn wird bei der einfachen Buchführung nur durch Vergleich des Eigenkapitalkontos zu Beginn und zum Ende des Geschäftsjahrs (unter Abzug der Einlagen und Hinzurechnung der Entnahmen) ermittelt. Seine Entstehung lässt sich aber aus der Buchführung nicht erklären. Das ist nur im System der doppelten Buchführung durch Gegenüberstellung der Aufwendungen und der Erträge der Abrechnungsperiode möglich.

Welches Buchführungssystem – ob einfache, doppelte oder kameralistische Buchführung – für steuerliche Zwecke angewendet werden muss, damit die formelle Ordnungsmäßigkeit gegeben ist, ist nirgends gesetzlich vorgeschrieben, sondern hängt im Einzelfall von der Art und der Größe des Unternehmens ab. Allerdings „muss bei Kaufleuten die Buchführung den Grundsätzen der doppelten Buchführung entsprechen … Die Geschäftsvorfälle müssen sich in ihrer Entstehung und Abwicklung verfolgen lassen …"[87]

Heute kommen in den meisten Unternehmen elektronische Datenverarbeitungsanlagen zur Buchführung zum Einsatz. Manuelle Systeme sind die Ausnahme. Um dieser Entwicklung gerecht zu werden, hat das BMF die „Grundsätze ordnungsmäßiger DV-gestützter Buchführungssysteme" (GoBS)[88] veröffentlicht. Sie sollen die GoB im Hinblick auf den Einsatz von Buchführungssystemen, welche auf Datenverarbeitungsanlagen basieren, präzisieren, indem

---

[85] Vgl. § 257 Abs. 3 HGB, § 147 Abs. 2 AO.

[86] Vgl. *Kußmaul, H.,* Führung der Handelsbücher, in: *Küting, K., Weber, C.-P.,* Handbuch der Rechnungslegung, a.a.O., § 239 HGB, Rn. 25.

[87] H 5.2 EStR, Stichwort „Grundsätze ordnungsmäßiger Buchführung (GoB)".

[88] Vgl. BMF-Schreiben vom 07.11.1995, BStBl 1995 I, S. 738 ff.

sie beschreiben, wie vollständige, richtige, zeitgerechte und geordnete Buchungen bzw. Aufzeichnungen getätigt werden müssen.[89]

Bei einer **Buchung auf Datenträgern** müssen die Daten jederzeit innerhalb angemessener Zeit lesbar gemacht werden können; auf Verlangen der Finanzbehörde, z. B. bei einer Außenprüfung, kann ein vollständiges oder teilweises Ausdrucken der Daten gefordert werden.[90]

Die Ordnungsmäßigkeit der Buchführung hängt also nicht vom gewählten Buchführungssystem ab, wohl aber davon, ob die durch das angewandte System bedingten Anforderungen erfüllt, also insbesondere **bestimmte Bücher** geführt werden. Zwar gibt es auch hierfür keine erschöpfenden gesetzlichen Vorschriften, jedoch erfordern einfache und doppelte Buchführung ein Minimum an Büchern, ohne die das jeweils angewandte System in sich nicht ordnungsmäßig sein kann. Welche Aufgliederung in den Büchern erfolgt und welche Hilfsbücher zusätzlich geführt werden, hängt von der Art des Unternehmens und der Unternehmensgröße ab.

Früher war in der Regel die **Lose-Blatt-Buchführung** geschäftsüblich. Schon das Reichsfinanzministerium hat vor etwa 80 Jahren anerkannt, dass die Lose-Blatt-Buchführung auch steuerlich als ordnungsmäßig anzusehen ist. Es stützte sich in der Begründung auf ein Gutachten der Industrie- und Handelskammer Berlin vom 25.02.1927,[91] in dem festgestellt wird, dass eine Lose-Blatt-Buchführung den Grundsätzen ordnungsmäßiger Buchführung entsprechen kann, insbesondere dann, wenn sie als doppelte Buchführung eingerichtet ist und wenn sie einer Anzahl weiterer Anforderungen genügt.

Durch den einheitlichen Erlass der Länder vom 10.06.1963[92] ist auch die Ordnungsmäßigkeit der **„Offene-Posten-Buchführung"** anerkannt worden, bei der keine Konten geführt, sondern die Belege als Buchungsträger verwendet werden. Sie werden in geordneter Form als „Offene Posten" bis zu dem Zeitpunkt aufbewahrt, an dem sich der im Beleg festgehaltene Geschäftsvorfall erledigt hat (z. B. durch einen Zahlungsvorgang). Danach wird der Beleg abgeheftet.

Eine ordnungsmäßige kaufmännische Buchführung setzt – wie oben bereits erwähnt – voraus, dass sämtliche Geschäftsvorfälle in zeitlicher Reihenfolge vollständig und richtig in den **Grundbüchern** erfasst werden, damit sie sich aufgrund der Eintragungen in den Grundbüchern in ihrer Entstehung und Abwicklung verfolgen lassen können.[93] Bei den unbaren Geschäftsvorfällen (Kreditgeschäften) sind die Entstehung von Forderungen und Schulden und ihre Tilgung buchmäßig als getrennte Geschäftsvorfälle zu behandeln. Ein Grundbuch,

---

[89] Vgl. dazu *Falterbaum, H., Bolk, W., Reiß, W., Eberhart, R.,* Buchführung und Bilanz, 20. Aufl., Achim 2007, S. 287.

[90] Vgl. § 147 Abs. 5 AO.

[91] Kammermitteilungen 1927, S. 165 f.; vgl. dazu auch *Haberstock, L., Breithecker, V.,* Prüfung des Buchführungssystems, in: *Coenenberg, A. G., Wysocki, K. von,* Handwörterbuch der Revision, 2. Aufl., Stuttgart 1992, Sp. 295 ff.

[92] BStBl 1963 II, S. 93 f.; vgl. dazu eingehend *Wöhe, G.,* Bilanzierung und Bilanzpolitik, a. a. O., S. 195.

[93] Vgl. § 239 Abs. 2 HGB.

in dem auch die unbaren Geschäftsvorfälle festgehalten werden, gehört deshalb zum System der Buchführung.

Bei einer doppelten Buchführung ist für die unbaren Geschäftsvorfälle neben den Aufzeichnungen im Grundbuch in der Regel ein **Kontokorrentbuch** – möglichst unterteilt nach Schuldnern und Gläubigern – zu führen, damit der Betrieb über den Stand seiner Forderungen und Verpflichtungen gegenüber seinen Geschäftspartnern auf dem Laufenden gehalten wird. Dieser Zweck des Kontokorrentbuches kann jedoch durch Führung besonderer Personenkonten oder durch eine geordnete Ablage der nicht ausgeglichenen Rechnungen (Offene-Posten-Buchführung) erfüllt werden. Die Einkommensteuer-Richtlinien beschäftigen sich eingehend mit der Führung des Kontokorrentbuches,[94] das heute im Allgemeinen in Lose-Blatt-Form als Kunden- und Lieferantenkartei geführt wird.

Neben dem Kontokorrentbuch legt die Steuerrechtsprechung vor allem Wert auf die ordnungsmäßige Führung eines **Kassenbuchs**.

3.3.2.4 Die Beachtung des Kontenrahmens

Die formelle Ordnungsmäßigkeit der Buchführung setzt auch voraus, dass die Buchführung nach einem Kontenrahmen gegliedert ist. Der Kontenrahmen ist ein **Organisations- und Gliederungsplan** für das gesamte Rechnungswesen.[95] Er wurde im Jahre 1937 durch einen Erlass des Reichswirtschaftsministers (Wirtschaftlichkeitserlass) für verbindlich erklärt. Nach diesem sog. „**Erlasskontenrahmen**" wurden in Deutschland mehr als 200 Kontenrahmen für einzelne Branchen aufgestellt. Die Verbindlichkeit des „Erlasskontenrahmens" und der von ihm abgeleiteten Branchenkontenrahmen wurde im Jahre 1953 durch das Bundeswirtschaftsministerium aufgehoben. Heute besteht also kein Zwang mehr zur Anwendung eines Kontenrahmens, jedoch hat der Bundesverband der Deutschen Industrie einen sog. „**Gemeinschaftskontenrahmen**" (GKR) entwickelt, der eine Empfehlung darstellt. Er bildet die Rahmenvorschrift, nach der der einzelne Betrieb unter Berücksichtigung seiner individuellen Eigenart seinen **Kontenplan** entwickelt.

Der GKR genügte infolge der Entwicklungen im Bilanzrecht und in der Kostenrechnung nicht mehr in vollem Umfang den Anforderungen der Wirtschaft. Deshalb erarbeitete ein Expertenteam des Betriebswirtschaftlichen Ausschusses des BDI einen neuen Kontenrahmen, den sog. „**Industriekontenrahmen**" (IKR).[96]

Der **Gemeinschaftskontenrahmen** (bzw. Kontenplan) ist nach dem **dekadischen System** in 10 Kontenklassen eingeteilt. Jede Kontenklasse lässt sich in 10 Kontengruppen, jede Kontengruppe in 10 Untergruppen (Kontenarten) unterteilen. Je nach Bedarf ist eine weitere Unterteilung möglich.

---

[94] Vgl. R 5.2 Abs. 1 EStR.

[95] Der Ausdruck „Kontenrahmen" ist durch *Schmalenbach* eingeführt worden (vgl. *Schmalenbach, E.,* Der Kontenrahmen, Leipzig 1927).

[96] Zum Aufbau und Inhalt des Kontenrahmens vgl. *Bundesverband der Deutschen Industrie e. V.,* Industriekontenrahmen, Neufassung 1986, Bergisch Gladbach 1986; s. auch *Wöhe, G.,* Bilanzierung und Bilanzpolitik, a. a. O., S. 80 ff.

Beispiel für die Unterteilung in Kontenklasse, -gruppe und -art nach dem GKR:

Kontenklasse: 4 Kostenarten

     Kontengruppe: 46 Steuern, Gebühren, Beiträge, Versicherungs-
                                  prämien u. dgl.

          Kontenart: 460 Steuern

                          4600 Vermögensteuer, Grundsteuer u. dgl.

                          4610 Gewerbesteuer

                          4620 Umsatzsteuer

                          4630 Andere Steuern

                          usw.

                    464 Abgaben, Gebühren u. dgl.

                          4640 Allgemeine Abgaben und Gebühren

                          4650 Gebühren u. dgl. für den gewerbli-
                                    chen Rechtsschutz

                          4660 Gebühren u. dgl. für den allgemeinen
                                    Rechtsschutz

                          4670 Prüfungsgebühren u. dgl.

                    468 Beiträge und Spenden

                    469 Versicherungsprämien

Die Kontenklassen 0–3 sowie 8 und 9 sind für alle Betriebe in ihrem Inhalt im Prinzip gleich. Die dazwischen liegenden Klassen sind in den Kontenrahmen der einzelnen Wirtschaftszweige auf die besonderen Gegebenheiten jedes Wirtschaftszweiges abgestellt. Der Gemeinschaftskontenrahmen der Industrie (GKR) ist beispielsweise so aufgebaut, dass er den Prozess der betrieblichen Leistungserstellung und -verwertung von links nach rechts, also von Klasse 0 bis 9 widerspiegelt **(Prozessgliederungsprinzip)**. Die Klassen 0–3 erfassen die Vorbereitung der Leistungserstellung, die Klassen 4–7 die Durchführung der Produktion und die Klasse 8 die Verwertung der Leistung. Klasse 9 dient dem Abschluss.[97]

Der **Industriekontenrahmen** ist ebenso wie der GKR nach dem dekadischen System aufgebaut. Er umfasst 10 Kontenklassen. Die strenge Trennung von Finanz- und Betriebsbuchführung (Zweikreissystem) soll eine betriebsindividuelle Gestaltung der Betriebsabrechnung gestatten, ohne die Einheitlichkeit des Rechnungswesens zu gefährden.[98]

---

[97] Vgl. *Wöhe, G.,* Bilanzierung und Bilanzpolitik, a. a. O., S. 78 ff.

[98] Vgl. *Kresse, W., Döring, J.,* So bucht man nach dem neuen Industriekontenrahmen, Stuttgart 1972, S. 11.

Für den Bereich der Finanzbuchführung (Kontenklassen 0–8) wird das **Abschlussgliederungsprinzip** verwendet, d. h., es werden die handelsrechtlichen Gliederungsvorschriften für den Jahresabschluss einer großen Kapitalgesellschaft zugrunde gelegt. Das erleichtert die Abschlussarbeiten und die Aufstellung des Jahresabschlusses. Dass sich die Neufassung des IKR an den handelsrechtlichen Gliederungsvorschriften für Kapitalgesellschaften orientiert und keine Differenzierung zwischen Kapitalgesellschaften einerseits und Einzelunternehmen und Personengesellschaften andererseits vornimmt, hat nur pragmatische Gründe und sollte nicht zu der These verführen, die für Kapitalgesellschaften existierenden Gliederungsvorschriften seien auch für die Personengesellschaften und Einzelunternehmen Bestandteile der Grundsätze ordnungsmäßiger Buchführung.[99]

Für den Bereich der **Betriebsabrechnung** (Kontenklasse 9) gilt, wie im gesamten GKR, das **Prozessgliederungsprinzip**. Die Betriebsabrechnung kann in tabellarischer oder in buchhalterischer Form geführt werden. Die vollständige Trennung beider Abrechnungskreise ermöglicht die Anwendung des IKR auch dann, wenn eine Betriebsabrechnung nicht besteht. Zwischen die Finanz- und Betriebsbuchführung muss eine Abgrenzungsrechnung eingeschoben werden.

In strenger Anlehnung an die Gliederung des handelsrechtlichen Jahresabschlusses umfasst die Finanzbuchführung (Rechnungskreis I) in ihren 9 Kontenklassen drei Gruppen (vgl. das Schaubild auf S. 49).

3.4 Die Bedeutung des Inventars für die Ordnungsmäßigkeit der Buchführung und Bilanzierung

3.4.1 Begriff, Aufgaben und Anforderungen

Ein wesentliches Erfordernis für die Ordnungsmäßigkeit der Buchführung ist die Durchführung einer körperlichen Bestandsaufnahme zum Bilanzstichtag **(Inventur)** und die Erstellung eines Bestandsverzeichnisses **(Inventar)**. Nach § 240 Abs. 1 und 2 HGB ist der Kaufmann, falls er nicht die Voraussetzungen des § 241a HGB erfüllt, verpflichtet, jährlich neben der Bilanz für den Bilanzstichtag ein Inventar aufzustellen. Die Inventur für den Bilanzstichtag braucht nicht am Bilanzstichtag vorgenommen zu werden. Sie muss aber zeitnah, d. h. in der Regel innerhalb einer Frist von zehn Tagen vor oder nach dem Bilanzstichtag durchgeführt werden. Die zwischen dem Tag der Bestandsaufnahme und dem Bilanzstichtag eingetretenen Bestandsveränderungen müssen anhand von Belegen oder Aufzeichnungen nachgewiesen werden.

Durch die körperliche Bestandsaufnahme der Vermögensgegenstände eines Betriebes soll eine Kontrolle gegeben sein, dass die tatsächlich vorhandenen Güter (Istbestände) mit den sich aus den Büchern ergebenden Beständen (Sollbestände) in Art, Menge und Wert übereinstimmen; ferner sollen Differenzen festgestellt und ihr Zustandekommen erklärt werden. Das Handelsrecht sieht im Inventar ein Instrument zur Vermögensfeststellung **zum Schutze der Gläubiger**.

---

[99] Vgl. *Falterbaum, H., Bolk, W., Reiß, W., Eberhart, R.,* Buchführung und Bilanz, a. a. O., S. 292.

(1) Bilanzkonten (Aktivkonten Kl. 0-2; Passivkonten Kl. 3 und 4);
(2) Erfolgskonten (Ertragskonten Kl. 5; Aufwandskonten Kl. 6 und 7);
(3) Konten der Ergebnisrechnung (Kl. 8)

Gliederung der Kontenklassen für die Finanzbuchführung

Bilanzkonten (Beständerechnung)					Ergebniskonten (Erfolgsrechnung)			Konten zur Eröffnung und zum Abschluss (Abschlussrechnung)
Aktivkonten (Kontengruppen entsprechend Bilanzgliederung nach § 266 Abs. 2 HGB)			Passivkonten (Kontengruppen entsprechend Bilanzgliederung nach § 266 Abs. 3 HGB)		Ertragskonten	Aufwandskonten (Kontengruppen entsprechend Gliederung der GuV-Rechnung nach § 275 Abs. 2 HGB)		
0	1	2	3	4	5	6	7	8
Sachanlagen und immaterielle Vermögensgegenstände	Finanzanlagen	Umlaufvermögen und aktive Rechnungsabgrenzung	Eigenkapital, Sonderposten mit Rücklageanteil und Rückstellungen	Verbindlichkeiten und passive Rechnungsabgrenzung	Erträge	Betriebliche Aufwendungen: Material- und Personalaufwendungen und Abschreibungen	Weitere Aufwendungen: Zinsen, Steuern und sonstige Aufwendungen	Ergebnisrechnungen (Eröffnung/ Abschluss, kurzfristige Erfolgsrechnung)

Quelle: Verkürzt nach *Kresse, W., Döring, J.*, a.a.O., S. 14 und angepasst an das neue Bilanzrecht. Durch die Änderungen im Rahmen des BilMoG ist weiterer Anpassungsbedarf entstanden.

§ 241 Abs. 3 HGB lässt zu, dass am Schluss des Geschäftsjahrs diejenigen Vermögensgegenstände nicht verzeichnet zu werden brauchen, die nach Art, Menge und Wert in ein **besonderes Inventar** aufgenommen worden sind, das für einen Tag innerhalb der letzten drei Monate vor oder der beiden ersten Monate nach dem Bilanzstichtag aufgestellt worden ist. Durch Anwendung eines den Grundsätzen ordnungsmäßiger Buchführung entsprechenden **Fortschreibungs- oder Rückrechnungsverfahrens** ist sicherzustellen, dass der am Schluss des Geschäftsjahrs vorhandene Bestand an Vermögensgegenständen für den Bilanzstichtag ordnungsgemäß bewertet werden kann.

Dieses **Wertnachweisverfahren** ist vom betriebswirtschaftlichen Standpunkt aus zweckmäßig, da es den Betrieben ermöglicht, die Inventurarbeiten auf einen größeren Zeitraum zu verteilen und somit einen übermäßigen Arbeitsanfall am Jahresende, der zu Störungen im normalen Betriebsablauf führen kann, zu vermeiden. Grundlage der Bewertung in der Bilanz ist also nicht mehr allein das für den Bilanzstichtag aufgestellte Inventar, sondern ebenso das auf den Bilanzstichtag fortgeschriebene oder zurückgerechnete besondere Inventar nach § 241 Abs. 3 HGB.

§ 241 Abs. 1 HGB erlaubt, dass bei der Aufstellung des Inventars „der Bestand der Vermögensgegenstände nach Art, Menge und Wert auch mit Hilfe anerkannter mathematisch-statistischer Methoden aufgrund von Stichproben ermittelt werden" darf – vorausgesetzt, dass diese Methoden den GoB entsprechen und das Inventar den gleichen Aussagewert wie ein mittels körperlicher Bestandsaufnahme aufgestelltes Inventar hat.

Das Inventar ergibt sich aus einer Inventur des Umlaufvermögens und einer Aufnahme des Anlagevermögens in ein Bestandsverzeichnis. Nach § 240 Abs. 1 HGB hat ein Kaufmann in das jährliche Inventar „seine Grundstücke, seine Forderungen und Schulden, den Betrag seines baren Geldes sowie seine sonstigen Vermögensgegenstände" aufzunehmen.

3.4.2 Die Inventur des Vorratsvermögens

Die Bestände des Vorratsvermögens sind grundsätzlich am Bilanzstichtag körperlich aufzunehmen. Dabei sind sämtliche Vermögensgegenstände zu erfassen. Sind sie wertlos, so muss ein Erinnerungswert angesetzt werden. Das gilt für Roh-, Hilfs- und Betriebsstoffe, für Halb- und Fertigfabrikate und Waren ohne Ausnahme. Es muss möglich sein, die Vollständigkeit der Erfassung nachzuprüfen. Ist eine Inventuraufnahme am Bilanzstichtag aus betrieblichen, klimatischen (z. B. Schneefall bei Lagerung im Freien) oder sonstigen Gründen nicht möglich, so sind an die Belege und Aufzeichnungen über die Veränderung der Bestände zwischen Aufnahmetag und Stichtag der Bilanz „strenge Anforderungen" zu stellen.[100]

Die Stichtagsinventur des Vorratsvermögens kann unter bestimmten Voraussetzungen durch eine sog. **permanente Inventur** ersetzt werden, die durch § 241 Abs. 2 HGB gesetzlich zugelassen wird. Sie unterscheidet sich von der körperlichen Stichtagsinventur dadurch, dass die körperliche Aufnahme der Bestände über das ganze Jahr verteilt wird und nicht für alle Wirtschaftsgüter an einem Stichtag (Bilanzstichtag) erfolgt. Voraussetzung für die Anwendung der permanenten Inventur ist das Vorhandensein laufend geführter Unterlagen (Lager-

---

[100] R 5.3 Abs. 1 Satz 4 EStR.

bücher, Lagerkartei). Die zwischen dem Aufnahmetag und dem Bilanzstichtag durch Zu- und Abgänge eintretenden Veränderungen werden durch Fortschreibung in den Lagerkarteien erfasst.

Die permanente Inventur hat sich in der betrieblichen Praxis immer mehr durchgesetzt, da sie große betriebliche Vorteile bietet. Die Stichtagsinventur führt zu einem großen Arbeitsanfall innerhalb weniger Tage, der bei vielen Betrieben Betriebsunterbrechungen zur Folge hat. Dagegen kann für die laufende Inventur ein Arbeitsplan aufgestellt werden, der eine **Verteilung der Inventuraufnahme über das ganze Jahr** vorsieht. Die Inventurarbeiten können dann ohne Betriebsunterbrechung von eingearbeiteten Arbeitskräften durchgeführt werden, die nicht wie bei der Stichtagsinventur unter Zeitdruck stehen. Inventurdifferenzen lassen sich schneller aufdecken und aufklären.

Die permanente Inventur hat günstige Auswirkungen auf betriebliche Dispositionen (Material-, Lagerdisposition) und ermöglicht eine schnellere Aufstellung des Jahresabschlusses. Allerdings werden im Falle der permanenten Inventur **strenge Anforderungen an die Lagerbücher** gestellt. Sie müssen anhand von Belegen nachgewiesene Einzelangaben über die Bestände und über alle Zu- und Abgänge nach Tag, Art und Menge enthalten. Die sich aus den Lagerbüchern ergebenden Bestände sind in jedem Wirtschaftsjahr mindestens einmal durch körperliche Bestandsaufnahme zu kontrollieren. Die Prüfung darf sich nicht nur auf Stichproben beschränken. Die Anwendung der permanenten Inventur und die Aufstellung eines besonderen Inventars nach § 241 Abs. 3 HGB sind steuerrechtlich für Bestände nicht zugelassen, die besonders wertvoll und außerdem leicht aufnehmbar sind, ferner für Bestände, bei denen durch Schwund, Verdunsten, Verderb, leichte Zerbrechlichkeit oder ähnliche Vorgänge ins Gewicht fallende unkontrollierbare Abgänge eintreten, so dass die Buchmenge dieser Bestände am Bilanzstichtag nur mit Hilfe einer theoretischen Schwund- und Abfallrechnung oder auf andere Weise durch Schätzung gewonnen werden kann.[101]

3.4.3 Die Inventur des Anlagevermögens

Nach § 240 HGB und §§ 140, 141 AO ist der Kaufmann, der nicht die Voraussetzungen des § 241a HGB erfüllt, verpflichtet, auch ein **Verzeichnis der Gegenstände des beweglichen Anlagevermögens** aufzustellen, in das auch Anlagegüter aufgenommen werden müssen, die bereits auf den Erinnerungswert abgeschrieben worden sind. Ausgenommen sind insbesondere **geringwertige Anlagegüter**,[102] die im Jahr der Anschaffung oder Herstellung in voller Höhe als Aufwand verrechnet worden sind.[103]

Ferner kann auf die Aufnahme der Anlagegüter in das Bestandsverzeichnis verzichtet werden, für die ein Ansatz mit einem **Festwert**[104] steuerlich zulässig ist. Sie müssen im Regel-

---

[101] Vgl. R 5.3 Abs. 3 EStR.

[102] Vgl. § 6 Abs. 2 EStG.

[103] Vgl. R 5.4 Abs. 1 EStR.

[104] Vgl. § 240 Abs. 3 HGB, R 5.4 Abs. 1 und 4 EStR.

fall an jedem dritten, spätestens aber an jedem fünften Bilanzstichtag durch körperliche Bestandsaufnahme erfasst werden.[105]

Die Vorschriften über die permanente Inventur und das Wertnachweisverfahren durch das besondere Inventar gelten sinngemäß für das Bestandsverzeichnis des beweglichen Anlagevermögens.

Die Finanzverwaltung lässt zu, dass das Bestandsverzeichnis in Form einer **Anlagekartei** geführt wird. Für jedes Anlagegut muss dann eine besondere Karte angelegt werden, in der die gleichen Angaben enthalten sein müssen, die vom fortlaufenden Bestandsverzeichnis verlangt werden, also auch Wertangaben.

Anlagegüter der gleichen Art können unter Angabe der Stückzahl zusammengefasst werden, wenn sie im gleichen Wirtschaftsjahr angeschafft worden sind, die gleiche Nutzungsdauer und gleiche Anschaffungskosten haben und nach der gleichen Methode abgeschrieben werden. Güter, die bereits voll abgeschrieben sind, müssen mengenmäßig ebenfalls in das Bestandsverzeichnis aufgenommen werden.

3.5 Die Folgen der Verletzung der Buchführungspflichten

Sind falsche Eintragungen in den Büchern vorgenommen oder sind Eintragungen später geändert worden, so handelt es sich um eine **Urkundenfälschung**, wenn derartige Bücher Grundlage der Steuererklärung sind oder als Beweismittel bei Gericht vorgelegt werden. Werden keine Bücher geführt oder werden sie vernichtet oder so geändert, dass eine Übersicht über das Vermögen nicht möglich ist, liegt im Falle der Zahlungsunfähigkeit nach § 283b StGB **einfacher Bankrott** vor, der mit einer Geldstrafe oder mit Gefängnis bis zu zwei Jahren bestraft werden kann. Kann die Absicht nachgewiesen werden, dass mit diesen Maßnahmen die Gläubiger geschädigt werden sollen, d.h., werden Bücher, Inventare und Bilanzen gefälscht, beiseite geschafft oder nicht rechtzeitig aufgestellt, um eine drohende oder eingetretene Zahlungsunfähigkeit zu verschleiern, handelt es sich um einen Fall des **betrügerischen Bankrotts**, für den § 283 StGB Freiheitsstrafen bis zu fünf Jahren oder Geldstrafen androht.

Entsprechen die Bücher und Aufzeichnungen den Vorschriften der Abgabenordnung, haben sie die **Vermutung ordnungsmäßiger Führung** für sich. Besteht nach den Umständen des Falles kein Anlass, ihre sachliche Richtigkeit zu beanstanden, sind sie der Besteuerung zugrunde zu legen.

Fehlt es an der Ordnungsmäßigkeit der Buchführung, so dass die Finanzbehörden nicht in der Lage sind, die Besteuerungsgrundlagen aus den Büchern zu ermitteln, erfolgt eine **Schätzung**, bei der nach § 162 Abs. 1 AO alle Umstände zu berücksichtigen sind, die für die Schätzung von Bedeutung sind. Eine Schätzung führt in den meisten Fällen nicht dazu, dass die Buchführungsunterlagen völlig verworfen werden. Vielmehr hat die Finanzbehörde von den vorhandenen Unterlagen auszugehen und sich zu bemühen, den tatsächlich erzielten

---

[105] Vgl. R 5.4 Abs. 3 Satz 1 EStR.

Gewinn möglichst genau zu ermitteln. Grundlage ist dabei die Gewinnermittlungsart, die sonst für den Steuerpflichtigen maßgebend ist.

Enthält die Buchführung **formelle Mängel**, d.h. Mängel, die das Wesen der kaufmännischen Buchführung berühren (sog. Systemfehler, z.B. das Fehlen einer Inventur oder eines Kassenbuches), so wird die Ordnungsmäßigkeit der Buchführung verneint und eine Schätzung vorgenommen. Andere formelle Mängel, die das sachliche Ergebnis nicht beeinflussen, führen zu keiner Beanstandung der Ordnungsmäßigkeit.

Enthält die Buchführung **sachliche Mängel** (z.B. Geschäftsvorfälle sind nicht oder falsch verbucht), wird die Ordnungsmäßigkeit der Buchführung bei unwesentlichen Mängeln nicht berührt, wohl aber eine Berichtigung vorgenommen (R 5.2 Abs. 2 Sätze 1-3 EStR), bei schwerwiegenden materiellen Mängeln ist nach R 5.2 Abs. 2 Satz 4 i.V.m. R 4.1 Abs. 2 Satz 3 EStR eine Schätzung vorzunehmen.

Sind nur solche Geschäftsvorfälle unrichtig verbucht, die lediglich einen belanglosen Teil der gewerblichen Betätigung und des Gewinns ausmachen, kann eine Berichtigung des Ergebnisses durch eine **ergänzende Schätzung** erfolgen (**unschädliche Schätzung**). Die Schätzung wird nur dann für die Ordnungsmäßigkeit der Buchführung als unschädlich angesehen, wenn wirtschaftliche Vorgänge auch in der mangelhaften Buchführung noch zuverlässig verfolgt werden können. Das gilt insbesondere auch für solche Vorgänge, die den Steuerbegünstigungen zugrunde liegen und die mit Hilfe der Buchführung überwacht werden sollen.

Ist die Buchführung insgesamt zur Ermittlung des Ergebnisses ungeeignet, wird es unter Verwendung der Buchführungsunterlagen geschätzt (**schädliche Schätzung**).

3.6 Die Grundsätze ordnungsmäßiger Bilanzierung

3.6.1 Inhalt und Auslegung der Generalnorm des § 264 Abs. 2 HGB

Die Vorschrift des § 243 Abs. 1 HGB, wonach alle Kaufleute den Jahresabschluss nach den Grundsätzen ordnungsmäßiger Buchführung aufzustellen haben, wird durch § 264 Abs. 2 Satz 1 HGB **für Kapitalgesellschaften** dahingehend ergänzt, dass der Jahresabschluss „unter Beachtung der Grundsätze ordnungsmäßiger Buchführung ein den tatsächlichen Verhältnissen entsprechendes Bild der Vermögens-, Finanz- und Ertragslage der Kapitalgesellschaft zu vermitteln" hat (sog. „true and fair view"). Eine vergleichbare Generalnorm gab es bis zum In-Kraft-Treten des Bilanzrichtlinien-Gesetzes nur für Aktiengesellschaften. § 149 Abs. 1 AktG 1965 (a.F.) bestimmte, dass der Jahresabschluss „im Rahmen der Bewertungsvorschriften einen möglichst sicheren Einblick in die Vermögens- und Ertragslage der Gesellschaft geben" musste.

Die neue Generalnorm hat gegenüber der früheren aktienrechtlichen Generalnorm im Verhältnis zwischen Einzelvorschriften und Generalnorm keine grundsätzliche Neuerung gebracht, obwohl sie in ihrem Wortlaut nicht unerheblich geändert wurde. Die im früheren Recht bestehende Einschränkung, der „möglichst sichere Einblick" dürfe nur „im Rahmen der Bewertungsvorschriften" gegeben werden, wurde in die neue Formulierung nicht übernommen. Ausgeweitet wurde die Generalnorm in ihrem Wortlaut dahingehend, dass nun der

Begriff „Finanzlage" neben den bereits früher verwendeten Begriffen „Vermögens- und Ertragslage" eingefügt wurde.

Die herrschende Kommentarmeinung legte die Vorschrift des § 149 Abs. 1 AktG 1965 (a. F.) extensiv aus. Nach ihr durfte **jeder beliebige Bilanzansatz** gewählt werden, der **gesetzlich zulässig** war, d. h., bei zwei oder mehreren gesetzlich zulässigen Ansätzen sollte nicht überprüft werden, welcher davon den „sicheren Einblick" in die Lage der Gesellschaft gewährt. *Adler-Düring-Schmaltz* vertraten die Ansicht, dass durch diese Vorschrift „nur die mißbräuchliche Ausnutzung von Bewertungswahlrechten verhindert" werden sollte; darunter wurde eine Bewertung verstanden, durch die „der Einblick in die Vermögens- und Ertragslage verwehrt oder verschleiert" wird.[106] Der Gesetzgeber hat in der Begründung der neuen Generalnorm zum Ausdruck gebracht, dass sich an der bisherigen Auslegung nichts ändern soll. Dort heißt es:[107] „Trotz der anspruchsvollen Formulierung ist davon auszugehen, dass sich für die Praxis, soweit § 149 AktG bisher im Einzelfall nicht zu großzügig angewendet wurde, keine grundsätzlichen Änderungen ergeben. Dies ist vor allem deshalb anzunehmen, weil der Anwendungsbereich der Generalklausel ... nicht verändert wird. Wie bisher ergeben sich Inhalt und Umfang des Jahresabschlusses in erster Linie aus den Einzelvorschriften von Gesetzen und Verordnungen, ... insbesondere aus dem Dritten Buch, wobei die Form der Darstellung und der Umfang der verlangten Information rechtsform-, größen- und branchenabhängige Unterschiede aufweisen. Die Generalklausel ist deshalb nur heranzuziehen, wenn Zweifel bei der Auslegung und Anwendung einzelner Vorschriften entstehen oder Lücken in der gesetzlichen Regelung zu schließen sind. Die Generalklausel steht nicht in dem Sinne über der gesetzlichen Regelung, dass sie es erlauben würde, den Inhalt und Umfang des Jahresabschlusses in Abweichung von den gesetzlichen Vorschriften zu bestimmen."

Die Generalnorm kann keine Bedeutung bei der Anwendung von Bilanzierungs- und Bewertungsvorschriften erlangen, die **zwingendes Recht** sind, auch wenn durch diese Vorschriften nicht der „sicherste Einblick" oder „ein den tatsächlichen Verhältnissen entsprechendes Bild" der Lage der Gesellschaft vermittelt wird. So hat z. B. die Vorschrift des § 253 Abs. 1 HGB, wonach Vermögensgegenstände höchstens mit ihren Anschaffungs- oder Herstellungskosten angesetzt werden dürfen, bei Vermögensgegenständen, deren Nutzung zeitlich nicht begrenzt ist, zur Folge, dass Wertsteigerungen z. B. beim Grund und Boden sowie bei Finanzanlagen über die Anschaffungs- oder Herstellungskosten nicht berücksichtigt werden dürfen, also **stille Rücklagen** (Zwangsrücklagen oder gesetzlich bedingte stille Rücklagen) entstehen, durch die die Vermögenslage nicht richtig dargestellt wird, vom Standpunkt des Bilanzrechts aber aufgrund der Zielsetzungen des Gläubigerschutzes und der kaufmännischen Vorsicht (kein Ausweis von noch nicht durch Umsatz realisierten Gewinnen) nicht anders dargestellt werden kann. Einer Verbesserung des Einblicks in die Vermögenslage durch Berücksichtigung von **Wiederbeschaffungskosten**, die über den Anschaffungskosten liegen (so ist es z. B. nicht ungewöhnlich, dass ein unbebautes Grundstück, das früher einmal 100.000 € Anschaffungskosten verursacht hat, heute einen Verkaufswert von 1 Mio. €

---

[106] *Adler-Düring-Schmaltz*, Rechnungslegung und Prüfung der Aktiengesellschaft, Bd. 1, 4. Aufl., Stuttgart 1968, Erl. zu § 149 AktG 1965, Tz. 94.

[107] BT-Drucksache 10/317, S. 76.

hat), würde hier eine Verschlechterung des Einblicks in die Ertragslage gegenüberstehen, wenn die Wertzuschreibung zusammen mit Umsatzgewinnen als Jahresüberschuss ausgewiesen würde.[108]

3.6.2 Der Grundsatz der Bilanzklarheit

Der Grundsatz der Bilanzklarheit ist in § 243 Abs. 2 HGB für alle Kaufleute gesetzlich kodifiziert worden. Dort heißt es: „Er (der Jahresabschluss, die Verf.) muss klar und übersichtlich sein." **Die Beachtung des Grundsatzes der Bilanzklarheit soll den Gläubigern, den Gesellschaftern, den Anteilseignern und nicht zuletzt der Betriebsführung selbst ein den tatsächlichen Verhältnissen entsprechendes Bild der Vermögens-, Finanz- und Ertragslage des Unternehmens vermitteln.**

Die Klarheit und Übersichtlichkeit der Bilanzierung wird erreicht durch eine den Bilanzzwecken entsprechende **Gliederung** des Vermögens und des Kapitals. Dabei müssen die einzelnen Bilanzpositionen inhaltlich scharf umrissen und gegen andere Positionen abgegrenzt werden. Es dürfen keine Vermögensgegenstände in einer Position zusammengefasst werden, wenn sich dadurch Fehlinformationen für die Interessenten des Jahresabschlusses ergeben können. Vor allem aber ist das Bruttoprinzip[109] voll anzuwenden. Die Gliederung darf aber auch nicht so weit gehen, dass die geforderte Übersichtlichkeit dadurch beeinträchtigt wird.

Bei Kapitalgesellschaften wird die Bilanzklarheit durch den **Anhang**[110] vergrößert, in dem Erläuterungen zu den einzelnen Posten der Bilanz und Gewinn- und Verlustrechnung sowie zusätzliche Angaben, z.B. über Restlaufzeiten, über die besondere Sicherung von Verbindlichkeiten, über aus der Bilanz nicht zu ersehende Haftungsverhältnisse oder über Vorstandsvergütungen, zu machen sind.[111] Der Anhang ist als Bestandteil des Jahresabschlusses zu veröffentlichen.

Bei mittleren und großen Kapitalgesellschaften wird die Klarheit und Übersichtlichkeit des Jahresabschlusses ferner durch die Verpflichtung zur Aufstellung eines **Lageberichts** erhöht.[112] Im Lagebericht sind gem. § 289 Abs. 1 HGB der Geschäftsverlauf einschl. des Geschäftsergebnisses und die Lage der Kapitalgesellschaft so darzulegen, „dass ein den tatsächlichen Verhältnissen entsprechendes Bild vermittelt wird". Gefordert wird außerdem eine dem Umfang und der Komplexität der Geschäftstätigkeit adäquate Analyse des Geschäftsverlaufs und der Lage der Gesellschaft. In diese Analyse einzubeziehen und zu erläutern sind die für die Geschäftstätigkeit bedeutsamsten finanziellen – bei großen Kapitalge-

---

[108] Dieses Argument entfiele allerdings, wenn man Zuschreibungen über die Anschaffungskosten als „Wertänderung am ruhenden Vermögen" im Sinne der organischen Bilanztheorie von *Fritz Schmidt* in einem gesonderten Eigenkapitalposten ausweisen und nicht in der Gewinn- und Verlustrechung berücksichtigen würde.

[109] Vgl. dazu S. 58 f.

[110] Vgl. §§ 284 ff. HGB.

[111] Vgl. § 285 HGB. Vgl. zu den Verschärfungen hinsichtlich der Offenlegung von Vorstandsvergütungen im Anhang das Gesetz über die Offenlegung der Vorstandsvergütungen (Vorstandsvergütungs-Offenlegungsgesetz – VorstOG) vom 03.08.2005, BGBl 2005 I, S. 2267.

[112] Vgl. § 289 HGB i.V.m. § 264 Abs. 1 HGB.

sellschaften gem. § 289 Abs. 3 HGB auch die bedeutsamen nicht finanziellen – Leistungsindikatoren. Außerdem ist im Lagebericht über die wesentlichen Chancen und Risiken der zukünftigen Entwicklung zu berichten. Gem. § 289 Abs. 2 HGB ist darüber hinaus einzugehen auf besonders bedeutsame Vorgänge, die nach dem Schluss des Geschäftsjahrs eingetreten sind, auf die Risikomanagementziele und -methoden der Gesellschaft sowie die in § 289 Abs. 2 Nr. 2b HGB genannten Risiken, außerdem auf Forschungs- und Entwicklungsaktivitäten, auf Zweigniederlassungen sowie auf Grundzüge des Vergütungssystems der Gesellschaft. Börsennotierte Aktiengesellschaften haben ihren **Lagebericht** nach § 289a HGB um eine Erklärung zur Unternehmensführung zu erweitern, in welcher die folgenden Angaben zu machen sind:

- Erklärung nach § 161 AktG;

- relevante Angaben hinsichtlich Unternehmensführungspraktiken, welche über die gesetzlichen Anforderungen hinaus Anwendung finden, sowie

- Beschreibung der Arbeitsweise von Vorstand und Aufsichtsrat einschließlich der Zusammensetzung und Arbeitsweise der zugehörigen Ausschüsse.[113]

Die **Entwicklung der einzelnen Posten** des Anlagevermögens ist von Kapitalgesellschaften entweder in der Bilanz oder im Anhang darzustellen. Dabei sind bei den einzelnen Posten nach § 268 Abs. 2 HGB die gesamten Anschaffungs- oder Herstellungskosten, die Zugänge, Abgänge, Umbuchungen und Zuschreibungen des Geschäftsjahrs sowie die Abschreibungen „in ihrer gesamten Höhe" (d. h. kumuliert) gesondert aufzuführen (**Anlagespiegel**). Der Buchwert abschreibungsfähiger Vermögensgegenstände am Ende des Geschäftsjahrs ergibt sich durch Abzug der kumulierten Jahresabschreibungen und durch Abzug der Abgänge zu ursprünglichen Anschaffungs- oder Herstellungskosten. Die Angabe der Abschreibungen des Geschäftsjahrs im Anlagespiegel ist gesetzlich nicht vorgeschrieben. Diese sind nach § 268 Abs. 2 Satz 3 HGB vielmehr „entweder in der Bilanz bei dem betreffenden Posten zu vermerken oder im Anhang in einer der Gliederung des Anlagevermögens entsprechenden Aufgliederung anzugeben" (wobei diese Angabe ggf. auch in Form einer zusätzlichen Spalte im Anlagespiegel erfolgen kann). Diese Ausweismethode wird als **„direkte Bruttomethode"** bezeichnet.

Aufbau eines Anlagespiegels[114]								
Histor. AK/HK (Stand: Beginn des Gj.)	Zugänge des Gj.	Abgänge des Gj.	Umbuchungen des Gj.	Zuschreibungen des Gj.	Abschreibungen (kum.)	RBW (Stand: Ende des Gj.)	RBW (Stand: Ende des Vj.)	Abschreibungen des Gj.
gesondert für jeden Posten des Anlagevermögens								

---

[113] Vgl. § 289a Abs. 2 Nr. 1-3 HGB.

[114] Leicht modifiziert entnommen aus *Dörner, D., Hayn, S., Knop, W., Lorson, P., Wirth, J.*, Entwicklung des Anlagevermögens, in: *Küting, K., Weber, C.-P.*, Handbuch der Rechnungslegung, a.a.O., § 268 HGB, Rn. 64.

3.6.3 Grundsätze für die Bilanzierung dem Grunde nach

3.6.3.1 Der Grundsatz der Bilanzidentität

Dieser Grundsatz besagt, dass die Positionen der Schlussbilanz eines Wirtschaftsjahrs mit den Positionen der Anfangsbilanz des folgenden Wirtschaftsjahrs völlig übereinstimmen, also identisch sein müssen, und zwar nicht nur wertmäßig, sondern auch mengenmäßig. Das gilt gleichermaßen für die Handelsbilanz[115] wie auch für die aus ihr abgeleitete Steuerbilanz.[116]

Dass die **Schlussbilanz** und die **folgende Anfangsbilanz** in allen Positionen **identisch** sein müssen, ergibt sich zwingend aus den Grundsätzen ordnungsmäßiger Buchführung. Die Salden sämtlicher Bestandskonten der Buchführung werden am Schluss der Periode in die Schlussbilanz, die Salden sämtlicher Erfolgskonten in die Gewinn- und Verlustrechnung übernommen. Der Saldo des Schlussbilanzkontos und der Saldo des Gewinn- und Verlustkontos zeigen jeder für sich den Erfolg der Periode. In der Schlussbilanz ergibt sich der Erfolg aus der Veränderung des Eigenkapitals, in der Erfolgsrechnung als Saldo zwischen Aufwand und Ertrag. Die Schlussbilanz ist gleichzeitig Anfangsbilanz des folgenden Jahres, aus der die einzelnen Bilanzpositionen dann unter Zuhilfenahme des Eröffnungsbilanzkontos auf die Bestandskonten übertragen werden.

Der Grundsatz der Bilanzidentität ergibt sich für die **Steuerbilanz** aus § 4 Abs. 1 EStG, der auch für Steuerpflichtige gilt, die ihren Gewinn nach § 5 EStG ermitteln. Danach ist der Gewinn die Differenz zwischen dem Betriebsvermögen am Schluss des Wirtschaftsjahrs und dem Betriebsvermögen am Schluss des vorangegangenen Wirtschaftsjahrs, vermehrt um den Wert der Entnahmen und vermindert um den Wert der Einlagen. Diese Differenz kann aber nur dann gleich dem Gewinn sein, wenn die Schlussbilanz des laufenden Jahres nach den Grundsätzen ordnungsmäßiger Buchführung aus der Anfangsbilanz entwickelt worden ist, die mit der Schlussbilanz des vorangegangenen Jahres identisch ist.

Die Finanzverwaltung hat an der Einhaltung der Bilanzidentität ein besonderes Interesse, da durch sie verhindert wird, dass durch ein Auseinandergehen der Positionen der Schlussbilanz eines Wirtschaftsjahrs und der Anfangsbilanz des folgenden Wirtschaftsjahrs das Gesamtergebnis beider Jahre nicht mehr ermittelt werden kann, wodurch Gewinnminderungen und damit Steuerminderungen eintreten können. Durch Beachtung des Bilanzzusammenhangs wird erreicht, dass der Totalgewinn eines Betriebes gleich der Summe der Gewinne der einzelnen Wirtschaftsjahre ist. Steuerlich wird dieser Bilanzierungsgrundsatz mit der sog. **„Zweischneidigkeit der Bilanz"** begründet, die darin besteht, dass höhere oder niedrigere Wertansätze in einem Wirtschaftsjahr (selbstverständlich im Rahmen der gesetzlich zulässigen Bewertungen) sich im folgenden Wirtschaftsjahr (oder in mehreren folgenden Wirtschaftsjahren) entgegengesetzt auswirken, so dass durch Bewertungsvorschriften, die bei den Wertansätzen gewisse Ermessensspielräume einräumen oder die wirtschafts- und konjunkturpolitische Ziele verfolgen (z.B. Sonderabschreibungen), zwar Gewinnverlage-

---

[115] Vgl. § 252 Abs. 1 Nr. 1 HGB.
[116] Vgl. § 4 Abs. 1 Satz 1 EStG.

rungen auf spätere Perioden möglich werden, aber der Totalgewinn des Betriebes nicht beeinträchtigt wird.

3.6.3.2 Der Grundsatz der Vollständigkeit

Nach § 246 Abs. 1 HGB hat der Jahresabschluss „sämtliche Vermögensgegenstände, Schulden, Rechnungsabgrenzungsposten, Aufwendungen und Erträge zu enthalten, soweit gesetzlich nichts anderes bestimmt ist". Der letzte Halbsatz eröffnet dem Gesetzgeber die Möglichkeit, Bilanzierungsverbote auszusprechen und Bilanzierungswahlrechte einzuräumen.

Soweit Vermögensgegenstände, für die eine Aktivierungspflicht besteht, bereits voll abgeschrieben sind, ist der Ansatz eines **„Erinnerungswerts"** (Merkposten) von 1,– € möglich. Soweit nach § 248 HGB Bilanzierungsverbote bestehen, darf auch kein Merkposten in die Bilanz aufgenommen werden.

Der Vollständigkeitsgrundsatz wird durch die im Gesetz ausgesprochenen **Bilanzierungswahlrechte** eingeschränkt. So dürfen z. B. nach § 248 Abs. 2 HGB selbst geschaffene immaterielle Vermögensgegenstände des Anlagevermögens aktiviert werden, soweit es sich bei diesen Vermögensgegenständen nicht um selbst geschaffene Marken, Drucktitel, Verlagsrechte, Kundenlisten oder vergleichbare immaterielle Vermögensgegenstände, die dem Anlagevermögen zuzurechnen sind, handelt. Weiterhin bestehen Aktivierungswahlrechte für das Disagio nach § 250 Abs. 3 HGB sowie für die aktiven latenten Steuern nach § 274 Abs. 2 Satz 1 HGB. Für die passiven latenten Steuern wiederum besteht gem. § 274 Abs. 1 Satz 1 HGB eine Passivierungspflicht.[117]

Der Vollständigkeitsgrundsatz gilt ausdrücklich auch für die **Gewinn- und Verlustrechnung**. In der Regel wirkt sich jedoch die Entscheidung über den Bilanzansatz automatisch auf die Erfolgsrechnung aus. So bedeutet z. B. die Aktivierung eines Disagios, dass der aktivierte Betrag über mehrere Perioden durch Abschreibungen verteilt werden muss, während im Falle der Nichtaktivierung der gesamte Betrag im Jahr der Entstehung als Aufwand dieser Periode in die Gewinn- und Verlustrechung eingeht.

3.6.3.3 Das Verrechnungsverbot (Bruttoprinzip)

§ 246 Abs. 2 HGB bestimmt, dass „Posten der Aktivseite nicht mit Posten der Passivseite, Aufwendungen nicht mit Erträgen, Grundstücksrechte nicht mit Grundstückslasten verrechnet werden" dürfen. Diese Vorschrift ist eine der Voraussetzungen dafür, dass der Jahresabschluss ein den tatsächlichen Verhältnissen entsprechendes Bild der Vermögens-, Finanz- und Ertragslage vermittelt. Diese Forderung des § 264 Abs. 2 HGB wäre im Falle von Saldierungen der genannten Posten nicht zu erfüllen. Sind z. B. in einer Periode Aufwandszinsen (Zinsen für Fremdkapital) von 100.000 € und Ertragszinsen (Zinsen aus Guthaben und

---

[117] Latente Steuern entstehen durch unterschiedliche Wertansätze von Vermögensgegenständen, Schulden und Rechnungsabgrenzungsposten in der Handels- und Steuerbilanz, die sich in den Folgejahren voraussichtlich wieder abbauen. Ist zukünftig mit einer sich insgesamt ergebenden Steuerentlastung (Steuerbelastung) zu rechnen, handelt es sich um aktive (passive) latente Steuern. Die Höhe der latenten Steuern ergibt sich durch Anwendung des unternehmensindividuellen Steuersatzes im Zeitpunkt der Umkehr der Differenzen auf die Wertdifferenzen. Vgl. dazu *Bieg, H., Kußmaul, H., Petersen, K., Waschbusch, G., Zwirner, C.*, Bilanzrechtsmodernisierungsgesetz – Bilanzierung, Berichterstattung und Prüfung nach dem BilMoG, a.a.O., S. 61 ff.

Wertpapieren) von 95.000 € angefallen, so würde eine Verrechnung zum Ausweis von 5.000 € Aufwandszinsen führen. Es wäre nicht zu erkennen, dass der Betrieb auch Ertragszinsen erzielt hat. Das Verrechnungsverbot gilt nicht, wenn die rechtlichen Voraussetzungen für eine Aufrechnung vorliegen, also z. B. bei Identität von Schuldner und Gläubiger.

Dieses Verrechnungsverbot wird jedoch durch einen Ausnahmetatbestand durchbrochen. Nach § 246 Abs. 2 Satz 2 HGB ist es möglich, „Vermögensgegenstände, die dem Zugriff aller Gläubiger entzogen sind und ausschließlich der Erfüllung von Schulden aus Altersvorsorgeverpflichtungen oder vergleichbaren langfristig fälligen Verpflichtungen dienen", mit diesen Schulden zu verrechnen. Entsprechendes gilt auch für die dazugehörigen Aufwendungen und Erträge, die sowohl aus der Abzinsung als auch aus dem verrechneten Vermögen stammen.[118] Dies soll gewährleisten, dass eine Verrechnung dieser Aufwendungen und Erträge lediglich innerhalb des Finanzergebnisses erfolgt und das Betriebsergebnis hierbei nicht tangiert wird.[119]

3.6.3.4 Der Grundsatz der Darstellungsstetigkeit (formale Bilanzkontinuität)

Die Beachtung des Prinzips der formalen Bilanzkontinuität erfordert die **Beibehaltung der Bilanzgliederung**, damit die Bilanzen mehrerer Wirtschaftsjahre miteinander vergleichbar sind. Das bedeutet, dass der Inhalt der einzelnen Bilanzpositionen stets gleich bleiben bzw. **nicht ohne zwingenden wirtschaftlichen Grund** geändert werden soll, dass also z. B. nicht in einem Jahr eine Aufgliederung von Bilanzpositionen über die gesetzlich vorgeschriebene Mindestgliederung hinaus erfolgt, während in einem anderen Jahr wieder eine Zusammenziehung bestimmter Positionen vorgenommen wird. Dies würde die **Vergleichbarkeit** der Bilanzen stören oder zumindest sehr erschweren. Der Betriebsvergleich (Zeitvergleich) ist aber für das Unternehmen ein wichtiges Kontrollinstrument und zugleich eine der Grundlagen für betriebliche Dispositionen.

Die Kontinuität der Bilanzgliederung und der Bilanzierungsmethoden gehört zu den handelsrechtlichen Grundsätzen ordnungsmäßiger Buchführung. Für Kapitalgesellschaften ist sie in § 265 Abs. 1 HGB gesetzlich kodifiziert. Diese Vorschrift wird durch die Bestimmung des § 5 Abs. 1 EStG für die Steuerbilanz maßgeblich.

Abweichungen in der Gliederung sind nur „wegen besonderer Umstände" in Ausnahmefällen zulässig. Zwingende wirtschaftliche Gründe, die eine Änderung der Bilanzgliederung rechtfertigen, können beispielsweise in einer wesentlichen Vergrößerung des Betriebes oder in einer Änderung des Fertigungsprogramms gegeben sein. Derartige Abweichungen von der bisherigen Form sind **im Anhang anzugeben** und zu begründen.[120]

3.6.3.5 Der Grundsatz der Ansatzstetigkeit

Nach § 246 Abs. 3 HGB sind die in dem vorangegangenen Jahresabschluss angewandten Ansatzmethoden beizubehalten; eine Abweichung ist nach § 252 Abs. 2 HGB nur in begründeten Ausnahmefällen möglich. Dieser Grundsatz entfaltet seine Wirkung insb. im

---

[118] Vgl. § 246 Abs. 2 Satz 2 i.V.m. § 277 Abs. 5 HGB.

[119] Vgl. *Kußmaul, H., Gräbe, S.*, in: *Petersen, K., Zwirner, C.*, Bilanzrechtsmodernisierungsgesetz, München 2009, § 246 HGB, S. 387.

[120] Vgl. § 265 Abs. 1 Satz 2 HGB.

Hinblick auf die Aktivierung selbst geschaffener immaterieller Vermögensgegenstände des Anlagevermögens nach § 248 Abs. 2 HGB, eines Disagios nach § 250 Abs. 3 HGB sowie der aktiven latenten Steuern nach § 274 Abs. 1 Satz 2 HGB und dient letztlich der Verbesserung der Transparenz der Jahresabschlüsse.[121]

3.6.4 Grundsätze für die Bilanzierung der Höhe nach

3.6.4.1 Der Grundsatz der Unternehmensfortführung (Going-concern-Prinzip)

Die Bewertung in der Bilanz hat nach § 252 Abs. 1 Nr. 2 HGB grundsätzlich unter der Annahme zu erfolgen, dass das Unternehmen fortgeführt wird. Dieses Prinzip erfordert eine Bewertung der Vermögensgegenstände des Anlagevermögens zu ihren Anschaffungs- bzw. Herstellungskosten, bei abnutzbaren Anlagegütern unter Berücksichtigung planmäßiger Abschreibungen. Der Liquidationswert, d. h. der am Bilanzstichtag am Markt für gebrauchte Anlagegüter noch erzielbare Absatzpreis, würde im Falle der Unternehmensfortführung in der Regel zu einer zu niedrigen Bewertung führen, da er für Anlagen, die bereits längere Zeit im Betrieb genutzt werden, häufig mit dem Schrottwert identisch sein wird.

Der Grundsatz der Unternehmensfortführung gilt gem. § 252 Abs. 1 Nr. 2 HGB unter der Voraussetzung, dass „dem nicht tatsächliche oder rechtliche Gegebenheiten entgegenstehen". Ein solcher Fall liegt vor, wenn der Zeitpunkt der Liquidation bei der Bilanzaufstellung bereits feststeht. Die Feststellung derartiger Gegebenheiten ist im Einzelfall problematisch, wobei „stets auf die **Gesamtsituation** des Unternehmens abzustellen" ist.[122]

3.6.4.2 Der Grundsatz der Einzelbewertung

Die Bewertung in der Bilanz erfolgt nach dem Grundsatz der Einzelbewertung, d. h., jeder Vermögensgegenstand und jede Schuld werden für sich bewertet. Der Gesamtwert eines Unternehmens lässt sich folglich mit Hilfe der Bilanz nur durch eine **Addition** der einzelnen Vermögenswerte ermitteln. Da jedoch nicht alle Vermögensgegenstände bilanziert werden dürfen (Bilanzierungsverbote) oder bilanziert werden müssen (Bilanzierungswahlrechte), und da es außerdem Werte gibt, die zwar nicht Gegenstand des Rechtsverkehrs sind und deshalb nicht in die Bilanzsumme aufgenommen werden dürfen, dennoch aber bei der Erzielung des Ertrages mitwirken (z. B. der gute Ruf des Unternehmens und die darauf basierende Kreditwürdigkeit, der Kundenstamm, die Organisation), zeigt die Bilanzsumme den **Gesamtwert** des Unternehmens **nur unvollkommen** an. Er wird deshalb genauer ermittelt, wenn die mit allen bilanzierungsfähigen und nicht bilanzierungsfähigen Werten erzielten bzw. nachhaltig erzielbaren **Reinerträge (Gewinne) kapitalisiert** werden. Der Gesamtwert entspricht dann einem Kapitalbetrag, der bei Annahme eines bestimmten Kalkulationszinsfußes (z. B. Zins für alternative Kapitalanlagemöglichkeiten) erforderlich wäre, um damit Zinserträge in Höhe der nachhaltig im Unternehmen zu erzielenden Gewinne zu verdienen.

Bei der Einzelbewertung stellt sich das Problem, ob ein Vermögensgegenstand nur isoliert für sich oder unter Berücksichtigung der Tatsache bewertet wird, dass er in einem Betrieb

---

[121] Vgl. BT-Drs. 16/10067, S. 49.

[122] *Selchert, F. W.,* in: *Küting, K., Weber, C.-P.,* Handbuch der Rechnungslegung, a. a. O., § 252 HGB, Rn. 48 f.

mit anderen Vermögensgegenständen zusammen eine Leistung erbringt. Wird z.B. eine Maschine isoliert bewertet, so kann ihr Wert **erstens** dem **Preis** entsprechen, der **am Absatzmarkt** für sie noch zu erzielen ist. Das ist vielleicht nur noch der Schrottwert, wenn es keinen Käufer gibt, der die Maschine noch verwenden kann.

Da Maschinen in der Regel nicht beschafft werden, um sie wieder am Absatzmarkt zu verkaufen, sondern im Betrieb zur Leistungserstellung bis zum Ende ihrer wirtschaftlichen Nutzungsdauer eingesetzt werden sollen, kann ihr Wert **zweitens** auch von den **geschätzten Erträgen** abgeleitet werden, die diese Maschine im Rahmen des Betriebes noch erbringen kann.

Zur Bewertung können **drittens** die **Anschaffungskosten** der Maschine verwendet werden, vermindert um die bis zum Bilanzstichtag eingetretenen (geschätzten) Wertminderungen, die durch planmäßige oder außerplanmäßige Verteilung der Anschaffungskosten auf die wirtschaftliche Nutzungsdauer mittels Abschreibungen erfasst werden. Anstelle der Anschaffungskosten können **viertens** auch die um die Abschreibungen verminderten **Wiederbeschaffungskosten** am Bilanzstichtag angesetzt werden.

Bei der Einzelbewertung ist also zwischen **marktpreisabhängiger und ertragsabhängiger Bewertung** zu unterscheiden. Marktabhängige Bewertungsmaßstäbe sind die Anschaffungskosten, die Herstellungskosten, die Wiederbeschaffungskosten und die Preise am Absatzmarkt. Ein ertragsabhängiger Bewertungsmaßstab ist seiner Idee nach der **steuerliche Teilwert**.[123] Wegen der großen Schwierigkeiten bei seiner Ermittlung wird er in der Praxis jedoch häufig von marktabhängigen Werten abgeleitet.

Durchbrochen wird dieser Einzelbewertungsgrundsatz durch die Regelung des § 254 HGB, wonach ein Sicherungsgeschäft, welches zur Absicherung eines Grundgeschäfts dient, mit diesem zusammenzufassen ist und somit eine Abbildung dieser beiden Geschäfte weder in der Bilanz noch in der Gewinn- und Verlustrechnung erfolgt, sofern den beiden Geschäften gleichartige Risiken innewohnen; im Ergebnis führt dies zur Nichterfassung unrealisierter Verluste, soweit diesen in gleicher Höhe unrealisierte Gewinne gegenüberstehen.[124]

3.6.4.3 Das Vorsichtsprinzip

§ 252 Abs. 1 Nr. 4 HGB bestimmt: „Es ist vorsichtig zu bewerten, namentlich sind alle vorhersehbaren Risiken und Verluste, die bis zum Abschlussstichtag entstanden sind, zu berücksichtigen ... Gewinne sind nur zu berücksichtigen, wenn sie am Abschlussstichtag realisiert sind."

Aus dem **Prinzip kaufmännischer Vorsicht** lassen sich folgende Grundsätze der Bilanzierung ableiten:

- Das **Realisationsprinzip** hat die Forderung zum Inhalt, dass Gewinne und Verluste erst dann ausgewiesen werden dürfen, wenn sie durch den Umsatzprozess in Erscheinung getreten sind. Die Möglichkeit, Vermögensgegenstände zu einem späteren Zeitpunkt

---

[123] Zur theoretischen Konzeption und zur Kritik an der Konzeption des Teilwertes vgl. *Wöhe, G.*, Betriebswirtschaftliche Steuerlehre, Bd. I, 2. Halbband, 7. Aufl., München 1992, S. 175 ff.

[124] Vgl. *Petersen, K., Zwirner, C., Froschhammer, M.*, in: *Petersen, K., Zwirner, C.*, Bilanzrechtsmodernisierungsgesetz, a.a.O., § 254 HGB, S. 424.

mit Gewinn veräußern zu können oder mit Verlust absetzen zu müssen, rechtfertigt nach diesem Grundsatz noch nicht die bilanzmäßige Berücksichtigung derartiger Gewinne bzw. Verluste. Das Prinzip schließt die Beachtung von Wertsteigerungen über die Anschaffungs- oder Herstellungskosten aus. Dabei kommt es nicht darauf an, ob die Wertsteigerungen die Folge einer allgemeinen Preissteigerung sind oder der Wert von Wirtschaftsgütern – z.B. eines unbebauten Grundstücks oder eines Wertpapiers – bei konstantem Geldwert gestiegen ist. Hat der Betrieb vor 20 Jahren ein unbebautes Grundstück für 50.000 € gekauft, das heute einen Wert von 300.000 € hat, so dürfen die Anschaffungskosten von 50.000 € in der Bilanz nicht überschritten werden. Die Wertsteigerung von 250.000 € wird erst als Gewinn realisiert, wenn das Grundstück tatsächlich zu 300.000 € verkauft worden ist.

Eine Durchbrechung des Realisationsprinzips erfolgt z.B. durch das Abzinsungsgebot des § 253 Abs. 2 HGB, wonach Rückstellungen mit einer Restlaufzeit von mehr als einem Jahr mit einem durchschnittlichen Marktzinssatz der vorangegangenen sieben Geschäftsjahre abzuzinsen sind. Für den Fall, dass die Rückstellung keinen Zinsanteil enthält, folgt hieraus die Vorwegnahme künftiger Erträge.[125] Ferner wird das Realisationsprinzip durch die Regelung des § 340e Abs. 3 HGB durchbrochen, wonach bei Kredit- und Finanzdienstleistungsinstituten Finanzinstrumente des Handelsbestands mit dem beizulegenden Zeitwert abzgl. eines Risikoabschlags zu bewerten sind.

- Das **Niederstwertprinzip** schränkt das Realisationsprinzip für Wertminderungen ein. Es besagt, dass von zwei möglichen Wertansätzen – z.B. den Anschaffungs- oder Herstellungskosten einerseits und dem niedrigeren Börsen- oder Marktpreis andererseits – jeweils der niedrigere angesetzt werden muss (strenges Niederstwertprinzip) oder darf (gemildertes Niederstwertprinzip, gilt nur bei vorübergehender Wertminderung im Finanzanlagevermögen) und damit eine Aufwandsantizipation verlangt bzw. erlaubt wird. Der niedrigere der beiden zur Wahl stehenden Werte bildet bei strenger Anwendung des Prinzips, die nach § 253 Abs. 4 HGB bei der Bewertung des Umlaufvermögens gefordert wird, die obere Wertgrenze, die nicht überschritten werden darf. Ist z.B. ein Rohstoff zu 60 € pro Mengeneinheit beschafft worden und betragen die Wiederbeschaffungskosten am Bilanzstichtag nur noch 55 €, so ist der höchstmögliche Wertansatz 55 €. Sind dagegen die Wiederbeschaffungskosten auf 65 € gestiegen, so dürfen die Anschaffungskosten von 60 € nicht überschritten werden.

- Das **Höchstwertprinzip für Verbindlichkeiten** ergibt sich durch analoge Übertragung des Niederstwertprinzips von der Bewertung des Vermögens auf die Bewertung der Verbindlichkeiten. Ist z.B. der Wert einer Verbindlichkeit am Bilanzstichtag höher als ihre Anschaffungskosten (z.B. bei Auslandsschulden infolge von Wechselkursänderungen), so ist der höhere Wert anzusetzen. Sinkt der Wert unter die Anschaffungskosten, darf der niedrigere Wert nicht berücksichtigt werden.

- Das **Imparitätsprinzip** fasst die drei erstgenannten Grundsätze zu einer Regel zusammen. Da Ertragsantizipationen unzulässig sind, vollzieht sich die Bewertung im Hin-

---

[125] Vgl. *Bieg, H., Kußmaul, H., Petersen, K., Waschbusch, G., Zwirner, C.*, Bilanzrechtsmodernisierungsgesetz – Bilanzierung, Berichterstattung und Prüfung nach dem BilMoG, a.a.O., S. 82 f.

blick auf erwartete Gewinne und erwartete Verluste ungleichmäßig. Das Imparitätsprinzip besagt:

- noch nicht durch Umsatz realisierte Gewinne dürfen nicht ausgewiesen werden; es gilt also das Realisationsprinzip;

- noch nicht durch Umsatz realisierte Verluste müssen oder dürfen berücksichtigt werden; das Realisationsprinzip gilt also nicht, an seine Stelle treten das Niederstwertprinzip bei der Bewertung von Vermögensgegenständen und das Höchstwertprinzip bei der Bewertung von Verbindlichkeiten.

3.6.4.4 Das Anschaffungskostenprinzip

Für die Handels- und Steuerbilanz hat der Gesetzgeber das **Prinzip der nominellen Kapitalerhaltung** durch gesetzliche Bewertungsvorschriften fixiert. Diesem Prinzip liegt die Vorstellung zugrunde, die jeweilige Geldeinheit sei ein im Zeitablauf konstanter Wertmesser („Euro = Euro"). Die Leistungsfähigkeit eines Betriebes gilt als gewahrt, wenn das nominelle Geldkapital ziffernmäßig von Periode zu Periode gleich bleibt, mit anderen Worten, wenn der Ertrag den in den ursprünglich angefallenen Anschaffungs- oder Herstellungskosten gemessenen Aufwand deckt. Ein **Gewinn** (Verlust) im Sinne des Prinzips der nominellen Kapitalerhaltung liegt vor, wenn das Eigenkapital am Ende des Jahres – unter Hinzurechnung von Entnahmen und Abzug von Einlagen – das Eigenkapital am Anfang des Jahres übersteigt (unterschreitet). Der in Handels- und Steuerbilanz nach dieser Konzeption ermittelte Gewinn unterliegt **in voller Höhe der Besteuerung** und kann – unter Beachtung der Vorschriften über die Zuführung zu den Rücklagen – an die Anteilseigner ausgeschüttet werden. Steigen die Preise infolge konjunktureller Einflüsse oder allgemeiner Geldentwertung, kann die ursprüngliche Produktionsfähigkeit des Betriebes durch Einsatz der gleichen investierten Geldsumme nicht aufrechterhalten werden, denn die durch die Verrechnung des Aufwandes in Höhe der ursprünglich angefallenen Anschaffungs- oder Herstellungskosten der verbrauchten bzw. verkauften Vermögensgegenstände an den Betrieb gebundenen Ertragsteile reichen nicht aus, die verbrauchten bzw. verkauften Vermögensgegenstände in vollem Umfang neu zu beschaffen.

3.6.4.5 Der Grundsatz der Bewertungsstetigkeit (materielle Bilanzkontinuität)

3.6.4.5.1 Die Stetigkeit der Anwendung der Bewertungsgrundsätze

Der Grundsatz der **materiellen Bilanzkontinuität** verlangt eine **Bewertungskontinuität**, d. h. die Beibehaltung der in früheren Bilanzen verwendeten Bewertungsgrundsätze. Die Einhaltung dieses Prinzips ist vom betriebswirtschaftlichen Standpunkt aus zu fordern, damit gewährleistet wird, dass die Gewinnermittlung nach gleichen Grundsätzen erfolgt und dementsprechend auch durch **Vergleich der Bilanzen** mehrerer Perioden Unterlagen für die Beurteilung der betrieblichen Entwicklung gewonnen werden können.

Das Handelsrecht hat in § 252 Abs. 1 Nr. 6 HGB den Grundsatz der Bewertungsstetigkeit als zwingend anwendbaren Grundsatz formuliert: „Die auf den vorhergehenden Jahresabschluss angewandten Bewertungsmethoden sind beizubehalten." Von diesem Grundsatz darf gem. § 252 Abs. 2 HGB „nur in begründeten Ausnahmefällen abgewichen werden." Für Kapitalgesellschaften wird jedoch unabhängig von Abweichungen von der Stetigkeit gem. § 252 Abs. 2 i. V. m. § 252 Abs. 1 Nr. 6 HGB die Vergleichbarkeit der Bilanzen dadurch erreicht, dass Änderungen der Bilanzierungs- und Bewertungsmethoden im Anhang anzugeben und zu begründen sind und ihr Einfluss auf die Vermögens-, Finanz- und Ertragslage gesondert darzustellen ist.[126]

3.6.4.5.2 Die Fortführung der Wertansätze (Prinzip des Wertzusammenhangs)

Der Begriff der materiellen Bilanzkontinuität schließt auch den Grundsatz der Wertfortführung ein, der besagt, dass die in der Bilanz einmal angesetzten Werte auch für spätere Bilanzen maßgeblich sind, d. h., dass insbesondere Werterhöhungen über den vorhergehenden Bilanzansatz grundsätzlich unzulässig sind. Dieses Prinzip gilt in der Handelsbilanz nur für den Ansatz der Anschaffungs- oder Herstellungskosten, die prinzipiell nicht überschritten werden dürfen, während darunter liegende Wertansätze wieder angehoben werden dürfen bzw. wieder angehoben werden müssen (bis zu den Anschaffungs- oder Herstellungskosten), wenn sie sich als zu niedrig herausgestellt haben bzw. wenn die Werte wieder gestiegen sind.

In der **Steuerbilanz** war bis zum In-Kraft-Treten des Bilanzrichtlinien-Gesetzes die Beachtung des strengen Wertzusammenhanges für alle abnutzbaren Güter des Anlagevermögens **ausnahmslos** vorgeschrieben. Hier durften bisher keine Werterhöhungen über den letzten Bilanzansatz vorgenommen werden.[127] Nach derzeit geltendem Recht dürfen – wie in der Handelsbilanz – bei Wertsteigerungen lediglich die Anschaffungs- oder Herstellungskosten nicht überschritten werden. Werte, die unter den Anschaffungs- oder Herstellungskosten liegen, müssen jedoch bei Wertsteigerungen wieder bis zu dieser Grenze aufgewertet werden.

Nach § 253 Abs. 5 Satz 1 HGB darf ein niedrigerer Wertansatz, der durch eine außerplanmäßige Abschreibung gebildet wurde, nicht beibehalten werden. Lediglich für den derivativen Geschäfts- oder Firmenwert) gilt gem. § 253 Abs. 5 Satz 2 HGB ein Zuschreibungsverbot, da eine Zuschreibung in solchen Fällen einer Aktivierung eines originären Geschäfts- oder Firmenwerts, für den jedoch ein Aktivierungsverbot besteht, gleichkommen würde.[128]

3.6.5 Die Maßgeblichkeit der handelsrechtlichen Grundsätze ordnungsmäßiger Buchführung und Bilanzierung für die Steuerbilanz

Die Besteuerung der Unternehmensgewinne ist von der Rechtsform des Unternehmens abhängig. **Einzelunternehmen** und **Personengesellschaften** (z. B. OHG, KG) sind nicht selbstständig einkommensteuerpflichtig, sondern der in diesen Unternehmen erzielte Gewinn unterliegt beim Einzelunternehmer bzw. den Gesellschaftern der Personengesellschaft der Einkommensteuer. **Kapitalgesellschaften** (z. B. GmbH, AG) werden als juristische Personen mit ihrem Gewinn zur Körperschaftsteuer herangezogen. Soweit die versteuerten Gewinne an natürliche Personen (Anteilseigner) ausgeschüttet werden, sind sie bei diesen einkommensteuerpflichtig. Eine Milderung der hieraus resultierenden Doppelbesteuerung

---

[126] Vgl. § 284 Abs. 2 Nr. 3 HGB.

[127] Vgl. § 6 Abs. 1 Nr. 1 Satz 4 EStG (i. d. F. für Veranlagungszeiträume vor 1986): „Bei Wirtschaftsgütern, die bereits am Schluß des vorangegangenen Wirtschaftsjahrs zum Anlagevermögen des Steuerpflichtigen gehört haben, darf der Bilanzansatz nicht über den letzten Bilanzansatz hinausgehen."

[128] Vgl. BT-Drs. 16/10067, S. 57.

wird durch die Anwendung des sog. Teileinkünfteverfahrens erreicht.[129] Die **Gewinnermittlung** erfolgt für Betriebe aller Rechtsformen grundsätzlich nach den Vorschriften des Einkommensteuergesetzes (§§ 4 ff.), die für Kapitalgesellschaften im Körperschaftsteuergesetz lediglich um einige Vorschriften ergänzt werden, die den besonderen Umständen, die durch die selbstständige Rechtspersönlichkeit der Kapitalgesellschaften verursacht werden, Rechnung tragen.

Das deutsche Steuerrecht kennt den Begriff der selbstständigen **Steuerbilanz** nicht. Der Unternehmer ist daher auch nicht verpflichtet, eine gesonderte Steuerbilanz aufzustellen: Vielmehr genügt es nach § 60 EStDV, wenn er dem Finanzamt seine Handelsbilanz einreicht, die unter Beachtung der steuerlichen Vorschriften korrigiert worden ist.

§ 5 Abs. 1 Satz 1 EStG bestimmt, dass Betriebe, die buchführungspflichtig sind und regelmäßig Abschlüsse erstellen müssen oder die freiwillig Bücher führen und Abschlüsse erstellen, für den Schluss des Wirtschaftsjahrs das Betriebsvermögen anzusetzen haben, „das nach den handelsrechtlichen Grundsätzen ordnungsmäßiger Buchführung auszuweisen ist". Dieser Grundsatz wird als **Grundsatz der Maßgeblichkeit der Handelsbilanz für die Steuerbilanz** bezeichnet.

Die in § 5 Abs. 1 Satz 1 EStG genannten handelsrechtlichen Grundsätze ordnungsmäßiger Buchführung beziehen sich auf die **Bilanzierung dem Grunde und der Höhe nach**, d. h., sie legen einerseits fest, welche Vermögenswerte und Schulden bilanziert werden müssen, welche bilanziert werden dürfen und für welche ein Bilanzansatz nicht in Betracht kommt, und bestimmen andererseits, wie die bilanzierten Vermögens- und Schuldposten zu bewerten sind bzw. welche Bewertungswahlrechte zur Verfügung stehen. Bei strenger Anwendung des Maßgeblichkeitsprinzips folgt daraus, dass alle handelsrechtlichen Aktivierungs- und Passivierungsgebote, -verbote und -wahlrechte und alle Bewertungswahlrechte auch für die Steuerbilanz gelten, soweit keine zwingenden steuerrechtlichen Vorschriften eine andere Bilanzierung verlangen. Der Große Senat des BFH hat in seinem Beschluss vom 03.02.1969[130] jedoch die Auffassung vertreten, dass der Grundsatz der Maßgeblichkeit der Handelsbilanz für die Steuerbilanz nur für handelsrechtliche Aktivierungs- und Passivierungsgebote und -verbote, nicht dagegen für handelsrechtliche Aktivierungs- und Passivierungswahlrechte gelte.

Zur Begründung führt der BFH aus, dass die steuerliche Gewinnermittlung den **vollen Gewinn** erfassen wolle und es deshalb nicht in das Ermessen des Betriebes gestellt werden könne, seine Ertragslage durch Nichtaktivierung von Wirtschaftsgütern, die handelsrechtlich aktiviert werden dürfen, aber nicht aktiviert worden sind, oder durch Ansatz eines Passivpostens, der handelsrechtlich nicht geboten sei, ungünstiger darzustellen.

Zwingende gesetzliche Regelungen sind in § 5 Abs. 6 EStG für den Bereich der Bewertung i. w. S. fixiert. Danach sind die steuerlichen Vorschriften „über die Entnahmen und die Einlagen, über die Zulässigkeit der Bilanzänderung, über die Betriebsausgaben, über die

---

[129] Vgl. hierzu Fußnote 355, in der auf Modifikationen des Halbeinkünfteverfahrens durch die Unternehmenssteuerreform 2008 Bezug genommen wird.

[130] BStBl 1969 II, S. 291.

Bewertung und über die Absetzung für Abnutzung oder Substanzverringerung" zu beachten (sog. „**Bewertungsvorbehalt**").

Wirtschaftsgüter, die auf Grund der uneinheitlichen Ausübung steuerlicher Wahlrechte mit einem anderen als dem handelsrechtlich maßgeblichen Wert in der Steuerbilanz angesetzt werden, sind nach § 5 Abs. 1 Satz 2 EStG in laufend zu führende Verzeichnisse aufzunehmen.

4 Die Grundlagen der Buchungstechnik

4.1 Die Auflösung der Bilanz in Konten

4.1.1 Begriff des Kontos

Da es praktisch nicht möglich ist, jede Veränderung eines Bestandes, die durch einen Geschäftsvorfall bedingt ist, sofort in der Bilanz zu vermerken und somit nach jedem Geschäftsvorfall eine neue Bilanz aufzustellen, zerlegt man die Bilanz in ihre Vermögens- und Kapitalarten, d.h. in eine Vielzahl von Einzelrechnungen, und zeichnet die zwischen zwei Bilanzstichtagen (in der Regel ein Jahr) erfolgten Geschäftsvorfälle gleicher Art auf einem Konto auf. Diese Einzelrechnungen sind Inhalt der Buchführung, deren Aufgabe darin besteht, jeden Bestand und jede Veränderung eines Bestandes an Vermögen und Kapital sowie jeden Aufwand und Ertrag auf einem Konto festzuhalten.

Ein **Konto** ist eine zweiseitige Rechnung, die auf der einen Seite den Anfangsbestand und die Zugänge, auf der anderen Seite die Abgänge und den Endbestand enthält. Der Endbestand ergibt sich als Differenz (Saldo) zwischen der Summe aus Anfangsbestand und Zugängen einerseits und den Abgängen andererseits. Stellt man beide Seiten eines Kontos gegenüber, so entsteht das nach seiner Form benannte **T-Konto**:

Soll		Kasse	Haben	
Anfangsbestand	2.000,—	Abgänge (Auszahlungen)	1.000,—	
Zugänge (Einzahlungen)	3.000,—	Endbestand (= Saldo)	4.000,—	
	5.000,—		5.000,—	

Die linke Seite jedes Kontos wird mit „**Soll**", die rechte Seite mit „**Haben**" überschrieben. Diese historischen Bezeichnungen sind nicht bei allen Konten ohne Weiteres verständlich. Hat der Betrieb eine Forderung an einen Kunden aus einer Warenlieferung, so weist die linke Seite des Forderungskontos den Anfangsbestand und die Zugänge, die rechte Seite die Abgänge und den Endbestand aus. Die linke Seite zeigt also den Betrag, den der Kunde noch zahlen soll, die rechte Seite weist aus, welche Beträge der Betrieb dem Kunden für seine Zahlungen gutgeschrieben hat. Früher wurden diese Beziehungen durch die Bezeichnungen „**Debet**" (= er schuldet) für die linke Seite und „**Credit**" (= er hat gut) für die rechte Seite eines Kontos zum Ausdruck gebracht.

In der Praxis verwendet man in der Regel die T-Form nur für die Zahlenwerte, während man das Datum, den Buchungstext mit Angabe des Gegenkontos[131] und den Verweis auf den

---

[131] Vgl. S. 73 ff.

zugehörigen Beleg sowie evtl. zusätzliche Angaben links davon anordnet. So kann das Konto „Kasse" z. B. folgendes Aussehen haben:

Kontobezeichnung: KASSE Konto-Nr. . . .				
Datum	Gegenkonto	Buchungstext	Soll	Haben
01.01.	Eröffnungs-bilanz	Bestands-einbuchung	2.000,—	
03.01.	Bank	Einzahlung auf Girokonto		500,—
08.01.	Kundenforde-rungen	Bezahlung einer Rech-nung an uns	1.500,—	
. . .	. . .	. . .	. . .	. . .

4.1.2 Kontenarten

4.1.2.1 Bestandskonten

Aus der Bilanz werden die Bestandskonten abgeleitet. Diejenigen Bestandskonten, die die Vermögenswerte erfassen, werden als **Aktiv- oder Vermögenskonten**, diejenigen, die Kapitalpositionen aufnehmen, als **Passiv- oder Kapitalkonten** bezeichnet. Die aus der Schlussbilanz des vorangegangenen Geschäftsjahrs entnommenen Anfangsbestände erscheinen bei den Aktivkonten auf der linken Kontoseite, bei den Passivkonten auf der rechten Seite. Da Zugänge den Anfangsbestand erhöhen, stehen sie bei Aktivkonten auf der linken, bei Passivkonten auf der rechten Seite. Entsprechend werden bei den Aktivkonten die Abgänge auf der rechten, bei den Passivkonten auf der linken Seite erfasst. Der jeweils verbleibende Restbetrag **(Saldo)** wird ermittelt, indem die kleinere Kontenseite von der größeren Kontenseite abgezogen und auf die kleinere Seite übertragen wird. Der sich so ergebende Endbestand erscheint also i. d. R. auf der jeweils anderen Kontenseite als der Anfangsbestand, d. h. bei Aktivkonten auf der rechten und bei Passivkonten auf der linken Kontenseite. Bezieht man die Endbestände mit ein, so ergibt sich folgender Kontenaufbau:

Soll	Aktivkonto	Haben		Soll	Passivkonto	Haben
Anfangsbestand						Anfangsbestand
	Abgänge				Abgänge	Zugänge
Zugänge						
	Saldo = End-bestand				Saldo = End-bestand	

Für jedes Bestandskonto gilt also:

> Anfangsbestand + Zugänge = Abgänge + Endbestand
> Endbestand = Anfangsbestand + Zugänge – Abgänge

Da die Begriffe Soll und Haben sowohl für die Aktiv- als auch für die Passivkonten verwendet werden, muss man sich zum Verständnis klarmachen, dass die Passivkonten auf der rechten Seite zeigen, welche Beträge der Gläubiger oder ein anderer Unternehmer „gut hat", m. a. W., welche Beträge der Betrieb schuldet. Deshalb erscheinen auf den Passivkonten Anfangsbestand und Zugänge auf der rechten Seite, weil der Gläubiger das „gut hat", was der Betrieb ihm schuldet. Auf der Soll-Seite eines Passivkontos erscheinen dagegen die Beträge, um die sich die Schulden des Betriebes – z. B. durch Rückzahlung – mindern. Der Gläubiger wird „belastet" mit dem Betrag, den er nicht mehr zu fordern hat. Der Zusammenhang zwischen der Bilanz und den aus ihr abgeleiteten Bestandskonten lässt sich in vereinfachter Form[132] wie in der Abbildung auf Seite 70 charakterisieren (Geschäftsjahr 01).

Die Bestandskonten weisen die Bestände an Vermögen und Schulden sowie ihre Bewegung innerhalb des Zeitablaufs aus. Einer Bestandsänderung auf einem Konto entspricht auf einem anderen Konto eine Bestandsänderung entweder mit entgegengesetztem Vorzeichen (z. B. Wareneinkauf gegen bar = Mehrung des Warenbestandes und Minderung des Kassenbestandes) oder mit gleichem Vorzeichen (z. B. Wareneinkauf auf Kredit = Mehrung des Warenbestandes und Mehrung der kurzfristigen Verbindlichkeiten oder Bezahlung von Lieferantenverbindlichkeiten = Minderung der Zahlungsmittel und Minderung der kurzfristigen Verbindlichkeiten).

Es sind Fälle denkbar, in denen aus einem Aktivkonto ein Passivkonto wird oder umgekehrt, wenn z. B. die Abgänge größer sind als die Summe aus Anfangsbestand und Zugängen. Während z. B. aus der Kasse nicht mehr entnommen werden kann als eingelegt wurde, so dass das Konto „Kasse" keinen negativen Bestand annehmen kann, ist das bei einem Bankkonto – man denke an ein Girokonto – ohne Weiteres möglich. Betrug etwa das Bankguthaben am 01.01.01 10.000 € und belaufen sich die Zugänge während des Jahres 01 bis zum 31.12.01 auf 5.000 € und die Abgänge im gleichen Zeitraum auf 17.000 €, verbleibt am 31.12.01 eine Bankschuld von 2.000 €. Es ergibt sich also ein „negativer Saldo" oder anders ausgedrückt: der Endbestand steht auf der gleichen Seite wie der Anfangsbestand.

Soll		Bank	Haben
Anfangsbestand	10.000,—	Abgänge	17.000,—
Zugänge	5.000,—		
Endbestand	2.000,—		
	17.000,—		17.000,—

---

[132] Im Beispiel werden das Anlagevermögen, das Umlaufvermögen, das Eigenkapital und das Fremdkapital jeweils als eine Bilanzposition mit dem zugehörigen Konto angesehen.

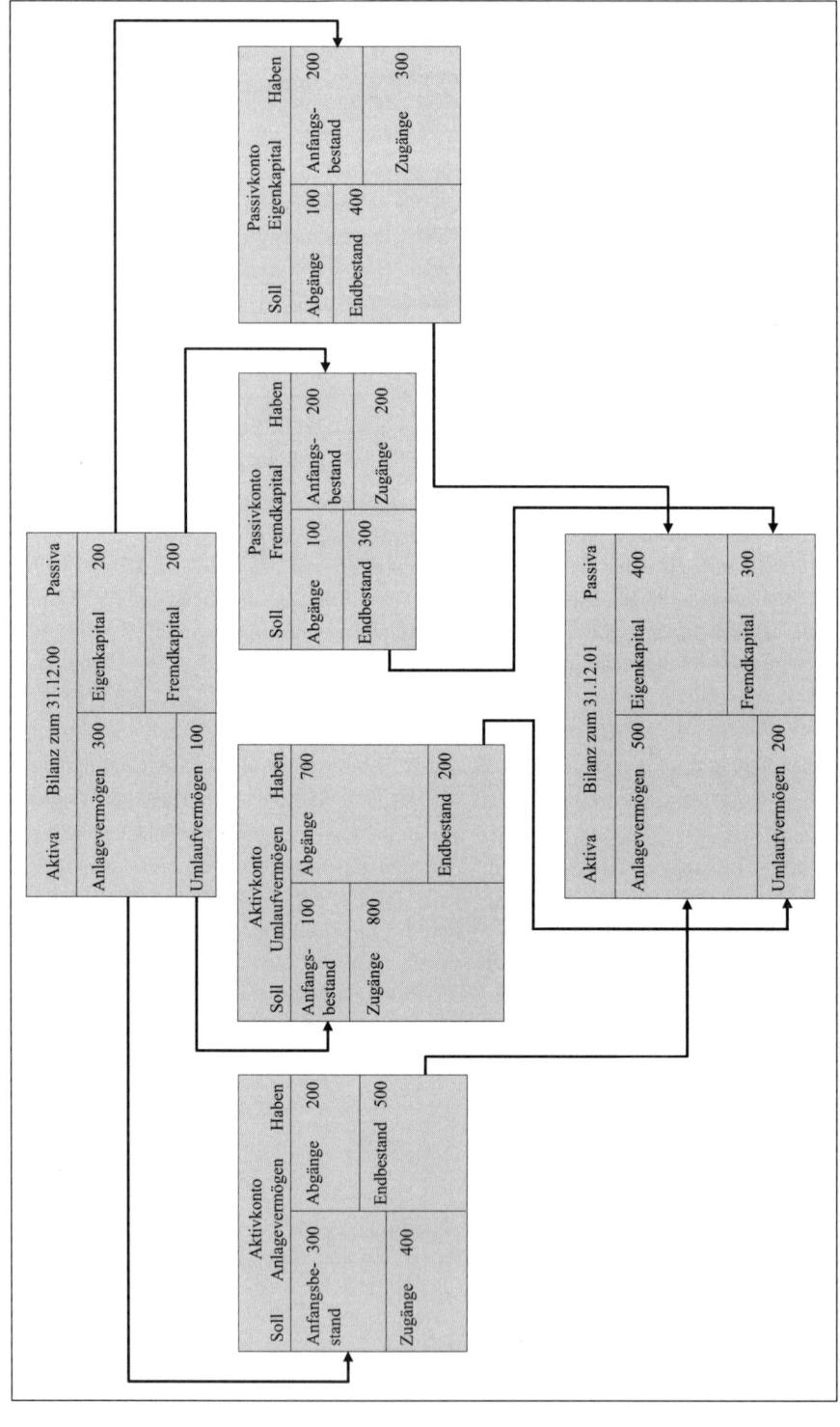

Da aus dem Aktivkonto „Bank" (Bankguthaben) ein Passivkonto „Bank" (Bankverbindlichkeiten) geworden ist, muss der so ermittelte passivische Endbestand entsprechend auch in der Schlussbilanz auf die Passivseite übertragen werden.

4.1.2.2 Erfolgskonten

Wird durch einen Geschäftsvorfall ein Erfolg (Wertzuwachs oder Wertminderung = Gewinn oder Verlust) erzielt, so erhöht sich durch einen Wertzuwachs das Vermögen und entsprechend das Eigenkapital, während sich durch eine Wertminderung Vermögen und Eigenkapital verringern.

Würde man z.B. bei der Zahlung von Löhnen das Bankkonto und das Eigenkapitalkonto um den Lohnbetrag vermindern und im Falle der Erzielung eines Zinsertrages beide Konten um diesen Ertrag erhöhen, könnte man zwar die Bewegungen auf beiden Konten feststellen, nicht aber die **Ursachen** erkennen, auf die sie zurückzuführen ist. Eine Zunahme des Bank- und des Eigenkapitalkontos könnte z.B. auch durch eine Einlage von weiterem Eigenkapital aus dem Privatvermögen des Unternehmers eintreten. Diese Einlage ist aber nicht erfolgswirksam, denn ein Erfolg tritt nur dann ein, wenn sich das Eigenkapital als Folge des betrieblichen Umsatzprozesses erhöht oder vermindert. Um die Quellen des Erfolges sichtbar zu machen, bildet man deshalb für jede Aufwands- und Ertragsart ein Konto, in unserem Beispiel also ein Lohnaufwandskonto („Löhne") und ein Zinsertragskonto („Zinserträge").

Auch die **Aufwands- und Ertragskonten** (Erfolgskonten) werden auf der linken Seite mit „Soll" und auf der rechten Seite mit „Haben" überschrieben, d.h., sie werden links belastet und rechts erkannt. Die Erfolgskonten lassen sich als **Vorkonten des Eigenkapitalkontos** auffassen.[133] Da Aufwendungen das Eigenkapital mindern und Erträge das Eigenkapital erhöhen und da das Eigenkapitalkonto ein Passivkonto ist, bei dem Zugänge auf der Haben-Seite und Abgänge auf der Soll-Seite erscheinen, nehmen die Aufwandskonten auf ihrer Soll-Seite die Eigenkapitalminderungen (Aufwendungen), die Ertragskonten auf ihrer Haben-Seite die Eigenkapitalmehrungen (Erträge) auf.

Soll	Aufwandskonto	Haben
Aufwand		Saldo = Wertminderung

Soll	Ertragskonto	Haben
Saldo = Wertzuwachs		Ertrag

Beispiel für ein Aufwandskonto:

Zahlung von 1.000 € Lohn vom Bankkonto:

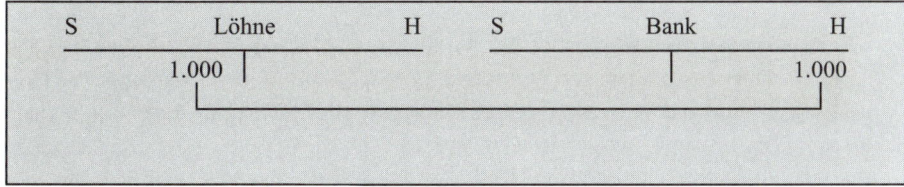

---

[133] Einzelheiten vgl. S. 83 ff.

Die Lohnzahlung bedeutet sowohl eine Eigenkapitalminderung, wenn man sie isoliert betrachtet,[134] als auch eine Verringerung des Bankguthabens. Eine Direktverbuchung auf dem
Eigenkapitalkonto statt auf dem Lohnkonto würde nicht erkennen lassen, wodurch die Eigenkapitalminderung ausgelöst worden ist.

Beispiel für ein Ertragskonto:

Gutschrift von 500 € Zinsen durch die Bank auf dem Bankkonto:

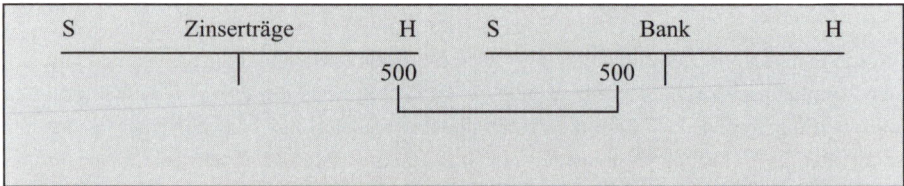

Der Zinsertrag vermehrt sowohl das Eigenkapital als auch das Bankguthaben. Würde der
Zinsertrag statt dem Ertragskonto unmittelbar dem Eigenkapitalkonto gutgeschrieben, wäre
auch in diesem Fall nicht zu erkennen, auf welche Ursache die Eigenkapitalmehrung zurückzuführen ist.

4.1.2.3 Zusammenfassender Überblick über die Kontenarten

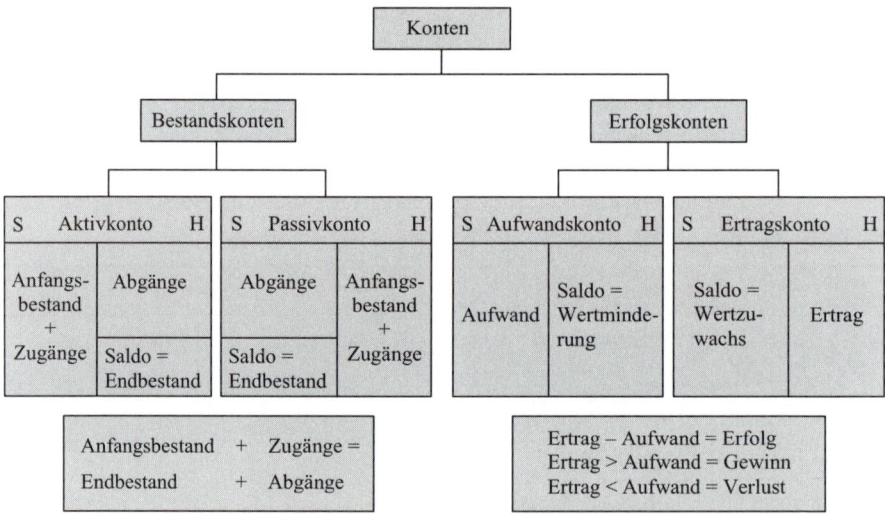

- **Bestandskonten**: Sie nehmen für jede Vermögens- und Kapitalart den Anfangsbestand
  einer Abrechnungsperiode auf, sammeln die Zugänge und Abgänge während der Periode, zeigen also die Bewegung der Bestände und ermöglichen am Ende der Periode

---

[134] Sieht man die Lohnzahlung im Zusammenhang mit der Erstellung einer betrieblichen Leistung,
z.B. der Produktion von Fabrikaten, so entspricht dem Lohnaufwand ein Ertragszuwachs in den Fabrikaten, d.h., es erfolgt eine Vermögensumschichtung (Minderung der Zahlungsmittel, Mehrung der
Lagerbestände), durch die sich das Eigenkapital nicht ändert.

durch Gegenüberstellung von Anfangsbestand und Zugängen einerseits und Abgängen andererseits die Ermittlung des Endbestandes.

- **Erfolgskonten**: Sie sammeln – getrennt nach Aufwands- und Ertragsarten – die Aufwendungen und Erträge einer Abrechnungsperiode. Der Saldo zwischen sämtlichen Aufwendungen und Erträgen ergibt den Erfolg der Periode, der mit dem Eigenkapitalkonto verrechnet wird und als Gewinn das Eigenkapital vermehrt bzw. als Verlust das Eigenkapital vermindert.

- Eine dritte Art von Konten, auf die erst später eingegangen wird, sind die **gemischten Konten**, die eine Kombination von Bestands- und Erfolgskonten bilden. Bekanntestes Beispiel ist das ungeteilte (gemischte) Warenkonto.[135] Diese Konten haben den Nachteil, dass ihr Saldo eine Mischung von Endbestandswert und Erfolg ist und sich folglich eine sinnvolle Aussage nur ergibt, wenn vor der Saldierung der durch Inventur festgestellte Endbestand eingesetzt wird, so dass der Saldo nur noch den Erfolg zeigt. Im Interesse einer klaren und übersichtlichen Buchführung und Bilanzierung sollten gemischte Konten durch Aufteilung in ein reines Bestands- und ein reines Erfolgskonto (z. B. Wareneinkaufskonto und Warenverkaufskonto) vermieden werden.

4.2 Der Buchungssatz

Bei der Verbuchung eines Geschäftsvorfalles werden mindestens zwei Konten berührt, da jeder Geschäftsvorfall zwei Seiten hat und deshalb einmal im Soll und einmal im Haben eines Kontos erfasst wird. Der Geschäftsvorfall wird in Form eines sog. **Buchungssatzes** formuliert, d.h., beide Konten, die von einem Geschäftsvorfall betroffen sind, werden „angerufen", und zwar in der Reihenfolge, dass zunächst das Konto, dessen Soll-Seite belastet wird, und dann das Konto, dessen Haben-Seite erkannt wird, bezeichnet wird. Es gilt die Regel: „von Soll an Haben".

Beispiel:

Geschäftsvorfall 1:

Es erfolgt eine Bareinzahlung von 5.000 € aus der Geschäftskasse auf das Bankkonto[136].

Buchungssatz 1:

| Bankkonto | 5.000 € | an | Kassekonto | 5.000 € |

oder verkürzt (da es sich immer um ein Konto handelt):

| Bank | 5.000 € | an | Kasse | 5.000 € |

---

[135] Einzelheiten vgl. S. 89 ff.

[136] Früher war zwischen dem Bankkonto und dem Postgirokonto zu unterscheiden. Seit dem 1. Januar 1995 hat aber die Deutsche Postbank AG den gleichen Status wie jedes andere Kreditinstitut. Daher ist eine derartige Differenzierung nicht mehr notwendig. Vgl. hierzu auch *Bieg, H.*, in: *Castan, E. u.a.*, Beck'sches Handbuch der Rechnungslegung, München 1987 ff. (Loseblatt), Rz. 104.

> Wird wie hier im Soll und im Haben jeweils nur ein Konto betragsgleich angesprochen, dann braucht der Betrag nur hinter dem Haben-Konto aufgeführt zu werden:
>
> Bank   an   Kasse   5.000 €
>
> Im Folgenden wird in den Buchungssätzen und Konten aus Vereinfachungsgründen die Bezeichnung „€" weggelassen:
>
> Bank   an   Kasse   5.000,—

In der Praxis ergeben sich bei der buchhalterischen Erfassung der Geschäftsvorfälle mit Hilfe eines Buchungssatzes folgende Modifikationen:

- Da die einzelnen Konten in der Regel mit den Ziffern des **Kontenplans**[137] bezeichnet werden, verwendet man anstelle der Kontenbezeichnungen die entsprechenden Ziffern. Jeder Kontenrahmen ist in verschiedene Kontenklassen, Kontengruppen, Kontenarten und evtl. Kontenunterarten eingeteilt. Dabei kann die Einteilung mit Hilfe eines Buchstabensystems (A.C.A.a.), mit Hilfe eines Buchstaben-Ziffern-Systems (A.III.a.1.) oder mit Hilfe eines Ziffernsystems (1.3.1.1.) erfolgen. Letzteres wird wegen der Vorteile bei der Anwendung in EDV-Anlagen bevorzugt. Der Kontenrahmen nach dem Ziffernsystem umfasst **zehn Kontenklassen** (von 0 bis 9) mit jeweils bis zu **zehn Kontengruppen**, die ihrerseits wieder bis zu **zehn Kontenarten** umfassen. So haben z.B. die Wertpapiere des Anlagevermögens im Gemeinschaftskontenrahmen[138] die Nummer 055, die folgendermaßen aufgeschlüsselt werden kann:

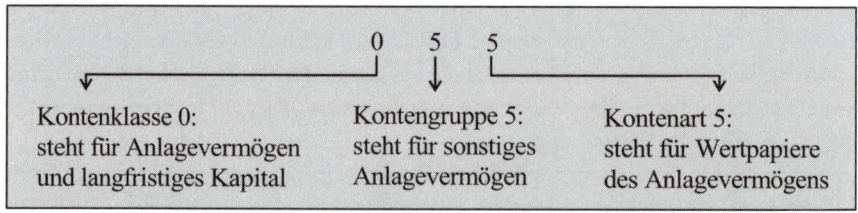

- Die Verwendung eines einheitlichen Kontenrahmens gibt einerseits den Unternehmen eine Orientierungshilfe für ihren individuellen Kontenplan, andererseits wirkt sich vorteilhaft aus, dass die Buchführung nach einem einheitlichen System durchgeführt wird.[139] Diese Einheitlichkeit bewirkt nicht nur eine bessere **Vergleichbarkeit** verschiedener Unternehmen (zur Durchführung von Bilanzanalysen), sondern auch eine verbesserte **Überprüfbarkeit** durch externe Bilanzprüfer (z.B. Wirtschaftsprüfer).

- Die Buchungssätze werden in ihrer chronologischen Reihenfolge im sog. **Grundbuch (Journal) festgehalten**; dabei wird i.d.R. zusätzlich der Buchungstext aufgeführt.

  Die Grundsätze ordnungsmäßiger Buchführung verlangen

---

[137] Einzelheiten zum Aufbau von Kontenrahmen und Kontenplänen vgl. auf S. 46 ff.

[138] Vgl. *Engelhardt, W., Raffée, H., Wischermann, B.,* Grundzüge der doppelten Buchhaltung, 7. Aufl., Wiesbaden 2006, Anhang.

[139] Zum Aufbau des Gemeinschaftskontenrahmens vgl. S. 46 f.

- die zeitliche (chronologische) Ordnung der Buchungen,

- die sachliche (systematische) Ordnung der Buchungen und

- die ergänzende Ordnung durch Nebenaufzeichnungen.

Im Folgenden werden die Buchungen sowohl nach der **zeitlichen** (entsprechend der Reihenfolge der Geschäftsvorfälle) als auch nach der **sachlichen** Ordnung (durch Zuordnung zu bestimmten Konten) vorgenommen. In der Praxis der Buchführung bedient man sich dazu des Grundbuchs und des Hauptbuchs. Die Erfassung in zeitlicher Reihenfolge im **Grundbuch** betrifft erstens die Eröffnungsbuchungen (sofern diese in Form von Buchungssätzen erfolgen), zweitens die laufenden Geschäftsvorfälle, drittens die vorbereitenden Abschlussbuchungen und viertens die eigentlichen Abschlussbuchungen.

Im **Hauptbuch** werden die Buchungen nach sachlichen Kriterien geordnet, indem alle sachlich zusammengehörigen Geschäftsvorfälle auf den entsprechenden Konten gesammelt und zusammengefasst werden. So werden z.B. alle Vorgänge, die die Kasse berühren, auf dem Konto „Kasse" verbucht. Sowohl im Grundbuch als auch im Hauptbuch sind i.d.R. das Datum, der zugrunde liegende Geschäftsvorfall, der Verweis auf den Beleg und die Buchungssatzangabe (z.B. auch durch Angabe des Gegenkontos) eingetragen.

Das Grundbuch und das Hauptbuch müssen ergänzt werden durch **Nebenbücher**, die über die Angaben des Hauptbuchs hinaus Informationen enthalten. Diese Nebenbücher sind für die Erstellung des Gewinn- und Verlustkontos und des Schlussbilanzkontos, also des Jahresabschlusses, nicht in jedem Fall erforderlich.

Im obigen Beispiel könnte die Eintragung im Grundbuch folgendes Aussehen haben:[140]

Geschäftsvorfall	Soll	Haben
Bank an Kasse Bareinzahlung auf das Bankkonto	5.000,—	5.000,—

- Der Buchungssatz wird sofort mit Hilfe eines Kontierungsstempels auf die zu buchenden Belege übertragen:[141]

Soll	Haben	Betrag
Bank		5.000,—
	Kasse	5.000,—

Bei Geschäftsvorfall 1 wurden ein Sollkonto und ein Habenkonto angesprochen. Es gibt aber auch Fälle, in denen mehr als zwei Konten berührt werden:

---

[140] Vgl. *Schmolke, S., Deitermann, M.,* Kaufmännische Buchführung für Wirtschaftsschulen, 1. Teil: Einführung in die Finanzbuchhaltung, 43. Aufl., Darmstadt 2008, S. 28 ff.

[141] Vgl. *Heinhold, M.,* Buchführung in Fallbeispielen, 10. Aufl., Stuttgart 2006, S. 22.

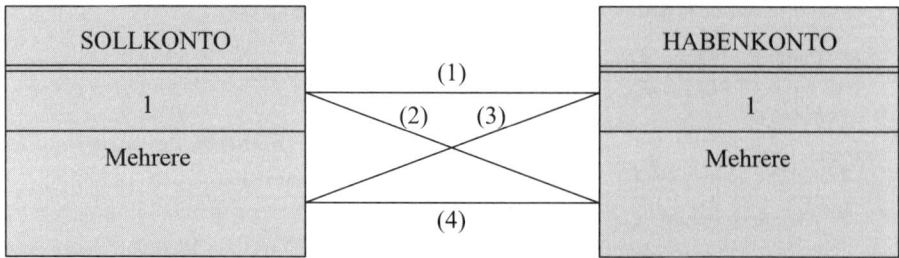

Im Folgenden wird zu den Fällen (2), (3) und (4) je ein Beispiel gegeben.

Beispiel:

Geschäftsvorfall 2:

Wir bezahlen eine Lieferantenverbindlichkeit von 6.000 € durch eine Banküberweisung von 4.000 € und durch Barzahlung (aus der Geschäftskasse) von
2.000 €.

Buchungssatz 2:

Lieferantenverbindlichkeiten	6.000,—	an	Bank	4.000,—
			Kasse	2.000,—

Geschäftsvorfall 3:

Ein Kunde, gegenüber dem wir eine Forderung von 8.000 € haben, bezahlt diesen Betrag durch eine Überweisung auf unser Bankkonto I von 3.000 € und durch eine
Überweisung auf unser Bankkonto II von 5.000 €.

Buchungssatz 3:

Bank I	3.000,—	an	Kundenfor-	
			derungen	8.000,—
Bank II	5.000,—			

Geschäftsvorfall 4:

Wir kaufen bei einem Lieferanten Waren für 6.000 € und eine Maschine für 4.000 €;
dabei leisten wir eine sofortige Barzahlung (aus der Geschäftskasse) von 5.000 €, der
Restbetrag von 5.000 € bleibt als Lieferantenverbindlichkeit bestehen.

Buchungssatz 4:

Waren	6.000,—	an	Kasse	5.000,—
Maschinen	4.000,—		Lieferantenver-	
			bindlichkeiten	5.000,—

Die Verwendung der Buchungssätze ist kein Selbstzweck, vielmehr finden diese ihren Niederschlag in den jeweils angesprochenen Konten. Unterstellt man im Geschäftsvorfall 4,

dass die Anfangsbestände (AB) aller vier angesprochenen Konten je 10.000 € betragen, dann ergibt sich folgende Verbuchung:

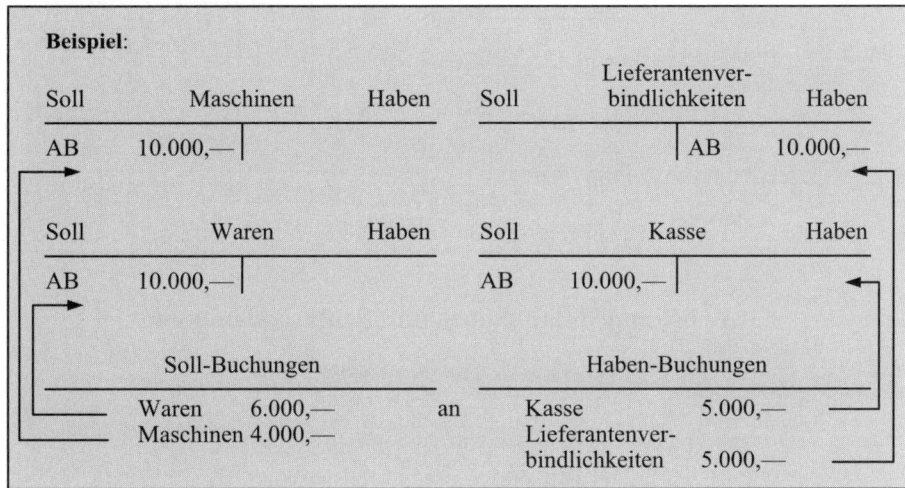

Beispiel:

Soll	Maschinen	Haben	Soll	Lieferantenver-bindlichkeiten	Haben
AB	10.000,—			AB	10.000,—

Soll	Waren	Haben	Soll	Kasse	Haben
AB	10.000,—		AB	10.000,—	

Soll-Buchungen			Haben-Buchungen	
Waren	6.000,—	an	Kasse	5.000,—
Maschinen	4.000,—		Lieferantenver-bindlichkeiten	5.000,—

Damit in den einzelnen Konten erkennbar ist, auf welchen anderen Konten die Gegenbuchung erfolgt ist, wird im angesprochenen Konto die Bezeichnung des Gegenkontos oder der Gegenkonten angegeben.

Soll	Maschinen	Haben	Soll	Lieferantenver-bindlichkeiten	Haben
AB	10.000,—			AB	10.000,—
Kasse/				Waren/Ma-	
Lieferan-				schinen	5.000,—
tenver-					
bindl.	4.000,—				

Soll	Waren	Haben	Soll	Kasse	Haben
AB	10.000,—		AB	10.000,—	Waren/Ma-
Kasse/Lie-					schinen 5.000,—
feranten-					
verbindl.	6.000,—				

Bei Verwendung eines **Kontenplans** werden die entsprechenden Nummern der angesprochenen Gegenkonten aufgeführt. Im Folgenden wird eine Darstellungsform gewählt, bei der jeder Buchungssatz entsprechend dem zeitlichen Anfall des zugehörigen Geschäftsvorfalls eine Nummer erhält, die im Konto vermerkt wird; auf diese Weise ist über den Buchungssatz ein Verweis auf das Gegenkonto oder die Gegenkonten möglich.

Hätte der Buchungssatz im vorliegenden Beispiel die Nummer 5, dann ergäbe sich folgende Kontierung:

Soll	Maschinen	Haben	Soll	Lieferantenver- bindlichkeiten	Haben
AB (5)	10.000,— 4.000,—			AB (5)	10.000,— 5.000,—

Soll	Waren	Haben	Soll	Kasse	Haben
AB (5)	10.000,— 6.000,—		AB	10.000,— (5)	5.000,—

4.3 Eröffnungsbilanzkonto und Schlussbilanzkonto

Jeder Buchführungsabschnitt beginnt mit einer Anfangsbilanz (Eröffnungsbilanz) und endet mit einer Schlussbilanz. Ein solcher ·Abschnitt darf aufgrund gesetzlicher Vorschriften 12 Monate nicht überschreiten. Die Schlussbilanz ist zugleich die Anfangsbilanz der nächsten Periode **(Grundsatz der Bilanzidentität)**.[142] Die Buchführung gibt Rechenschaft darüber, wie sich die in der Anfangsbilanz aufgeführten Vermögens- und Kapitalpositionen zu den Positionen entwickelt haben, die in der folgenden Schlussbilanz ausgewiesen werden.

Bei der Auflösung der Eröffnungsbilanz in Konten werden sämtliche Vermögenspositionen (Aktiva) auf je ein Aktivkonto und sämtliche Kapitalpositionen (Passiva) auf je ein Passivkonto übertragen. Dabei ergibt sich eine buchungstechnische Schwierigkeit. Die Anfangsbestände werden auf die Soll-Seite der Aktivkonten und auf die Haben-Seite der Passivkonten gebucht. Da im System der doppelten Buchführung aber jede Buchung eine Gegenbuchung erfordert, Gegenkonten für die Eröffnungsbuchungen aber nicht vorhanden sind, weil die Auflösung der Eröffnungsbilanz in Konten ein rein formaler Vorgang ist, dem keine wirtschaftlichen Vorgänge (Geschäftsvorfälle) zugrunde liegen, schafft man sich als Gegenkonto ein sog. **Eröffnungsbilanzkonto**, das nur formalen Charakter hat.

Die **Buchungssätze** bei der Auflösung der Anfangsbilanz in Konten lauten dann:

- alle Aktivkonten   an   Eröffnungsbilanzkonto,

- Eröffnungsbilanzkonto   an   alle Passivkonten.

Das Eröffnungsbilanzkonto ist also ein **Spiegelbild der Eröffnungsbilanz**. Die Anfangsbestände der Vermögenspositionen erscheinen im Haben, die Anfangsbestände der Kapitalpositionen im Soll des Eröffnungsbilanzkontos.

Man kann bei der Übernahme der Bilanzpositionen auf Konten auch auf das formale Eröffnungsbilanzkonto verzichten. Da die Vermögens- und die Kapitalseite der Bilanz die gleiche Bilanzsumme zeigen, ist die Summe aller Buchungen auf den Aktivkonten gleich der Summe sämtlicher Buchungen auf den Passivkonten. Der **Buchungssatz** bei der Kontoneröffnung lautet, wenn kein Eröffnungsbilanzkonto verwendet wird:

---

[142] Vgl. S. 57 f.

Sämtliche Aktivkonten an sämtliche Passivkonten.

Der Verzicht auf ein Eröffnungsbilanzkonto beeinträchtigt die Ordnungsmäßigkeit der Buchführung nicht und wird auch steuerlich akzeptiert.

Am Ende des Geschäftsjahrs werden die Bestandskonten wieder zu einer Bilanz zusammengefasst. Die Ermittlung der Endbestände durch Saldierung beider Seiten jedes Kontos ergibt – wie die Übertragung der Anfangsbestände aus der Eröffnungsbilanz – Buchungen, denen keine Geschäftsvorfälle zugrunde liegen, die also nur formalen Charakter haben. Sie sollen eine **Sammlung der Endbestände** am Bilanzstichtag in der Schlussbilanz ermöglichen. Dazu verwendet man auch hier ein formales Gegenkonto, das **Schlussbilanzkonto**. Da aber – im Regelfall – die Endbestände der Aktivkonten auf der Haben-Seite und die der Passivkonten auf der Soll-Seite erscheinen, stellt das Schlussbilanzkonto nicht wie das Eröffnungsbilanzkonto ein Spiegelbild der Bilanz dar, sondern kann im Grunde sogleich **als Schlussbilanz verwendet** werden, wenn die Buchbestände, die sich aus den Konten ergeben, mit den Inventurbeständen, die durch die Inventur, d. h. durch körperliche Bestandsaufnahme, ermittelt werden, übereinstimmen. Anderenfalls müssen vor Erstellung der Schlussbilanz noch Korrekturbuchungen vorgenommen werden.

Das folgende Beispiel zeigt anhand einiger einfacher Geschäftsvorfälle, die nur Bestandskonten berühren, einen geschlossenen Buchungsgang von der Eröffnungs- bis zur Schlussbilanz.

Beispiel:

Zuerst werden die Konten eröffnet. Die **Buchungssätze** lauten:

Sämtliche Aktiva an Eröffnungsbilanzkonto:

Kasse	an	Eröffnungsbilanz- konto	600,—
Bank	an	Eröffnungsbilanz- konto	1.200,—
Besitzwechsel	an	Eröffnungsbilanz- konto	400,—
Forderungen	an	Eröffnungsbilanz- konto	800,—
Waren	an	Eröffnungsbilanz- konto	1.500,—
Geschäftseinrichtung	an	Eröffnungsbilanz- konto	500,—

Eröffnungsbilanzkonto an sämtliche Passiva:

Eröffnungsbilanzkonto	an	Lieferantenverbind- lichkeiten	1.200,—
Eröffnungsbilanzkonto	an	Bankschulden	500,—

| Eröffnungsbilanzkonto | an | Akzepte | |
| | | (Schuldwechsel) | 300,— |

| Eröffnungsbilanzkonto | an | Eigenkapital | 3.000,— |

Verwendet man kein Eröffnungsbilanzkonto, so lautet der Buchungssatz:

Sämtliche Aktiva an sämtliche Passiva.

Geschäftsvorfälle:

(1)   Wareneinkauf in bar 200 €
      Buchungssatz: Waren an Kasse (Aktivtausch)

(2)   Wareneinkauf auf Ziel 500 €
      Buchungssatz: Waren an Lieferantenverbindlichkeiten (Bilanzverlängerung)

(3)   Wareneinkauf gegen Banküberweisung 400 €
      Buchungssatz: Waren an Bank (Aktivtausch)

(4)   Warenverkauf gegen bar 800 € (zum Einkaufspreis)
      Buchungssatz: Kasse an Waren (Aktivtausch)

(5)   Warenverkauf auf Ziel 300 € (zum Einkaufspreis)
      Buchungssatz: Forderungen an Waren (Aktivtausch)

(6)   Ein Kunde zahlt mit einem Wechsel 200 €
      Buchungssatz: Besitzwechsel an Forderungen (Aktivtausch)

(7)   Einlösung eines Schuldwechsels (bar) 200 €
      Buchungssatz: Schuldwechsel an Kasse (Bilanzverkürzung)

(8)   Bezahlung einer Lieferantenrechnung mit einem Schuldwechsel 400 €
      Buchungssatz: Lieferantenverbindlichkeiten an Schuldwechsel (Passivtausch)

(9)   Kauf von Geschäftseinrichtungen (bar) 300 €
      Buchungssatz: Geschäftseinrichtung an Kasse (Aktivtausch)

(10) Aufnahme eines Bankkredits 200 €
      Buchungssatz: Bank an Bankschulden (Bilanzverlängerung)

Am Bilanzstichtag werden die Salden (Endbestände) aller Konten auf das Schlussbilanzkonto übertragen. Die **Buchungssätze** lauten:

Schlussbilanzkonto an sämtliche Aktiva:

Schlussbilanzkonto	an	Kasse	700,—
Schlussbilanzkonto	an	Bank	1.000,—
Schlussbilanzkonto	an	Besitzwechsel	600,—
Schlussbilanzkonto	an	Forderungen	900,—
Schlussbilanzkonto	an	Waren	1.500,—

Schlussbilanzkonto	an	Geschäfts-einrichtung	800,—
Sämtliche Passiva an Schlussbilanzkonto:			
Lieferantenverbindlichkeiten	an	Schlussbilanz-konto	1.300,—
Bankschulden	an	Schlussbilanzkonto	700,—
Schuldwechsel	an	Schlussbilanzkonto	500,—
Eigenkapital	an	Schlussbilanz-konto	3.000,—

Das **Schlussbilanzkonto** entspricht inhaltlich der **Schlussbilanz**. Es unterscheidet sich aber in drei formalen Punkten von der Schlussbilanz:[143]

- Das Schlussbilanzkonto wird mit „Soll" und „Haben", die Schlussbilanz mit „Aktiva" und „Passiva" überschrieben.

- Im Schlussbilanzkonto erhält jedes Konto eine eigene Position, in der Schlussbilanz können gleichartige Positionen zu einer Bilanzposition zusammengefasst werden.

- Das Schlussbilanzkonto unterliegt keinen Gliederungsvorschriften, die Schlussbilanz ist entsprechend den jeweils gültigen Gliederungsvorschriften (z. B. nach § 266 HGB) zu gliedern.

Die Zahlen der Schlussbilanz sind in der Summe identisch mit denen des Schlussbilanzkontos. Sie werden für Zwecke der Schlussbilanz lediglich in anderer Weise gegliedert und zusammengefasst. Für diese Ableitung der Schlussbilanz aus dem Schlussbilanzkonto sind aus diesem Grund auch keine eigenen Buchungssätze erforderlich. Es ist deshalb üblich und unproblematisch, wenn – wie auch hier – bei der laufenden Verbuchung Kontenbezeichnungen (z.B. Kasse, Bank) herangezogen werden, die so nicht im handelsrechtlichen Gliederungsschema (nach § 266 HGB) verwendet werden.

---

[143] Vgl. *Heinhold, M.,* Buchführung in Fallbeispielen, a. a. O., S. 38.

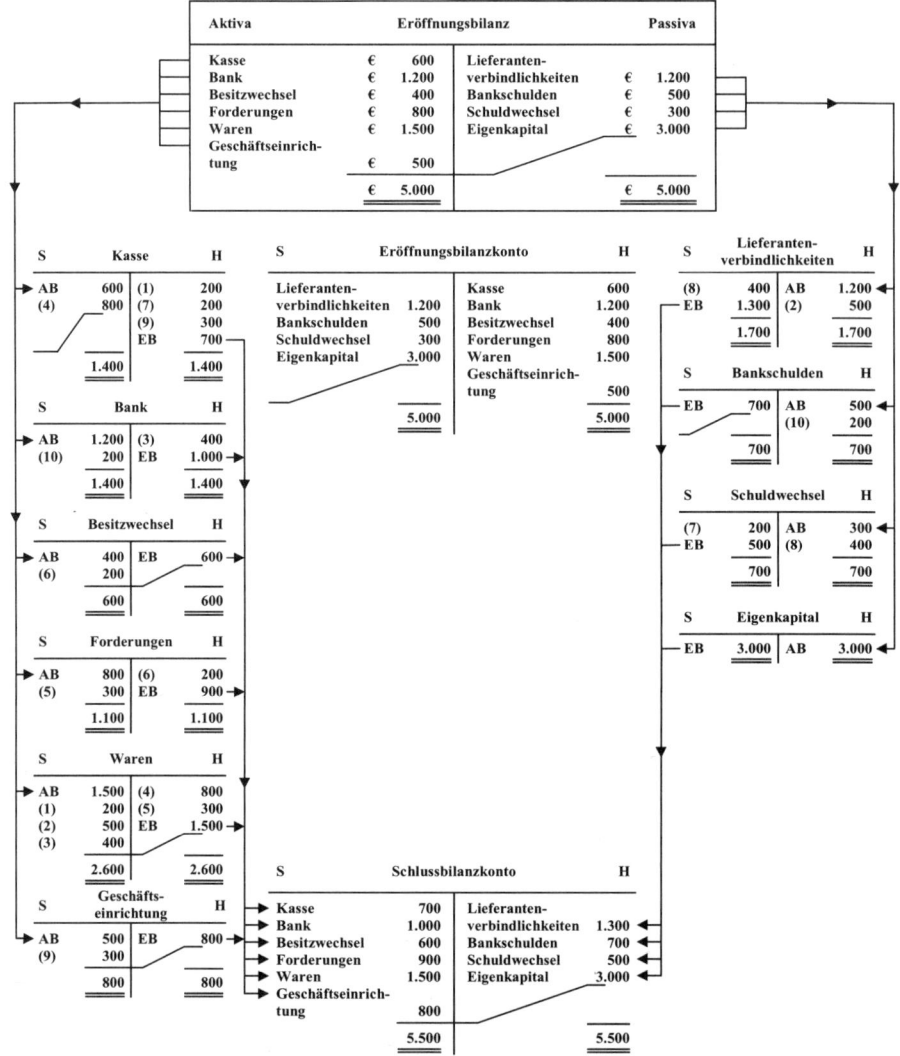

Aktiva		Eröffnungsbilanz		Passiva
Kasse	€ 600	Lieferanten-		
Bank	€ 1.200	verbindlichkeiten	€	1.200
Besitzwechsel	€ 400	Bankschulden	€	500
Forderungen	€ 800	Schuldwechsel	€	300
Waren	€ 1.500	Eigenkapital	€	3.000
Geschäftseinrich-				
tung	€ 500			
	€ 5.000		€	5.000

S	Kasse		H
AB	600	(1)	200
(4)	800	(7)	200
		(9)	300
		EB	700
	1.400		1.400

S	Bank		H
AB	1.200	(3)	400
(10)	200	EB	1.000
	1.400		1.400

S	Besitzwechsel		H
AB	400	EB	600
(6)	200		
	600		600

S	Forderungen		H
AB	800	(6)	200
(5)	300	EB	900
	1.100		1.100

S	Waren		H
AB	1.500	(4)	800
(1)	200	(5)	300
(2)	500	EB	1.500
(3)	400		
	2.600		2.600

S	Geschäfts-einrichtung		H
AB	500	EB	800
(9)	300		
	800		800

S	Eröffnungsbilanzkonto		H
Lieferanten-		Kasse	600
verbindlichkeiten	1.200	Bank	1.200
Bankschulden	500	Besitzwechsel	400
Schuldwechsel	300	Forderungen	800
Eigenkapital	3.000	Waren	1.500
		Geschäftseinrich-	
		tung	500
	5.000		5.000

S	Lieferanten-verbindlichkeiten		H
(8)	400	AB	1.200
EB	1.300	(2)	500
	1.700		1.700

S	Bankschulden		H
EB	700	AB	500
		(10)	200
	700		700

S	Schuldwechsel		H
(7)	200	AB	300
EB	500	(8)	400
	700		700

S	Eigenkapital		H
EB	3.000	AB	3.000

S	Schlussbilanzkonto		H
Kasse	700	Lieferanten-	
Bank	1.000	verbindlichkeiten	1.300
Besitzwechsel	600	Bankschulden	700
Forderungen	900	Schuldwechsel	500
Waren	1.500	Eigenkapital	3.000
Geschäftseinrich-			
tung	800		
	5.500		5.500

Das Schlussbilanzkonto ergibt (vereinfacht dargestellt)
zugleich die Schlussbilanz:

AB = Anfangsbestand

EB = Endbestand

Die in ( ) gesetzten Ziffern

bezeichnen die Nummer

des Geschäftsvorfalls.

Aktiva		Schlussbilanz		Passiva
Kasse	€ 700	Lieferanten-		
Bank	€ 1.000	verbindlichkeiten	€	1.300
Besitzwechsel	€ 600	Bankschulden	€	700
Forderungen	€ 900	Schuldwechsel	€	500
Waren	€ 1.500	Eigenkapital	€	3.000
Geschäftseinrich-				
tung	€ 800			
	€ 5.500		€	5.500

4.4 Das Eigenkapitalkonto und seine Hilfskonten

4.4.1 Das Eigenkapitalkonto

Bisher wurde davon ausgegangen, dass jede Bestandsveränderung auf einem Konto eine entsprechende Bestandsveränderung auf einem oder mehreren anderen Konten zur Folge hat. Derartige Geschäftsvorfälle haben gemeinsam, dass sie **nicht erfolgswirksam sind**. Im Folgenden werden Geschäftsvorfälle behandelt, die zur Realisierung eines betrieblichen Erfolgs führen. Zur Berücksichtigung betrieblicher Erfolgsbeiträge wird das **Eigenkapitalkonto** (passivisches Bestandskonto) herangezogen, das den Saldo des Vermögens und der Schulden und somit das **Reinvermögen** (= Eigenkapital) wiedergibt. Ein Geschäftsvorfall, der zu einer Reinvermögenserhöhung führt, wird als **Ertrag**, ein Geschäftsvorfall, der zu einer Verminderung des Reinvermögens führt, als **Aufwand** bezeichnet. Der **Erfolg** ergibt sich als Differenz aller Erträge und Aufwendungen; ein positiver Erfolg (als Saldo) ist ein **Gewinn** (Jahresüberschuss), ein negativer Erfolg (als Saldo) ein **Verlust** (Jahresfehlbetrag). Bei erfolgswirksamen Geschäftsvorfällen nimmt im Falle eines Ertrags einerseits der Bestand an Eigenkapital zu, andererseits erhöht sich ein Vermögensbestand oder vermindert sich ein Schuldenbestand entsprechend. Im Falle eines Aufwands nimmt einerseits der Bestand an Eigenkapital ab, andererseits wird ein aktiver Bestand vermindert oder ein passiver Bestand erhöht.

Die Realisierung eines positiven betrieblichen Erfolgsbeitrags (Ertrags) führt also zu einer Vergrößerung, die Realisierung eines negativen betrieblichen Erfolgsbeitrags (Aufwands) zu einer Verminderung des Eigenkapitalkontos. Somit liegt sämtlichen erfolgswirksamen Geschäftsvorfällen einer der folgenden **Buchungssatztypen** zugrunde:

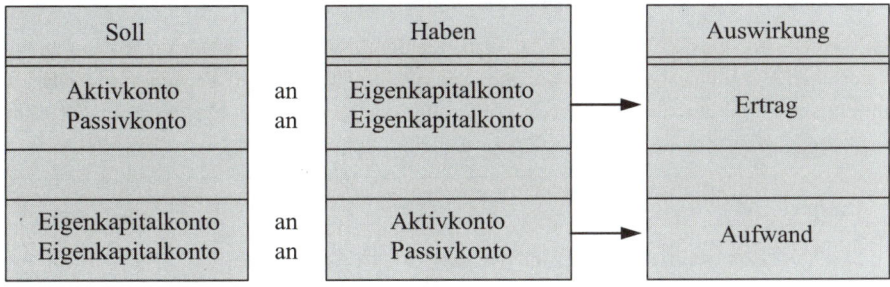

Da das Eigenkapital nicht nur durch einen Erfolg, sondern auch durch **Kapitalzuführungen von außen** (Privateinlagen) erhöht und durch Privatentnahmen[144] vermindert werden kann, hat das Eigenkapitalkonto folgendes Aussehen:

---

[144] Zur buchtechnischen Behandlung von Einlagen und Entnahmen vgl. S. 92 ff.

Soll	Eigenkapitalkonto	Haben
Entnahmen	Anfangs-kapital	
Saldo = Endkapital	Einlagen	
	Gewinn	

Soll	Eigenkapitalkonto	Haben
Entnahmen	Anfangs-kapital	
Verlust		
Saldo = Endkapital	Einlagen	

Da die Bestandsänderungen auf dem Eigenkapitalkonto teils eine Folge von erfolgswirksamen Vorgängen, teils eine Folge von Privateinlagen und -entnahmen sind, werden

- zur Erfassung des betrieblichen Erfolgs und

- zur Abgrenzung bzw. zum Übergang zwischen dem privaten und dem betrieblichen Bereich des Unternehmers

Hilfskonten des Kapitalkontos geführt, die unten ausführlich besprochen werden. Dies sind

- das Gewinn- und Verlustkonto als Sammelkonto für die Salden aller Aufwands- und Ertragskonten,

- das (Privat-)Entnahmenkonto und

- das (Privat-)Einlagenkonto.

Zwischen dem Eigenkapitalkonto und seinen Hilfskonten bestehen schematisch die in der Abbildung auf Seite 85 aufgezeigten Beziehungen.

Aufwendungen und Erträge entstehen nicht nur durch Verbrauch bzw. Vergrößerung von materiellen Vermögensbeständen, sondern auch beim Zugang oder Abgang von Zahlungsmitteln sowie bei der Entstehung von Forderungen oder Verbindlichkeiten. Dieser Zusammenhang wird anhand des folgenden Beispiels erläutert.

Beispiel:

Das Unternehmen bezahlt im Laufe der Jahre 01 und 02 in jedem Monat 1.000 € Miete für die auf diese zwei Jahre begrenzte Benutzung eines Ausstellungsraums. Theoretisch könnte dieser Betrag zum 01.01.01 in seiner – nach investitionsrechnerischen Methoden ermittelten – Summe als aktiver Bestand (Nutzungsrecht) und gleichzeitig die Zahlungsverpflichtung in entsprechender Höhe als Verbindlichkeit ausgewiesen werden. Die Buchführung weist jedoch aus Gründen der Praktikabilität bei solchen Dauerschuldverhältnissen in der Regel keine Bestände aus, sondern erfasst den entsprechenden Wertverzehr (oder Wertzuwachs) erst dann, wenn eine Zahlung geleistet wurde (oder wenn eine Zahlung zugegangen ist).

Im vorliegenden Fall wird somit in jedem Monat ein Aufwand von 1.000 € verbucht, weil jeweils dann eine Zahlung geleistet wird.

Die im obigen Beispiel aufgezeigte Buchungspraxis hat sich **für alle Dauerschuldverhält-nisse** herausgebildet (so auch für Lohnzahlungen oder für bezahlte oder erhaltene Zinsen). Würde die gesamte Miete erst am Ende des Jahres bezahlt, dann würde auch der gesamte Aufwand erst dann verbucht, obwohl der Wertverzehr (Aufwand) durch die laufende Inanspruchnahme des gemieteten Objekts gleichmäßig während des gesamten Jahres angefallen ist. Der Grund für diese Handhabung liegt darin, dass es gerade bei Dienstleistungen, die laufend erbracht werden, wesentlich einfacher ist, erst im Zeitpunkt der Zahlung zu buchen, als zu einem Zeitpunkt, in dem zwar ein Wertverzehr eingetreten, eine entsprechende Zahlung aber noch nicht erfolgt ist.[145]

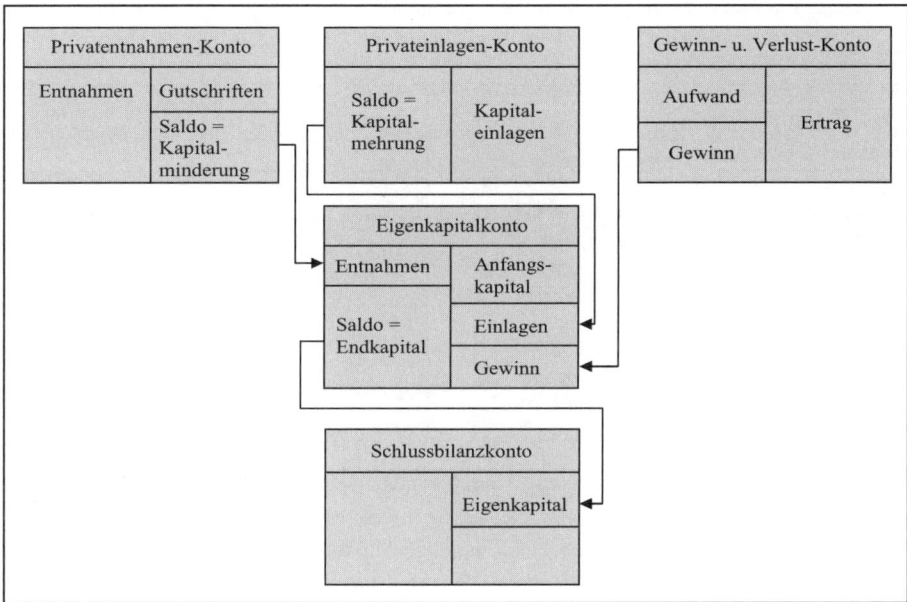

4.4.2 Die Verbuchung von Aufwendungen und Erträgen auf Erfolgskonten

4.4.2.1 Die Buchungstechnik bei Verwendung reiner Erfolgskonten

Die Erfassung des betrieblichen Erfolgs, der das Ergebnis einer Vielzahl von Ertrags- und Aufwandsvorgängen ist, findet nicht direkt im Eigenkapitalkonto statt, sondern erfolgt in **Unterkonten** des Eigenkapitalkontos, deren Salden bei der Erstellung des Jahresabschlusses auf ein Sammelkonto **(Gewinn- und Verlustkonto)** übertragen werden, und dessen Saldo schließlich – als Gewinn oder Verlust – in das Eigenkapitalkonto eingeht. Die Aufwendungen und Erträge werden auf entsprechende Aufwands- und Ertragskonten gebucht, damit ein Überblick über die Zusammensetzung der Aufwendungen und Erträge nach bestimmten sachlichen Kriterien möglich wird. Würde man alle Aufwendungen und Erträge direkt auf das Eigenkapitalkonto buchen, so würde dieses nicht nur unübersichtlich werden, sondern sein in der Schlussbilanz ausgewiesener Bestand würde auch keine Aussagen über die Zu-

---

[145] Zu den zeitlichen Unterschieden zwischen Aufwand und Auszahlung vgl. S. 14 ff.

sammensetzung der betrieblichen Aufwendungen und Erträge und damit über das Zustandekommen einer Eigenkapitalzu- oder -abnahme zulassen.

Die Verbuchung der Aufwendungen und Erträge auf gesonderten Erfolgskonten erfolgt auf
derselben Kontenseite, auf der sie auch bei unmittelbarer Verbuchung auf dem Eigenkapitalkonto erfasst würden. Daraus ergibt sich folgende Regel:

> **Aufwendungen werden immer im Soll gebucht;**
> **Erträge werden immer im Haben gebucht.**

Übertragen auf erfolgswirksame Geschäftsvorfälle[146] ergeben sich folgende Buchungssatztypen:

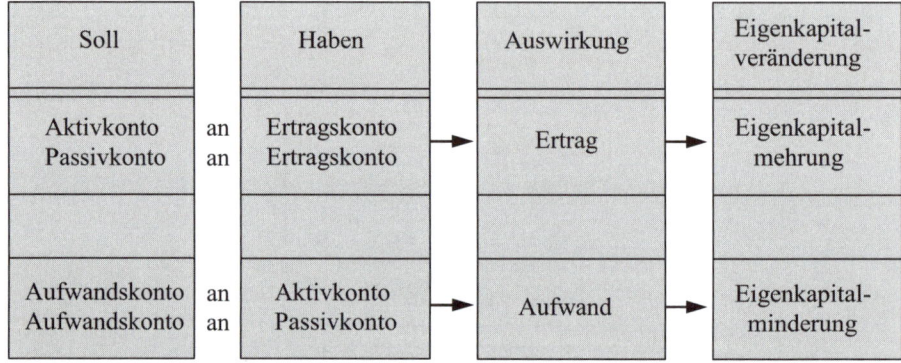

Soll		Haben	Auswirkung	Eigenkapital-veränderung
Aktivkonto	an	Ertragskonto	Ertrag	Eigenkapital-mehrung
Passivkonto	an	Ertragskonto		
Aufwandskonto	an	Aktivkonto	Aufwand	Eigenkapital-minderung
Aufwandskonto	an	Passivkonto		

Die Salden der Aufwands- und Ertragskonten werden – wie bereits erwähnt – im Interesse
der Übersichtlichkeit und des Einblicks in die Zusammensetzung bzw. die Struktur der
einzelnen Erfolgsbeiträge nicht direkt auf das Eigenkapitalkonto übertragen, sondern vorher
auf einem Erfolgssammelkonto, dem sog. Gewinn- und Verlustkonto, gesammelt. Nur der
Saldo dieses Kontos wird auf dem Eigenkapitalkonto gegengebucht. Die Verbuchung von
erfolgswirksamen Geschäftsvorfällen zeigt das folgende Beispiel.

Beispiel:

Der Anfangsbestand des Bankkontos und des Eigenkapitalkontos beträgt jeweils
10.000 €. Die letzte Schlussbilanz enthält nur diese beiden Positionen. Es ereignen
sich folgende Geschäftsvorfälle:

(1)   Dem Unternehmen fließen Zinsen in Höhe von 5.000 € auf dem Bankkonto zu.

(2)   Das Unternehmen bezahlt Miete in Höhe von 3.000 € über das Bankkonto.

Die **Buchungssätze** zu den Geschäftsvorfällen lauten:

(1)	Bank	an	Zinserträge	5.000,—
(2)	Mietaufwand	an	Bank	3.000,—

---

[146] Vgl. die Ausführungen auf S. 71 ff.

Auf den **Konten** ergeben sich folgende Bewegungen:

Soll		Bank	Haben	
AB	10.000,—	(2)	3.000,—	
(1)	5.000,—			

Soll	Eigenkapital		Haben	
		AB	10.000,—	

Soll	Mietaufwand	Haben	
(2)	3.000,—		

Soll	Zinserträge		Haben
		(1)	5.000,—

Wie die hier verwendeten Konten weisen auch alle anderen Aufwandskonten einen Überschuss im Soll und alle anderen Ertragskonten einen Überschuss im Haben auf. Es ergeben sich folgende Abschlussbuchungen der einzelnen Erfolgskonten im Gewinn- und Verlustkonto (GuV-Konto):

(3)	Gewinn- und Verlustkonto	an	Mietaufwand	3.000,—
(4)	Zinserträge	an	Gewinn- und Verlustkonto	5.000,—

Es treten folgende Bewegungen auf den einzelnen Konten auf:

Soll		Bank	Haben	
AB	10.000,—	(2)	3.000,—	
(1)	5.000,—			

Soll	Eigenkapital		Haben	
		AB	10.000,—	

Soll	Mietaufwand	Haben	
(2)	3.000,—	(3) GuV-Konto 3.000,—	

Soll	Zinserträge		Haben
(4) GuV-Konto 5.000,—		(1)	5.000,—

Soll	GuV-Konto	Haben
(3) Mietauf-wand 3.000,—	(4) Zinser-träge 5.000,—	

Das Gewinn- und Verlustkonto wird nun ins Eigenkapitalkonto abgeschlossen, dessen Endbestand ebenso wie der des Bankkontos in das Schlussbilanzkonto übertragen wird:

(5)	Gewinn- und Verlustkonto	an	Eigenkapital	2.000,—
(6)	Eigenkapital	an	Schlussbilanz-konto	12.000,—
(7)	Schlussbilanzkonto	an	Bank	12.000,—

Auf den betroffenen Konten ergeben sich folgende Buchungen:

Soll		Bank		Haben
AB	10.000,—	(2)		3.000,—
(1)	5.000,—	(7) EB		12.000,—
	15.000,—			15.000,—

Soll		Eigenkapital		Haben
(6) EB	12.000,—	AB		10.000,—
		(5)		2.000,—
	12.000,—			12.000,—

Soll		GuV-Konto		Haben
(3) Mietauf-wand	3.000,—	(4) Zinser-träge		5.000,—
(5)	2.000,—			
	5.000,—			5.000,—

Soll		Schlussbilanzkonto		Haben
(7) Bank	12.000,—	(6) Eigenka-pital		12.000,—

Das Beispiel hat gezeigt, dass sich sowohl der Bestand des aktiven Bestandskontos „Bank" als auch der Bestand des Eigenkapitalkontos in Höhe des Unternehmenserfolgs vergrößert hat. Weiterhin ist deutlich geworden, dass den Aufwands- und Ertragskonten jeweils ein gemeinsames Grundmuster zugrunde liegt. In Aufwandskonten wird – wie oben bereits erwähnt – grundsätzlich im Soll, in Ertragskonten grundsätzlich im Haben gebucht. Es besteht aber auch – als Ausnahme von dieser Regel – die Möglichkeit, dass bei Aufwands- konten im Haben und bei Ertragskonten im Soll gebucht wird, dann nämlich, wenn Erstat- tungen oder Stornierungen (also Rückgängigmachungen) zu erfassen sind.[147]

Für das **Gewinn- und Verlustkonto** gilt die gleiche Grundregel: die Salden aller Auf- wandskonten werden auf der Sollseite, die Salden aller Ertragskonten auf der Habenseite erfasst. Ist die Summe der Erträge größer als die Summe der Aufwendungen, so zeigt der Saldo einen **Gewinn**; er ist am Jahresende im Soll des Gewinn- und Verlustkontos zu verbu- chen, die Gegenbuchung erfolgt im Haben des Eigenkapitalkontos. Ist die Summe der Erträ-

---

[147] Vgl. mit Beispielen dazu u. a. Übungsaufgabe 1 auf S. 114 ff.

ge kleiner als die Summe der Aufwendungen, dann ist in Höhe des Saldos ein **Verlust** eingetreten, der im Haben des Gewinn- und Verlustkontos zu verbuchen ist und dessen Gegenbuchung im Soll des Eigenkapitalkontos erfolgt.

Die Aufwands- und Ertragskonten sowie das Gewinn- und Verlustkonto haben also **folgenden Aufbau** (im Verlustfall erscheint der Saldo des Gewinn- und Verlustkontos im Haben):

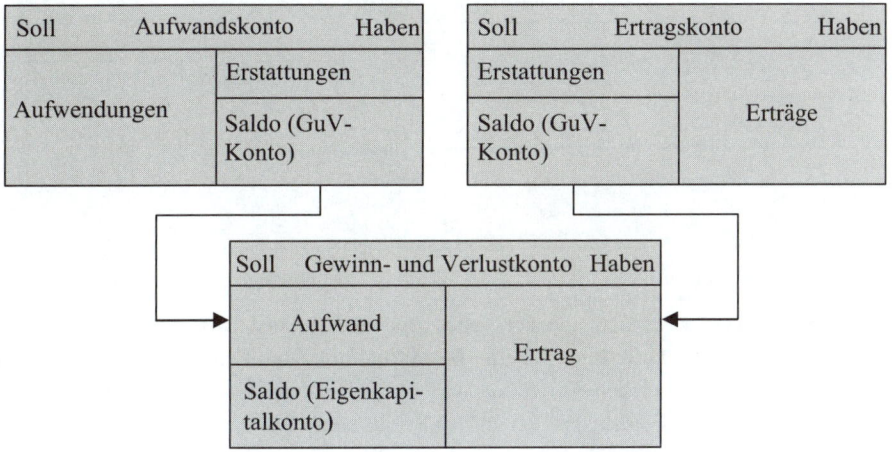

Ähnlich wie aufgrund gesetzlicher Gliederungsvorschriften zwischen der Schlussbilanz und dem Schlussbilanzkonto Unterschiede bestehen können,[148] gibt es auch zwischen der Gewinn- und Verlustrechnung und dem Gewinn- und Verlustkonto Unterschiede in der Darstellung. Die Zahlen des Gewinn- und Verlustkontos sind zwar in der Summe identisch mit denen der Gewinn- und Verlustrechnung, für die Darstellung im Jahresabschluss ist aber eine andere Gliederung und Zusammenfassung der Zahlen vorgeschrieben, so z. B. für Kapitalgesellschaften in § 275 HGB.[149]

4.4.2.2 Die Buchungstechnik bei Verwendung gemischter Erfolgskonten

Bei gemischten Konten handelt es sich um eine Kombination von Bestands- und Erfolgskonten. Der Mischcharakter ergibt sich vor allem dadurch, dass ihr Saldo sowohl den **Endbestand** als auch den **Erfolg** enthält und folglich teils auf das Schlussbilanzkonto, teils auf das Gewinn- und Verlustkonto übertragen werden muss. Bei diesen Konten, deren wichtigstes Beispiel das **gemischte Warenkonto** ist, werden im Regelfall der Anfangsbestand und die Zugänge zu Einkaufspreisen und die Abgänge zu Verkaufspreisen bewertet, so dass der sich ergebende Saldo sowohl den Endbestand zu Einkaufspreisen als auch den erzielten Erfolg beinhaltet. Die Zerlegung dieses Saldos in seine beiden Bestandteile ist nur durch die Feststellung des tatsächlichen Endbestands mit Hilfe der **Inventur** möglich. Der nach Abzug des Endbestands verbleibende Restbetrag ist der Erfolgsbestandteil des Saldos.[150]

---

[148] Vgl. S. 81 ff.

[149] Zu Einzelheiten zur gesetzlichen Gliederung der Gewinn- und Verlustrechnung vgl. S. 237 ff.

[150] Vgl. dazu auch *Döring, U., Buchholz, R.:* Buchhaltung und Jahresabschluss, 11. Aufl., Berlin 2009, S. 45 ff.

Beispiel:

Soll	Gemischtes Warenkonto		Haben
Anfangsbestand zu Einkaufspreisen (50 ME à 10 €)	500	Abgänge zu Verkaufspreisen (Warenverkäufe) (20 ME à 30 €)	600
Zugänge zu Einkaufspreisen (30 ME à 10 €)	300		
Saldo = Erfolg (GuV-Konto)	400	Endbestand zu Einkaufspreisen lt. Inventur (Schlussbilanzkonto) (60 ME à 10 €)	600

ME = Mengeneinheit(en)

Im Interesse einer klaren und übersichtlichen Buchführung und Bilanzierung sollten gemischte Konten durch **Aufteilung in reine Bestands- und reine Erfolgskonten** vermieden werden. Im Fall einer solchen Aufteilung wird bei jedem Abgang im Bestandskonto eine Bestandsminderung zu Einkaufspreisen und im Erfolgskonto der erzielte Erfolg in Höhe des Differenzbetrags zwischen Einkaufs- und Verkaufspreisen ausgewiesen. Für das letzte Beispiel ergibt sich dann folgende Verbuchung (die Mengenangaben sind entsprechend heranzuziehen; Einkaufspreis: 10 €/ME; Verkaufspreis: 30 €/ME):

Beispiel:

Soll	Warenbestandskonto		Haben
Anfangsbestand zu Einkaufspreisen	500	Abgänge zu Einkaufspreisen	200
		Endbestand zu Einkaufspreisen (Schlussbilanzkonto)	600
Zugänge zu Einkaufspreisen	300		

Soll	Warenerfolgskonto		Haben
Saldo = Erfolg (GuV-Konto)	400	Abgänge zu Verkaufspreisen abzgl. Einkaufspreisen	400

Da beim Verkauf die Einkaufspreise der verkauften Waren häufig nicht bekannt sind, kann auch der Verkaufsgewinn nicht sofort berechnet und auf dem entsprechenden Erfolgskonto verbucht werden. In diesem Fall bleibt nichts anderes übrig, als die **gesamten Verkaufserlöse als Ertrag** auf einem Erfolgskonto zu verbuchen und am Jahresende den **Warenendbestand durch Inventur** festzustellen. Der auf dem Bestandskonto verbleibende Saldo kann erstens auf das Erfolgskonto, in dem die Verkaufserlöse erfasst wurden, zweitens auf ein eigenes Erfolgskonto oder drittens direkt in das Gewinn- und Verlustkonto übertragen werden, in das auch das Erfolgskonto abzuschließen ist, auf dem die Verkaufserlöse erfasst wurden. In allen drei Fällen handelt es sich aber wiederum um ein **gemischtes Konto**, da der Saldo in einen Endbestands- und in einen Erfolgsanteil aufgeteilt werden muss. Der einzige Unterschied zu dem ursprünglichen gemischten Konto besteht darin, dass innerhalb eines Kontos nicht teilweise zu Einkaufspreisen und teilweise zu Verkaufspreisen bewertet wird.

Unter Verwendung des vorangegangenen Beispiels ergeben sich also folgende drei Möglichkeiten der Verbuchung:

Beispiel:

(1) **Direkte Verbuchung in das Warenverkaufskonto:**

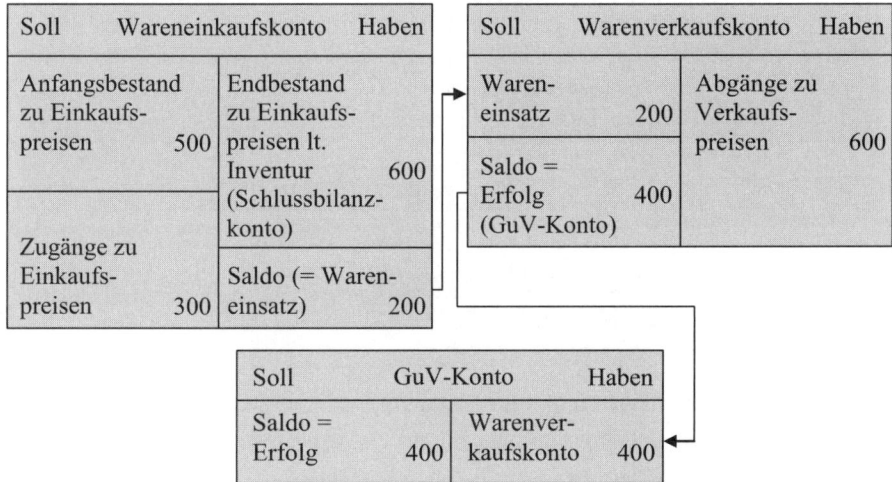

(2) **Verbuchung des Wareneinsatzes über ein eigenes Erfolgskonto:**

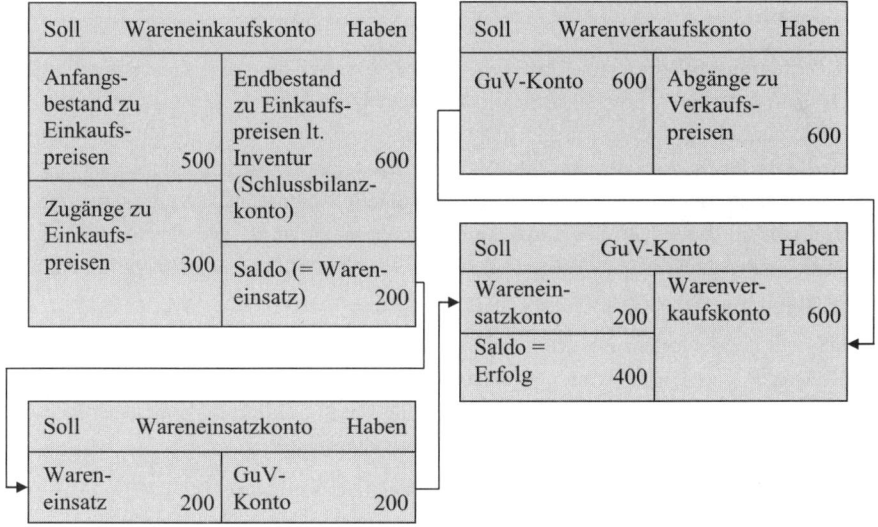

(3) **Verbuchung des Wareneinsatzes direkt in das Gewinn- und Verlustkonto:**

Soll	Wareneinkaufskonto	Haben
Anfangsbestand zu Einkaufspreisen 500	Endbestand zu Einkaufspreisen lt. Inventur (Schlussbilanzkonto) 600	
Zugänge zu Einkaufspreisen 300	Saldo = Wareneinsatz 200 (GuV-Konto)	

Soll	Warenverkaufskonto	Haben
GuV-Konto 600	Abgänge zu Verkaufspreisen 600	

Soll	GuV-Konto	Haben
Wareneinkaufskonto 200	Warenverkaufskonto 600	
Saldo = Erfolg 400		

Das Beispiel zeigt, dass die Höhe des Erfolgs- und Bestandsausweises von der Art der gewählten Verbuchungsmethode unabhängig ist. Die Art des Ausweises ändert sich aber je nach der gewählten Methode.

4.4.3 Die buchtechnische Behandlung von Einlagen und Entnahmen (Privatkonto)

Die Buchführungspflicht eines Unternehmers bezieht sich nur auf seinen betrieblichen, jedoch nicht auf seinen privaten Bereich. In jedem Unternehmen gibt es aber Grenz- und Übergangsbereiche zwischen privater und betrieblicher Sphäre. Führt ein Unternehmer dem Unternehmen aus seinem Privatbereich Vermögenswerte zu, so handelt es sich um eine **Einlage** oder Privateinlage. Entnimmt er aus seinem Unternehmen Vermögenswerte für private Zwecke, dann liegt eine **Entnahme** oder Privatentnahme vor. Derartige Vorgänge führen im ersten Fall zu einer Vergrößerung, im zweiten Fall zu einer Verminderung des Eigenkapitals.

Ähnlich wie bei der Erfassung erfolgswirksamer Eigenkapitalveränderungen wird auch bei der Erfassung von Einlagen und Entnahmen dem Eigenkapitalkonto ein **Sammelkonto vorgeschaltet**. Es wird als **Privatkonto** bezeichnet. Sein Saldo wird – wie der Saldo des Gewinn- und Verlustkontos – im Eigenkapitalkonto abgeschlossen.

Privatentnahmen ergeben sich vor allem durch folgende Vorgänge:

- Der Unternehmer entnimmt bestimmte Vermögensgegenstände – vor allem Zahlungsmittel, aber auch Sachvermögen wie z. B. Waren – für seinen **privaten Lebensunter-**

halt aus dem Unternehmen; das geschieht häufig im Zusammenhang mit der Gewinnverteilung.[151]

- Das Unternehmen tätigt **Zahlungen für die Privatsphäre** des Unternehmers. Von besonderer Bedeutung sind in diesem Zusammenhang die Personensteuern wie die Einkommensteuer und die Kirchensteuer des Unternehmers, die keinen Aufwand des Betriebes, sondern Auszahlungen darstellen, die den Charakter von Privatentnahmen haben. Der Unternehmer wird deshalb mit derartigen Zahlungen **auf dem Privatkonto belastet**. Schematisch zeigt sich der Entnahmecharakter derartiger Zahlungen folgendermaßen:

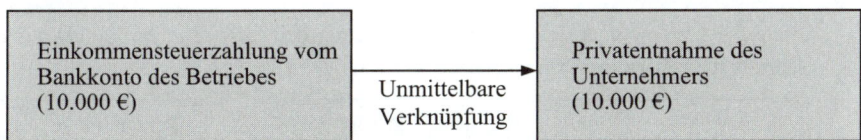

Hätte der Unternehmer den erforderlichen Betrag zugunsten seines privaten Bankkontos entnommen, hätte sich Folgendes ergeben:

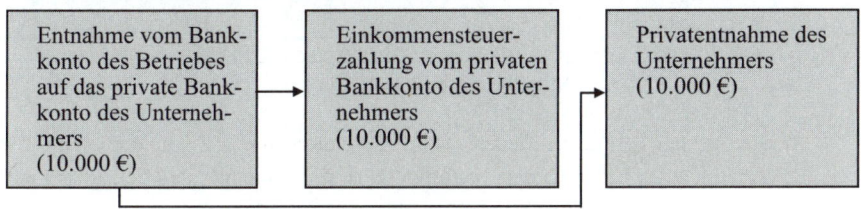

Ähnlich ist der Fall zu beurteilen, wenn dem Unternehmer Zahlungen in seiner Privatsphäre zufließen, obwohl sie das Unternehmen betreffen (z. B. geht eine Mietzahlung an den Betrieb auf dem privaten Bankkonto des Unternehmers ein).

- Das Unternehmen tätigt Zahlungen (oder der Unternehmer erhält Zahlungen), die **teilweise die betriebliche und teilweise die private Sphäre** betreffen. Grundsätzlich gelten die eben gemachten Aussagen auch hierfür – allerdings nur für den privat verursachten Teil der Zahlungen. Als Beispiele hierfür können sowohl einheitliche Zahlungen an einen Zahlungsempfänger für teils private und teils betriebliche Leistungen (z. B. an eine Versicherungsgesellschaft) als auch Zahlungen für die **teils private und teils betriebliche Nutzung** von Vermögensgegenständen (z. B. teilweise private Nutzung eines Kraftfahrzeugs oder von Gebäuden) angesehen werden.

Entsprechend ergeben sich **Privateinlagen** vor allem durch folgende Vorgänge:

- Der Unternehmer führt dem Unternehmen bestimmte Vermögensgegenstände – Zahlungsmittel oder im Wege so genannter Sacheinlagen Sachvermögen wie Grundstücke oder Wertpapiere – **zur betrieblichen Nutzung** zu.

---

[151] Vgl. hierzu die Ausführungen auf S. 144 ff.

- Der Unternehmer tätigt Zahlungen von seinem privaten Bankkonto **für betriebliche Zwecke** (z. B. betriebliche Versicherungsprämien). Derartige Beträge stellen dennoch Aufwand des Betriebes dar, obwohl sie nicht zu einem Abfluss betrieblicher Vermögenswerte geführt haben. Schematisch zeigt sich der Einlagecharakter derartiger Zahlungen folgendermaßen:

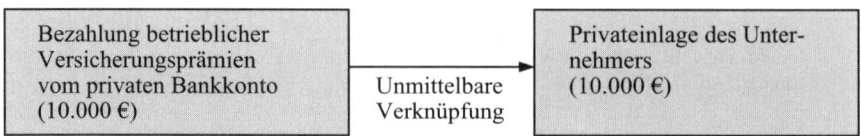

Hätte der Unternehmer den erforderlichen Betrag dem betrieblichen Bankkonto zugeführt, hätte sich Folgendes ergeben:

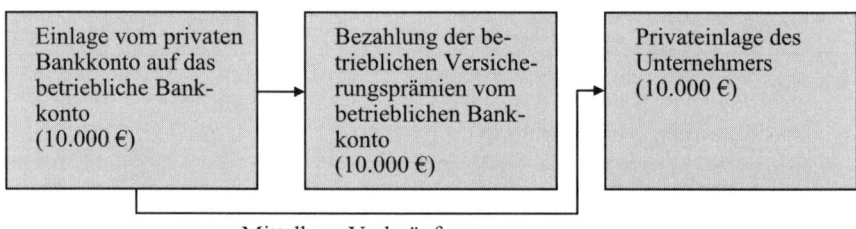

Mittelbare Verknüpfung

Ähnlich ist der Fall zu beurteilen, wenn das Unternehmen Zahlungen erhält, die den Privatbereich des Unternehmers betreffen (z. B. geht eine private Mietzahlung auf dem Bankkonto des Unternehmens ein).

- Der Unternehmer tätigt von seinem Bankkonto Zahlungen, die **teilweise die betriebliche und teilweise die private Sphäre** betreffen. Für den Teil der betrieblichen Zahlungen gilt das eben Gesagte analog. Erhält das Unternehmen Zahlungen, die teils die betriebliche und teils die private Sphäre betreffen, so liegt im Hinblick auf den Privatanteil ebenfalls eine Einlage vor.

Ebenso wie ein Aufwand führt auch eine Privatentnahme zu einer Eigenkapitalminderung, eine Privateinlage hat wie ein Ertrag eine Eigenkapitalmehrung zur Folge. Im Gegensatz zu den stets erfolgswirksamen Aufwendungen und Erträgen sind Privatvorgänge jedoch grundsätzlich[152] **erfolgsneutral**, denn der betriebliche Erfolg darf nicht davon abhängen, wie viel Mittel für private Zwecke verwendet oder dem Betrieb zur Verwendung überlassen werden. Aufwendungen und Erträge haben dagegen einen Einfluss auf die Erzielung des Erfolgs.

---

[152] Bei Entnahmen, z. B. von Anlagegegenständen, kann sich zusätzlich eine Erfolgsbeeinflussung ergeben, wenn die Entnahme mit einem über oder unter dem bisher im Unternehmen ausgewiesenen Wert (Buchwert) zu bewerten ist. Vgl. dazu S. 249 ff.

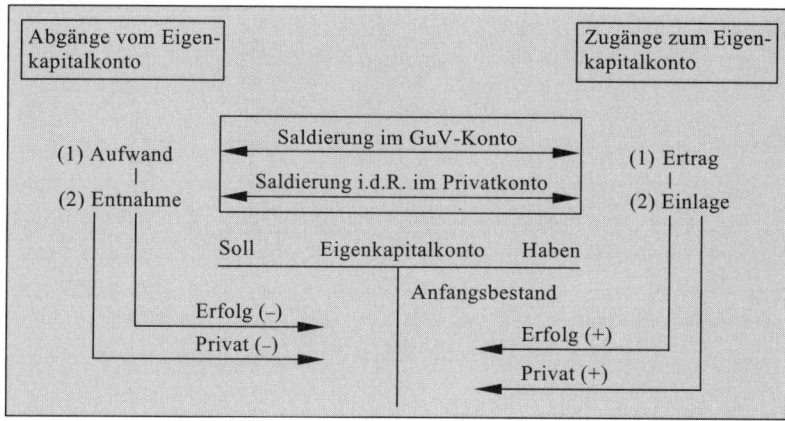

Die Entnahme- und Einlagevorgänge könnten zwar direkt auf dem Eigenkapitalkonto erfasst werden; aus Gründen der Übersichtlichkeit und wegen der teilweise unterschiedlichen Behandlung vor allem von Entnahmevorgängen werden jedoch ein oder mehrere **Vorkonten** eingeschaltet. Dazu gibt es verschiedene **Untergliederungsmöglichkeiten**:[153]

(1) Alle Entnahmen und Einlagen werden direkt auf dem Privatkonto erfasst, dessen Saldo dem Eigenkapitalkonto zugeführt wird.

(2) Die Entnahmen werden auf dem Privatentnahmekonto gesammelt, dessen Saldo auf das Eigenkapitalkonto übertragen wird, die Einlagen werden unmittelbar im Eigenkapitalkonto gebucht.

(3) Die Entnahmen werden im Privatentnahmekonto, die Einlagen im Privateinlagekonto gebucht; die Salden beider Konten werden im Privatkonto saldiert und dann dem Eigenkapitalkonto zugeführt.

(4) Das in (2) und (3) beschriebene Privatentnahmekonto wird in der Praxis häufig untergliedert (z. B. in Privat- und Sachentnahmen oder in Privatsteuerentnahmen und sonstige Entnahmen).

Im Folgenden wird die in (3) gewählte Verbuchungsmethode angewendet.

Beispiel:

Die Anfangsbestände (AB) des Bankkontos und der (Geschäfts-)Kasse betragen je 10.000 €, der Anfangsbestand des Eigenkapitalkontos 20.000 €. Die letzte Schlussbilanz weist keine weiteren Bestände aus.

Im Laufe des Geschäftsjahrs ereignen sich folgende **Geschäftsvorfälle**:

(1) Der Unternehmer entnimmt 6.000 € vom betrieblichen Bankkonto durch Überweisung auf sein privates Bankkonto.

---

[153] Auf das Problem bei Unternehmen mit mehreren Gesellschaftern und der damit verbundenen Führung jeweils eigener Eigenkapitalkonten und demzufolge auch Privatkonten wird auf S. 330 ff. eingegangen.

(2)   Die Einkommensteuernachzahlung des Unternehmers in Höhe von 5.000 €
       wird durch Überweisung vom betrieblichen Bankkonto beglichen.

(3)   Der Unternehmer legt aus seinem Privatvermögen Bargeld in Höhe von
       2.000 € in die Kasse ein.

(4)   Ein Bekannter des Unternehmers überweist auf das Bankkonto des Unterneh-
       mens einen Betrag von 10.000 € zur Tilgung eines ihm aus privaten Mitteln des
       Unternehmers zur Verfügung gestellten Darlehens.

Die **Buchungssätze** lauten:

(1)	Privatentnahmen	an	Bank	6.000,—
(2)	Privatentnahmen	an	Bank	5.000,—
(3)	Kasse	an	Privateinlagen	2.000,—
(4)	Bank	an	Privateinlagen	10.000,—

Es ergeben sich folgende Buchungen auf den angesprochenen Konten:

Soll		Bank	Haben		Soll		Kasse	Haben
AB	10.000,—	(1)	6.000,—		AB	10.000,—		
(4)	10.000,—	(2)	5.000,—		(3)	2.000,—		

Soll	Privateinlagen		Haben		Soll	Privatentnahmen		Haben
		(3)	2.000,—		(1)	6.000,—		
		(4)	10.000,—		(2)	5.000,—		

Soll	Eigenkapital		Haben
	AB	20.000,—	

Die Salden des Privateinlagenkontos und des Privatentnahmenkontos werden auf das Privatkonto übertragen, dessen Saldo dem Eigenkapitalkonto zugeführt wird. Werden dann die
drei Bestandskonten im Schlussbilanzkonto abgeschlossen, so sind folgende Buchungssätze
und Buchungen erforderlich:

(5) Privateinlagen	an	Privat	12.000,—
(6) Privat	an	Privatentnahmen	11.000,—
(7) Privat	an	Eigenkapital	1.000,—

(8) Schlussbilanzkonto	an	Bank	9.000,—
(9) Schlussbilanzkonto	an	Kasse	12.000,—
(10) Eigenkapital	an	Schlussbilanz-konto	21.000,—

Soll		Bank		Haben
AB	10.000,—	(1)	6.000,—	
(4)	10.000,—	(2)	5.000,—	
		(8) EB	9.000,—	
	20.000,—		20.000,—	

Soll		Kasse		Haben
AB	10.000,—	(9) EB	12.000,—	
(3)	2.000,—			
	12.000,—		12.000,—	

Soll		Privateinlagen		Haben
(5)	12.000,—	(3)	2.000,—	
		(4)	10.000,—	
	12.000,—		12.000,—	

Soll		Privatentnahmen		Haben
(1)	6.000,—	(6)	11.000,—	
(2)	5.000,—			
	11.000,—		11.000,—	

Soll		Privat		Haben
(6)	11.000,—	(5)	12.000,—	
(7)	1.000,—			
	12.000,—		12.000,—	

Soll		Eigenkapital		Haben
(10) EB	21.000,—	AB	20.000,—	
		(7)	1.000,—	
	21.000,—		21.000,—	

Soll		Schlussbilanzkonto		Haben
(8) Bank	9.000,—	(10) Eigenkapital	21.000,—	
(9) Kasse	12.000,—			
	21.000,—		21.000,—	

Aus diesem Beispiel wird Folgendes ersichtlich:

• Privatentnahmen werden immer im Soll gebucht.

• Privateinlagen werden immer im Haben gebucht.

• Werden im Laufe eines Jahres mehr Einlagen als Entnahmen getätigt, dann erhöht sich der Bestand des Eigenkapitalkontos.

• Werden im Laufe eines Jahres mehr Entnahmen als Einlagen getätigt, dann vermindert sich der Bestand des Eigenkapitalkontos.

4.4.4 Der Zusammenhang zwischen Erfolgs- und Privatbuchungen

Aufgrund der bisherigen Überlegungen zu den Erfolgs- und Privatbuchungen lässt sich der Zusammenhang schematisch wie in der Abbildung auf Seite 99 darstellen.

Der formale Aufbau der Buchführung ermöglicht die Ermittlung des Periodenerfolgs in doppelter Weise, und zwar durch:

• **Aufwands- und Ertragsvergleich**:

> Erfolg = Erträge – Aufwendungen

• **Reinvermögensvergleich (Eigenkapitalvergleich)**:

> Erfolg = Reinvermögen am Ende des Geschäftsjahres
> – Reinvermögen am Anfang des Geschäftsjahrs
> + Entnahmen
> – Einlagen

Da Einlagen und Entnahmen auch die Größe des Reinvermögens, d.h. des Eigenkapitals beeinflussen, müssen sie mit umgekehrten Vorzeichen angesetzt werden, damit der Teil der Eigenkapitalveränderung übrig bleibt, der erfolgswirksam ist.

Beispiel:

Summe der Erträge	=	100.000 €
Summe der Aufwendungen	=	60.000 €
Eigenkapital am Ende des Geschäftsjahrs (Endkapital)	=	200.000 €
Eigenkapital am Anfang des Geschäftsjahrs (Anfangskapital)	=	140.000 €
Summe der Einlagen	=	50.000 €
Summe der Entnahmen	=	30.000 €

(1) **Aufwands- und Ertragsvergleich**:
Erfolg $= 100.000\ € - 60.000\ € = 40.000\ €$

(2) **Reinvermögensvergleich (Eigenkapitalvergleich)**:
Erfolg $= 200.000\ € - 140.000\ € + 30.000\ € - 50.000\ € = 40.000\ €$

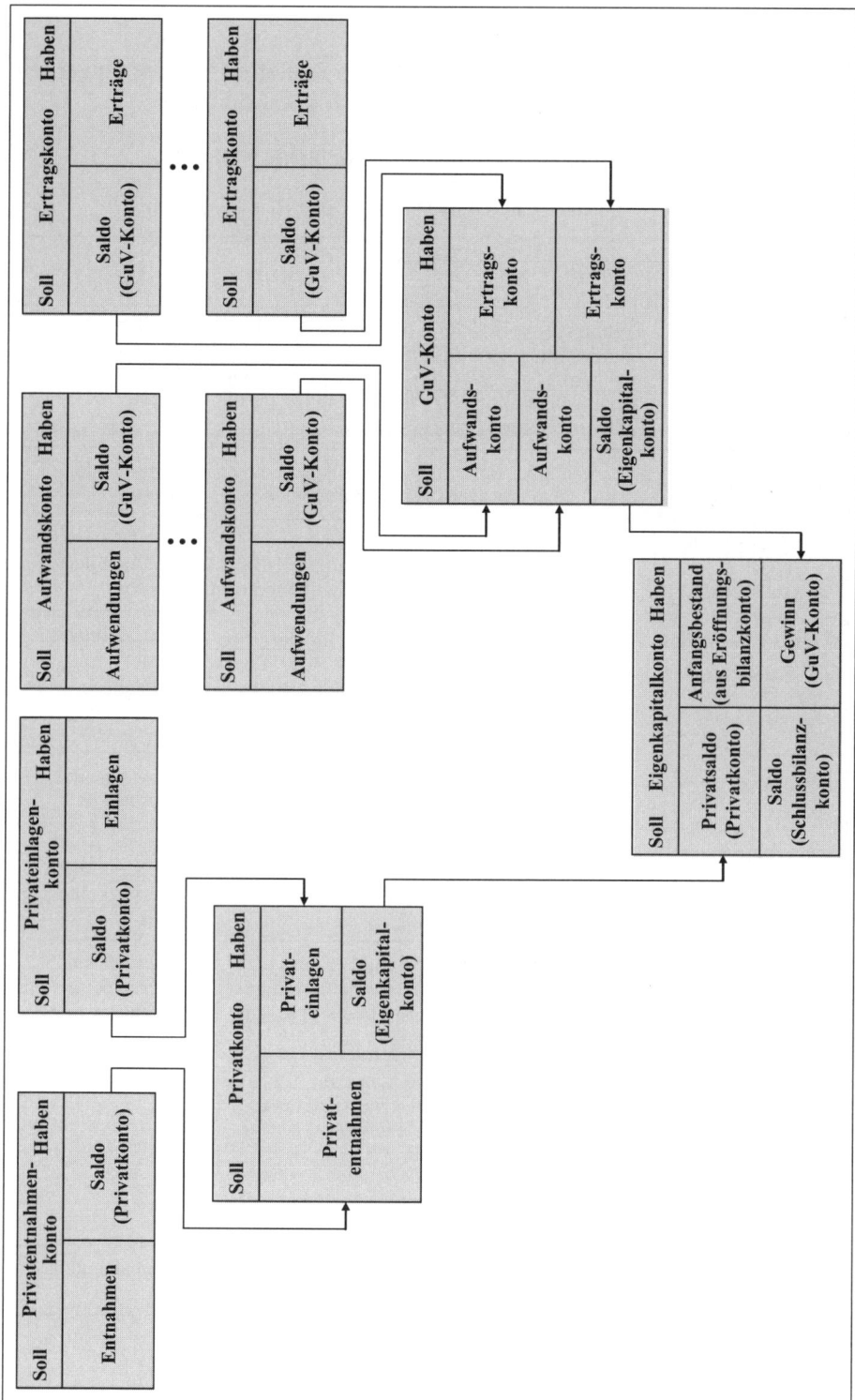

4.5 Zusammenfassende Übersicht über die Beziehungen der einzelnen Konten und Buchungssätze zur Schlussbilanz

4.5.1 Die Beziehungen der einzelnen Konten zur Schlussbilanz

Die bisher angesprochenen Kontenarten lassen sich wie folgt charakterisieren:

Kontenart	Aufgabe	Konten-abschluss
Eröffnungs-bilanzkonto	Technisches Hilfsmittel (Buchführungshilfe) zur Buchung der Endbestände des vorange-gangenen Geschäftsjahrs als Anfangsbestände der Bestandskonten des laufenden Geschäfts-jahrs (wird häufig weggelassen)	Jeweiliges Bestandskonto
Aktivische Bestandskonten	Erfassung der Bestandsveränderungen bei den einzelnen Vermögenswerten (Mittelverwen-dung)	Schlussbilanz-konto
Passivische Bestandskonten	Erfassung der Bestandsveränderungen bei den einzelnen Kapitalbestandteilen (Mittelherkunft)	Schlussbilanz-konto
Eigenkapitalkonto	Passivisches Bestandskonto, das die Entwick-lung des Reinvermögens durch Erfassung des betrieblichen Erfolgs und sonstiger Vorgänge, die zu Vermögensveränderungen führen (Ent-nahmen und Einlagen), darstellt	Schlussbilanz-konto
Aufwandskonten	Erfassung der Beträge nach Aufwandsarten, die zu einer Eigenkapitalminderung führen (negative Erfolgsbeiträge)	Gewinn- und Verlustkonto
Ertragskonten	Erfassung der Beträge nach Ertragsarten, die zu einer Eigenkapitalvergrößerung führen (positive Erfolgsbeiträge)	Gewinn- und Verlustkonto
Gemischte Erfolgskonten	Erfassung von Beständen und Erfolgsbeiträ-gen, wobei eine Inventur (zur Ermittlung der Endbestände) notwendige Voraussetzung ist	Gewinn- und Verlustkonto und Schlussbilanz-konto
Gewinn- und Verlustkonto	Erfassung der Salden der einzelnen Auf-wands- und Ertragskonten (unter Angabe der Aufwands- und Ertragsarten)	Eigenkapitalkon-to
Gewinn- und Verlust-Rechnung	Zusammenfassung der Positionen des GuV-Kontos und Umgliederung entsprechend den gesetzlichen Vorschriften	–
Privatkonto	Erfassung der Privatentnahmen und Privat-einlagen des Unternehmers	Eigenkapitalkon-to

Schlussbilanz-konto	Erfassung der aktiven und passiven Endbe-stände; somit Darstellung des Vermögens und Kapitals (mit dem Eigenkapital als Reinver-mögensgröße)	(wird ohne Bu-chungssätze in die Schlussbilanz transformiert)
Schlussbilanz	Zusammenfassung der Positionen des Schlussbilanzkontos und Umgliederung ent-sprechend den gesetzlichen Vorschriften	(Grundlage für Anfangsbestände der Bestandskon-ten des folgenden Geschäftsjahrs)

Die Zusammenhänge zwischen diesen Kontenarten zeigt die folgende Übersicht:

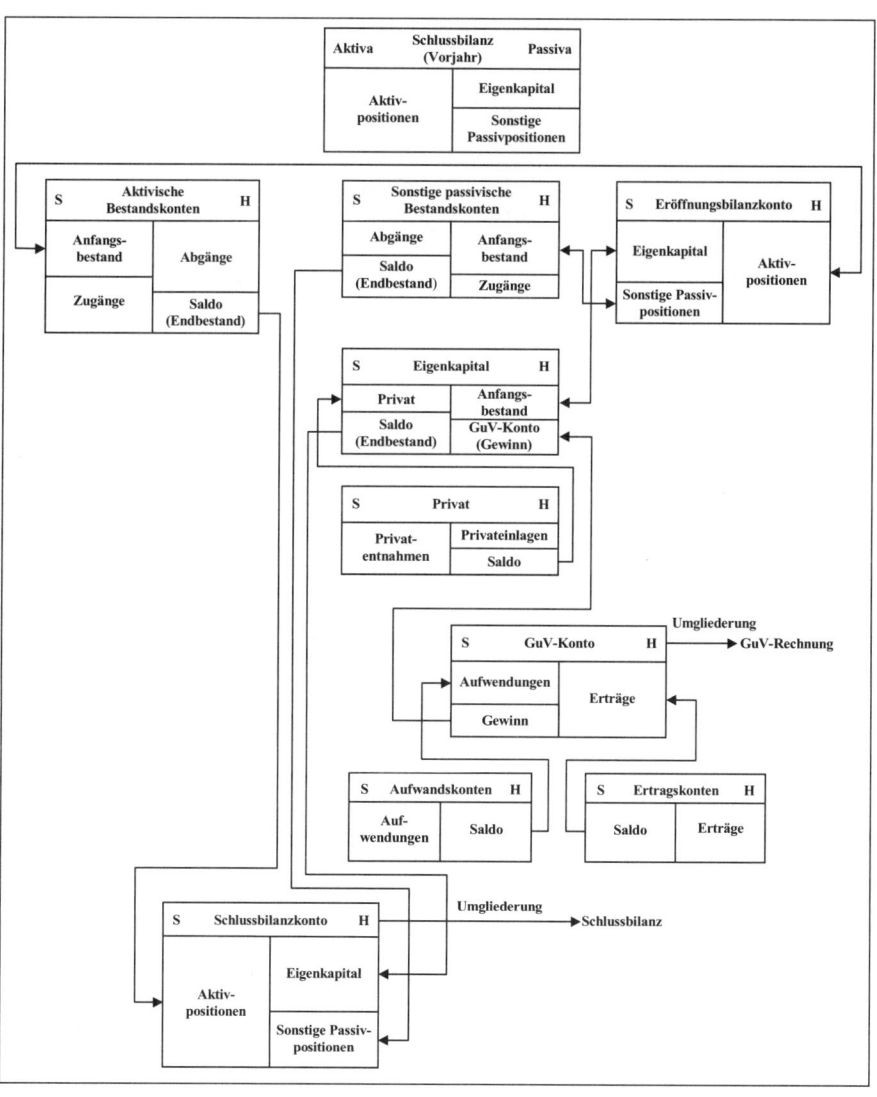

4.5.2 Die Beziehungen der Buchungssätze zur Schlussbilanz

Die bisherigen Ausführungen haben gezeigt, dass sich alle Geschäftsvorfälle auf vier Typen von Buchungsfällen zurückführen lassen.[154] Es sind dies:

(1) **Der Aktivtausch**: Er führt zu einer Veränderung der Vermögensstruktur bei konstantem Gesamtvermögen und damit auch Gesamtkapital sowie bei unveränderter Kapitalstruktur. Die Bilanzsumme verändert sich also nicht. Der Zugang auf einem Vermögenskonto (aktivisches Bestandskonto) entspricht dem Abgang auf einem anderen Vermögenskonto.

Beispiel:

Geschäftsvorfälle:

(1) Bezahlung einer Forderung von 500 € durch den Kunden A auf das Bankkonto.

(2) Abheben des Betrags von 500 € vom Bankkonto und Zuführung in die Kasse.

Buchungssätze:

(1) Bank   an   Forderungen 500,—

(2) Kasse   an   Bank   500,—

Kontengestaltung:

Durch den ersten Geschäftsvorfall erhöht sich der Bestand auf dem Bankkonto um 500 €, der Bestand des Forderungskontos vermindert sich um 500 €. Entsprechend erhöht sich durch den zweiten Geschäftsvorfall der Kassenbestand, während sich der Bankbestand um den gleichen Betrag vermindert.

---

(2) **Der Passivtausch**: Er führt zu einer Veränderung der Kapitalstruktur bei konstantem Gesamtkapital und damit auch Gesamtvermögen sowie bei unveränderter Vermögensstruktur. Die Bilanzsumme verändert sich auch hier nicht. Der Zugang auf einem Kapitalkonto (passivisches Bestandskonto) entspricht dem Abgang auf einem anderen Kapitalkonto (Umfinanzierung).

Beispiel:

Geschäftsvorfälle:

(1) Umwandlung eines kurzfristigen in ein langfristiges Darlehen in Höhe von 10.000 €.

---

[154] Aus Gründen der sprachlichen Vereinfachung wird immer nur davon gesprochen, dass sich jeweils **ein** Konto ändert. Selbstverständlich können sich auch – wie immer bei zusammengesetzten Buchungssätzen – mehrere Konten ändern, wenn die Voraussetzung erfüllt bleibt, dass die Sollsumme gleich der Habensumme ist.

(2)   Umwandlung eines langfristigen Darlehens von 50.000 € in eine Beteiligung.

Buchungssätze:

(1)   Kurzfristige Darlehensverbindlichkeiten   an   Langfristige Dar-
lehensverbind-
lichkeiten 10.000,—

(2)   Langfristige Darlehensverbindlichkeiten   an   Eigenkapital   50.000,—

Kontengestaltung:

Durch den ersten Geschäftsvorfall haben sich die langfristigen Darlehen um
10.000 € vergrößert, die kurzfristigen um 10.000 € verringert. Im zweiten Fall
erhöht sich das Eigenkapital um 50.000 €, der Bestand an langfristigen Darlehen vermindert sich entsprechend um den gleichen Betrag.

(3)   **Die Bilanzverlängerung:** Aktiv- und Passivseite erhöhen sich durch Zunahme des
Gesamtvermögens und Gesamtkapitals um den gleichen Betrag. Dem Zugang auf einem Vermögenskonto (aktivisches Bestandskonto) entspricht ein Zugang auf einem
Kapitalkonto (passivisches Bestandskonto) in gleicher Höhe. Die Bilanzsumme nimmt
entsprechend zu.

Beispiel:

Geschäftsvorfälle:

(1)   Kauf einer Maschine zu Anschaffungskosten von 15.000 € durch Inanspruchnahme eines Lieferantenkredits (Kauf einer Maschine auf Ziel).

(2)   Aufnahme eines langfristigen Darlehens von 4.000 € bei Zugang auf
dem Bankkonto.

Buchungssätze:

(1)   Maschinen   an   Lieferantenver-
bindlich-
keiten   15.000,—

(2)   Bank   an   Langfristige Dar-
lehensverbind-
lichkeiten   4.000,—

Kontengestaltung:

Durch den ersten Geschäftsvorfall erhöht sich einerseits der Maschinenbestand
um 15.000 € und andererseits der Bestand an Lieferantenverbindlichkeiten. Der
zweite Geschäftsvorfall führt zu Bestandsvergrößerungen beim Bankkonto und
beim langfristigen Darlehenskonto um jeweils 4.000 €.

(4) **Die Bilanzverkürzung:** Aktiv- und Passivseite vermindern sich durch Abnahme des Gesamtvermögens und Gesamtkapitals um den gleichen Betrag. Einem Abgang auf einem Vermögenskonto (aktivisches Bestandskonto) entspricht ein Abgang auf einem Kapitalkonto (passivisches Bestandskonto) in gleicher Höhe. Die Bilanzsumme nimmt entsprechend ab.

Beispiel:

Geschäftsvorfälle:

(1) Begleichung einer Lieferantenverbindlichkeit von 3.000 € aus der Kasse (Barzahlung).

(2) Rückzahlung eines kurzfristigen Darlehens in Höhe von 8.000 € durch Banküberweisung.

Buchungssätze:

(1) Lieferantenverbindlichkeiten   an   Kasse   3.000,—

(2) Kurzfristige Darlehensverbindlichkeiten   an   Bank   8.000,—

Kontengestaltung:

Durch den ersten Geschäftsvorfall nimmt der Bestand des Lieferantenverbindlichkeitenkontos sowie des Kassekontos um je 3.000 €, durch den zweiten Geschäftsvorfall der des kurzfristigen Darlehenskontos und des Bankkontos um jeweils 8.000 € ab.

Bei allen bisher aufgezeigten Geschäftsvorfällen handelt es sich um **erfolgsunwirksame** Geschäftsvorfälle. **Erfolgswirksame** Geschäftsvorfälle führen – wie auch Privateinlagen und -entnahmen – zu einer **Bilanzverlängerung** (Erträge) oder zu einer **Bilanzverkürzung** (Aufwendungen), da sich das Eigenkapitalkonto entsprechend vergrößert oder verringert. Außerdem können sie auch zu einem **Passivtausch** führen, wenn z. B. eine überhöhte Rückstellung erfolgswirksam aufgelöst wird, so dass aus Fremdkapital Eigenkapital wird (Beispiel: eine Rückstellung für einen schwebenden Prozess wird nicht mehr benötigt, nachdem der Prozess gewonnen wurde).

Beispiel:

Geschäftsvorfälle:

(1)   Mietauszahlung über das Bankkonto in Höhe von 3.000 €.

(2)   Lohnzahlung über das Bankkonto in Höhe von 2.000 €.

(3)   Zinseingang über das Bankkonto in Höhe von 5.000 €.

(4)   Mieteinzahlung über die Kasse in Höhe von 1.000 €.

Buchungssätze:

(1)	Mietaufwand	an	Bank	3.000,—
(2)	Löhne	an	Bank	2.000,—
(3)	Bank	an	Zinserträge	5.000,—
(4)	Kasse	an	Mieterträge	1.000,—

Kontengestaltung:

Bei den ersten beiden Geschäftsvorfällen vermindert sich jeweils ein Zahlungskonto sowie – durch die im Endeffekt erfolgende Zuordnung der Aufwendungen zum Eigenkapitalkonto – das Eigenkapitalkonto. Bei den beiden letzten Geschäftsvorfällen erhöht sich jeweils ein Zahlungskonto sowie das Eigenkapitalkonto in Höhe des jeweiligen Ertrags.

5 Die buchtechnische Behandlung der wichtigsten Geschäftsvorfälle bei Handels- und Industriebetrieben

5.1 Die buchtechnische Erfassung des Warenverkehrs

5.1.1 Die grundsätzliche Verbuchung des Warenverkehrs

Wie oben bereits dargestellt,[155] ist die Führung eines gemischten Warenkontos, das eine Mischung von Bestands- und Erfolgskonto ist, unzweckmäßig, weil der sich beim Abschluss ergebende Saldo in eine Bestandsgröße (den durch Inventur ermittelten Endbestand, der in die Schlussbilanz eingeht) und in eine Erfolgsgröße (den beim Verkauf erzielten Erfolg, der ins Gewinn- und Verlust-Konto übertragen wird) zerlegt werden muss. Auf die Höhe des ausgewiesenen Erfolgs hat es allerdings keinen Einfluss, ob von einem getrennten oder einem gemischten Warenkonto ausgegangen wird. In den folgenden Ausführungen wird eine buchhalterische **Trennung des Warenverkehrs** in die Bereiche des **Wareneinkaufs** und des **Warenverkaufs** durchgeführt. Damit wird der in der Praxis ausgeprägten organisatorischen Trennung in Ein- und Verkauf gefolgt.

5.1.1.1 Das inventurabhängige Verbuchungsverfahren

Zunächst wird der Fall betrachtet, dass zur Feststellung des Wareneinsatzes eine **Inventur** erforderlich ist **(inventurabhängiges Verbuchungsverfahren)**. Das Wareneinkaufskonto enthält im Soll erstens den **Anfangsbestand**, d. h. den in der Schlussbilanz des vorangegangenen Geschäftsjahrs ausgewiesenen Endbestand. Zweitens werden alle **Warenzugänge** mit ihren Anschaffungskosten im Soll verbucht. Auf der Habenseite werden **Warenrücksendungen** (Retouren) und **Gutschriften** (nachträgliche Preisnachlässe ohne erneute Warenrücklieferung) als Bestandsminderung erfasst. Entnimmt ein Unternehmer (Einzelunternehmer, Gesellschafter) Waren für seinen privaten Verbrauch, dann liegt ebenso wie bei der Entnahme von Zahlungsmitteln eine **Privatentnahme** vor. Derartige Privatentnahmen werden in der Regel zu **Einkaufspreisen** bewertet und auf der Habenseite des Wareneinkaufskontos verbucht.[156] Sie können allerdings auch „wie ein normaler Warenverkauf" im Warenverkaufskonto ausgewiesen werden.[157] Nach der Verbuchung dieser Geschäftsvorfälle wird beim Jahresabschluss mit Hilfe der Inventur der Endbestand an Waren festgestellt. Als Saldo ergibt sich der **Wareneinsatz**, d. h. der Betrag, der aufgewendet wurde, damit Warenverkäufe getätigt werden konnten. Schematisch lässt sich das Wareneinkaufskonto, in dem alle Größen zu Einkaufspreisen bewertet sind, wie folgt darstellen:

---

[155] Vgl. S. 89 ff.

[156] Vgl. in diesem Sinne z. B. *Eisele, W.*, Technik des betrieblichen Rechnungswesens. Buchführung – Kostenrechnung – Sonderbilanzen, 7. Aufl., München 2002, S. 94 und *Hardt, R.*, Wir lernen Buchführung, 7. Aufl., Wiesbaden 1974, S. 31 f.; vgl. dazu ausführlich S. 144 ff.

[157] So *Heinhold, M.*, Buchführung in Fallbeispielen, a. a. O., S. 79.

Soll	Wareneinkaufskonto	Haben
Anfangsbestand	Warenrücksendungen und Gutschriften	
	Privatentnahmen von Waren	
Zugänge (Wareneinkäufe)	Endbestand (durch Inventur)	
	Saldo = Wareneinsatz (verkaufte Waren zu Einkaufspreisen)	

Daraus ist ersichtlich, dass es sich hierbei um ein **gemischtes Bestands- und Erfolgskonto** handelt, da der sich nach der Verbuchung der Geschäftsvorfälle ergebende Saldo zum Teil einen Bestand (den durch Inventur ermittelten und zu Einkaufspreisen bewerteten Endbestand) und zum Teil einen Erfolgsbeitrag (den zu Einkaufspreisen bewerteten Warenverkauf (Wareneinsatz), der einen Aufwand darstellt) wiedergibt. Im Gegensatz dazu ist das **Warenverkaufskonto** ein **reines Erfolgskonto**. Im Haben werden die Verkaufserlöse gesammelt, im Soll die durch Warenrücksendungen an das Unternehmen bzw. durch Gutschriften verursachten Korrekturen verbucht. Das Warenverkaufskonto lässt sich schematisch wie folgt darstellen:

Soll	Warenverkaufskonto	Haben
Warenrücksendungen und Gutschriften		Warenverkäufe
Waren-einsatz	Saldo (GuV)	
Saldo (GuV)		

Netto   Brutto

Wenn im Warenverkaufskonto der Saldo auf zwei Arten aufgezeigt wird, hängt dies damit zusammen, dass es verschiedene Möglichkeiten des Abschlusses von Wareneinkaufs- und Warenverkaufskonten gibt. Diese Möglichkeiten wurden schematisch bereits skizziert;[158] entsprechend ihrer Auswirkungen auf die Art – nicht auf die Höhe – des Erfolgsausweises wird zwischen der Nettomethode und der Bruttomethode unterschieden. Bei der **Nettomethode** wird der Wareneinsatz in das Soll des Warenverkaufskontos übertragen, so dass im Gewinn- und Verlustkonto nur der Gewinn (bzw. der Verlust, wenn der Saldo des Warenverkaufskontos im Haben steht) erscheint, der aus dem Verkauf von Waren erzielt wurde.

Bei der **Bruttomethode** wird der Wareneinsatz vom Wareneinkaufskonto direkt in das Gewinn- und Verlustkonto übertragen. Daraus folgt, dass der Saldo des Warenverkaufskon-

---

[158] Vgl. die Ausführungen auf S. 89 ff.

tos die Summe der Verkaufserlöse – nach Abzug der Warenrücksendungen und Gutschriften – enthält, somit also ohne Abzug des mit dem Warenverkauf verbundenen Wareneinsatzes in das Gewinn- und Verlustkonto gelangt. Da auf diese Weise der Warenverkauf und der Wareneinsatz jeweils brutto im Gewinn- und Verlustkonto und damit auch in der Gewinn- und Verlustrechnung erscheinen, ermöglicht diese Art der Bruttoverbuchung einen **besseren Einblick in das Zustandekommen des betrieblichen Erfolgs** als ein bereits saldierter Betrag wie bei der Nettomethode.[159] Die Erfolgsverbuchung zeigt das folgende einfache Beispiel.

Beispiel:

Es wird von einem Anfangsbestand von 50 Mengeneinheiten (ME) à 2 € ausgegangen (ansonsten ist nur Eigenkapital in der entsprechenden Höhe von 100 € vorhanden). Im einzigen Geschäftsvorfall werden die 50 ME für je 3 € gegen sofortige Barzahlung verkauft. Die jeweiligen Mengeneinheiten werden entgegen der tatsächlichen Buchungspraxis in den Konten zur Verdeutlichung mit angegeben.

(1) **Nettoverbuchung:**

Buchungssatz:

(1)	Kasse	an	Warenverkauf	150,—

Daraus resultieren folgende Buchungssätze zum Abschluss der Erfolgskonten und des GuV-Kontos:

(2)	Warenverkauf	an	Wareneinkauf	100,—
(3)	Warenverkauf	an	GuV-Konto	50,—
(4)	GuV-Konto	an	Eigenkapital	50,—

Der Abschluss der Bestandskonten gestaltet sich folgendermaßen:

(5)	Eigenkapital	an	Schlussbilanzkonto	150,—
(6)	Schlussbilanzkonto	an	Kasse	150,—

---

[159] Der Bruttoabschluss ist allerdings nur für große Kapitalgesellschaften und publizitätspflichtige Unternehmen obligatorisch (vgl. § 275 Abs. 2 und 3 HGB, § 276 HGB und § 5 Abs. 1 PublG); eine Einschränkung des in § 246 HGB fixierten Bruttoprinzips ergibt sich für Kapitalgesellschaften durch die Regelung des § 277 Abs. 1 HGB, so dass die Umsatzerlöse um Erlösschmälerungen (Preisnachlässe und zurückgewährte Entgelte) und um die Umsatzsteuer zu kürzen sind, während für Nicht-Kapitalgesellschaften – außer für publizitätspflichtige – eine derartige Verrechnung zulässig, aber nicht geboten ist (vgl. dazu *Kußmaul, H.*, in: *Küting, K., Weber, C.-P.*, Handbuch der Rechnungslegung, a. a. O., § 246 HGB, Rn. 26).

Damit ergibt sich folgende Konstellation auf den einzelnen Konten:

Soll	Wareneinkauf	Haben
AB 100,—	(2) Warenver-	
(50 à 2)	kauf 100,—	

Soll	Warenverkauf	Haben
(2) Warenein-	(1) 150,—	
kauf 100,—	(50 à 3)	
(3) GuV-		
Konto 50,—		
150,—	150,—	

Soll	Kasse	Haben
(1) 150,—	(6) EB 150,—	

Soll	Eigenkapital	Haben
(5) EB 150,—	AB 100,—	
	(4) GuV 50,—	
150,—	150,—	

Soll	GuV-Konto	Haben
(4) Eigen-	(3) Warenver-	
kapital 50,—	kauf 50,—	

Soll	Schlussbilanzkonto	Haben
(6) Kasse 150,—	(5) Eigen-	
	kapital 150,—	

(2)   Bruttoverbuchung:

Buchungssatz:

(1)	Kasse		an	Warenverkauf	150,—

Daraus resultieren folgende Buchungssätze zum Abschluss der Erfolgskonten und des GuV-Kontos:

(2)	GuV-Konto		an	Wareneinkauf	100,—
(3)	Warenverkauf		an	GuV-Konto	150,—
(4)	GuV-Konto		an	Eigenkapital	50,—

Demzufolge ergibt sich folgender Abschluss der Bestandskonten:

(5)	Eigenkapital		an	Schlussbilanzkonto	150,—
(6)	Schlussbilanzkonto		an	Kasse	150,—

Damit ergibt sich folgende Konstellation auf den einzelnen Konten:

Soll	Wareneinkauf	Haben
AB 100,—	(2) GuV	100,—
(50 à 2)		

Soll	Warenverkauf	Haben
(3) GuV 150,—	(1)	150,—
	(50 à 3)	

Soll	Kasse	Haben
(1) 150,—	(6) EB	150,—

Soll	Eigenkapital	Haben
(5) EB 150,—	AB	100,—
	(4) GuV	50,—
150,—		150,—

Soll	GuV-Konto	Haben
(2) Waren-	(3) Waren-	
einsatz 100,—	verkauf 150,—	
(4) Eigen-		
kapital 50,—		
150,—		150,—

Soll	Schlussbilanzkonto	Haben
(6) Kasse 150,—	(5) Eigen-	
	kapital	150,—

5.1.1.2 Das inventurunabhängige Verbuchungsverfahren

Die Verbuchung des Warenverkehrs kann auch ohne Inventur bzw. mit Hilfe einer Inventur, die lediglich dem Vergleich des tatsächlichen Bestandes mit dem buchmäßigen Bestand dient, durchgeführt werden (**inventurunabhängiges Verbuchungsverfahren**). In diesem Fall wird bei jedem Warenverkauf der Bestand auf dem Wareneinkaufskonto gemindert, so dass dieses am Ende des Geschäftsjahrs als Saldo den Warenendbestand ausweist. Der Erfolgs- und der Bestandsausweis in der Gewinn- und Verlustrechnung bzw. in der Schlussbilanz unterscheiden sich nicht von der mit einer Inventur bzw. in Abhängigkeit von einer Inventur praktizierten Methode.

Auch bei den inventurunabhängigen Verbuchungsverfahren kann die Netto- oder die Bruttomethode angewendet werden.[160] Bei der Nettomethode erfolgt bei jedem Warenverkauf eine Gegenbuchung im Warenverkaufskonto, bei der Bruttomethode im Wareneinsatzkonto, das ein Aufwandskonto darstellt und im Gewinn- und Verlustkonto abgeschlossen wird. Die bei dieser Art der Verbuchung verwendeten Buchungssätze und Konten zeigen die folgenden Beispiele.

---

[160] Vgl. zu den inventurunabhängigen Warenverbuchungsmethoden ausführlicher *Schöttler, J., Spulak, R.,* Technik des betrieblichen Rechnungswesens, 10. Aufl., München 2009, S. 72 ff.

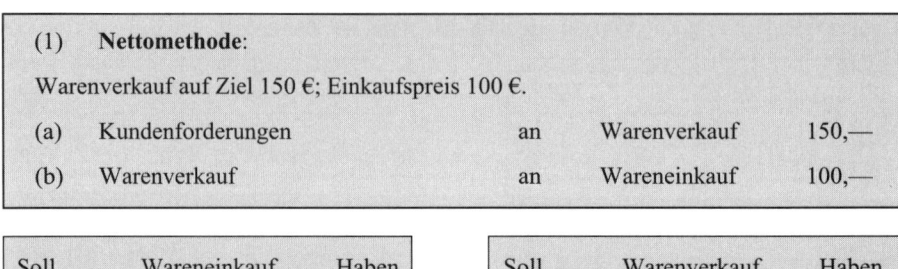

(1) **Nettomethode**:

Warenverkauf auf Ziel 150 €; Einkaufspreis 100 €.

| (a) | Kundenforderungen | an | Warenverkauf | 150,— |
| (b) | Warenverkauf | an | Wareneinkauf | 100,— |

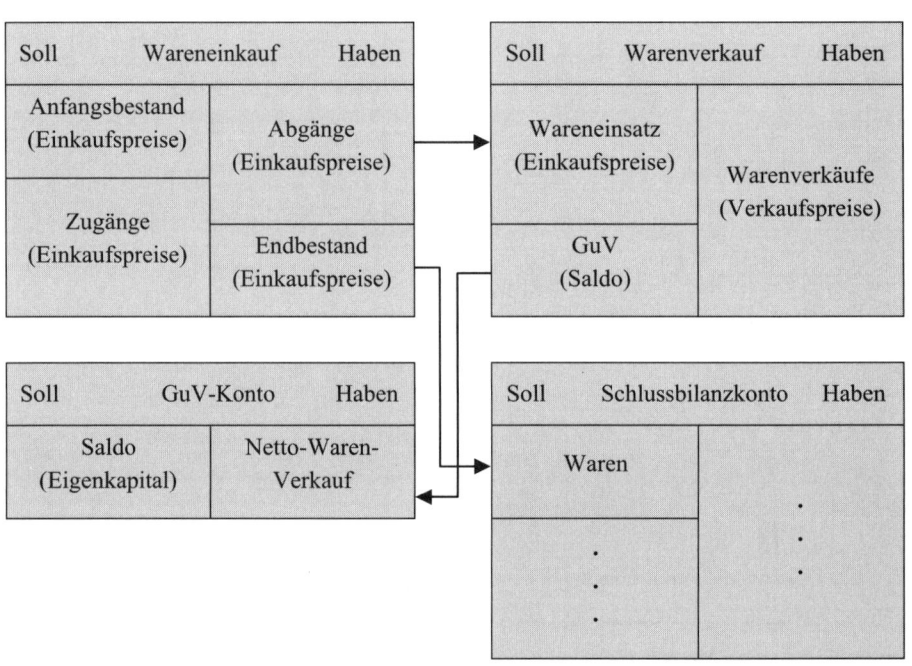

(2) **Bruttomethode**:

Warenverkauf auf Ziel 150 €; Einkaufspreis 100 €.

| (a) | Kundenforderungen | an | Warenverkauf | 150,— |
| (b) | Wareneinsatz | an | Wareneinkauf | 100,— |

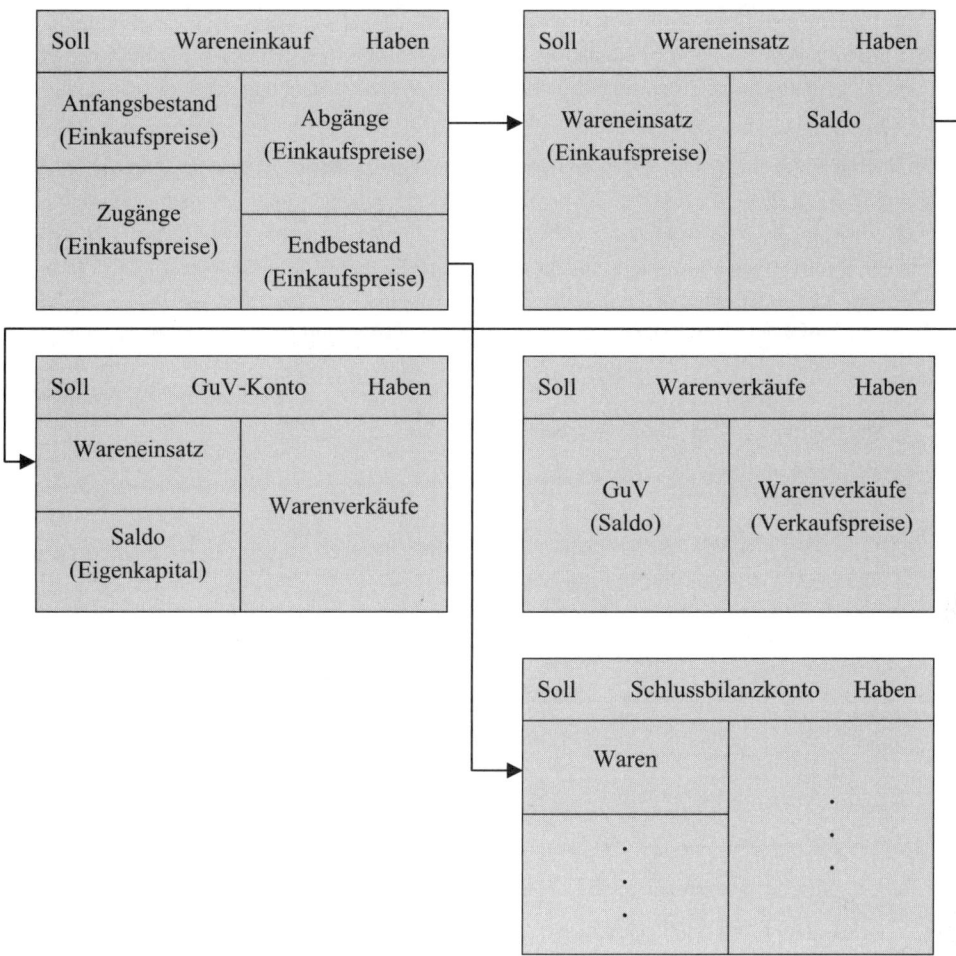

Auf das Problem der Bewertung des Warenendbestands und damit auch des Wareneinsatzes wird an späterer Stelle eingegangen.[161]

Werden **Warenvorräte unfreiwillig vermindert** (z.B. durch Verderb, Katastrophen oder Diebstahl),[162] dann bestehen zwei Möglichkeiten, derartige Sachverhalte aufzudecken:

- im unmittelbaren Anschluss an das Ereignis (z.B. bei Verderb oder Katastrophen);

- im Rahmen der bei der Aufstellung des Jahresabschlusses durchgeführten Inventur (z.B. bei Diebstahl, aber auch bei Verderb oder Katastrophen).

Werden derartige Sachverhalte unmittelbar festgestellt, dann kann auch der Erfolgs- und Bestandsausweis unmittelbar korrigiert werden. Das geschieht i.d.R. durch die Buchung

---

[161] Vgl. S. 125 ff.

[162] Vgl. dazu auch *Eisele, W.,* Technik des betrieblichen Rechnungswesens, a.a.O., S. 123.

„Sonstiger betrieblicher Aufwand an Wareneinkauf". Dabei verringert sich der Wareneinsatz in Höhe des sonstigen betrieblichen Aufwands. Werden sie erst bei Durchführung der Inventur aufgedeckt, so ist zu unterscheiden, ob die Warenverbuchung nach einer inventurabhängigen oder nach einer inventurunabhängigen Methode durchgeführt wird.

Wird im letztgenannten Fall ein geringerer als der buchmäßig ausgewiesene Warenbestand ermittelt, muss der Differenzbetrag ebenfalls nach dem Buchungssatz „Sonstiger betrieblicher Aufwand an Wareneinkauf" verbucht werden. Wird dagegen – wovon im weiteren Verlauf ausgegangen wird – eine inventurabhängige Methode zur Feststellung des Wareneinsatzes verwendet, dann stellt sich der Wareneinsatz als Restbetrag des Gesamtsaldos des Wareneinkaufskontos nach Abzug des in das Schlussbilanzkonto eingehenden Warenendbestands dar. Infolgedessen ist in diesem Fall keine Trennung in die ordentlichen Aufwandsbestandteile („Wareneinsatz") und die Aufwandsbestandteile, die auf Schwund, Verderb o. ä. zurückzuführen sind („Sonstiger betrieblicher Aufwand"), möglich.

5.1.2 Übungsaufgabe 1

Für das Geschäftsjahr 00 wurde folgende Schlussbilanz aufgestellt:

Aktiva	Schlussbilanz zum 31.12.00	Passiva	
Waren	10.000,—	Eigenkapital	15.000,—
Bank	8.000,—	Darlehensverbindlichkeiten	5.000,—
Kasse	2.000,—		
	20.000,—		20.000,—

Folgende **Geschäftsvorfälle** sind im Verlauf des Geschäftsjahrs 01 eingetreten:

1. Es werden 5.000 Mengeneinheiten an Waren zum Preis von je 1,40 € auf Ziel (d. h. unter Inanspruchnahme einer Lieferantenverbindlichkeit) eingekauft.

2. Wegen geltend gemachter Mängel an den gelieferten Waren erhalten wir eine Gutschrift von 500 €, die mit der offenen Lieferantenverbindlichkeit verrechnet wird.

3. Wir bezahlen den ausstehenden Restbetrag aus der Kasse, die völlig aufgebraucht wird, und den Restbetrag aus dem betrieblichen Bankkonto.

4. Von den im Betrieb am 01.01.01 befindlichen Waren (5.000 Mengeneinheiten im Wert von 10.000 €) entnimmt der Unternehmer die Hälfte für private Zwecke.

5. Wir verkaufen den Rest der bereits am 01.01.01 im Betrieb befindlichen Waren zu 3 € pro Stück auf Ziel.

6. Von den neu beschafften Waren verkaufen wir 4.000 Mengeneinheiten zum Preis von je 2 €; der Kunde holt die Waren selbst ab und bezahlt in bar.

7. Der Kunde (aus Geschäftsvorfall 6) sendet 200 Mengeneinheiten der erhaltenen Waren zurück, wofür wir ihm eine Gutschrift ausstellen, die mit zukünftigen Forderungen von uns an den Kunden verrechnet werden kann.

8. Das in der Kasse befindliche Geld wird dazu verwendet, die bestehende Darlehensverbindlichkeit zu tilgen; außerdem werden die für die Inanspruchnahme der Verbindlichkeiten fälligen Zinsen von 500 € aus der Kasse beglichen. Der in der Kasse noch verbleibende Betrag wird auf das betriebliche Bankkonto eingezahlt.

9. Der durch Inventur ermittelte Warenendbestand wird mit 1.680 € bewertet.

Eröffnen Sie die Konten zum 01.01.01 (ohne Heranziehung eines Eröffnungsbilanzkontos), verbuchen Sie die laufenden Geschäftsvorfälle (nach der Bruttomethode) und erstellen Sie das Gewinn- und Verlustkonto vom 01.01. bis 31.12.01 sowie das Schlussbilanzkonto zum 31.12.01. (Gehen Sie davon aus, dass das Gewinn- und Verlustkonto völlig mit der Gewinn- und Verlustrechnung und das Schlussbilanzkonto ebenso mit der Schlussbilanz übereinstimmt).

Lösung:

Buchungssätze:

1.	Wareneinkauf		an	Lieferantenverbindlichkeiten	7.000,—
2.	Lieferantenverbindlichkeiten		an	Wareneinkauf	500,—
3.	Lieferantenverbindlichkeiten	6.500,—	an	Kasse	2.000,—
				Bank	4.500,—
4.	Privatentnahmen		an	Wareneinkauf	5.000,—
5.	Kundenforderungen		an	Warenverkauf	7.500,—
6.	Kasse		an	Warenverkauf	8.000,—
7.	Warenverkauf		an	Anzahlungen von Kunden[163]	400,—
8.	Darlehensverbindlichkeiten	5.000,—	an	Kasse	8.000,—
	Zinsaufwand	500,—			
	Bank	2.500,—			
9.	Schlussbilanzkonto		an	Wareneinkauf	1.680,—

---

[163] Da der Kunde einen Anspruch auf Zahlung bzw. Verrechnung in Höhe des Gutschriftsbetrags hat, handelt es sich bei dieser Position aus der Sicht des Unternehmens um eine Verbindlichkeit.

Im Folgenden wird der Endbestand als in der Inventur ermittelter Endbestand angegeben. Weil hier zusätzlich die entsprechenden Mengenangaben enthalten sind, lässt sich der Endbestand wie folgt errechnen; dabei sind sämtliche Zu- und Abgänge mit Anschaffungskosten zu bewerten.

$$\text{Endbestand} = \text{Anfangsbestand} + \text{Zugänge} - \text{Abgänge}$$

Die Höhe des Endbestandes lässt sich im Beispiel so plausibilisieren:

$$EB = 5.000 \text{ ME à } 2,- \text{€} + \begin{bmatrix} 5.000 \text{ ME à } 1,40 \text{ €} \\ 200 \text{ ME à } 1,40 \text{ €} \end{bmatrix} - \begin{bmatrix} 2.500 \text{ ME à } 2,- \text{€} \\ 2.500 \text{ ME à } 2,- \text{€} \\ 4.000 \text{ ME à } 1,40 \text{ €} \end{bmatrix}$$

$EB = 1.200 \text{ ME à } 1,40 \text{ €}$

$\underline{EB = 1.680,- \text{€}}$

Die sich ergebende Kontierung ist aus den unten abgebildeten Konten ersichtlich. Nach der Verbuchung der Geschäftsvorfälle sind zunächst alle Konten abzuschließen, deren Salden auf das Gewinn- und Verlustkonto oder auf ein anderes Sammelkonto (im Beispiel „Privatkonto") gelangen; danach erfolgt der Abschluss der Konten, deren Salden auf ein Bestandskonto übertragen werden (dazu zählt auch das Gewinn- und Verlustkonto), und schließlich der Abschluss der Bestandskonten selbst.

Es ergeben sich folgende **Buchungssätze:**

1. **Abschluss der „Nicht-Bestandskonten":**

Gewinn- und Verlustkonto	an	Wareneinkauf	9.820,—
Gewinn- und Verlustkonto	an	Zinsaufwand	500,—
Warenverkauf	an	Gewinn- und Verlustkonto	15.100,—
Privat	an	Privatentnahmen	5.000,—
Eigenkapital	an	Privat	5.000,—
Gewinn- und Verlustkonto	an	Eigenkapital[164]	4.780,—

2. **Abschluss der Bestandskonten:**

Schlussbilanzkonto	an	Bank	6.000,—
Schlussbilanzkonto	an	Kundenforderungen	7.500,—
Eigenkapital	an	Schlussbilanzkonto	14.780,—
Anzahlungen von Kunden	an	Schlussbilanzkonto	400,—

---

[164] Damit wurde im vorliegenden Fall ein Gewinn von 4.780,— € erzielt.

Soll		Bank	Haben
AB	8.000,—	(3)	4.500,—
(8)	2.500,—	EB	6.000,—
	10.500,—		10.500,—

Soll		Eigenkapital	Haben
Privat	5.000,—	AB	15.000,—
EB	14.780,—	GuV	4.780,—
	19.780,—		19.780,—

Soll		Kasse	Haben
AB	2.000,—	(3)	2.000,—
(6)	8.000,—	(8)	8.000,—
	10.000,—		10.000,—

Soll	Darlehensverbindlichkeiten		Haben
(8)	5.000,—	AB	5.000,—

Soll		Kundenforderungen	Haben
(5)	7.500,—	EB	7.500,—

Soll		Lieferanten- verbindlichkeiten	Haben
(2)	500,—	(1)	7.000,—
(3)	6.500,—		
	7.000,—		7.000,—

Soll		Wareneinkauf	Haben
AB	10.000,—	(2)	500,—
(1)	7.000,—	(4)	5.000,—
		(9) EB	1.680,—
		GuV	9.820,—
	17.000,—		17.000,—

Soll	Anzahlungen von Kunden		Haben
EB	400,—	(7)	400,—

Soll		Zinsaufwand	Haben
(8)	500,—	GuV	500,—

Soll		Warenverkauf	Haben
(7)	400,—	(5)	7.500,—
GuV	15.100,—	(6)	8.000,—
	15.500,—		15.500,—

Soll		Privat	Haben
Privatent- nahmen	5.000,—	Eigen- kapital	5.000,—

Soll		Privatentnahmen	Haben
(4)	5.000,—	Privat	5.000,—

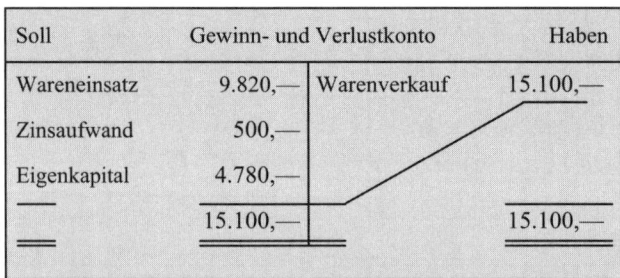

Soll		Gewinn- und Verlustkonto		Haben
Wareneinsatz	9.820,—	Warenverkauf	15.100,—	
Zinsaufwand	500,—			
Eigenkapital	4.780,—			
	15.100,—		15.100,—	

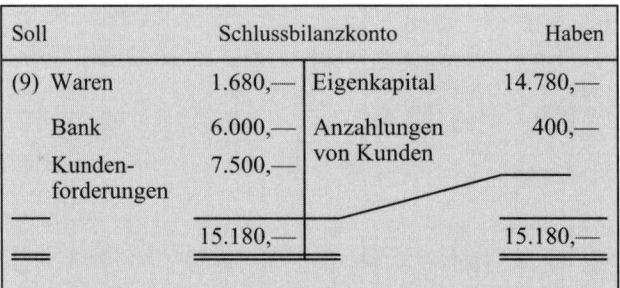

Soll		Schlussbilanzkonto		Haben
(9) Waren	1.680,—	Eigenkapital	14.780,—	
Bank	6.000,—	Anzahlungen von Kunden	400,—	
Kunden-forderungen	7.500,—			
	15.180,—		15.180,—	

5.1.3 Die Verbuchung von Bezugs- und Vertriebsausgaben

Beim Einkauf von Waren können beim Käufer Aufwendungen entstehen, die über den reinen Warenwert hinausgehen (z. B. Eingangsfrachten, Transportversicherungen, Zölle und Einrichtungsaufwendungen). Derartige Beträge erhöhen als **Anschaffungsnebenkosten** den Einkaufspreis der Waren und sind deshalb ebenso wie die für den Einkauf der Waren aufgewendeten Beträge im Soll des Wareneinkaufskontos zu verbuchen. Bei Zielkauf ist also nach dem Muster „Wareneinkauf an Lieferantenverbindlichkeiten" zu buchen. In der Praxis werden derartige Aufwendungen auf dem Konto „Bezugskosten"[165] oder auf jeweils eigenen Konten erfasst. Der Abschluss des Bezugskostenkontos bzw. der jeweils eigenen Konten erfolgt im Wareneinkaufskonto. Im Folgenden werden diese Beträge direkt im Soll des Wareneinkaufskontos berücksichtigt.

Beim Verkauf von Waren hat der Veräußerer (Lieferant) häufig Aufwendungen z. B. für Versicherungen, Transport und Ausgangsfrachten zu tragen. Kann er die entsprechenden Tätigkeiten selbst ausführen (z. B. Transport durch eigenen Lkw), dann werden die für diese Leistung erbrachten Ausgaben (z. B. für Benzin, Fahrzeugverbrauch, Lohnzahlungen an den Fahrer) auf den entsprechenden Aufwandskonten erfasst, ohne dass bei Durchführung des Transports dafür eigene Aufwandsbuchungen vorzunehmen sind. Wird dagegen ein Dritter (z. B. Transport durch einen Spediteur) eingeschaltet, dann ist der an diesen zu zahlende Betrag auf dem Konto „Transportaufwand" oder „Fremdarbeiten" zu verbuchen.

---

[165] Die Bezeichnung des Kontos ist historisch gewachsen, an sich jedoch irreführend. Erstens nämlich wäre für Zwecke der Finanzbuchführung der Begriff „Aufwand" zutreffend. Zweitens handelt es sich aber nicht einmal um einen Aufwand, sondern lediglich um eine Ausgabe, die zur Erhöhung eines Bestands (des Warenbestands) führt. Erst mit der Veräußerung des Bestands wird aus der Ausgabe über die Wareneinsatzverbuchung ein Aufwand.

5.1.4 Die Verbuchung von Preisnachlässen

5.1.4.1 Begriffliche Grundlagen

Der **Rabatt** ist ein Preisnachlass, der direkt bei Erstellung der Rechnung gewährt wird. Er unterscheidet sich vom Bonus und vom Skonto dadurch, dass er sofort gewährt wird, und zwar ausgedrückt entweder in einem absoluten Betrag oder als Prozentsatz.[166] Die wichtigsten Rabattarten sind der Mengenrabatt, der bei Abnahme bestimmter Mengen eingeräumt wird, der Treuerabatt, der langjährigen Kunden für ihre Treue zum Unternehmen gewährt wird, der Einführungsrabatt, der Saisonrabatt, der Funktions- oder Handelsrabatt, den Wiederverkäufer (Händler) erhalten, und der Barzahlungsrabatt.

Der **Bonus** (Mehrzahl: Boni) ist ein Preisnachlass, der bei der Rechnungserstellung noch nicht bekannt ist. Er wird erst **nachträglich** gewährt, wenn in einem vereinbarten Zeitraum bestimmte Voraussetzungen erfüllt wurden. Als wichtigste Arten der Boni können der Treuebonus, der z. B. am Jahresende einem guten Kunden gewährt wird, und der Umsatzbonus genannt werden, der eingeräumt wird, wenn innerhalb eines bestimmten Zeitraums (Monat, Quartal, Jahr) vorher festgesetzte Umsatzgrößen überschritten werden (z. B. ab 50.000 € Umsatz 1 % Bonus; ab 100.000 € Umsatz 2 % Bonus; ab 200.000 € Umsatz 5 % Bonus). Ein Bonus ist nicht zu verwechseln mit einer nachträglichen Gutschrift des Verkäufers wegen einer Mängelrüge des Käufers.

Der **Skonto** (Mehrzahl: Skonti) ist ein meist in Prozent des Rechnungsbetrages ausgedrückter Preisnachlass, der dem Käufer zugebilligt wird, wenn er innerhalb vereinbarter Fristen bezahlt (z. B. 30 Tage Ziel, bei Zahlung innerhalb von 3 Tagen 2 % Skonto). Der Skonto kann folglich als Zins angesehen werden, der für die Kreditierung eines Geldbetrags erhoben wird, wenn also das Zahlungsziel von z. B. 30 Tagen voll genutzt wird (Lieferantenkredit). Auf der anderen Seite kann darin auch ein absatzpolitisches Instrument gesehen werden, das es ermöglichen soll, bestimmte Käufer für sich zu gewinnen.

5.1.4.2 Die Verbuchung von Rabatten

Da Rabatte bereits unmittelbar bei Rechnungserstellung bekannt sind, können sie auch buchhalterisch sofort vom Brutto-Rechnungsbetrag abgezogen werden (sog. **Nettomethode**). Sie können aber auch gesondert ausgewiesen werden (sog. **Bruttomethode**).

Die **vorwiegend** benutzte und u. E. auch zweckmäßige Verbuchungsmethode ist die **Nettomethode**, da durch die Einräumung des Rabatts der Warenwert unmittelbar gemindert wird. Wie auch in anderen Fällen kann bei der Verbuchung ein Vorkonto eingeschaltet werden, z. B. bei der Gewährung von Rabattmarken, bei denen der Verkäufer die Umsätze zum vollen Bruttopreis ansetzt, die Rabatte auf einem Konto „Erlösschmälerungen" sammelt und dann über das Warenverkaufskonto abschließt. Im Folgenden wird bei der Verbuchung stets von der Nettomethode ausgegangen.

---

[166] Vgl. *Eisele, W.,* Technik des betrieblichen Rechnungswesens, a. a. O., S. 112.

Beispiel:

Der Lieferant A liefert dem Kunden B Waren im Wert von 5.000 € auf Ziel, für die er einen Rabatt von 1.000 € gewährt.

Buchung nach der Bruttomethode:

(a) Beim Liefe- ranten A:	Kundenforderungen Rabattaufwand	4.000,— 1.000,—	an	Warenverkauf	5.000,—
(b) Beim Kun- den B:	Wareneinkauf	5.000,—	an	Lieferantenver- bindlichkeiten Rabattertrag	4.000,— 1.000,—

Buchung nach der Nettomethode:

(a) Beim Liefe- ranten A:	Kundenforderungen		an	Warenverkauf	4.000,—
(b) Beim Kun- den B:	Wareneinkauf		an	Lieferantenver- bindlichkeiten	4.000,—

5.1.4.3 Die Verbuchung von Boni

Da Boni erst nach Erfüllung bestimmter Voraussetzungen gewährt werden, ist ihre Verbuchung auch erst dann möglich. Das geschieht beim Kunden durch Verbuchung eines Ertrags („Bonierträge" bzw. „Lieferantenboni"), beim Lieferanten durch Verbuchung eines Aufwands („Boniaufwendungen" bzw. „Kundenboni"). Der Abschluss der Konten kann **erstens** direkt im Gewinn- und Verlustkonto erfolgen, **zweitens** können die Salden jeweils in einem Sammelkonto („Neutrale Aufwendungen" und „Neutrale Erträge") erfasst werden und **drittens** können die Boni über die Warenkonten (bzw. wenn es sich nicht um Waren handelt, über das jeweils angesprochene Konto) abgeschlossen werden. Bei der dritten Möglichkeit wird bei erhaltenen Boni im Ergebnis der Wareneinkauf und bei gewährten Boni der Warenverkauf entsprechend geringer ausgewiesen. Nach § 255 Abs. 1 HGB mindern erhaltene Preisnachlässe bei Unternehmen aller Rechtsformen die Anschaffungskosten, sofern die Preisnachlässe einzeln zuordenbar sind; das ist bei Boni nicht immer der Fall. Die dritte Möglichkeit ist nach § 277 Abs. 1 HGB für Kapitalgesellschaften auch bei gewährten Preisnachlässen obligatorisch.[167]

Im Folgenden erfolgt der Abschluss der Bonikonten analog zur handelsrechtlichen Regelung im Wareneinkaufs- bzw. Warenverkaufskonto.

---

[167] Die Regelung des § 277 Abs. 1 HGB ist nach § 5 Abs. 1 PublG auch für publizitätspflichtige Nicht-Kapitalgesellschaften verbindlich, für andere Nicht-Kapitalgesellschaften zulässig, aber nicht geboten.

Die **Gegenbuchung** zu der Buchung als Bonierträge oder -aufwendungen hängt vom jeweiligen Sachverhalt ab. **Aus der Sicht des Lieferanten** ergeben sich folgende Möglichkeiten:

- Der Bonus wird mit der bestehenden Kundenforderung verrechnet („Kundenboni an Kundenforderungen").

- Der Bonus führt zu einer Gutschrift für den Kunden, die mit einer später entstehenden Kundenforderung verrechnet werden kann („Kundenboni an Verbindlichkeiten gegenüber Kunden"; statt auf dem Konto „Verbindlichkeiten gegenüber Kunden" kann auch auf dem Konto „Sonstige Verbindlichkeiten" verbucht werden. Bei späterer Verbuchung lautet der Buchungssatz „Verbindlichkeiten gegenüber Kunden an Kundenforderungen").

- Der Bonus wird direkt über ein Zahlungskonto (z. B. Bank) ausbezahlt („Kundenboni an Bank").

Aus der Sicht des Kunden ergeben sich analog folgende Möglichkeiten:

- Der Bonus wird mit der bestehenden Lieferantenverbindlichkeit verrechnet („Lieferantenverbindlichkeiten an Lieferantenboni").

- Der Bonus führt zu einer Gutschrift für den Kunden, die mit einer später entstehenden Lieferantenverbindlichkeit verrechnet werden kann („Forderungen gegenüber Lieferanten an Lieferantenboni"; statt auf dem Konto „Forderungen an Lieferanten" kann auch auf dem Konto „Sonstige Forderungen" verbucht werden. Bei späterer Verrechnung lautet der Buchungssatz „Lieferantenverbindlichkeiten an Forderungen gegenüber Lieferanten").

- Der Bonus wird direkt auf ein Zahlungskonto (z. B. Bank) einbezahlt („Bank an Lieferantenboni").

5.1.4.4 Die Verbuchung von Skonti

Wie oben bereits ausgeführt,[168] kann der Skonto als Zins interpretiert werden, der dann zu bezahlen ist, wenn die ausstehende Rechnung nicht innerhalb einer bestimmten Frist beglichen wird, sondern das eingeräumte „Zahlungsziel" von z. B. 30 Tagen in Anspruch genommen wird. Dieser Zins wird so berechnet, dass bei Zahlung innerhalb einer bestimmten Frist (z. B. 3 Tage) ein Abzug von z. B. 2 oder 3 % vom Rechnungspreis vorgenommen werden kann.

Wird dem Unternehmen von seinem Lieferanten ein Skonto eingeräumt, dann liegt ein Lieferantenskonto vor; gewährt das Unternehmen seinem Kunden einen Skonto, so handelt es sich um einen Kundenskonto. Der **Lieferantenskonto** stellt für den Betrieb nach der herrschenden Buchführungspraxis einen **Ertrag** (Konto „Skontoerträge" oder „Lieferantenskonti"), der **Kundenskonto** einen **Aufwand** (Konto „Skontoaufwendungen" oder „Kundenskonti") dar. Da gegen diese Art der Verbuchung aus betriebswirtschaftlicher Sicht Beden-

---

[168] Vgl. S. 119.

ken geäußert werden,[169] wird im folgenden Schaubild gezeigt, welche theoretischen Möglichkeiten der Skontoverbuchung – ohne Kontenabschluss – gegeben sind.[170] Grundsätzlich lässt sich zwischen zwei Methoden der Skontoverbuchung (Brutto- und Nettomethode), zwischen dem Lieferanten- und Kundenskonto und zwischen dem Fall der Ausnutzung und dem der Nichtausnutzung unterscheiden, so dass sich folgende Systematik ergibt:

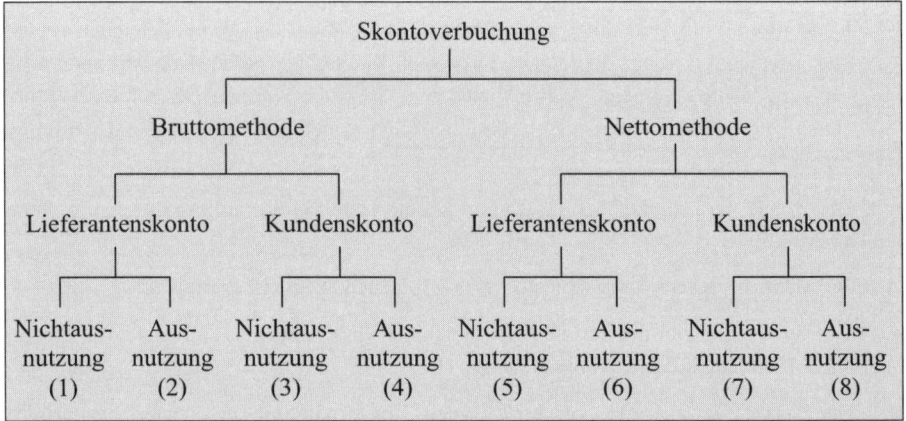

Bei der Darstellung der acht Fälle wird immer von folgender Konstellation ausgegangen. Der Rechnungsbetrag beläuft sich auf 10.000 € und ist nach 30 Tagen fällig. Bei Zahlung innerhalb der Zahlungsfrist von 6 Tagen wird ein Skonto von 2 % gewährt. Die Zahlung erfolgt über das Bankkonto. Damit ergibt sich folgende Verbuchung.

(1)	**Bruttomethode:** Der Lieferantenskonto wird nicht in Anspruch genommen.			
Bei Erhalt der Waren:	Wareneinkauf	an	Lieferantenverbindlichkeiten	10.000,—
Bei Bezahlung z. B. nach 30 Tagen:	Lieferantenverbindlichkeiten	10.000,— an	Bank	10.000,—
(2)	**Bruttomethode:** Der Lieferantenskonto wird in Anspruch genommen.			
Bei Erhalt der Waren:	Wareneinkauf	an	Lieferantenverbindlichkeiten	10.000,—

---

[169] Vgl. dazu *Eisele, W.*, Technik des betrieblichen Rechnungswesens, a. a. O., S. 119 f.; *Engelhardt, W., Raffée, H., Wischermann, B.*, Grundzüge der doppelten Buchhaltung, a. a. O., S. 99; *Wöhe, G.*, Bilanzierung und Bilanzpolitik, a. a. O., S. 106 f.

[170] Die Darstellung beruht auf den Ausführungen bei *Engelhardt, W., Raffée, H., Wischermann, B.*, Grundzüge der doppelten Buchhaltung, a. a. O., S. 94 ff.

| Bei Bezahlung z. B. nach 6 Tagen: | Lieferantenver-bindlichkeiten | 10.000,— | an | Bank | 9.800,— |
| | | | | Skontoerträge | 200,— |

(3) **Bruttomethode:** Der Kundenskonto wird nicht in Anspruch genommen.					
Bei Lieferung der Waren:	Kundenforderungen		an	Warenverkauf	10.000,—
Bei Bezahlung z. B. nach 30 Tagen:	Bank		an	Kunden-forderungen	10.000,—

(4) **Bruttomethode:** Der Kundenskonto wird in Anspruch genommen.					
Bei Lieferung der Waren:	Kundenforderungen		an	Warenverkauf	10.000,—
Bei Bezahlung z. B. nach 6 Tagen:	Bank	9.800,—	an	Kunden-forderungen	10.000,—
	Skontoaufwand	200,—			

Im Fall der Bruttoverbuchung wird also erst dann ein Erfolg verbucht, wenn ein Skonto in Anspruch genommen wird. Wird erst nach Ablauf der Skontofrist bezahlt, erscheint überhaupt kein Skonto-Konto. Aus dieser Art der Verbuchung wird jedoch nicht ersichtlich, dass im Warenbestand ein Zinsaufwand für den Lieferantenkredit bzw. im Warenverkauf ein Zinsertrag für den dem Kunden gewährten Kredit enthalten ist.

Die dargestellte Art der Verbuchung nach der Bruttomethode ist **formal** in Ordnung, aber vom betriebswirtschaftlichen Standpunkt aus nicht korrekt, denn **wirtschaftlich** betrachtet ist der Lieferantenskonto (Kundenskonto) kein Ertrag (Aufwand), sondern stellt eine **Korrektur** des verbuchten Rechnungspreises dar, der sich aus dem Kaufpreis (Verkaufspreis) für die Ware und dem Zins für die Kreditgewährung zusammensetzt. Betriebswirtschaftlich genauer wäre eine **sofortige Trennung** in den Wareneinkaufswert (Warenverkaufswert) und den Skontoertrag (Skontoaufwand). Diese Trennung wird mit Hilfe der **Nettomethode** erreicht, die im Folgenden auf das obige Beispiel angewendet wird.

(5) **Nettomethode:** Der Lieferantenskonto wird nicht in Anspruch genommen.					
Bei Erhalt der Waren:	Wareneinkauf	9.800,—	an	Lieferantenver-bindlichkeiten	10.000,—
	Skontoaufwand	200,—			

Bei Bezahlung z. B. nach 30 Tagen:	Lieferantenver-bindlichkeiten	10.000,— an	Bank	10.000,—

(6)   Nettomethode:
Der Lieferantenskonto wird in Anspruch genommen.

Bei Erhalt der Waren:	Wareneinkauf	9.800,— an	Lieferantenver-	
	Skontoaufwand	200,—	bindlichkeiten 10.000,—	
Bei Bezahlung z. B. nach 6 Tagen:	Lieferantenver-bindlichkeiten	10.000,— an	Bank	10.000,—
			Skontoaufwand	200,—

(7)   Nettomethode:
Der Kundenskonto wird nicht in Anspruch genommen.

Bei Lieferung der Waren:	Kunden-forderungen	10.000,— an	Warenverkauf 10.000,—	
			Skontoerträge 200,—	
Bei Bezahlung z. B. nach 30 Tagen:	Bank	an	Kunden-forderungen	10.000,—

(8)   Bruttomethode:
Der Kundenskonto wird in Anspruch genommen.

Bei Lieferung der Waren:	Kunden-forderungen	10.000,— an	Warenverkauf 10.000,—	
			Skontoerträge 200,—	
Bei Bezahlung z. B. nach 6 Tagen:	Bank	9.800,— an	Kunden-	
	Skontoerträge	200,—	forderungen	10.000,—

Die Verbuchung nach der Nettomethode hat zur Folge, dass unabhängig von Zahlungszeit-punkt und Zahlungsmodalität stets der gleiche Wareneinkauf bzw. Warenverkauf ausgewiesen wird. Lediglich im Fall der Ausnutzung des Skontos wird der vorher ausgewiesene Skontoaufwand (beim Käufer) bzw. Skontoertrag (beim Verkäufer) korrigiert. Auf diese Weise lässt sich eine eindeutige Trennung zwischen dem Warenpreis und dem Preis für das Kreditgeschäft durchhalten. Dennoch wird **in der Praxis die Bruttomethode** bevorzugt, und zwar einerseits, weil der bei der Nettomethode zugrunde gelegte Charakter des Skontos als reiner Zins umstritten ist, andererseits, weil die Bruttomethode einfacher zu handhaben ist.[171] Das gilt vor allem in den Fällen, in denen die Rechnung keine Angaben über die Höhe des Skontobetrages oder über die Möglichkeit zur Wahrnehmung des Skontos enthält. Wegen der praktischen Verbreitung der Bruttomethode wird diese im Folgenden angewendet.

Wie beim Abschluss der Boni gibt es auch beim Abschluss der Skonti verschiedene Verfahren der buchmäßigen Behandlung. **Erstens** kann der Abschluss des Skontoaufwandskontos und des Skontoertragskontos direkt im Gewinn- und Verlustkonto erfolgen, **zweitens** können ihre Salden jeweils in einem Sammelkonto („Neutrale Aufwendungen" und „Neutrale Erträge") erfasst werden und **drittens** können sie auch im Warenverkaufskonto bzw. im Wareneinkaufskonto (bzw. falls es sich nicht um den Einkauf von Waren handelt, im jeweils angesprochenen Konto) abgeschlossen werden. Wie bei den Boni ist nach den handelsrechtlichen Rechnungslegungsvorschriften das dritte Verfahren generell für erhaltene und für gewährte Preisnachlässe anzuwenden.[172] Im Folgenden erfolgt analog zur handelsrechtlichen Regelung der Abschluss des Skontoaufwandskontos im Warenverkaufskonto, der des Skontoertragskontos im Wareneinkaufskonto.

5.1.5 Die Bewertung der Waren im Jahresabschluss

Bei den Ausführungen zur Technik der Verbuchung des Warenverkehrs wurde auch gezeigt, welche Wertansätze grundsätzlich zu verwenden sind. Bei Warenverkäufen führt der Veräußerungspreis abzüglich etwaiger Preisnachlässe, Warenrücksendungen und Gutschriften zu einem Ertrag, dem im Ergebnis eine entsprechende Kundenforderung gegenübersteht. Bei Wareneinkäufen führt der Einkaufspreis zuzüglich der Bezugsausgaben und abzüglich etwaiger Preisnachlässe, Warenrücksendungen und Gutschriften zu einer Bestandserhöhung und damit im Ergebnis zu einer entsprechenden Lieferantenverbindlichkeit. Probleme treten sowohl bei den inventurabhängigen als auch bei den inventurunabhängigen Verfahren bei der Bewertung der Warenabgänge auf.[173]

Dabei stellt sich das **Bewertungsproblem** für inventurabhängige und inventurunabhängige Verbuchungsverfahren zeitlich in unterschiedlicher Weise:

- Bei **inventurabhängigen** Verfahren verbleibt am Ende des Geschäftsjahrs ein Saldo, der durch eine Bewertung des Endbestands in einen bestandsbezogenen und in Höhe des Differenzbetrages des Saldos zum Endbestand in einen erfolgsbezogenen Bestandteil aufgeteilt wird.

- Bei **inventurunabhängigen** Verfahren ist bei jedem Warenverkauf der entsprechende Warenabgang zu Einkaufspreisen zu bewerten und geht entsprechend in die Gewinn-

---

[171] Vgl. *Eisele, W.,* Technik des betrieblichen Rechnungswesens, a. a. O., S. 120 f.

[172] Bei gewährten Preisnachlässen besteht lediglich für nicht-publizitätspflichtige Nicht-Kapitalgesellschaften kein diesbezügliches Gebot (vgl. § 277 Abs. 1 HGB und § 5 Abs. 1 PublG).

[173] Privatentnahmen von Waren werden einkommensteuerlich mit dem sog. Teilwert bewertet. Dieser gibt nach § 6 Abs. 1 Nr. 1 Satz 3 EStG den Betrag an, „den ein Erwerber des ganzen Betriebs im Rahmen des Gesamtkaufpreises für das einzelne Wirtschaftsgut ansetzen würde; dabei ist davon auszugehen, dass der Erwerber den Betrieb fortführt." Für die Bewertung von Warenentnahmen hat das zur Folge, dass die Wertobergrenze deren Wiederbeschaffungskosten bilden und dass als Wertuntergrenze der bei Einzelveräußerung erzielbare Verkaufserlös anzusetzen ist.

und Verlustrechnung ein: der am Ende des Geschäftsjahrs verbleibende Saldo wird – nach Korrektur durch die Inventur – in die Schlussbilanz übernommen.

Grundsätzlich gilt auch für Waren nach § 252 Abs. 1 Nr. 3 HGB das **Prinzip der Einzelbewertung**. Ein Warenlager kann nicht als Ganzes bewertet werden, sondern die einzelnen Waren sind getrennt zu bewerten. Das setzt allerdings voraus, dass die einzelnen Mengen, aus denen sich der Gesamtbestand zusammensetzt, **getrennt** nach ihren verschiedenen Anschaffungskosten **gelagert** werden. Dem Betrieb steht es frei, welche Güter des Bestandes er zuerst verbraucht oder verkauft. Er kann grundsätzlich die am teuersten beschafften zuerst absetzen oder verbrauchen, um einen möglichst niedrigen Wert für den Endbestand und einen vergleichsweise niedrigen Gewinn in der Periode auszuweisen; diese Entscheidung trifft der Betrieb aber im Zeitpunkt des Verkaufs, nicht erst im Zeitpunkt der Bilanzierung, so dass eine nachträgliche Gewinnbeeinflussung nicht möglich ist.

Bewertungsverfahren	Fiktion der Zusammensetzung des Endbestands	Fiktion der Zusammensetzung des Verbrauchs
Gewogener Durchschnitt	Im Endbestand steckt die gleiche Mengenrelation aus Anfangsbestand und Einzellieferungen	Im Verbrauch steckt die gleiche Mengenrelation aus Anfangsbestand und Einzellieferungen
Fifo (first in – first out)	Im Endbestand sind die letzten Lieferungen enthalten	Der Verbrauch setzt sich aus dem Anfangsbestand und den ersten Lieferungen zusammen
Lifo (last in – first out)	Im Endbestand sind der Anfangsbestand und ggf. die ersten Lieferungen enthalten	Der Verbrauch setzt sich aus den letzten Lieferungen zusammen

Werden Waren nicht getrennt nach ihren unterschiedlichen Anschaffungskosten gelagert, ist eine **Einzelbewertung nicht möglich**, weil nicht feststellbar ist, aus welcher Lieferung zu welchen Anschaffungskosten die am Bilanzstichtag als Endbestand verbliebenen Waren stammen. Der Gesetzgeber lässt deshalb unter Berücksichtigung der GoB in Handelsbilanz und Steuerbilanz – allerdings jeweils mit Einschränkungen –[174] die in der Übersicht auf Seite 126 charakterisierten Verfahren zur Bewertung des Warenendbestandes zu.[175] Dabei wird unterschieden zwischen den Periodenverfahren und den gleitenden Verfahren; die Übersicht auf Seite 127 dient zur Verdeutlichung.

Die genannten Verfahren dienen lediglich der Ermittlung der **(fiktiven) Anschaffungskosten**. Diese sind jedoch mit dem Tageswert am Bilanzstichtag zu vergleichen. Der jeweils niedrigere Wert ist aufgrund des für das Umlaufvermögen geltenden strengen Niederstwertprinzips anzusetzen.

---

[174] Vgl. zu den Einschränkungen *Ellrott, H.,*, Kommentierung § 256, in Beck'scher Bilanzkommentar, 7. Aufl., München 2010, Rn. 31.

[175] Die Übersicht auf S. 126 ist modifiziert entnommen aus *Wöhe, G.*, Bilanzierung und Bilanzpolitik, a. a. O., S. 477.

	Periodenverfahren	Gleitendes Verfahren
Durchschnittsverfahren	Am Jahresende wird ein arithmetischer Durchschnittspreis aus allen Einkäufen (i. d. R. einschl. Anfangsbestand) ermittelt	Nach jedem Zugang wird ein neuer arithmetischer Durchschnittspreis ermittelt
	↓	↓
	Mit diesem Durchschnittspreis werden sowohl die Abgänge als auch der Endbestand bewertet	Mit diesem Durchschnittswert wird der jeweils nächste Abgang bewertet
	↓	↓
	Voraussetzung: lediglich Erfassung aller Zugänge (einschl. des Anfangsbestands)	Voraussetzung: chronologische Feststellung der jeweiligen Einkaufswerte und Abgänge mit den jeweiligen Werten
	↓	↓
	Anwendbarkeit vor allem bei inventurabhängiger Verbuchung	Anwendbarkeit nur bei inventurunabhängiger Verbuchung
Verbrauchsfolgeverfahren	Am Jahresende wird der Endbestand entsprechend der jeweiligen Methode verbucht (z. B. beim Lifo-Verfahren mit den Preisen der während des Jahres zuerst angeschafften Waren)	Jeder Zugang wird registriert und ist für die Bewertung des nächsten Abgangs mit ausschlaggebend
	↓	↓
	Entsprechend werden die Abgänge mit den Werten der während des Jahres zuletzt angeschafften Waren bewertet	Die jeweiligen Abgänge werden folglich (beim Lifo-Verfahren) mit den Werten der jeweils zuletzt beschafften Waren bewertet
	↓	↓
	Voraussetzung: lediglich Erfassung aller Zugänge (einschl. des Anfangsbestands)	Voraussetzung: chronologische Feststellung der jeweiligen Einkaufswerte und Abgänge mit den jeweils gültigen Werten
	↓	↓
	Anwendbarkeit vor allem bei inventurabhängiger Verbuchung	Anwendbarkeit nur bei inventurunabhängiger Verbuchung

Das folgende Beispiel zeigt die Bewertung bei Anwendung des Periodendurchschnittsverfahrens und des Perioden-Lifo-Verfahrens.

Beispiel:

01.01.01	Anfangsbestand	1.000 ME à 5 ,— €	5.000,— €
28.05.01	Zugang	500 ME à 6 ,— €	3.000,— €
07.07.01	Zugang	200 ME à 4 ,— €	800,— €
18.09.01	Zugang	800 ME à 7 ,— €	5.600,— €
14.02.01	Zugang	700 ME à 6 ,— €	4.200,— €
			18.600,— €

Der Einkaufspreis beträgt am 31.12.01 6,— € pro ME.

Periodendurchschnittsverfahren:

$$\text{Durchschnittl. Einkaufspreis} = \frac{\text{Gesamteinkaufspreis (einschl. Anfangsbestand)}}{\text{Gesamtmenge (einschl. Anfangsbestandsmenge)}}$$

$$= \frac{18.600,- €}{3.200 \text{ ME}}$$

$$\approx 5,81 €$$

Der durch Inventur ermittelte Endbestand beträgt 600 ME. Dieser ist mit dem durchschnittlichen Einkaufspreis von 5,81 € zu bewerten, da dieser auch niedriger als der Tageswert von 6,— € ist. Es ergibt sich:

$$EB = 5,81 € \cdot 600 \text{ ME} = 3.486,- €.$$

Der Wareneinsatz ergibt sich als Restbetrag (18.600,— € – 3.486,— € = 15.114,— €).

Er kann auch ermittelt werden durch Multiplikation aller abgegangenen Mengeneinheiten mit dem durchschnittlichen Einkaufspreis (2.600 ME · 5,81 € = 15.106,— €; die Differenz zu 15.114,— € ist ein Rundungsfehler).

Perioden-Lifo-Verfahren:

Der durch Inventur ermittelte Endbestand beträgt 600 ME. Dieser ist mit dem Preis des als zuletzt entnommen geltenden Anfangsbestands zu bewerten (5,— €), da dieser auch niedriger als der Tageswert von 6,— € ist.

Es ergibt sich:

$$EB = 5,- € \cdot 600 \text{ ME} = 3.000,- €.$$

Der Wareneinsatz ergibt sich als Restbetrag (18.600,— € – 3.000,— € = 15.600,— €). Probeweise kann er als Summe der bewerteten Abgänge so ermittelt werden:

$$
\begin{array}{rl}
700 \text{ ME à } 6,-€ = & 4.200,-€ \\
+\ 800 \text{ ME à } 7,-€ = & 5.600,-€ \\
+\ 200 \text{ ME à } 4,-€ = & 800,-€ \\
+\ 500 \text{ ME à } 6,-€ = & 3.000,-€ \\
+\ 400 \text{ ME à } 5,-€ = & 2.000,-€ \\
\hline
& 15.600,-€
\end{array}
$$

Die Zulässigkeit der einzelnen Verfahren in der Handels- und Steuerbilanz zeigt die folgende Übersicht:[176]

Verfahren	Inhalt	Aufgaben	Anwendung
Einzelbewertung	Jeder Vermögensgegenstand und jede Schuld wird gem. § 252 Abs. 1 Nr. 3 HGB einzeln bewertet	Ermittlung des Wertes des Vermögens und der Schulden sowie des Periodenerfolgs	In Handels- und Steuerbilanz grundsätzlich bei allen Wirtschaftsgütern, für die keine Sonderbewertungsvorschriften gelten
Bewertung zu durchschnittlichen Anschaffungskosten (Durchschnittsmethode)	Ermittlung der durchschnittlichen Anschaffungskosten als arithmetisches Mittel aus allen Beschaffungen einer Gutsart in einer Periode (mittlerer Beschaffungswert) ggf. einschl. Anfangsbestand (durchschnittlicher Buchbestandswert)	Ermittlung des Endbestandswertes, wenn keine getrennte Lagerung der einzelnen beschafften Partien erfolgt	In Handels- und Steuerbilanz, soweit kein Verstoß gegen Niederstwertprinzip, d. h., soweit die durchschnittlichen Anschaffungskosten nicht über dem Tages- oder Börsenwert liegen (R 6.8 Abs. 3 EStR)
Lifo-Methode (Last in-first out)	Die zuletzt beschafften Güter gelten buchtechnisch als zuerst verbraucht, der Endbestand wird mit den Preisen der zuerst gekauften Güter bewertet	In Zeiten steigender Preise niedrigst mögliche Endbestandsbewertung, niedriger Gewinnausweis, da höher bewerteter Aufwand; Beitrag zur Substanzerhaltung	In Handelsbilanz zulässig (§ 256 HGB), in Steuerbilanz ebenfalls (§ 6 Abs. 1 Nr. 2a EStG)

---

[176] In ähnlicher Weise *Wöhe, G.*, Bilanzierung und Bilanzpolitik, a. a. O., S. 500 f.

Verfahren	Inhalt	Aufgaben	Anwendung
Fifo-Methode (First in-first out)	Die zuerst beschafften Güter gelten buchtechnisch als zuerst verbraucht, der Endbestand wird mit den Preisen der zuletzt gekauften Güter bewertet	In Zeiten sinkender Preise niedrigst mögliche Endbestandsbewertung; in Zeiten steigender Preise höchst mögliche Endbestandsbewertung und damit niedrigst mögliche Aufwandsbewertung, damit möglichst hoher Gewinnausweis	In Handelsbilanz zulässig (§ 256 HGB), soweit kein Verstoß gegen Niederstwertprinzip, in Steuerbilanz unzulässig, u. U. aber anerkannt, wenn Verfahren der tatsächlichen Verbrauchsfolge entspricht

5.2 Die buchtechnische Behandlung der Umsatzsteuer beim Warenverkehr

5.2.1 Die Ermittlung der Steuerschuld

Die Umsatzsteuer ist rechtlich eine Verkehrsteuer, die an den Umsatz von wirtschaftlichen Leistungen im weitesten Sinne anknüpft. Wirtschaftlich betrachtet ist sie eine allgemeine Verbrauchsteuer, da sie nach dem Willen des Gesetzgebers im Preis der umgesetzten Leistungen auf den Letztverbraucher überwälzt werden soll. Der Unternehmer ist zwar Steuerzahler, jedoch nicht Steuerdestinatar und auch nicht Steuerträger – vorausgesetzt, dass die Überwälzung der Steuer auf den Letztverbraucher gelingt.

Das Umsatzsteuergesetz enthält keine allgemeine Definition des Umsatzbegriffs, sondern zählt die Voraussetzungen auf, die erfüllt sein müssen, damit ein **steuerbarer Umsatz** vorliegt. **Bis 1998** waren nach § 1 Abs. 1 UStG folgende Umsätze steuerbar:[177]

- Die **Lieferungen und sonstigen Leistungen**, die ein Unternehmer im Erhebungsgebiet gegen Entgelt im Rahmen seines Unternehmens ausführt.

- Der **Eigenverbrauch** im Erhebungsgebiet. Er umfasst drei Tatbestände:

  - Ein Unternehmer entnimmt im Erhebungsgebiet Gegenstände aus seinem Unternehmen für Zwecke, die außerhalb des Unternehmens liegen.

  - Ein Unternehmer führt im Rahmen seines Unternehmens sonstige Leistungen der in § 3 Abs. 9 UStG bezeichneten Art für Zwecke aus, die außerhalb des Unternehmens liegen (z. B. wenn ein Unternehmer den betrieblichen Pkw für private Fahrten benutzt).

---

[177] Zu Einzelheiten vgl. *Wöhe, G.,* Betriebswirtschaftliche Steuerlehre, Band I, 1. Halbband, a. a. O., S. 487 ff.; zu den Regelungen ab 1999 vgl. *Kußmaul, H.,* Betriebswirtschaftliche Steuerlehre, 5. Aufl., München 2008, S. 384 ff.

- Ein Unternehmer tätigt im Erhebungsgebiet Aufwendungen, die nach § 4 Abs. 5 Nr. 1 bis 7 oder Abs. 7 oder § 12 Nr. 1 EStG bei der Gewinnermittlung als nichtabzugsfähige Betriebsausgaben ausscheiden (z. B. Aufwendungen für Geschenke an Geschäftsfreunde, wenn die Anschaffungs- oder Herstellungskosten der dem Empfänger im Wirtschaftsjahr zugewendeten Gegenstände insgesamt 35 € übersteigen, Aufwendungen für Gästehäuser, die sich außerhalb des Ortes eines Betriebs des Steuerpflichtigen befinden).

- Die Lieferungen und sonstigen Leistungen, die Körperschaften und Personenvereinigungen im Sinne des § 1 Abs. 1 Nr. 1 bis 5 KStG, nichtrechtsfähige Personenvereinigungen sowie Gemeinschaften im Erhebungsgebiet im Rahmen ihres Unternehmens an ihre Anteilseigner, Gesellschafter, Mitglieder, Teilhaber oder diesen nahe stehende Personen ausführen, für die die Leistungsempfänger kein Entgelt aufwenden **(Gesellschafterverbrauch)**.

- Die **Einfuhr von Gegenständen** in das Zollgebiet (Einfuhrumsatzsteuer).

- Der **innergemeinschaftliche Erwerb** im Inland gegen Entgelt.

Durch das StEntlG 1999/2000/2002 wurde das Steuerobjekt der Umsatzsteuer **seit 1999** neu gefasst. Die Steuerobjekte „Einfuhr aus Drittland" (§ 1 Abs. 1 Nr. 4 UStG) und „innergemeinschaftlicher Erwerb" (§ 1 Abs. 1 Nr. 5 UStG) bleiben unverändert erhalten. Insgesamt hat sich das Steuerobjekt nicht grundlegend geändert, es wurden nur die Tatbestände „Eigenverbrauch" und „Gesellschafterverbrauch" zum einen aufgehoben und durch Vorsteuerausschlüsse ersetzt, zum anderen wurden sie in den Tatbestand „Lieferungen und sonstige Leistungen" integriert.

§ 3 Abs. 1b Nr. 1-3 und Abs. 9a UStG stellen folgende Tatbestände einer Lieferung bzw. sonstigen Leistung gleich:

- die **Entnahme** eines Gegenstandes durch einen Unternehmer aus seinem Unternehmen für Zwecke, die außerhalb des Unternehmens liegen;

- die unentgeltliche Zuwendung eines Gegenstandes durch einen Unternehmer an sein Personal für dessen privaten Bedarf, sofern keine Aufmerksamkeiten vorliegen;

- jede andere unentgeltliche Zuwendung eines Gegenstandes, ausgenommen Warenmuster für Zwecke des Unternehmens oder Geschenke von geringem Wert;

- die **Verwendung** eines dem Unternehmen zugeordneten Gegenstandes, der zum vollen oder teilweisen Vorsteuerabzug berechtigt hat, durch einen Unternehmer für Zwecke, die außerhalb des Unternehmens liegen, oder für den privaten Bedarf seines Personals, sofern keine Aufmerksamkeiten vorliegen;

- die unentgeltliche Erbringung einer anderen sonstigen Leistung durch den Unternehmer für Zwecke, die außerhalb des Unternehmens liegen, oder für den privaten Bedarf seines Personals, sofern keine Aufmerksamkeiten vorliegen.

Alle nicht in § 1 Abs. 1 UStG einzuordnenden Umsätze, d. h. alle Umsätze, bei denen eines der Tatbestandsmerkmale der in § 1 Abs. 1 UStG aufgeführten Leistungen nicht vorliegt, sind **nicht steuerbar**. Dazu gehören Innenumsätze, ferner Lieferungen im Ausland, Schadensersatzleistungen, Schenkungen und Erbauseinandersetzungen. Steuerbare Umsätze sind grundsätzlich steuerpflichtig, es sei denn, sie sind durch eine gesetzliche Vorschrift von der Steuer befreit.[178]

Auf die Steuerbemessungsgrundlage (i. d. R. das vereinbarte Entgelt, ansonsten ein Ersatzwert, der dem tatsächlichen Wert entsprechen soll) wird der Steuersatz von derzeit 19 % bzw. in gesetzlich geregelten Ausnahmefällen von 7 %[179] (z. B. bei Büchern und Zeitschriften sowie bei Leistungen von Theatern, Orchestern u. a.) angewendet. Dabei wird bei jedem Warenverkauf dem Netto-Rechnungsbetrag (Verkaufspreis ohne Umsatzsteuer) der darauf erhobene Umsatzsteuerbetrag hinzugerechnet, der vom Käufer zusätzlich zu entrichten ist. Die Rechnung sieht dann folgendermaßen aus:

Verkauf von 1.000 ME an Waren à 5 €	5.000 €
+ 19 % Umsatzsteuer	950 €
= Brutto-Rechnungsbetrag	5.950 €

Den Umsatzsteuerbetrag von 950 € hat das Unternehmen, das die Rechnung ausgestellt hat, bei isolierter Betrachtung nur einer Wirtschaftsstufe grundsätzlich an das Finanzamt abzuführen. Geht man davon aus, dass kein Unternehmen ein Wirtschaftsgut herstellen und absetzen kann, ohne umsatzsteuerpflichtige Vorleistungen von anderen Unternehmen in Anspruch zu nehmen (Kauf von Rohstoffen, Maschinen, Werkzeugen, Waren), so enthält der Bruttoverkaufspreis jeder Wirtschaftsstufe zwar 19 % Umsatzsteuer (bezogen auf den Nettopreis der jeweiligen Stufe), jedoch kann jedes Unternehmen die in den Beschaffungspreisen für Rohstoffe, Waren usw. enthaltene und an die Vorstufe bezahlte Umsatzsteuer als **Vorsteuer** von der Umsatzsteuerschuld, die sich bei Anwendung des Steuersatzes auf den eigenen Nettoverkaufspreis ergibt, absetzen, d. h., jede Stufe zahlt an das Finanzamt nur Umsatzsteuer auf die eigene **Wertschöpfung (Mehrwert)**. Deshalb wird dieses – in allen EU-Staaten angewendete – Umsatzsteuersystem als **Mehrwertsteuer** bezeichnet. Die Summe der Zahllasten aller beteiligten Wirtschaftsstufen ist gleich dem Steuerbetrag, der sich bei Anwendung des Steuersatzes auf den Nettopreis der letzten Stufe ergibt. Probleme treten auf, wenn auf einer Handelsstufe keine Vorsteuerabzugsberechtigung besteht.

Die **Funktionsweise** einer Mehrwertsteuer zeigt das Beispiel auf Seite 133.

Insgesamt hat der Verbraucher also 19 % des Nettoverkaufspreises des Einzelhandels (19 % von 2.500 € = 475 €) an Umsatzsteuer zu tragen. Jedes an der Leistungserstellung beteiligte Unternehmen führt die Umsatzsteuer ab, die auf der von ihm erzielten Wertschöpfung beruht **(Zahllast)**. In der Praxis wird die Umsatzsteuer von den Unternehmen als „durchlaufender Posten" und nicht als Aufwand behandelt: die Unternehmen ziehen gewissermaßen für die Finanzbehörde die Umsatzsteuer vom Letztverbraucher ein. Preistheoretisch ist die

---

[178] Vgl. den umfangreichen Katalog der Steuerbefreiungen in §§ 4 und 4b UStG.
[179] Vgl. § 12 UStG.

Umsatzsteuer allerdings nur dann neutral, wenn bei völliger Überwälzung über den Preis die abgesetzte Menge und der Gesamtgewinn mit und ohne Umsatzsteuer gleich hoch wären.[180]

(1) Stufe	(2) Nettopreis (= Preis ohne Umsatzsteuer) €	(3) Nettoumsatz (= Nettopreis – Nettopreis der Vorstufe) €	(4) Bruttopreis (= (2) + 19 % von (2)) €	(5) Nettoumsatzsteuer (= 19 % von (3) oder = 19 % von (2) – 19 % von (2) der Vorstufe) €
Urproduktion	1.000	1.000	1.190	190 (190 – 0)
1. Veredelungs- stufe	1.200	200	1.428	38 (228 – 190)
2. Veredelungs- stufe	1.500	300	1.785	57 (285 – 228)
Großhandel	2.000	500	2.380	95 (380 – 285)
Einzelhandel	2.500	500	2.975	95 (475 – 380)
Summe		2.500		475

Betrachtet man im obigen Beispiel die Großhandelsstufe, dann ergibt sich folgende Rechnung:

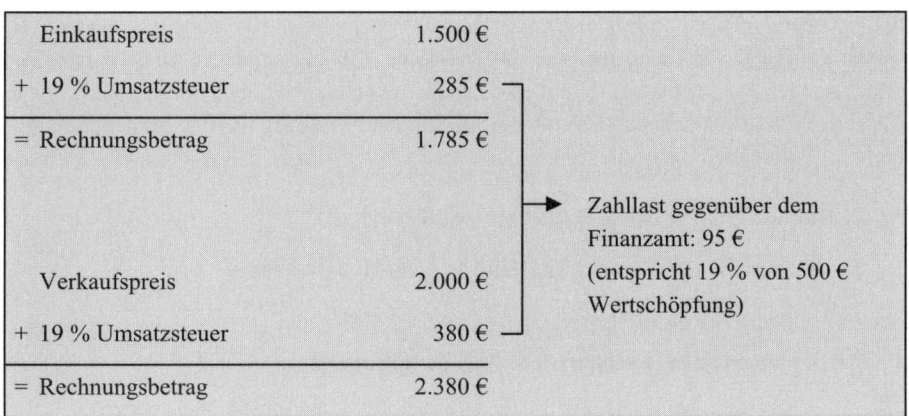

Entnimmt oder verwendet der Unternehmer Waren seines Unternehmens für seinen privaten Verbrauch, dann muss er im Interesse der steuerlichen Gleichbehandlung wie jeder andere Letztverbraucher behandelt werden, d.h., er muss die Umsatzsteuer tragen. Da er aber beim Einkauf der Waren die auf diesen lastende Vorsteuer abziehen kann, wird der sonst gegenüber anderen Verbrauchern entstehende Steuervorteil dadurch korrigiert, dass das Umsatzsteuergesetz auch den **Eigenverbrauch** und den **Gesellschafterverbrauch** der Umsatzsteuer unterwirft (sie sind gem. § 3 Abs. 1b bzw. Abs. 9a UStG den Lieferungen bzw. den sonstigen Leistungen gleichgestellt) oder aber auf Vorsteuerabzugsverbote zurückgreift. Beispielhaft können diesbezüglich die anteilige Nutzung eines Betriebsgebäudes für private

---

[180] Vgl. dazu ausführlicher *Wöhe, G.*, Betriebswirtschaftliche Steuerlehre, Band I, 1. Halbband, a.a.O., S. 481 f.

Zwecke sowie die inzwischen wegen EU-Rechtswidrigkeit aufgehobene Regelung des § 15 Abs. 1a Nr. 1 UStG zum Ausschluss des Vorsteuerabzugs für 30 % der angemessenen Aufwendungen für die Bewirtung von Personen aus geschäftlichem Anlass aufgeführt werden.

Im Geschäftsverkehr mit dem Ausland gilt in der Regel das Prinzip, dass nur der Staat die Umsatzsteuer erheben darf, in dessen Gebiet geliefert wird, wo somit auch der Verbrauch erfolgt. Dieses sog. **Bestimmungslandprinzip** führt dazu, dass beim grenzüberschreitenden Warenverkehr die Güter von der Umsatzsteuer des Herkunftslandes befreit und mit der Umsatzsteuer (Einfuhrumsatzsteuer) des Bestimmungslandes belastet werden.

Zum Verständnis der Umsatzsteuerverrechnung sind noch zwei für die Umsatzbesteuerung des Warenverkehrs bedeutsame Sachverhalte zu erläutern. **Erstens** erfolgt die Umsatzbesteuerung grundsätzlich nach **vereinbarten Entgelten (sog. Sollbesteuerung)**. Aus der Sicht des Lieferanten hat das zur Folge, dass die Umsatzsteuerschuld bereits bei Absendung der Rechnung und somit unabhängig vom Zeitpunkt der Zahlung durch den Kunden entsteht; aus der Sicht des Käufers ergibt sich daraus konsequenterweise, dass er bereits bei Erhalt der Rechnung und unabhängig vom Zeitpunkt der Zahlung die in der Rechnung ausgewiesene Vorsteuer geltend machen kann.[181]

Zweitens ist – als logische Folge der Sollbesteuerung – das ursprünglich der Besteuerung zugrunde liegende Entgelt (im Sinne des Netto-Entgelts ohne Umsatzsteuer) **um nachträgliche Änderungen zu korrigieren**, d.h., sowohl nachträgliche Zahlungszuschläge (z. B. wegen verspäteter Zahlung) als auch nachträgliche Zahlungsabschläge (z. B. durch Gutschriften oder Preisnachlässe) führen zu einer Korrektur der bezahlten Umsatzsteuer sowie der verrechenbaren Vorsteuer. Das gilt sowohl für den Abnehmer als auch für den Lieferanten.

5.2.2 Buchungssätze beim Warenein- und -verkauf

5.2.2.1 Grundsätzliche Verbuchung beim Warenein- und -verkauf

Für die Umsatzbesteuerung sind folgende Konten erforderlich:[182]

- Nach **Steuersätzen** getrennte Gliederung der Erlöskonten:

  - Dem Regelsteuersatz unterliegende Lieferungen und sonstige Leistungen.

  - Dem ermäßigten Steuersatz unterliegende Lieferungen und sonstige Leistungen.

  - Umsatzsteuerfreie Leistungen ohne Vorsteuerabzugsverlust.

  - Umsatzsteuerfreie Leistungen mit Vorsteuerabzugsverlust.

---

[181] In der Praxis erfolgt die Bezahlung bzw. Verrechnung der Umsatzsteuerzahllast auf Basis der monatlich (innerhalb von 10 Tagen nach Ablauf jedes Kalendermonats) vorzunehmenden Umsatzsteuervoranmeldung. Seit 1996 ist gem. § 18 Abs. 2 UStG das Kalendervierteljahr der übliche Voranmeldungszeitraum, es sei denn, die Steuer des vorangegangenen Kalenderjahrs beträgt mehr als 6.136 € (dann gilt weiterhin die monatliche Voranmeldung). Beträgt die Umsatzsteuer für das vorangegangene Kalenderjahr nicht mehr als 512 €, kann das Finanzamt den Unternehmer von der Verpflichtung zur Abgabe der Voranmeldungen und Entrichtung der Vorauszahlungen befreien.

[182] Vgl. dazu ausführlich *Eisele, W.,* Technik des betrieblichen Rechnungswesens, a. a. O., S. 102 ff.

- Führung der Konten „steuerpflichtige innergemeinschaftliche Erwerbe" und „steuerfreie innergemeinschaftliche Erwerbe".

- Führung des Kontos „Mehrwertsteuer" („berechnete Umsatzsteuer") für getätigte Lieferungen und sonstige Leistungen.

- Führung des Kontos „Vorsteuer" für erhaltene Lieferungen und sonstige Leistungen.

- Führung eines Kontos „Umsatzsteueraufwand" für nicht abzugsfähige Vorsteuerbeträge. Diese sind i. d. R. Bestandteil der Anschaffungskosten und werden folglich wie Anschaffungsnebenkosten behandelt; in Ausnahmefällen sind sie als sofort abzugsfähige Aufwendungen zu verrechnen.

Im Folgenden wird die in der Praxis übliche Verbuchung in vereinfachter Form – d. h. ohne Verwendung getrennter Konten für verschiedene Entgeltarten – dargestellt.

Bei Warenverkäufen wird die dem Kunden in Rechnung gestellte Umsatzsteuer auf dem Konto „(Berechnete) Umsatzsteuer" oder auf dem Konto „Mehrwertsteuer" verbucht. Bei Wareneinkäufen wird die vom Lieferanten in Rechnung gestellte Umsatzsteuer auf dem Konto „Vorsteuer" erfasst. Die Verbuchung von Einkäufen und Verkäufen kann entweder nach dem Netto- oder nach dem Bruttoverfahren erfolgen. Bei der Nettoverbuchung werden der reine Warenvorgang (Nettopreis) und der Umsatzsteuervorgang unmittelbar bei der Verbuchung jedes Geschäftsvorfalls getrennt. Bei der Bruttoverbuchung wird zunächst der gesamte Betrag auf dem jeweiligen Warenkonto erfasst; die Trennung der beiden Bestandteile (Nettopreis und Umsatzsteuer) erfolgt erst im Rahmen der Umsatzsteuervoranmeldung am Ende jeden Monats bzw. jeden Kalendervierteljahrs.

Beispiel:

A verkauft an B Waren im Nettowert von 5.000 € (zuzüglich Umsatzsteuer von 950 €) auf Ziel.

(1) **Nettomethode**:

Beim Verkäufer A:

Kundenforderungen	5.950,—	an	Warenverkauf	5.000,—
			Umsatzsteuer	950,—

Beim Käufer B:

| Wareneinkauf | 5.000,— | an | Lieferantenverbindlich- | |
| Vorsteuer | 950,— | | keiten | 5.950,— |

(2) **Bruttomethode**:

Beim Verkäufer A:

Kundenforderungen		an	Warenverkauf	5.950,—

Beim Käufer B:

| Wareneinkauf | | an | Lieferantenverbindlich- | |
| | | | keiten | 5.950,— |

Bei der Umsatzsteuervoranmeldung am Monatsende ist zu verbuchen:

Beim Verkäufer A:

| Warenverkauf | an | Umsatzsteuer | 950,— |

Beim Käufer B:

| Vorsteuer | an | Wareneinkauf | 950,— |

Ermittlung der Umsatzsteuer bei der Bruttomethode:

	Nettopreis (P_N)	100 €	
+	Umsatzsteuer (U)	19 €	$P_N + U = P_B$
=	Bruttopreis (P_B)	119 €	

Die Umsatzsteuer errechnet sich durch Multiplikation des Nettopreises mit dem Umsatzsteuersatz (u):

$$U = P_N \cdot u$$

$$P_N + P_N \cdot u = P_B$$
$$P_N (1 + u) = P_B$$
$$P_N = \frac{P_B}{1 + u}$$

Bei Verwendung obiger Zahlen ergibt sich:

$$P_N = \frac{119}{1 + 0,19} = \frac{119}{1,19} = 100$$

Man erhält also den Nettobetrag durch eine Im-Hundert-Rechnung.

Der Steuerpflichtige hat die Wahl, ob er das Netto- oder das Bruttoverfahren anwenden will. Das **Nettoverfahren** hat den Vorzug, dass bei seiner Anwendung die beiden artfremden Bestandteile Warenwert und Umsatzsteuer von Anfang an getrennt werden. Beim **Bruttoverfahren** muss spätestens bei der monatlichen Umsatzsteuervoranmeldung die entsprechende Trennung nachgeholt werden. Dass dieses Verfahren dennoch angewendet wird, liegt daran, dass die Umsatzsteuer nicht immer getrennt ausgewiesen werden muss. Zwar kann sie vom Abnehmer nur dann als Vorsteuer geltend gemacht werden, wenn sie auf der Rechnung gesondert ausgewiesen ist; da aber erstens private Abnehmer keine Vorsteuer abziehen können – was vor allem im Einzelhandel eine große Rolle spielt –, und da zweitens nach § 33 UStDV bei Rechnungsbeträgen unter 150 € auf den gesonderten Umsatzsteuerausweis verzichtet werden kann, wird gerade in Einzelhandelsunternehmen das Bruttoverfahren häufig angewendet. In den folgenden Beispielen wird nach dem Nettoverfahren gebucht, d.h., die Umsatzsteuer und der Nettopreis werden von Anfang an getrennt erfasst.

Ein besonderes Problem ist die Verbuchung von in Rechnung gestellten Umsatzsteuerbeträgen, die **nicht als Vorsteuer abzugsfähig** sind. Da z.B. Vermietungs- und Verpachtungsleistungen von Grundstücken und Gebäuden grundsätzlich[183] umsatzsteuerfrei sind, können auch für die Gebäudeherstellungsaufwendungen keine Vorsteuern abgezogen werden. Diese Vorsteuerbeträge werden dann **wie Anschaffungsnebenkosten** verbucht, d.h., sie werden den Anschaffungs- oder Herstellungskosten hinzugerechnet. Das gilt auch für Warenlieferungen, die zu steuerfreien Umsätzen führen. In diesen Fällen sind die Waren um den entsprechenden Umsatzsteuerbetrag höher anzusetzen. Nach § 9b EStG sind unter bestimmten Voraussetzungen die Anschaffungs- oder Herstellungskosten nicht um den nicht abzugsfähigen Umsatzsteuerbetrag höher anzusetzen, dieser Betrag kann dann vielmehr **sofort als Aufwand** – i.d.R. bei dem entsprechenden Aufwandskonto – erfasst werden.

Diese Problematik hat durch das StEntlG 1999/2000/2002 eine erhöhte Relevanz erfahren. So regelte der im Rahmen des StEntlG eingeführte § 15 Abs. 1b UStG die 50 %ige Vorsteuerabzugsbeschränkung bei Erwerb und Betrieb von gemischt genutzten Fahrzeugen. Wurde ein Fahrzeug ausschließlich betrieblich genutzt, war weiterhin der volle Vorsteuerabzug möglich. Der nicht als Vorsteuer abziehbare Teil **erhöhte die Anschaffungskosten** und damit die Abschreibungsbeträge des gemischt genutzten Kraftfahrzeugs.[184] Durch die Vorsteuerabzugsbeschränkung galt der umsatzsteuerliche Eigenverbrauch (Privatentnahme) dieser Fahrzeuge als abgehandelt. Diese Regelung war – wie grundsätzlich der Eigenverbrauch – nur bei Einzelunternehmern bzw. Personengesellschaften von Relevanz, da bei Kapitalgesellschaften aufgrund des Trennungsprinzips eine eindeutige Abgrenzung zwischen Privat- und Betriebsvermögen existiert. Außerdem wurde der Vorsteuerabzug bei Reisekosten untersagt und bei Bewirtungsaufwendungen den ertragsteuerlichen Regelungen angepasst, d.h., es waren auch nur 80 % – mittlerweile nur noch 70 % – der auf angemessenen Bewirtungsaufwand entfallenden Vorsteuer ansetzbar, die restlichen 20 % – mittlerweile 30 % – führten zu nicht abziehbaren Betriebsausgaben. Mit In-Kraft-Treten des Steueränderungsgesetzes 2003 wurde die genannte Regelung des § 15 Abs. 1b UStG wieder aufgehoben, so dass bei gemischt genutzten Fahrzeugen seither wieder die volle Vorsteuer abziehbar ist und der private Nutzungsanteil zwecks Eigenverbrauchsbesteuerung wieder eigenständig berechnet werden muss. Auch das Vorsteuerabzugsverbot für 30 % der angemessenen betrieblich veranlassten Bewirtungsaufwendungen ist infolge der vom BFH festgestellten Europarechtswidrigkeit mittlerweile nicht mehr anzuwenden; es ist der volle Vorsteuerabzug zu gewähren.[185]

Am Ende des jeweiligen Umsatzsteuervoranmeldungszeitraums muss das Unternehmen ermitteln, welchen Umsatzsteuerbetrag (Zahllast) es dem Finanzamt schuldet. Dazu sind die Umsatzsteuerkonten monatlich oder vierteljährlich abzuschließen. Das erfolgt **in vier Schritten**:

---

[183] Allerdings kann nach § 9 UStG unter bestimmten Voraussetzungen auf die Umsatzsteuerbefreiung verzichtet werden, wodurch auch ein Vorsteuerabzug möglich ist.

[184] Vgl. dazu *Hünnekens, H.,* Änderungen des Umsatzsteuerrechts durch das Steuerentlastungsgesetz 1999/2000/2002, in: NWB vom 26.04.1999, Fach 7, S. 5059–5074, s. b. S. 5068 ff.

[185] Vgl. BMF-Schreiben vom 23.06.2005, BStBl 2005 I, S. 816.

1. Saldierung des Vorsteuerkontos;

2. Buchung des Vorsteuersaldos auf das Umsatzsteuerkonto;

3. Saldierung des Umsatzsteuerkontos;

4. Buchung des Umsatzsteuersaldos auf das entsprechende Zahlungskonto (z. B. Bank).

Für den zweiten und vierten Schritt sind folgende Buchungssätze erforderlich:

Zu (2): „Umsatzsteuer" an „Vorsteuer";

Zu (4): „Umsatzsteuer" an „Bank".

In der Praxis erfolgt die buchmäßige Verrechnung der Umsatzsteuerkonten häufig erst bei der Jahresabschlusserstellung. In diesem Fall werden die monatlich errechneten und entrichteten Umsatzsteuervorauszahlungen auf einem Übergangskonto „Umsatzsteuerzahlungen" erfasst und am Jahresende im Umsatzsteuerkonto abgeschlossen und dort verrechnet.

Ist am Ende des Jahres die fällige Umsatzsteuerschuld noch nicht in voller Höhe an das Finanzamt abgeführt worden, so ist der noch zu zahlende Betrag auf dem Konto „Sonstige Verbindlichkeiten" auszuweisen; der Buchungssatz lautet: „Umsatzsteuer" an „Sonstige Verbindlichkeiten".

Wurden z. B. innerhalb eines Monats überdurchschnittlich viele Waren eingekauft, dann kann der sich ergebende Vorsteuerbetrag größer als der aus den Monatsumsätzen errechnete Umsatzsteuerbetrag sein; das Unternehmen hat folglich einen Erstattungsanspruch gegenüber dem Finanzamt, das diesen Betrag ohne besonderen Antrag des Unternehmens erstatten muss, sofern es keine Verrechnung mit anderweitigen Steuerschulden durchführen kann.[186] Der analoge Buchungssatz zu (4) lautet dann: „Bank" an „Umsatzsteuer". Besteht am Jahresende eine vergleichbare Forderung gegenüber dem Finanzamt, dann ist diese auf dem Konto „Sonstige Forderungen" auszuweisen, der Buchungssatz lautet also: „Sonstige Forderungen" an „Umsatzsteuer".

Das folgende Schaubild zeigt noch einmal die Zusammenhänge:

Normalfall:

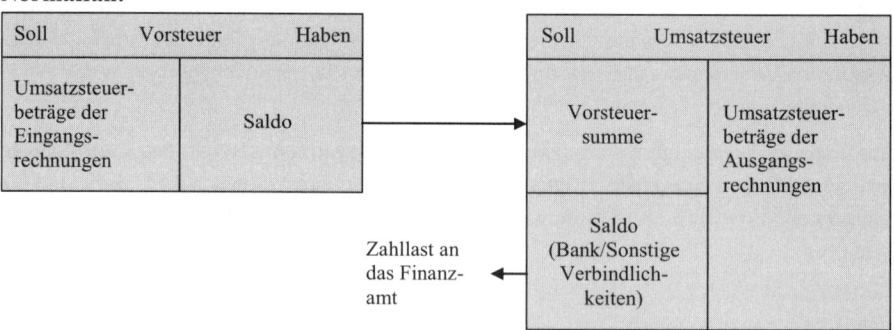

---

[186] Vgl. *Schuhmann, H.,* in: *Rau, G.* u. a., Kommentar zum Umsatzsteuergesetz, 8. Aufl., Köln 1997 ff. (Loseblatt), § 18, Anm. 110.

Ausnahmefall:

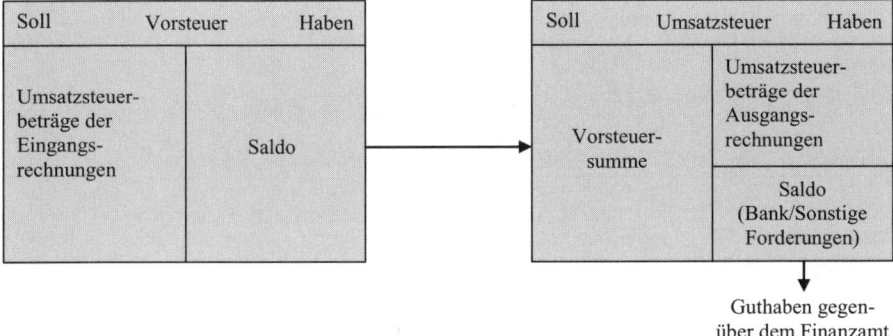

Guthaben gegen-
über dem Finanzamt

5.2.2.2 Die Verbuchung von Warenrücksendungen, Gutschriften und Preisnachlässen

Ändert sich die Bemessungsgrundlage der Umsatzsteuer, so ist sie gem. § 17 Abs. 1 UStG
zu berichtigen. Das gilt sowohl für den Unternehmer, der die Leistung ausgeführt hat, als
auch für den Unternehmer, der die Leistung erhalten hat. Derartige Korrekturen sind bei
Warenrücksendungen, Gutschriften und Preisnachlässen erforderlich, durch die sich die
Bemessungsgrundlage verringert. Eine Korrektur als Folge einer vergrößerten Bemessungsgrundlage kann sich durch die Berechnung von Verzugszinsen oder die Weiterberechnung
entstandener Spesen ergeben.[187]

Beispiel:

Einkauf von Waren im Wert von 10.000 € zuzüglich 19 % Umsatzsteuer auf Ziel.

Buchungssatz:

| Wareneinkauf | 10.000,— | an | Lieferantenverbind- | |
| Vorsteuer | 1.900,— | | keiten | 11.900,— |

Wegen qualitativer Mängel wird die Hälfte der Waren wieder zurückgesandt.

Buchungssatz:

| Lieferantenverbindlichkeiten | 5.950,— | an | Wareneinkauf | 5.000,— |
| | | | Vorsteuer | 950,— |

Verkauf von Waren im Wert von 5.000 € zuzüglich 19 % Umsatzsteuer auf Ziel.

Buchungssatz:

| Kundenforderungen | 5.950,— | an | Warenverkauf | 5.000,— |
| | | | Umsatzsteuer | 950,— |

---

[187] Vgl. *Schöttler, J., Spulak, R.,* Technik des betrieblichen Rechnungswesens, a. a. O., S. 123.

Da der Kunde eine Mängelrüge geltend macht, wird ihm eine Gutschrift in Höhe von 10 % des gesamten Rechnungsbetrages gewährt.

Buchungssatz:

Warenverkauf	500,—	an	Kundenforderungen	595,—
Umsatzsteuer	95,—			

Bei Preisnachlässen ist zwischen Rabatten, Boni und Skonti zu unterscheiden. Da Rabatte i.d.R. bereits bei der Rechnungserstellung in ihrer endgültigen Größe bekannt sind, tritt später keine Veränderung der Bemessungsgrundlage ein.

Beispiel:

Die Rechnung hat folgendes Aussehen:

	Warenwert	1.000,— €
./.	5 % Mengenrabatt	50,— €
	Netto-Warenwert	950,— €
+	19 % Umsatzsteuer	180,50 €
	Rechnungsbetrag	1.130,50 €

Der Kunde bucht bei Rechnungszugang:

Wareneinkauf	950,—	an	Lieferantenverbindlich-	
Vorsteuer	180,50		keiten	1.130,50

Der Lieferant bucht bei Rechnungserstellung:

Kundenforderungen	1.130,50	an	Warenverkauf	950,—
			Umsatzsteuer	180,50

In beiden Fällen sind später keine Korrekturbuchungen erforderlich.

Werden **Rabatte** versehentlich erst nachträglich eingeräumt, oder werden sie nachträglich geändert, so müssen neben den betroffenen Warenkonten auch die entsprechenden Umsatzsteuerkonten korrigiert werden.

Da **Boni** nachträglich gewährt werden, können die erforderlichen Buchungen auf den Waren- und den Umsatzsteuerkonten auch erst später vorgenommen werden. Wird also z.B. ein Bonus wegen Überschreitens eines bestimmten Umsatzbetrages eingeräumt, so führt das zu einer nachträglichen Erlösschmälerung, die beim Lieferanten einen Aufwand bzw. eine Verminderung des Ertrags aus Warenverkäufen und folglich eine Korrektur der zu entrichtenden Umsatzsteuer zur Folge hat. Beim Kunden führt das zu einem Ertrag bzw. zu einer

Verminderung des Bestandsausweises an Waren und entsprechend auch zu einer Korrektur des verrechenbaren Vorsteuerbetrages.

Beispiel:

Am Quartalsende gewährt der Lieferant dem Kunden einen Bonus von 2.000 € zuzüglich 19 % Umsatzsteuer, der bar ausbezahlt wird.

Buchungssatz beim Kunden:

Kasse	2.380,—	an	Lieferantenboni	2.000,—
			Vorsteuer	380,—

Buchungssatz beim Lieferanten:

Kundenboni	2.000,—	an	Kasse	2.380,—
Umsatzsteuer	380,—			

Bei der Verbuchung der **Skonti** erfolgt die erforderliche Umsatzsteuerbuchung unabhängig davon, ob die Skontoverbuchung nach der Brutto- oder der Nettomethode vorgenommen wird.

Beispiel:

Die Rechnung eines Lieferanten hat folgendes Aussehen:

	Warenwert	1.000,— €
+	19 % Umsatzsteuer	190,— €
	Rechnungsbetrag	1.190,— €

Bei Bezahlung innerhalb von 20 Tagen können 2 % Skonto abgezogen werden. Die Verbuchung bei beiden Beteiligten ist in den Übersichten auf den Seiten 142 und 143 dargestellt.

Wird bei einer Forderung (Verbindlichkeit) ein **Skonto** in Anspruch genommen, so muss bei Anwendung des oben verwendeten umsatzsteuerlichen **Nettoverfahrens** der insgesamt weniger zu bezahlende Betrag (im Beispiel 23,80 €) in seine beiden Bestandteile (Skontoaufwand bzw. Skontoertrag und Umsatzsteuer bzw. Vorsteuer) zerlegt werden. **Kennt man den Netto-Warenwert**, dann multipliziert man diesen mit dem Skontosatz (im Beispiel 1.000 € · 2 % = 20 €); den Umsatzsteuerbetrag erhält man durch Multiplikation des so ermittelten Skontobetrages mit dem Umsatzsteuersatz (im Beispiel 20 € · 19 % = 3,80 €). **Kennt man den Netto-Warenwert nicht**, dann multipliziert man den Brutto-Warenwert mit dem Skontosatz (im Beispiel 1.190 € · 2 % = 23,80 €) und rechnet die Umsatzsteuer heraus (im Beispiel 23,80 € : 1,19 = 20 € (Netto-Warenwert)). Der Differenzbetrag zwischen der ursprünglichen Forderung (Verbindlichkeit) und dem Skonto- sowie Umsatzsteuerbetrag wird auf dem entsprechenden Zahlungskonto verbucht.

Bei Verwendung des **umsatzsteuerlichen Bruttoverfahrens** werden ähnlich wie bei der Wareneinkaufs- und -verkaufsverbuchung die Skontoaufwendungen und -erträge zunächst brutto, d. h. einschl. des zugehörigen Umsatzsteuerbetrages, verbucht, ehe bei der Umsatzsteuervoranmeldung eine Trennung in den reinen Skontobetrag und den Umsatzsteuerbetrag durchgeführt wird. Angesichts der Verwendung der umsatzsteuerlichen Nettomethode in diesem Buch braucht darauf nicht näher eingegangen zu werden.

Beim **Kunden** ergibt sich folgende Verbuchung (zum Beispiel auf Seite 141):

Skontoausnutzung \ Skontoverbuchungsmethode		Bruttomethode	Nettomethode
Nichtausnutzung des Skontos	Rechnungszugang	Wareneinkauf 1.000,— an Lieferantenverbindlichkeiten 1.190,— Vorsteuer 190,—	Wareneinkauf 980,— an Lieferantenverbindlichkeiten 1.190,— Skontoaufwand 20,— Vorsteuer 190,—
	Bezahlung	Lieferantenverbindlichkeiten 1.190,— an Bank 1.190,—	Lieferantenverbindlichkeiten 1.190,— an Bank 1.190,—
Ausnutzung des Skontos	Rechnungszugang	Wareneinkauf 1.000,— an Lieferantenverbindlichkeiten 1.190,— Vorsteuer 190,—	Wareneinkauf 980,— an Lieferantenverbindlichkeiten 1.190,— Skontoaufwand 20,— Vorsteuer 190,—
	Bezahlung	Lieferantenverbindlichkeiten 1.190,— an Skontoerträge 20,— Vorsteuer 3,80 Bank 1.166,20	Lieferantenverbindlichkeiten 1.190,— an Skontoaufwand 20,— Vorsteuer 3,80 Bank 1.166,20

Beim **Lieferanten** ergibt sich folgende Verbuchung (zum Beispiel auf Seite 141):

Skontoausnutzung	Skontoverbuchungsmethode	Bruttomethode	Nettomethode
Nichtausnutzung des Skontos	Rechnungsausgang	Kundenforderungen 1.190,— an Warenverkauf 1.000,— / Umsatzsteuer 190,—	Kundenforderungen 1.190,— an Warenverkauf 980,— / Skontoerträge 20,— / Umsatzsteuer 190,—
	Bezahlung	Bank an Kundenforderungen 1.190,—	Bank an Kundenforderungen 1.190,—
Ausnutzung des Skontos	Rechnungsausgang	Kundenforderungen 1.190,— an Warenverkauf 1.000,— / Umsatzsteuer 190,—	Kundenforderungen 1.190,— an Warenverkauf 980,— / Skontoerträge 20,— / Umsatzsteuer 190,—
	Bezahlung	Skontoaufwand 20,— / Umsatzsteuer 3,80 / Bank 1.166,20 an Kundenforderungen 1.190,—	Skontoerträge 20,— / Umsatzsteuer 3,80 / Bank 1.166,20 an Kundenforderungen 1.190,—

5.2.2.3 Die Verbuchung der Warenentnahmen und des „Eigen-" bzw. „Gesellschafter-verbrauchs"

Es wurde bereits ausgeführt, dass Warenentnahmen grundsätzlich wie Entnahmen von Zahlungsmitteln verbucht werden.[188] Allerdings stellt sich bei Warenentnahmen das Problem, wie der Wert im Entnahmezeitpunkt zu bestimmen ist. Für die steuerliche Gewinnermittlung bestimmt § 6 Abs. 1 Nr. 4 EStG, dass Entnahmen grundsätzlich zum Teilwert zu bewerten sind. Der „Teilwert ist der Betrag, den ein Erwerber des ganzen Betriebs im Rahmen des Gesamtkaufpreises für das einzelne Wirtschaftsgut ansetzen würde; dabei ist davon auszugehen, dass der Erwerber den Betrieb fortführt."[189] Diese Definition des Teilwerts als ein ertragsabhängiger Wert hat sich in der Praxis als nicht rechenbar erwiesen, so dass die Rechtsprechung gezwungen war, sog. Teilwertvermutungen aufzustellen, die sich an marktpreisabhängigen Werten, insbesondere den Wiederbeschaffungskosten, orientieren.[190]

Bei der Bewertung der Warenentnahmen lässt sich der Teilwert entweder von der **Einkaufsseite** (Wiederbeschaffungskosten) oder – wenn die Wiederbeschaffungskosten nicht bekannt sind – von der **Verkaufsseite** (Einzelveräußerungspreis abzüglich noch entstehender Aufwendungen und abzüglich des Unternehmensgewinns) her bestimmen.[191]

In Übersichtsform kann die Teilwertermittlung bei Warenentnahmen folgendermaßen dargestellt werden.[192]

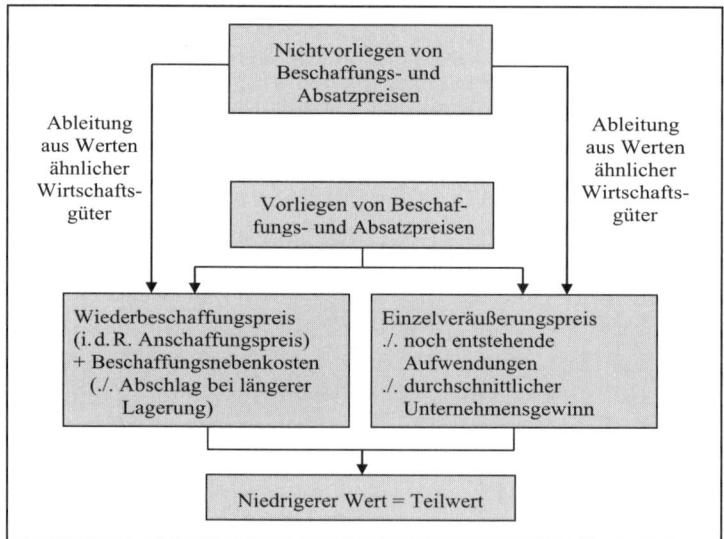

---

[188] Vgl. S. 92.

[189] § 6 Abs. 1 Nr. 1 Satz 3 EStG.

[190] Vgl. zur Problematik des Teilwerts ausführlich *Wöhe, G.,* Betriebswirtschaftliche Steuerlehre, Band I, 2. Halbband, a. a. O., S. 175 ff.

[191] Vgl. dazu *Biergans, E.,* Einkommensteuer, 6. Aufl., München/Wien 1992, S. 427; *Eisele, W.,* Technik des betrieblichen Rechnungswesens, a. a. O., S. 121 f.

[192] Vgl. dazu ausführlicher *Biergans, E.,* Einkommensteuer, a. a. O., S. 433 sowie R 6.8 Abs. 1 und 2 EStR.

Nach diesen grundsätzlichen einkommensteuerlichen Anmerkungen stellt sich die Frage nach der umsatzsteuerlichen Behandlung von Warenentnahmen. Diese werden – wie auch die private Nutzung – seit 1999 einer Lieferung gegen Entgelt gleichgestellt, ohne dass sich gegenüber der bis 1998 gültigen Regelung, die diese Sachverhalte als Eigenverbrauch und Gesellschafterverbrauch gesondert behandelt hat, materiell etwas Grundlegendes geändert hat; die Tatbestände sind in § 1 Abs. 1 i. V. m. § 3 Abs. 1b und Abs. 9a UStG geregelt.

Gemäß § 10 Abs. 4 UStG wird bei der **Gegenstandsentnahme** der Einkaufspreis zuzüglich der Nebenkosten (ersatzweise die Selbstkosten) als Bemessungsgrundlage für die Umsatzsteuer zugrunde gelegt; insofern liegt i. d. R. eine Übereinstimmung mit dem Teilwert vor. Bei der **Nutzungsentnahme** werden die bei der Ausführung dieser Umsätze entstandenen Kosten zugrunde gelegt. Im Regelfall sind also für umsatzsteuerliche Zwecke dieselben Werte maßgebend wie für einkommensteuerliche Zwecke. Dass Eigen- und Gesellschafterverbrauch überhaupt der Umsatzsteuer unterliegen, ist durch die Zielsetzung der Umsatzsteuer bedingt, grundsätzlich den privaten, d.h. nichtbetrieblichen Letztverbraucher, zu treffen. Wenn aber ein Einzelunternehmer bezogene Waren, für die er in vollem Umfang Vorsteuern geltend gemacht hat, für private Zwecke entnimmt, dann muss er diese im Interesse der steuerlichen Gleichbehandlung nachträglich der Umsatzsteuer unterwerfen. Es handelt sich bei dieser Eigen- und Gesellschafterverbrauchsbesteuerung also um eine Korrektur zu hoch angesetzter Vorsteuerbeträge. Es sei an dieser Stelle der Vollständigkeit halber erwähnt, dass der bis 1998 vorhandene dritte Tatbestand des Eigen- und Gesellschafterverbrauchs, der **Privatverbrauch** durch Tätigung nicht abzugsfähiger Aufwendungen, seit 1999 nicht mehr wie ein Umsatz besteuert wird, sondern gem. § 15 Abs. 1a UStG vom Vorsteuerabzug ausgeschlossen wird; zwar sind die Wirkungen im Ergebnis gleich, die Art der steuerlichen Erfassung und damit auch die Verbuchung hat sich aber grundlegend geändert.

Die **Verbuchung** erfolgt auf der Sollseite des Kontos „Privatentnahmen" in Höhe des Bruttowerts (Nettowert zuzüglich Umsatzsteuer), auf der Habenseite in Höhe des entsprechenden Umsatzsteuerbetrages im Ergebnis auf dem Konto „Umsatzsteuer" (zur Verdeutlichung zweckmäßiger als Vorkonto auf dem Konto „Eigen- und Gesellschafterverbrauchsteuer"[193], das bei der Umsatzsteuervoranmeldung im Konto „Umsatzsteuer" abgeschlossen wird), außerdem bei Warenentnahmen in Höhe des Nettowerts auf dem Wareneinkaufskonto,[194, 195] bei Entnahmen anderer Wirtschaftsgüter auf dem entsprechenden Konto, bei der Entnahme von Nutzungen auf dem entsprechenden Aufwandskonto, das bisher zu hoch angesetzt wurde, und bei der Privatverbrauchsentnahme entweder auf dem Wareneinkaufskonto oder auf dem entsprechenden Aufwandskonto.

---

[193] Die Kontenbezeichnung „Eigen- und Gesellschafterverbrauchsteuer" wird beibehalten, obwohl diese Tatbestände im UStG nicht mehr explizit aufgeführt werden.

[194] Es ist zwar auch eine Verbuchung über das Warenverkaufskonto möglich; da aber im Allgemeinen zu Einkaufspreisen bewertet wird, gibt die Verbuchung auf dem Wareneinkaufskonto den Warenabgang zutreffender wieder.

[195] Von der Entstehung einer Wertdifferenz sei hier zunächst abgesehen.

Aus Gründen der sprachlichen Vereinfachung wird statt „Eigen- und Gesellschafter-verbrauchsteuer" die Kontenbezeichnung „Eigenverbrauchsteuer" verwendet. Auf die Entnahme von anderen Gegenständen als von Waren wird später eingegangen.[196]

Beispiele:

(1) Der umsatzsteuerpflichtige Einzelunternehmer A entnimmt aus seinem Unternehmen Waren im Wert von 2.000 € für private Zwecke.

Buchungssätze:

Bei der Entnahme:

Privatentnahmen	2.380,—	an	Wareneinkauf	2.000,—
			Eigenverbrauch-steuer	380,—

Bei der Umsatzsteuervoranmeldung:

Eigenverbrauchsteuer	an	Umsatzsteuer	380,—

(2) Der Unternehmer B zahlt für ein betrieblich genutztes Kraftfahrzeug Reparaturkosten von 400 € (zuzüglich 19 % USt) über das Bankkonto. Innerhalb desselben Voranmeldungszeitraums fallen bar bezahlte Benzinkosten von 80 € zuzüglich 19 % USt an. Die betriebliche Nutzung beträgt 75 %. Die Aufwendungen werden über das Konto „Kfz-Aufwendungen" verbucht.

Buchungssätze:

Bei der Reparatur:

Kfz-Aufwendungen	400,—	an	Bank	476,—
Vorsteuer	76,—			

Beim Tanken:

Kfz-Aufwendungen	80,—	an	Kasse	95,20
Vorsteuer	15,20			

Bei der Umsatzsteuervoranmeldung:

Privatentnahmen	142,80	an	Kfz-Aufwendungen	120,—
			Eigenverbrauchsteuer	22,80
Umsatzsteuer		an	Vorsteuer	91,20
Eigenverbrauchsteuer		an	Umsatzsteuer	22,80

In der Praxis erfolgt die Verbuchung des Eigenverbrauchs – vor allem bei Privatnutzung und Privatverbrauch – häufig erst bei der Jahresabschlusserstellung. In diesem Fall wird dann entweder – wie bei der obigen Darstellung – eine Kürzung der entsprechenden Aufwands-

---

[196] Vgl. Übungsaufgabe 4, S. 268 ff.

konten vorgenommen (in obiger Darstellung 25 % der gesamten Aufwendungen in Höhe von 480,—), oder es erfolgt eine Buchung über das Konto „Sonstige Erträge".

5.2.2.4 Die Verbuchung bei unfreiwilliger Abnahme des Warenlagers

Während bei der steuerlichen Gewinnermittlung eine festgestellte unfreiwillige Abnahme des Warenlagers (z. B. durch Verderb, Katastrophen oder Diebstahl) eine Bestandskorrektur und damit verbunden die Verbuchung eines entsprechenden Aufwands (entweder als außerordentlicher Aufwand oder als Erhöhung des Wareneinsatzes) auslöst, wird in einem solchen Fall keine Korrektur der Umsatzsteuer erforderlich. Im Gegensatz zu Erlösschmälerungen oder zu Warenentnahmen muss keine Umsatzsteuer nachbezahlt und verbucht werden, „da eine gegen den Willen des Unternehmers erfolgte Warenentnahme nicht als Leistung betrachtet werden kann. Insbesondere der Vorsteuerabzug bleibt erhalten, denn dieser steht in keinem sachlichen Zusammenhang mit dem weiteren Schicksal des betreffenden Umsatzgutes. Für die Geltendmachung eines Vorsteuerabzugs kommt es demnach nicht darauf an, was mit der Ware (oder Dienstleistung) innerhalb des Unternehmens geschieht."[197]

5.2.2.5 Die Verbuchung bei Abzahlungsgeschäften

Bei Abzahlungsgeschäften hat der Käufer eine Anzahlung auf den Kaufpreis und den Restbetrag in Form mehrerer Raten (Teilzahlungen) während der vereinbarten Kreditdauer zu begleichen; der Teilzahlungspreis setzt sich aus der Anzahlung und den vom Käufer zu entrichtenden Teilzahlungsbeträgen − einschl. Zinsen und anderen Kosten − zusammen.[198] Bei der Verbuchung sind die unterschiedlichen Fälligkeiten der einzelnen Zahlungen zu beachten. Es erfolgt zweckmäßigerweise eine Trennung des Kundenforderungskontos in die beiden Konten „Nicht fällige Kundenforderungen" und „Fällige Kundenforderungen".

Beispiel:

Der Sporthändler A verkauft dem Kunden B am 01.10.01 einen Tennisschläger für 300 € (zuzüglich 19 % Umsatzsteuer), wovon je ein Drittel sofort, nach einem Monat und nach zwei Monaten zu entrichten ist. B bezahlt pünktlich seine Raten jeweils bar.

Buchungssätze bei A:

Am 01.10.01:

(1)	Kasse	119,—	an	Warenverkauf	300,—
	Nicht fällige Kundenforde-				
	rungen	238,—		Umsatzsteuer	57,—

---

[197] *Eisele, W.*, Technik des betrieblichen Rechnungswesens, a. a. O., S. 124.

[198] Vgl. dazu und zum Folgenden *Eisele, W.*, Technik des betrieblichen Rechnungswesens, a. a. O., S. 147 ff.

Am 01.11.01 und am 01.12.01 (jeweils):

(2)	Fällige Kundenforderungen	an	Nicht fällige Kundenforderungen 119,—
(3)	Kasse	an	Fällige Kundenforderungen 119,—

5.2.3 Übungsaufgabe 2

Ein Einzelunternehmen stellt zum 31.12.00 folgende Schlussbilanz auf:

Aktiva	Schlussbilanz zum 31.12.00		Passiva
Grundstücke und Gebäude	103.000,—	Eigenkapital	110.000,—
Fuhrpark	32.000,—	Darlehensverbindlichkeiten	44.000,—
Waren	10.000,—	Lieferantenverbindlichkeiten	33.000,—
Bank	20.000,—	Sonstige Verbindlichkeiten	3.000,—
Kundenforderungen	13.000,—		
Kasse	12.000,—		
	190.000,—		190.000,—

Eröffnen Sie die Konten zum 01.01.01 (ohne Heranziehung eines Eröffnungsbilanzkontos, schreiben Sie – auf gesonderte Blätter – die mit Angabe der Beträge versehenen Buchungssätze zu den Geschäftsvorfällen, Abschlussangaben und den vorbereitenden Abschlussangaben in Worten nieder, verbuchen Sie die Buchungssätze und erstellen Sie die Bilanz (die identisch mit dem Schlussbilanzkonto ist) zum 31.12.01 und die Gewinn- und Verlustrechnung (die identisch mit dem Gewinn- und Verlustkonto ist) für die Zeit vom 01.01. bis 31.12.01.

Der Warenverkehr ist nach der Bruttomethode (Wareneinkauf; Warenverkauf), die Umsatzsteuer auf drei Konten (Vorsteuer; Umsatzsteuer; Eigenverbrauchsteuer) zu verbuchen. Von einer monatlichen Umsatzsteuervoranmeldung wird abgesehen; die Umsatzsteuer wird lediglich am Jahresende verrechnet.

Geschäftsvorfälle:

1. Wir (im Sinne von: als Mitglieder des Einzelunternehmens) erhalten von einem Lieferanten einen Bonus von 2.000 € zuzüglich 19 % Umsatzsteuer auf unser Bankkonto.

2. Es wird Bargeld aus der Kasse in Höhe von 5.000 € auf das Bankkonto eingezahlt.

3. Wir zahlen einen Teil der Darlehensverbindlichkeiten von 2.000 € durch Entnahme aus der Kasse zurück.

4. Der Einzelunternehmer E überlässt dem Betrieb ein bisher in seinem Privateigentum stehendes und bislang voll privat genutztes Grundstück im Gesamtwert von 50.000 € auf Dauer zur Hälfte zur Lagerung von Waren.

5. Wir verkaufen Waren an den Kunden A im Wert von 5.000 € zuzüglich 19 % Umsatzsteuer auf Ziel.

6. Wir kaufen Waren beim Lieferanten B im Wert von 3.000 € (zuzüglich 19 % Umsatzsteuer) auf Ziel, erhalten dabei einen Rabatt von 500 € und haben zusätzlich Bezugskosten von 800 € zu tragen (zusätzlich Umsatzsteuer berücksichtigen!). Die Bezahlung erfolgt drei Tage später aus Versehen vom privaten Bankkonto.

7. Der Kunde A sendet uns Waren im Wert von 2.000 € (zuzüglich 19 % Umsatzsteuer) wegen eines Warenfehlers zurück und bezahlt den fälligen Restbetrag ohne Skontoabzug auf das Bankkonto.

8. Es wird Einkommensteuer in Höhe von 8.000 € vom Bankkonto des Betriebs bezahlt.

9. Vom Lieferanten C kaufen wir 1.000 Wareneinheiten à 7 € zuzüglich 19 % Umsatzsteuer auf Ziel.

10. Wir bezahlen C 800 Wareneinheiten à 7 € (plus 19 % Umsatzsteuer) innerhalb der Skontofrist (Skonto = 2 %) und erhalten gleichzeitig für die 200 Wareneinheiten à 7 € (plus 19 % Umsatzsteuer) wegen einer von uns zu Recht geltend gemachten Mängelrüge eine Gutschrift in voller Höhe der Restverbindlichkeit, die mit dem Rechnungsrestbetrag verrechnet wird.

11. Es fallen Zinserträge von 3.000 € und Mietaufwendungen von 4.000 € an (jeweils über das Bankkonto).

12. Wir verkaufen 900 Wareneinheiten an den Kunden D à 10 € zuzüglich 19 % Umsatzsteuer auf Ziel.

13. Unser Kunde D bezahlt die 900 Wareneinheiten bereits am nächsten Tag unter Skontoabzug von 2 % auf das Bankkonto.

14. Der Einzelunternehmer E bezahlt eine private Schuld von 2.000 € zurück und verwendet dafür Geld aus der Kasse.

15. E entnimmt 100 Wareneinheiten (Teilwert = Einkaufspreis = 7 €/Stück; zusätzlich 19 % Umsatzsteuer berücksichtigen!) aus dem Lager für private Zwecke.

16. E benutzt ein zum Betriebsvermögen gehörendes Kraftfahrzeug während des Geschäftsjahrs zu 40 % für private Zwecke. Am Jahresende (vereinfachte Unterstellung) erhält das Unternehmen die Jahresrechnung für Benzin und Reparaturen von 5.000 € zuzüglich 19 % Umsatzsteuer, die am nächsten Tag vom betrieblichen Bankkonto bezahlt wird.

17. E bezahlt vom betrieblichen Bankkonto seinen Jahresmitgliedsbeitrag von 100 € und einen Betrag von 400 € für Bandenwerbung an den örtlichen Fußballverein.

18. Der Endbestand an Waren beträgt laut Inventur 11.668 €.

19. Die fällige Umsatzsteuerschuld wird am Jahresende über das betriebliche Bankkonto entrichtet.

Lösung:

Bei der Lösung wird in folgenden Schritten vorgegangen:

1. Buchungssätze zu den Geschäftsvorfällen und Abschlussangaben.

2. Kontenmäßige Darstellung.

3. Vorbereitende Abschlussbuchungen (Abschluss der Privatkonten auf das Eigenkapitalkonto; Abschluss von Eigenverbrauchs- und Vorsteuerkonto auf das Umsatzsteuerkonto; Abschluss der Erlösschmälerungskonten im Wareneinkaufs- oder -verkaufskonto; Abschluss der Aufwands- und Ertragskonten auf das Gewinn- und Verlustkonto; Abschluss des Gewinn- und Verlustkontos auf das Eigenkapitalkonto).

4. Abschlussbuchungen (Abschluss der Bestandskonten auf das Schlussbilanzkonto).

Die Kontensalden, die im Rahmen der vorbereitenden Abschlussbuchungen und der Abschlussbuchungen verbucht werden, werden durch Angabe des Gegenkontos in den jeweiligen Konten gekennzeichnet.

(1) Buchungssätze zu den Geschäftsvorfällen und Abschlussangaben:

1.	Bank	2.380,—	an	Lieferantenboni	2.000,—
				Vorsteuer	380,—
2.	Bank		an	Kasse	5.000,—
3.	Darlehensverbindlichkeiten		an	Kasse	2.000,—
4.	Grundstücke und Gebäude		an	Privateinlagen	25.000,—

(Bei Grundstücken erfolgt entsprechend der Nutzungsanteile eine Aufteilung in Privat- und Betriebsvermögen. Durch die auf Dauer angelegte betriebliche Nutzung wird die Hälfte des Grundstücks in das Betriebsvermögen eingelegt.)

5.	Kundenforderungen	5.950,—	an	Warenverkauf	5.000,—
				Umsatzsteuer	950,—
6. a)	Wareneinkauf	3.300,—	an	Lieferantenverbindlichkeiten	3.927,—
	Vorsteuer	627,—			
b)	Lieferantenverbindlichkeiten		an	Privateinlagen	3.927,—
7.	Warenverkauf	2.000,—	an	Kundenforderungen	5.950,—
	Umsatzsteuer	380,—			
	Bank	3.570,—			

8.	Privatentnahmen		an	Bank	8.000,—

| 9. | Wareneinkauf | 7.000,— | an | Lieferantenverbindlich- | |
| | Vorsteuer | 1.330,— | | keiten | 8.330,— |

10.a)	Lieferantenver-	6.664,—	an	Skontoerträge	112,—
	bindlichkeiten			Vorsteuer	21,28
				Bank	6.530,72
b)	Lieferantenver-	1.666,—	an	Wareneinkauf	1.400,—
	bindlichkeiten			Vorsteuer	266,—

| 11.a) | Bank | | an | Zinserträge | 3.000,— |
| b) | Mietaufwendungen | | an | Bank | 4.000,— |

| 12. | Kundenfor- | 10.710,— | an | Warenverkauf | 9.000,— |
| | derungen | | | Umsatzsteuer | 1.710,— |

13.	Skontoaufwendungen	180,—	an	Kundenforderungen 10.710,—	
	Umsatzsteuer	34,20			
	Bank	10.495,80			

| 14. | Privatentnahmen | | an | Kasse | 2.000,— |

| 15. | Privatentnahmen | 833,— | an | Wareneinkauf | 700,— |
| | | | | Eigenverbrauchsteuer | 133,— |

16.a)	Kfz-Aufwendungen	5.000,—	an	Lieferantenverbindlich-	
	Vorsteuer	950,—		keiten	5.950,—
b)	Privatentnahmen	2.380,—	an	Kfz-Aufwendungen 2.000,—	
				Eigenverbrauchsteuer 380,—	
c)	Lieferantenverbindlichkeiten		an	Bank	5.950,—

17.	Privatentnahmen	100,—	an	Bank	500,—
	Sonstige betriebl.				
	Aufwendungen	400,—			

| 18. | Schlussbilanzkonto | | an | Wareneinkauf | 11.668,— |

19. (Hierzu müssen die Vorabschlussbuchungen der Vorsteuer- und Eigenverbrauchsteuerkonten auf das Umsatzsteuerkonto berücksichtigt werden, die nach der kontenmäßigen Darstellung aufgezeigt werden. Nach deren Berücksichtigung im Umsatzsteuerkonto ergibt sich die folgende Verbuchung.)

| | Umsatzsteuer | | an | Bank | 519,08 |

(2)   Kontenmäßige Darstellung:

Bestandskonten:

S	Grundstücke und Gebäude		H
AB	103.000,—	EB	128.000,—
(4)	25.000,—		
	128.000,—		128.000,—

S	Fuhrpark		H
AB	32.000,—	EB	32.000,—

S	Wareneinkauf		H
AB	10.000,—	(10b)	1.400,—
(6a)	3.300,—	(15)	700,—
(9)	7.000,—	(18)	11.668,—
		Lieferan-tenboni	2.000,—
		Skonto-erträge	112,—
		GuV	4.420,—
	20.300,—		20.300,—

S	Bank		H
AB	20.000,—	(8)	8.000,—
(1)	2.380,—	(10a)	6.530,72
(2)	5.000,—	(11b)	4.000,—
(7)	3.570,—	(16c)	5.950,—
(11a)	3.000,—	(17)	500,—
(13)	10.495,80	(19)	519,08
		EB	18.946,—
	44.445,80		44.445,80

S	Umsatzsteuer		H
(7)	380,—	(5)	950,—
(13)	34,20	(12)	1.710,—
Vor-steuer	2.239,72	Eigen-verbrauch-	
(19)	519,08	steuer	513,—
	3.173,—		3.173,—

S	Eigenverbrauchsteuer		H
Umsatz-steuer	513,—	(15)	133,—
		(16b)	380,—
	513,—		513,—

S	Vorsteuer		H
(6a)	627,—	(1)	380,—
(9)	1.330,—	(10a)	21,28
(16a)	950,—	(10b)	266,—
		Umsatz-steuer	2.239,72
	2.907,—		2.907,—

S	Eigenkapital		H
EB	128.614,—	AB	110.000,—
		Privat	15.614,—
		GuV	3.000,—
	128.614,—		128.614,—

S	Kundenforderungen		H
AB	13.000,—	(7)	5.950,—
(5)	5.950,—	(13)	10.710,—
(12)	10.710,—	EB	13.000,—
	29.660,—		29.660,—

S	Kasse		H
AB	12.000,—	(2)	5.000,—
		(3)	2.000,—
		(14)	2.000,—
		EB	3.000,—
	12.000,—		12.000,—

S	Privatentnahmen		H
(8)	8.000,—	Privat	13.313,—
(14)	2.000,—		
(15)	833,—		
(16b)	2.380,—		
(17)	100,—		
	13.313,—		13.313,—

S	Darlehensverbindlichkeiten		H
(3)	2.000,—	AB	44.000,—
EB	42.000,—		
	44.000,—		44.000,—

S	Lieferantenverbindlichkeiten		H
(6b)	3.927,—	AB	33.000,—
(10a)	6.664,—	(6a)	3.927,—
(10b)	1.666,—	(9)	8.330,—
(16c)	5.950,—	(16a)	5.950,—
EB	33.000,—		
	51.207,—		51.207,—

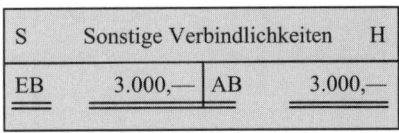

S	Sonstige Verbindlichkeiten		H
EB	3.000,—	AB	3.000,—

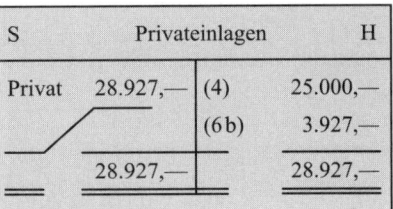

S	Privateinlagen		H
Privat	28.927,—	(4)	25.000,—
		(6b)	3.927,—
	28.927,—		28.927,—

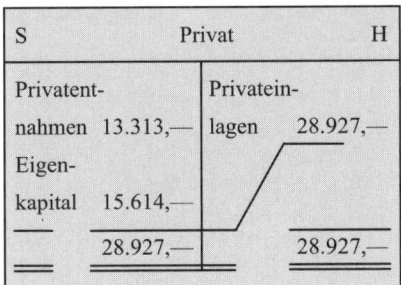

S	Privat		H
Privatent-nahmen	13.313,—	Privatein-lagen	28.927,—
Eigen-kapital	15.614,—		
	28.927,—		28.927,—

Erfolgskonten:

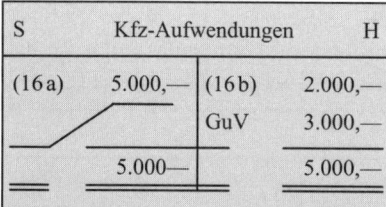

S	Skontoaufwendungen		H
(13)	180,—	Waren-verkauf	180,—
	180,—		180,—

S	Lieferantenboni		H
Waren-einkauf	2.000,—	(1)	2.000,—
	2.000,—		2.000,—

S	Mietaufwendungen		H
(11 b)	4.000,—	GuV	4.000,—

S	Skontoerträge		H
Waren-einkauf	112,—	(10 a)	112,—
	112,—		112,—

S	Kfz-Aufwendungen		H
(16 a)	5.000,—	(16 b)	2.000,—
		GuV	3.000,—
	5.000—		5.000,—

S	Warenverkauf		H
(7)	2.000,—	(5)	5.000,—
Skonto-aufwen-dungen	180,—	(12)	9.000,—
GuV	11.820,—		
	14.000,—		14.000,—

S	Sonstige betriebl. Aufwendungen		H
(17)	400,—	GuV	400,—

S	Zinserträge		H
GuV	3.000,—	(11 a)	3.000,—

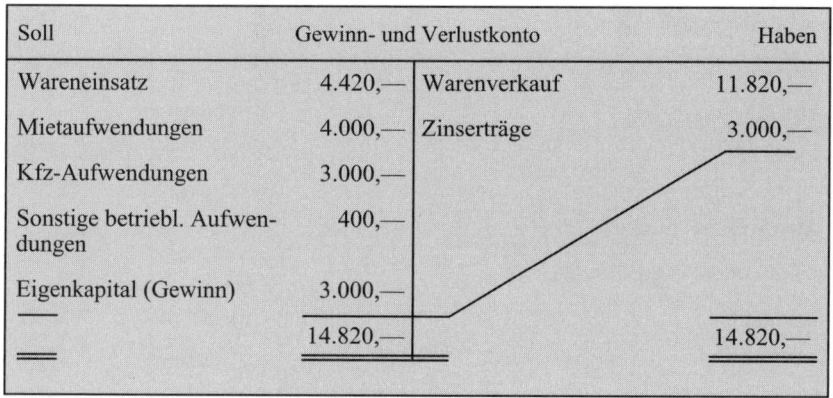

Soll		Gewinn- und Verlustkonto		Haben
Wareneinsatz	4.420,—	Warenverkauf		11.820,—
Mietaufwendungen	4.000,—	Zinserträge		3.000,—
Kfz-Aufwendungen	3.000,—			
Sonstige betriebl. Aufwendungen	400,—			
Eigenkapital (Gewinn)	3.000,—			
	14.820,—			14.820,—

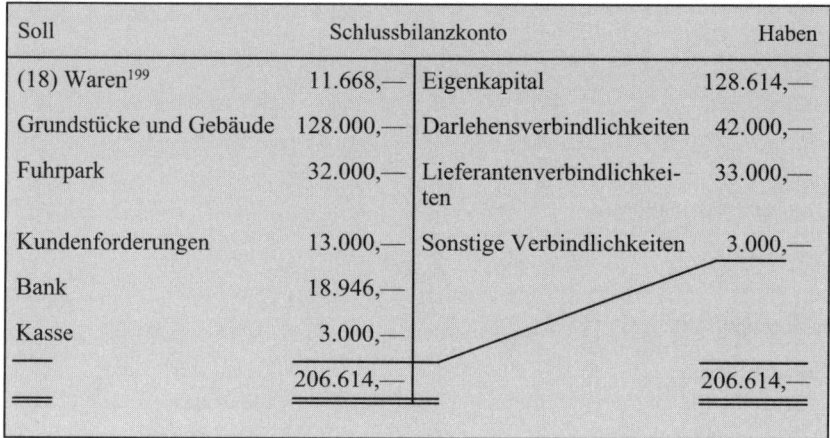

Soll		Schlussbilanzkonto		Haben
(18) Waren[199]	11.668,—	Eigenkapital		128.614,—
Grundstücke und Gebäude	128.000,—	Darlehensverbindlichkeiten		42.000,—
Fuhrpark	32.000,—	Lieferantenverbindlichkeiten		33.000,—
Kundenforderungen	13.000,—	Sonstige Verbindlichkeiten		3.000,—
Bank	18.946,—			
Kasse	3.000,—			
	206.614,—			206.614,—

(3) Vorbereitende Abschlussbuchungen:

Privatkonten:

Privateinlagen	an	Privat	28.927,—
Privat	an	Privatentnahmen	13.313,—
Privat	an	Eigenkapital	15.614,—

Umsatzsteuerkonten:

Umsatzsteuer	an	Vorsteuer	2.239,72
Eigenverbrauchsteuer	an	Umsatzsteuer	513,—

---

[199] Die Position „Waren" erscheint deshalb zu Beginn des Schlussbilanzkontos, weil sie im Rahmen einer Abschlussangabe verbucht wird. Aus diesem Grund wird sie auch im Folgenden – entgegen ihrer systematischen Zugehörigkeit zum Umlaufvermögen – an dieser Stelle aufgeführt.

Erlösschmälerungskonten:

Lieferantenboni	an	Wareneinkauf	2.000,—
Skontoerträge	an	Wareneinkauf	112,—
Warenverkauf	an	Skontoaufwendungen	180,—

(4) Abschlussbuchungen:

Aufwands- und Ertragskonten:

Warenverkauf	an	GuV-Konto	11.820,—
Zinserträge	an	GuV-Konto	3.000,—
GuV-Konto	an	Wareneinkauf	4.420,—
GuV-Konto	an	Mietaufwendungen	4.000,—
GuV-Konto	an	Kfz-Aufwendungen	3.000,—
GuV-Konto	an	Sonstige betriebl. Aufwendungen	400,—

Gewinn- und Verlustkonto:

GuV-Konto	an	Eigenkapital	3.000,—

Schlussbilanzkonto:

Schlussbilanzkonto	an	Grundstücke und Gebäude	128.000,—
Schlussbilanzkonto	an	Fuhrpark	32.000,—
Schlussbilanzkonto	an	Kundenforderungen	13.000,—
Schlussbilanzkonto	an	Bank	18.946,—
Schlussbilanzkonto	an	Kasse	3.000,—
Eigenkapital	an	Schlussbilanzkonto	128.614,—
Darlehensverbindlichkeiten	an	Schlussbilanzkonto	42.000,—
Lieferantenverbindlichkeiten	an	Schlussbilanzkonto	33.000,—
Sonstige Verbindlichkeiten	an	Schlussbilanzkonto	3.000,—

5.3 Die buchtechnische Behandlung besonderer Geschäftsvorfälle bei Industriebetrieben

Im bisherigen Verlauf wurde davon ausgegangen, dass es sich bei den betrachteten Unternehmen um Handelsbetriebe handelt. Für Industriebetriebe – wie auch für Handwerksbetriebe – gelten die bisherigen Ausführungen im Grundsatz auch, allerdings ergeben sich durch industrielle Struktur und Aufgabenstellung einige Besonderheiten, die im Folgenden ohne Verwendung eines Kontenrahmens und ohne Bezug zur Kostenrechnung dargestellt werden. Dabei kann hier eine Beschränkung auf die beiden wirtschaftszweigbedingten Besonderheiten vorgenommen werden:

- Materialverbrauch bei der Herstellung von Halb- und Fertigfabrikaten;

- Bestandsveränderungen bei Halb- und Fertigfabrikaten.

5.3.1 Die buchtechnische Erfassung des Materialverbrauchs

Während in Handelsbetrieben Waren eingekauft und ohne wesentliche Be- oder Verarbeitung wieder verkauft werden, ist in Industriebetrieben die Umformung von Kostengütern (Arbeitsleistungen, Rohstoffe, Betriebsmittel, Dienstleistungen Dritter usw.) in Erzeugnisse dem Absatz vorgeschaltet. In Industriebetrieben werden bestimmte Ausgangsstoffe im betrieblichen Leistungsprozess **in Halb- und Fertigfabrikate umgewandelt**. Dabei unterscheidet man folgende drei Arten von Ausgangsstoffen:

- **Rohstoffe** sind Materialien, die als wesentliche Bestandteile in das Endprodukt eingehen (z. B. das Holz bei der Möbelherstellung);

- **Hilfsstoffe** gehen ebenfalls in das Endprodukt ein, haben jedoch keine entscheidende Bedeutung für dessen Funktionsfähigkeit (z. B. der Lack bei der Möbelherstellung);

- **Betriebsstoffe** sind erforderlich, damit die Produktion durchgeführt und aufrechterhalten werden kann (z. B. Heizöl, Strom, Reinigungsmittel für die bei der Möbelherstellung eingesetzten Maschinen); sie gehen nicht in das Endprodukt ein.

Für jede dieser Stoffarten wird ein eigenes Konto – ähnlich dem Wareneinkaufskonto – geführt, das als Anfangsbestand den jeweils letzten Inventurbestand enthält und auf dem die Zugänge im Soll verbucht werden.

Beispiel:

1) Eine Möbelfabrik kauft Sperrholz für 10.000 € zuzüglich 19 % Umsatzsteuer auf Ziel.

Buchungssatz:

Rohstoffe	10.000,—	an	Lieferantenverbindlich-	
Vorsteuer	1.900,—		keiten	11.900,—

2) Eine Automobilfabrik kauft Lackfarben für 5.000 € zuzüglich 19 % Umsatzsteuer und Heizöl für 7.000 € zuzüglich 19 % Umsatzsteuer beim gleichen Lieferanten auf Ziel.

Buchungssatz:

Hilfsstoffe	5.000,—	an	Lieferantenverbindlich-	
Betriebsstoffe	7.000,—		keiten	14.280,—
Vorsteuer	2.280,—			

Ähnlich wie bei der Ermittlung des Wareneinsatzes können bei der Feststellung des Verbrauchs an Roh-, Hilfs- und Betriebsstoffen inventurabhängige und inventurunabhängige Verfahren angewendet werden.

Bei **Verwendung der inventurabhängigen Methode** werden in den Roh-, Hilfs- und Betriebsstoffkonten der Anfangsbestand und die Zugänge erfasst, am Jahresende wird der Endbestand durch Inventur festgestellt. Der verbleibende Saldo stellt den Verbrauch der jeweiligen Stoffart im laufenden Wirtschaftsjahr dar. Er wird in einem eigenen Aufwandskonto „Rohstoffaufwand", „Hilfsstoffaufwand" bzw. „Betriebsstoffaufwand" verbucht.

Bei der **inventurunabhängigen Methode** werden die Stoffbestandskonten bei jeder Materialentnahme gemindert, der entsprechende Aufwand wird in den oben genannten Aufwandskonten verbucht. Der sich auf dem Bestandskonto ergebende Saldo wird – nach einer eventuell erforderlichen Korrektur durch die Inventur – in das Schlussbilanzkonto übernommen. Voraussetzung für die Anwendung dieses Verfahrens ist die laufende Erfassung jeder Materialentnahme (z. B. mit Hilfe eines Materialentnahmescheins).

Berücksichtigt man, dass die Erlöse aus der Veräußerung der hergestellten Produkte auf einem Konto „Umsatzerlöse", das grundsätzlich mit dem Warenverkaufskonto verglichen werden kann, erfasst werden, dann zeigt sich, dass die Verbuchung in Industriebetrieben mit der in Handelsbetrieben vergleichbar ist.[200]

	Handel	Industrie
Anfangsbestand	Wareneinkauf	Rohstoffe/Hilfsstoffe/Betriebsstoffe
Zugänge	Wareneinkauf	Rohstoffe/Hilfsstoffe/Betriebsstoffe
Endbestand	Wareneinkauf (in Schlussbilanzkonto)	Rohstoffe/Hilfsstoffe/Betriebsstoffe (in Schlussbilanzkonto)

---

[200] Vgl. auch *Schöttler, J., Spulak, R.*, Technik des betrieblichen Rechnungswesens, a. a. O., S. 98 f.

Abgänge		
– inventurabhängig	Saldo des Warenein- kaufskontos; Buchung in GuV-Konto oder Warenverkaufskonto	Saldo der jeweiligen Stoffkonten; Buchung in jeweilige Stoffauf- wandskonten
– inventurunabhängig	Laufende Feststellung; Buchung in Waren- einsatzkonto	Laufende Feststellung; Buchung in jeweilige Stoffaufwandskonten

Beispiel:

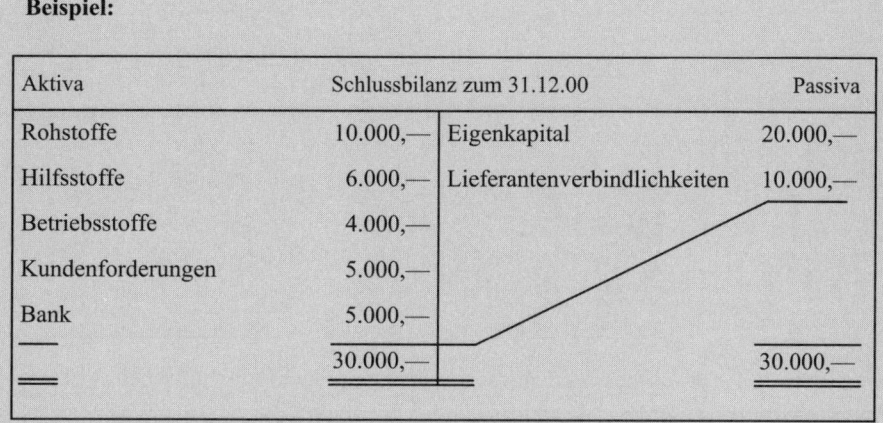

Aktiva		Schlussbilanz zum 31.12.00	Passiva
Rohstoffe	10.000,—	Eigenkapital	20.000,—
Hilfsstoffe	6.000,—	Lieferantenverbindlichkeiten	10.000,—
Betriebsstoffe	4.000,—		
Kundenforderungen	5.000,—		
Bank	5.000,—		
	30.000,—		30.000,—

Im Laufe des Jahres 01 ergeben sich folgende Geschäftsvorfälle (die Verbuchung der Rohstoffe erfolgt nach der inventurunabhängigen, die der Hilfs- und Betriebsstoffe nach der inventurabhängigen Methode):

(1)   Einkauf von Rohstoffen im Wert von 4.000 € (zuzüglich 19 % Umsatzsteuer) auf Ziel.

(2)   Lohnzahlung von 1.500 € über das Bankkonto.

(3)   Verbrauch an Rohstoffen im Wert von 8.000 €.

(4)   Bezahlung der Rechnung aus Geschäftsvorfall (1) vom Bankkonto ohne Skon- toabzug.

(5)   Verkauf der hergestellten Erzeugnisse für 20.000 € (zuzüglich 19 % Umsatz- steuer) auf Ziel.

(6)   Feststellung des Bestands der Hilfsstoffe durch Inventur: 1.000 €.

(7)   Feststellung des Bestands der Betriebsstoffe durch Inventur: 2.000 €.

(8)   Begleichung der fälligen Umsatzsteuer vom betrieblichen Bankkonto.

Buchungssätze:

(1)   Rohstoffe   4.000,—   an   Lieferantenverbind-
                                                    lichkeiten   4.760,—

        Vorsteuer   760,—

(2)   Lohn- und Gehaltsaufwand   an   Bank   1.500,—
        (abgekürzt: LuG-Aufwand)

(3)   Rohstoffaufwand   an   Rohstoffe   8.000,—

(4)   Lieferantenverbindlichkeiten   an   Bank   4.760,—

(5)   Kundenforderungen   23.800,—   an   Umsatzerlöse   20.000,—
                                                    Umsatzsteuer   3.800,—

(6) a) Schlussbilanzkonto   an   Hilfsstoffe   1.000,—

      b) Hilfsstoffaufwand   an   Hilfsstoffe   5.000,—

(7) a) Schlussbilanzkonto   an   Betriebsstoffe   2.000,—

      b) Betriebsstoffaufwand   an   Betriebsstoffe   2.000,—

(8)   (Nach Umbuchung des Vorsteuersaldos in das Umsatzsteuerkonto)
        Umsatzsteuer   an   Bank   3.040,—

Konten (inklusive der vorbereitenden Abschlussbuchungen und Abschlussbuchungen):

S	Rohstoffe		H
AB	10.000,—	(3)	8.000,—
(1)	4.000,—	EB	6.000,—
	14.000,—		14.000,—

S	Eigenkapital		H
EB	23.500,—	AB	20.000,—
		GuV	3.500,—
	23.500,—		23.500,—

S	Hilfsstoffe		H
AB	6.000,—	(6a) EB	1.000,—
		(6b)	5.000,—
	6.000,—		6.000,—

S	Lieferantenverbindlichkeiten		H
(4)	4.760,—	AB	10.000,—
EB	10.000,—	(1)	4.760,—
	14.760,—		14.760,—

S	Betriebsstoffe		H
AB	4.000,—	(7a) EB	2.000,—
		(7b)	2.000,—
	4.000,—		4.000,—

S	Lohn- und Gehaltsaufwand		H
(2)	1.500,—	GuV	1.500,—

S	Kundenforderungen		H
AB	5.000,—	EB	28.800,—
(5)	23.800,—		
	28.800,—		28.800,—

S	Rohstoffaufwand		H
(3)	8.000,—	GuV	8.000,—

S	Betriebsstoffaufwand		H
(7b)	2.000,—	GuV	2.000,—

S	Bank		H
AB	5.000,—	(2)	1.500,—
EB	4.300,—	(4)	4.760,—
		(8)	3.040,—
	9.300,—		9.300,—

S	Hilfsstoffaufwand		H
(6b)	5.000,—	GuV	5.000,—

S	Umsatzsteuer		H
Vor-steuer	760,—	(5)	3.800,—
(8)	3.040,—		
	3.800,—		3.800,—

S	Umsatzerlöse		H
GuV	20.000,—	(5)	20.000,—

S	Vorsteuer		H
(1)	760,—	Umsatz-steuer	760,—
	760,—		760,—

Soll	Gewinn- und Verlustkonto		Haben
LuG-Aufwand	1.500,—	Umsatzerlöse	20.000,—
Rohstoffaufwand	8.000,—		
Hilfsstoffaufwand	5.000,—		
Betriebsstoffaufwand	2.000,—		
Eigenkapital (Gewinn)	3.500,—		
	20.000,—		20.000,—

Soll		Schlussbilanzkonto	Haben
(6 a) Hilfsstoffe	1.000,—	Eigenkapital	23.500,—
(7 a) Betriebsstoffe	2.000,—	Bank	4.300,—
Rohstoffe	6.000,—	Lieferantenverbind-	
Kundenforderungen	28.800,—	lichkeiten	10.000,—
	37.800,—		37.800,—

5.3.2 Die buchtechnische Erfassung der Bestandsveränderungen bei Halb- und Fertigfabrikaten

5.3.2.1 Überblick über die Verfahren

Bisher wurde davon ausgegangen, dass sowohl zu Beginn als auch am Ende des Geschäftsjahrs keine Halb- und Fertigfabrikate, die das Unternehmen durch Verbrauch an Roh-, Hilfs- und Betriebsstoffen und unter Einsatz der sonstigen Produktionsfaktoren erstellt, aber noch nicht abgesetzt hat, auf Lager sind. Insofern ist die oben dargestellte Art der Erfolgsermittlung offenkundig richtig: dem Verbrauch an Roh-, Hilfs- und Betriebsstoffen und dem sonst erforderlichen Aufwand (z. B. Lohn- und Gehaltsaufwand) stehen die Erträge in Form der Umsatzerlöse gegenüber. Es ist also ein direkter Vergleich zur Verbuchung des Warenverkehrs möglich: dem Wareneinsatz und dem Warenverkauf im Handelsbetrieb entsprechen der Roh-, Hilfs- und Betriebsstoffaufwand und die Umsatzerlöse im Industriebetrieb.

Während in Handelsbetrieben eine Leistung eindeutig erst dann erbracht worden ist, wenn die beschafften Waren abgesetzt worden sind, muss man bei Industriebetrieben differenzieren zwischen einer Produktionsleistung, die bereits dann entsteht, wenn durch den Einsatz der Produktionsfaktoren neue Halb- bzw. Fertigfabrikate geschaffen werden, und der zeitlich nachgelagerten Absatzleistung, die erst dann erbracht ist, wenn die Produkte des Industriebetriebs an Abnehmer verkauft worden sind.

Produktion (Ertrag) und Verkauf (Umsatzerlös) einer Periode stimmen gewöhnlich nicht überein, sondern es verändern sich **Lagerbestände** an Halb- und Fertigfabrikaten, so dass **mehr verkauft als produziert** (Minderung der Bestände an Fertigfabrikaten) oder **mehr produziert als verkauft** werden kann (Mehrung der Bestände). Die Erfolgsrechnung kann zur Ermittlung des Betriebserfolges entweder sämtliche Aufwendungen, die in der Abrechnungsperiode bei der Erstellung der Betriebsleistungen angefallen sind, sämtlichen betrieblichen Erträgen, also nicht nur den Umsatzerlösen, sondern auch den nicht abgesetzten Leistungen, gegenüberstellen. Dieses Verfahren wird als **Gesamtkostenverfahren (Produktionsrechnung)** bezeichnet. Erscheinen dagegen auf der Ertragsseite nicht die gesamten Erträge der Periode, sondern nur die Umsatzerlöse, während die Umsatzaufwendungen unter Berücksichtigung der Bestandsveränderungen der Fabrikate auf der Aufwandsseite stehen, so handelt es sich um eine Gewinn- und Verlustrechnung nach dem **Umsatzkostenverfahren (Umsatzrechnung)**.

Beide Rechnungsarten unterscheiden sich also lediglich darin, wie sie unter Berücksichtigung von Lagerbestandsveränderungen die Erfolgskomponenten (Aufwand und Ertrag) mengenmäßig vergleichbar machen. Aus den folgenden Gleichungen erkennt man, dass das Gesamtkostenverfahren den Ertrag den Produktionsmengen und das Umsatzkostenverfahren den Aufwand den abgesetzten Mengen anpasst.

Gesamtkostenverfahren:

Aufwand	= Produktionsaufwand der Periode
Ertrag	= Gesamtleistung der Periode (Umsatzerlöse – Bestandsabnahme + Bestandserhöhung)

Umsatzkostenverfahren:

Aufwand	= Umsatzaufwand (Produktionsaufwand + Bestandsabnahme – Bestandserhöhung)
Ertrag	= Umsatzerlöse der Periode

Im Ergebnis stimmen Produktionsrechnung und Umsatzrechnung also überein. Bei Bestandserhöhungen, d. h. wenn mehr produziert als umgesetzt wird, weist die Umsatzrechnung einen um den zur Bestandserhöhung erforderlichen Aufwand geringeren Aufwand aus als die Produktionsrechnung. Die Umsatzrechnung enthält dafür auch die vollen Erlöse für die ab Lager verkauften Produkte als Ertragskomponenten. Im Periodenertrag der Produktionsrechnung werden demgegenüber neben den Umsatzerlösen auch die Bestandserhöhungen als Ertragskomponente ausgewiesen. Bei Bestandsabnahmen ist der Produktionsaufwand entsprechend geringer als der Aufwand für die insgesamt in der Periode umgesetzten Erzeugnisse.

5.3.2.2 Das Gesamtkostenverfahren

Beim **Gesamtkostenverfahren** werden die Endbestände der Halb- und Fertigfabrikate zum Ende des vorangegangenen Geschäftsjahrs als Anfangsbestände in die Konten „Halbfabrikate" und „Fertigfabrikate" übernommen. Am Jahresende wird der Endbestand dieser Konten festgestellt,[201] während im Laufe des Geschäftsjahrs keine Buchungen vorgenommen werden. Der Differenzbetrag zwischen Anfangs- und Endbestand wird auf ein Konto „Bestandsveränderungen"[202] gebucht, das als Ertrag (bei Bestandserhöhungen) oder als Aufwand (bei Bestandsminderungen) in das Gewinn- und Verlustkonto (bzw. in ein Vorkonto wie das Betriebsergebniskonto) eingeht.

---

[201] Das Problem der Bewertung wird auf S. 171 ff. behandelt.

[202] Denkbar sind auch zwei Konten „Bestandsveränderungen an Halbfabrikaten" und „Bestandsveränderungen an Fertigfabrikaten".

Beispiel:

Die Schlussbilanz zum 31.12.00 hat folgendes Aussehen (auf die Verwendung des Betriebsstoff- und Hilfsstoffkontos wird aus Vereinfachungsgründen verzichtet; es wird nur vom Vorhandensein und vom Einsatz von Rohstoffen ausgegangen):

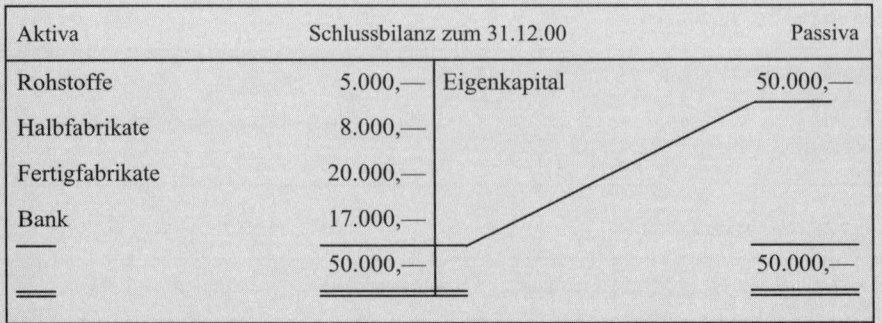

Aktiva		Schlussbilanz zum 31.12.00	Passiva
Rohstoffe	5.000,—	Eigenkapital	50.000,—
Halbfabrikate	8.000,—		
Fertigfabrikate	20.000,—		
Bank	17.000,—		
	50.000,—		50.000,—

Folgende **Geschäftsvorfälle** ereignen sich während des Geschäftsjahrs:

(1) Durch Einsatz der vorhandenen Rohstoffe werden die Halbfabrikate zu Fertigfabrikaten verarbeitet. Dazu wird ein Arbeitnehmer beschäftigt, an den ein Lohn in Höhe von 4.000 € über das Bankkonto ausbezahlt wird.

(2) Es werden Rohstoffe für 10.000 € (zuzüglich 19 % Umsatzsteuer) eingekauft und unmittelbar über das Bankkonto bezahlt.

(3) Die Rohstoffe gehen in die Erstellung von Halb- und Fertigfabrikaten in Höhe von 8.000 € ein.

(4) Zur Produktion werden Löhne in Höhe von 6.000 € vom Bankkonto bezahlt.

(5) Es werden Fertigfabrikate für 30.000 € (zuzüglich 19 % Umsatzsteuer) verkauft, die unmittelbar über das Bankkonto bezahlt werden.

(6) Der Endbestand der Fertigfabrikate beträgt 22.000 € (lt. Inventur).

(7) Der Endbestand der Halbfabrikate beträgt 2.000 € (lt. Inventur).

Buchungssätze:

(1) a)	Rohstoffaufwand		an	Rohstoffe	5.000,—
b)	Lohn- und Gehaltsaufwand (LuG-Aufwand)		an	Bank	4.000,—
(2)	Rohstoffe	10.000,—	an	Bank	11.900,—
	Vorsteuer	1.900,—			
(3)	Rohstoffaufwand		an	Rohstoffe	8.000,—
(4)	Lohn- und Gehaltsaufwand		an	Bank	6.000,—

(5)	Bank	35.700,—	an	Umsatzerlöse	30.000,—
				Umsatzsteuer	5.700,—
(6)	Schlussbilanzkonto		an	Fertigfabrikate	22.000,—
(7)	Schlussbilanzkonto		an	Halbfabrikate	2.000,—

Damit ergeben sich anhand der im Folgenden aufgezeigten Kontenkonstellation folgende **Vorabschlussbuchungssätze**:

Bestandsveränderungen (BV)		an	Halbfabrikate	6.000,—
Fertigfabrikate		an	Bestandsverän-derungen	2.000,—
GuV-Konto (GuV)		an	Bestandsverän-derungen	4.000,—
GuV-Konto		an	Rohstoffaufwand	13.000,—
GuV-Konto		an	LuG-Aufwand	10.000,—
Umsatzerlöse		an	GuV-Konto	30.000,—
GuV-Konto		an	Eigenkapital	3.000,—
Umsatzsteuer		an	Vorsteuer (VSt)	1.900,—

(Auf einen gesonderten Abschluss des Kontos „Umsatzsteuer" im Konto „Sonstige Verbindlichkeiten" wird aus Vereinfachungsgründen verzichtet.)

S	Rohstoffe		H
AB	5.000,—	(1 a)	5.000,—
(2)	10.000,—	(3)	8.000,—
		EB	2.000,—
	15.000,—		15.000,—

S	Eigenkapital		H
EB	53.000,—	AB	50.000,—
		GuV	3.000,—
	53.000,—		53.000,—

S	Halbfabrikate		H
AB	8.000,—	(7) EB	2.000,—
		BV	6.000,—
	8.000,—		8.000,—

S	Umsatzsteuer		H
VSt	1.900,—	(5)	5.700,—
EB	3.800,—		
	5.700,—		5.700,—

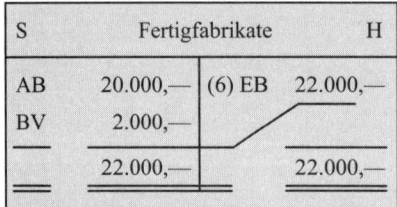

S	Fertigfabrikate		H
AB	20.000,—	(6) EB	22.000,—
BV	2.000,—		
	22.000,—		22.000,—

S	Bank		H
AB	17.000,—	(1 b)	4.000,—
(5)	35.700,—	(2)	11.900,—
		(4)	6.000,—
		EB	30.800,—
	52.700,—		52.700,—

S	Rohstoffaufwand		H
(1 a)	5.000,—	GuV	13.000,—
(3)	8.000,—		
	13.000,—		13.000,—

S	Lohn- und Gehaltsaufwand		H
(1 b)	4.000,—	GuV	10.000,—
(4)	6.000,—		
	10.000,—		10.000,—

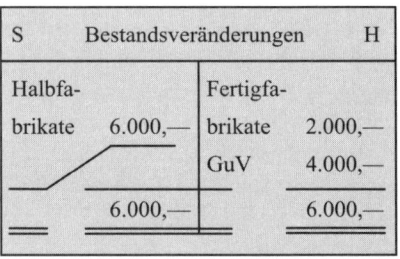

S	Vorsteuer		H
		Umsatz-	
(2)	1.900,—	steuer	1.900,—

S	Umsatzerlöse		H
GuV	30.000,—	(5)	30.000,—

S	Bestandsveränderungen		H
Halbfa-brikate	6.000,—	Fertigfa-brikate	2.000,—
		GuV	4.000,—
	6.000,—		6.000,—

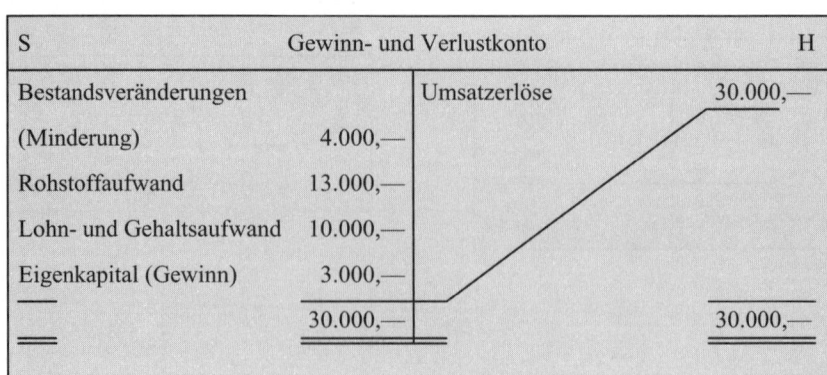

S	Gewinn- und Verlustkonto		H
Bestandsveränderungen (Minderung)	4.000,—	Umsatzerlöse	30.000,—
Rohstoffaufwand	13.000,—		
Lohn- und Gehaltsaufwand	10.000,—		
Eigenkapital (Gewinn)	3.000,—		
	30.000,—		30.000,—

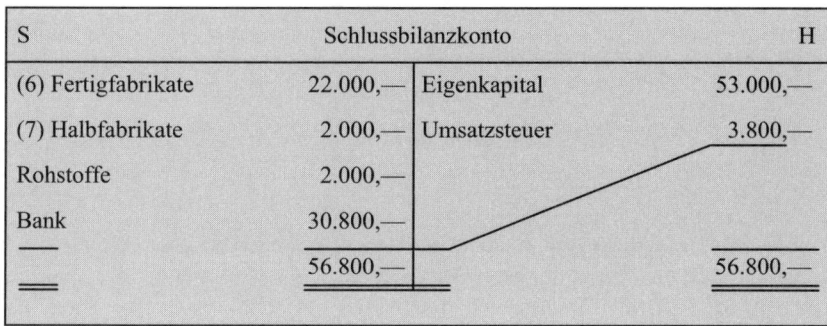

S		Schlussbilanzkonto		H
(6) Fertigfabrikate	22.000,—	Eigenkapital		53.000,—
(7) Halbfabrikate	2.000,—	Umsatzsteuer		3.800,—
Rohstoffe	2.000,—			
Bank	30.800,—			
	56.800,—			56.800,—

5.3.2.3 Das Umsatzkostenverfahren

Bei Anwendung des **Umsatzkostenverfahrens** erfolgt eine laufende Fortschreibung der Bestände an Halb- und Fertigfabrikaten, wodurch die laufenden Zu- und Abgänge im Rahmen einer permanenten Inventur[203] festgestellt werden. Folglich wird bei jeder Veränderung des Lagerbestands an Halb- und Fertigfabrikaten die entsprechende Bestandsänderung unmittelbar gebucht. Anhand des oben zur Darstellung des Gesamtkostenverfahrens verwendeten einfachen Beispiels ergibt sich folgende buchungssatztechnische und kontenmäßige Darstellung:

Beispiel:

Buchungssätze:

(1) a) Rohstoffaufwand		an	Rohstoffe	5.000,—
b) Lohn- und Gehaltsaufwand (LuG-Aufwand)		an	Bank	4.000,—
c) Fertigfabrikate		an	Halbfabrikate	8.000,—
d) Fertigfabrikate		an	Rohstoffaufwand	5.000,—
e) Fertigfabrikate		an	LuG-Aufwand	4.000,—
(2) Rohstoffe	10.000,—	an	Bank	11.900,—
Vorsteuer	1.900,—			

(Zu (3) und (4): Es werden jeweils 1.000 € zur Herstellung von Halbfabrikaten, der Rest zur Herstellung von Fertigfabrikaten aufgewendet.)

(3) a) Rohstoffaufwand		an	Rohstoffe	8.000,—
b) Halbfabrikate	1.000,—	an	Rohstoffaufwand	8.000,—
Fertigfabrikate	7.000,—			

---

[203] Vgl. S. 50.

(4) a) LuG-Aufwand			an	Bank	6.000,—
b) Halbfabrikate	1.000,—		an	LuG-Aufwand	6.000,—
Fertigfabrikate	5.000,—				
(5) Bank	35.700,—		an	Umsatzerlöse	30.000,—
				Umsatzsteuer	5.700,—

(Zu (6) und (7): Da die Inventur bei diesem Verfahren nur Kontrollzwecken dient, das Verfahren sonst aber inventurunabhängig ist, wird an dieser Stelle kein Buchungssatz verwendet. Es wird davon ausgegangen, dass das tatsächliche Inventurergebnis mit dem so ermittelten Inventurergebnis übereinstimmt.)

Damit ergeben sich folgende Vorabschlussbuchungssätze (der erste Vorabschlussbuchungssatz beinhaltet die verkauften Fertigfabrikate des Buchungssatzes (5) zu Herstellungskosten; diese betragen im Beispiel 27.000 €, die durch Multiplikation der verkauften Mengeneinheiten mit den ermittelten Herstellungskosten pro Mengeneinheit ermittelt werden):

Umsatzaufwendungen	an	Fertig-fabrikate (FF)	27.000,—
GuV-Konto (GuV)	an	Umsatzaufwendun-gen	27.000,—
Umsatzerlöse	an	GuV-Konto (GuV)	30.000,—
GuV-Konto	an	Eigenkapital	3.000,—
Umsatzsteuer	an	Vorsteuer (VSt)	1.900,—

(Auf einen gesonderten Abschluss des Kontos „Umsatzsteuer" im Konto „Sonstige Verbindlichkeiten" wird aus Vereinfachungsgründen verzichtet.)

S	Rohstoffe		H
AB	5.000,—	(1 a)	5.000,—
(2)	10.000,—	(3 a)	8.000,—
		EB	2.000,—
	15.000,—		15.000,—

S	Eigenkapital		H
EB	53.000,—	AB	50.000,—
		GuV	3.000,—
	53.000,—		53.000,—

S	Halbfabrikate		H
AB	8.000,—	(1 c)	8.000,—
(3 b)	1.000,—	EB	2.000,—
(4 b)	1.000,—		
	10.000,—		10.000,—

S	Fertigfabrikate		H
AB	20.000,—	Umsatz-	
(1 c)	8.000,—	aufwen-	
(1 d)	5.000,—	dungen	27.000,—
(1 e)	4.000,—	EB	22.000,—
(3 b)	7.000,—		
(4 b)	5.000,—		
	49.000,—		49.000,—

S	Bank		H
AB	17.000,—	(1 b)	4.000,—
(5)	35.700,—	(2)	11.900,—
		(4 a)	6.000,—
		EB	30.800,—
	52.700,—		52.700,—

S	Umsatzerlöse		H
GuV	30.000,—	(5)	30.000,—

S	Umsatzsteuer		H
VSt	1.900,—	(5)	5.700,—
EB	3.800,—		
	5.700,—		5.700,—

S	Vorsteuer		H
		Umsatz-	
(2)	1.900,—	steuer	1.900,—

S	Lohn- und Gehaltsaufwand		H
(1 b)	4.000,—	(1 e)	4.000,—
(4 a)	6.000,—	(4 b)	6.000,—
	10.000,—		10.000,—

S	Rohstoffaufwand		H
(1 a)	5.000,—	(1 d)	5.000,—
(3 a)	8.000,—	(3 b)	8.000,—
	13.000,—		13.000,—

S	Umsatzaufwendungen		H
FF	27.000,—	GuV	27.000,—

S	Gewinn- und Verlustkonto		H
Umsatzaufwendungen	27.000,—	Umsatzerlöse	30.000,—
Eigenkapital	3.000,—		
	30.000,—		30.000,—

S		Schlussbilanzkonto		H
Rohstoffe	2.000,—	Eigenkapital		53.000,—
Halbfabrikate	2.000,—	Umsatzsteuer		3.800,—
Fertigfabrikate	22.000,—			
Bank	30.800,—			
	56.800,—			56.800,—

5.3.2.4 Vergleich der Verfahren

Die Beispiele zeigen, dass die Höhe des Gewinns in beiden Fällen gleich ist. Nach der gemäß den gesetzlichen Gliederungsvorschriften erfolgten Umgruppierung des Schlussbilanzkontos entsprechen sich auch beide Schlussbilanzen. Unterschiede ergeben sich aber

- **im Gewinn- und Verlustkonto**, da beim Gesamtkostenverfahren der gesamte Umsatz einschl. der Bestandsveränderungen und die gesamten Aufwendungen (die theoretisch auch über ein vorgeschaltetes Konto zusammengefasst und lediglich als Saldo „Herstellungskosten" aufgenommen werden könnten) gezeigt werden, während beim Umsatzkostenverfahren lediglich die Umsatzaufwendungen den Umsatzerlösen gegenübergestellt werden, so dass trotz eines Bruttoausweises[204] die Gesamtleistung (verstanden als Summe aus Umsatzerlösen und Bestandsveränderungen) nicht ersichtlich wird,[205] und

- **in der laufenden Verbuchung der Lagerbestandsveränderungen** bei den Halb- und Fertigfabrikaten, da diese Konten beim Gesamtkostenverfahren nur am Jahresanfang (Bestandseinbuchung) und am Jahresende (Bestandsausbuchung und Aufwandsverbuchung des Saldos) angesprochen werden. Allerdings kann auch beim Gesamtkostenverfahren eine laufende Erfassung der Lagerbestandsveränderungen, z.B. durch eine Lagerbestandsbuchführung, erfolgen, um Lagerbewegungen nachvollziehbar zu machen. Diese laufende Erfassung der Lagerbestandsveränderungen ist für eine kurzfristige (unterjährige) Erfolgsrechnung vonnöten.

---

[204] Ein Nettoausweis ergäbe sich, wenn die Buchung des Fertigfabrikateeinsatzes nicht über das Konto „Umsatzaufwendungen", sondern direkt über das Konto „Umsatzerlöse" vorgenommen würde, so dass im Gewinn- und Verlustkonto nur ein Umsatzgewinn (im Beispiel ein Betrag von 3.000 €) ersichtlich würde.

[205] Vgl. dazu *Wöhe, G.*, Bilanzierung und Bilanzpolitik, a.a.O., S. 268 ff.

5.3.3 Die Zusammensetzung der Herstellungskosten in der Handels- und Steuerbilanz

Für die Höhe des Vermögens- und Erfolgsausweises ist es entscheidend, welche bei der Herstellung eines Fabrikats anfallenden Aufwendungen in den Herstellungskosten aktiviert werden müssen und welche sofort als Periodenaufwand verrechnet werden dürfen.[206]

Nach § 255 Abs. 2 HGB sind **Herstellungskosten** „die Aufwendungen, die durch den Verbrauch von Gütern und die Inanspruchnahme von Diensten für die Herstellung eines Vermögensgegenstands, seine Erweiterung oder für eine über seinen ursprünglichen Zustand hinausgehende wesentliche Verbesserung entstehen". Über die Zusammensetzung der Herstellungskosten bestimmt § 255 Abs. 2, 2a und 3 HGB im Einzelnen:

- Ein **Aktivierungsgebot** besteht für die Material(einzel)kosten, die Fertigungs(einzel)kosten und die Sonder(einzel)kosten der Fertigung, weiterhin für die Material- und Fertigungsgemeinkosten, den Wertverzehr des Anlagevermögens (Abschreibungen), soweit er durch die Fertigung veranlasst ist.

- Ein **Aktivierungswahlrecht** wird für die Kosten der allgemeinen Verwaltung sowie für Aufwendungen für soziale Einrichtungen des Betriebs, für freiwillige soziale Leistungen und für betriebliche Altersversorgung eingeräumt, soweit sie sich auf den Zeitraum der Herstellung beziehen.

- Ein **Aktivierungsverbot** gilt für Vertriebskosten und Fremdkapitalzinsen, bei Letzteren mit der Ausnahme, dass – soweit sie auf den Zeitraum der Herstellung entfallen – ein Ansatz zulässig ist, wenn das Fremdkapital zur Finanzierung der Herstellung eines Vermögensgegenstandes verwendet wird. Ferner besteht für während der Forschungsphase angefallene Aufwendungen eines selbst geschaffenen immateriellen Vermögensgegenstands ein Aktivierungsverbot, sodass für solche Vermögensgegenstände lediglich die in § 255 Abs. 2 HGB genannten Aufwendungen aktiviert werden dürfen, die der Entwicklungsphase zugeordnet werden können. Ist eine Trennung von Forschung und Entwicklung nicht verlässlich möglich, so hat die Aktivierung zu unterbleiben.

Nach § 255 Abs. 2, 2a und 3 HGB ergibt sich also die auf S. 172 folgende **Wertunter- bzw. Wertobergrenze** für die handelsrechtlichen Herstellungskosten.

Für die **Steuerbilanz** fordert § 6 Abs. 1 EStG den Ansatz von Herstellungskosten für Halb- und Fertigfabrikate und für die für den eigenen Betrieb erstellten Anlagen, Werkzeuge usw. Eine Definition des Begriffs Herstellungskosten gibt das Einkommensteuergesetz nicht. Was in die steuerlichen Herstellungskosten an Kostenarten einzubeziehen ist, d. h., welchen Umfang sie haben und wie sie zu ermitteln sind, wird weder aus dem Einkommensteuergesetz noch aus der Durchführungsverordnung ersichtlich.

---

[206] Zum Folgenden vgl. *Bieg, H., Kußmaul, H.*, Externes Rechnungswesen, 5. Aufl., München 2009, S. 136 f.; *Wöhe, G.*, Bilanzierung und Bilanzpolitik, a.a.O., S. 385 ff.

	Wertuntergrenze	Wertobergrenze
Pflichtbestandteile	Materialeinzelkosten + Fertigungseinzelkosten + Sondereinzelkosten der Fertigung + Materialgemeinkosten + Fertigungsgemeinkosten + Wertverzehr des Anlage-vermögens	Materialeinzelkosten + Fertigungseinzelkosten + Sondereinzelkosten der Fertigung + Materialgemeinkosten + Fertigungsgemeinkosten + Wertverzehr des Anlagevermögens
	= gesamte Einzelkosten + bestimmte angemessene Gemeinkosten	= gesamte Einzelkosten + bestimmte angemessene Gemeinkosten
Wahlbestandteile		+ Kosten der allgemeinen Verwaltung + Aufwendungen für soziale Einrichtungen des Betriebs + Aufwendungen für freiwillige soziale Leistungen + Aufwendungen für betriebliche Altersversorgung + Fremdkapitalzinsen (unter der Voraussetzung des § 255 Abs. 3 HGB)
		= gesamte Einzel- und Gemeinkosten (außer Forschungs- und Vertriebskosten)

Was nach Auffassung der Finanzverwaltung (unter Berücksichtigung der Rechtsprechung) Bestandteile der Herstellungskosten sind, ist in den Einkommensteuer-Richtlinien (R 6.3 EStR) im Einzelnen festgelegt worden. Danach ergibt sich folgende Zusammensetzung der steuerlichen **Herstellungskosten im Sinne des § 6 EStG**:[207]

- Ein **Aktivierungsgebot** besteht für die Material(einzel)kosten, die Fertigungs(einzel)kosten und die Sonder(einzel)kosten der Fertigung sowie für die Material- und Fertigungsgemeinkosten, ferner für den Wertverzehr des Anlagevermögens – soweit er durch die Fertigung veranlasst ist – in Höhe der steuerlichen Absetzungen (AfA).

- Ein **Aktivierungswahlrecht** wird für die Kosten der allgemeinen Verwaltung sowie für Aufwendungen für die betriebliche Altersversorgung und für freiwillige soziale Leistungen eingeräumt.

- Ein **Aktivierungsverbot** gilt für die Vertriebskosten sowie für Finanzierungskosten, kalkulatorische Zinsen für Eigenkapital und Fremdkapitalzinsen. Letztere können jedoch in die Herstellungskosten einbezogen werden, wenn ein Kredit in unmittelbarem wirtschaftlichem Zusammenhang mit der Herstellung eines Gutes aufgenommen wird und sich die Herstellung über einen längeren Zeitraum erstreckt, jedoch nur soweit sie auf den Zeitraum der Herstellung entfallen.

---

[207] Es darf jedoch nicht übersehen werden, dass die Richtlinien kein materielles Recht, sondern lediglich eine Verwaltungsanweisung darstellen und für die Gerichte nicht bindend sind.

Daraus wird ersichtlich, dass sowohl die steuerrechtliche Wertuntergrenze als auch die steuerrechtliche Wertobergrenze mit den handelsrechtlichen Grenzen übereinstimmen. Dies wird in der folgenden Übersicht nochmals verdeutlicht.[208]

Zusammensetzung der Herstellungskosten in der Handels- und Steuerbilanz (§ 255 Abs. 2 u. 3 HGB; R 6.3 EStR)						
Definition (§ 255 Abs. 2 Satz 1 HGB)	Aufwendungen, die entstehen durch – Verbrauch von Gütern und – Inanspruchnahme von Diensten, um einen Vermögensgegenstand – herzustellen, – zu erweitern oder – wesentlich zu verbessern					
Zusammensetzung (§ 255 Abs. 2 Satz 2-6, Abs. 3 HGB)	Aufwandsart	Handelsbilanz			Steuerbilanz (R 6.3 EStR)		
		Aktivierungs-			Aktivierungs-		
		pflicht	wahl-recht	verbot	pflicht	wahl-recht	verbot
	Materialeinzelkosten	X			X		
	Fertigungseinzelkosten	X			X		
	Sonderkosten der Fertigung	X			X		
	Materialgemeinkosten	X			X		
	Fertigungsgemeinkosten	X			X		
	Wertverzehr des Anlagevermögens	X			X		
	Kosten der allgemeinen Verwaltung		X			X	
	Aufw. für freiwillige soziale Leistungen		X			X	
	Aufw. für betriebliche Altersversorgung		X			X	
	Fremdkapitalzinsen (soweit zurechenbar, § 255 Abs. 3 HGB)		X			X	
	Vertriebskosten			X			X

---

[208] Vgl. *Wöhe, G.,* Bilanzierung und Bilanzpolitik, a.a.O., S. 389.

5.3.4 Bilanzpolitische Beeinflussung des Periodenerfolgs durch Wahlrechte bei der Zusammensetzung der Herstellungskosten

Den Einfluss der unterschiedlichen Aktivierungsgebote bzw. -wahlrechte beim Ansatz der Herstellungskosten auf den Periodengewinn in der Handelsbilanz zeigt ein schematisches und in der Kontendarstellung vereinfachtes Beispiel auf Seite 174 und auf Seite 175, bei dem im Fall 1 nur die Einzelkosten sowie bestimmte angemessene Gemeinkosten und im Fall 2 die gesamten Herstellungskosten angesetzt werden.

Beispiel:	
Einzelkosten (EK) sowie bestimmte angemessene Gemeinkosten (GK)	2.000 €
Sonstige Gemeinkosten (GK)	2.800 €
Gesamte Herstellungskosten (HK)	4.800 €

Es wird unterstellt, dass die Fertigfabrikate (FF) in der folgenden Periode zu 6.000 € veräußert werden. Von Vertriebskosten wird abgesehen.

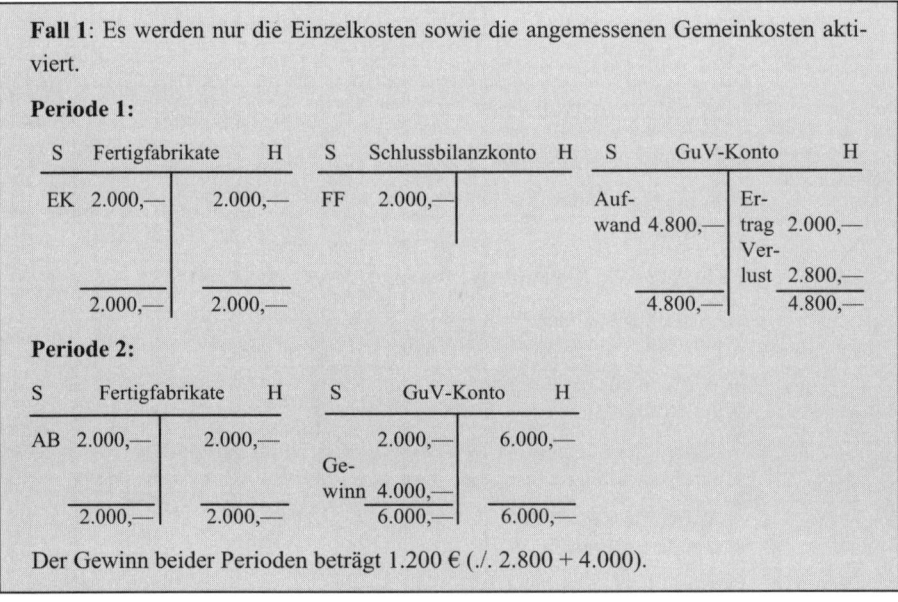

Fall 1: Es werden nur die Einzelkosten sowie die angemessenen Gemeinkosten aktiviert.

Periode 1:

S Fertigfabrikate H	S Schlussbilanzkonto H	S GuV-Konto H
EK 2.000,— | 2.000,—	FF 2.000,—	Auf- | Er- wand 4.800,— | trag 2.000,— | Ver- | lust 2.800,—
2.000,— | 2.000,—		4.800,— | 4.800,—

Periode 2:

S Fertigfabrikate H	S GuV-Konto H
AB 2.000,— | 2.000,—	2.000,— | 6.000,— Ge- winn 4.000,— |
2.000,— | 2.000,—	6.000,— | 6.000,—

Der Gewinn beider Perioden beträgt 1.200 € (./. 2.800 + 4.000).

Fall 2: Es werden die vollen Herstellungskosten aktiviert.

Periode 1:

S Fertigfabrikate H	S Schlussbilanzkonto H	S GuV-Konto H
EK 2.000,— | 4.800,—	FF 4.800,—	Auf- | Er- wand 4.800,— | trag 4.800,—
GK 2.800,— |		Gewinn 0,— |
4.800,— | 4.800,—		4.800,— | 4.800,—

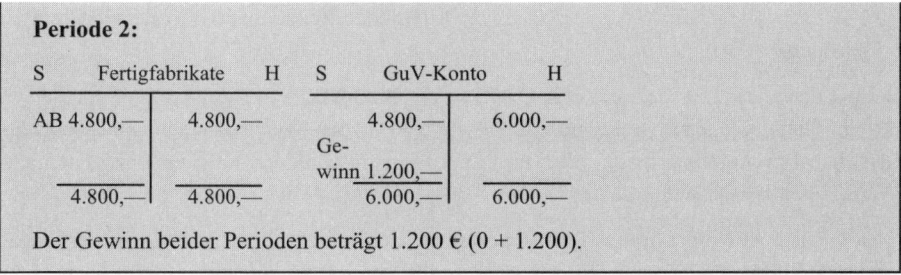

Der Gewinn beider Perioden beträgt 1.200 € (0 + 1.200).

Zusammenstellung der Gewinne (Verluste)			
	Periode 1	Periode 2	insgesamt
Fall 1 Fall 2	. /. 2.800 0	+ 4.000 + 1.200	+ 1.200 + 1.200

Werden die anteiligen sonstigen Gemeinkosten in die Herstellungskosten einbezogen, so tritt eine Erhöhung des Wertes des Vermögens gegenüber einer Nichtaktivierung und damit eine relative Erhöhung des ausgewiesenen Gewinns ein. Erfolgt keine Aktivierung, so erscheinen die anteiligen sonstigen Gemeinkosten – soweit sie mit Ausgaben verbunden sind – nur als Aufwand, nicht aber als Ertrag in der Erfolgsrechnung. Die zu Herstellungskosten bewerteten Bestände sind unterbewertet, der Gewinn wird durch Bildung stiller Rücklagen vermindert.

5.4 Die buchtechnische Behandlung des Wechselverkehrs

5.4.1 Begriffliche Grundlagen

Ein Wechsel ist ein Wertpapier, das eine Zahlungsverpflichtung bzw. ein Zahlungsversprechen enthält. So kann ein Kunde, der von seinem Lieferanten Waren oder Vorräte bezogen hat, diesem an Stelle der Barzahlung oder der Nutzung eines Zahlungsziels die Akzeptierung eines Wechsels anbieten. Je nachdem, ob ein Unternehmen aufgrund eines Wechsels die Zahlung eines Geldbetrages verlangen kann oder leisten muss, handelt es sich um einen Besitzwechsel oder einen Schuldwechsel.

Grundsätzlich sind zwei Arten des Wechsels zu unterscheiden:[209]

- Der **eigene Wechsel (Solawechsel)** enthält das Versprechen des Ausstellers, selbst an den im Wechsel genannten Wechselnehmer oder dessen Order bei Fälligkeit des Wechsels eine bestimmte Geldsumme zu zahlen.

- Der **gezogene Wechsel (Tratte)** enthält die unbedingte Anweisung des Ausstellers an den Bezogenen (Wechselschuldner), bei Fälligkeit des Wechsels eine bestimmte Geld-

---

[209] Vgl. dazu z.B. *Wöhe, G., Bilstein, J., Ernst, D., Häcker, J.,* Grundzüge der Unternehmensfinanzierung, 10. Aufl., München 2009, S. 355.

summe an einen im Wechsel genannten Dritten (den Remittenten) oder dessen Order zu zahlen.

Beim Solawechsel ist der Aussteller selbst der Schuldner, beim gezogenen Wechsel ist dagegen der Bezogene der Hauptschuldner, sobald er den Wechsel angenommen (akzeptiert) hat. Der Aussteller haftet dann nur als Rückgriffsschuldner, falls der Bezogene nicht zahlt (vgl. das Beispiel auf Seite 176).

Der Wechsel ist ein **geborenes Orderpapier**, das durch Einigung und Übergabe der indossierten Urkunde übertragen wird. Mit dem **Indossament** (Weitergabevermerk) übernimmt der Indossant die **Haftung** für die Annahme und Einlösung des Wechsels.[210]

Ein **Vorteil** des Wechsels im Vergleich zu einer normalen Kundenforderung liegt in den relativ strengen Regelungen des Wechselgesetzes. So muss ein gezogener Wechsel die folgenden **gesetzlichen Bestandteile** enthalten:[211]

- Die Bezeichnung „Wechsel" im Text der Urkunde;

- die unbedingte Anweisung, eine bestimmte Geldsumme zu zahlen (Zahlungsklausel);

- den Namen der Person oder Firma, die zahlen soll (Bezogener);

- die Angabe der Verfallzeit;

- die Angabe des Zahlungsortes;

- den Namen der Person oder Firma, an die oder deren Order gezahlt werden soll (Remittent);

- den Ausstellungstag und -ort;

- die Unterschrift des Ausstellers.

Beispiel:

Solawechsel:

Der Importeur B liefert dem Einzelhändler A Waren zu 5.000 € zuzüglich 19 % Umsatzsteuer (950 €). Da A die grundsätzlich sofort fällige Lieferantenverbindlichkeit nicht sofort bezahlen kann, stellt er einen Wechsel aus, in dem er verspricht, den Betrag von 5.950 € in drei Monaten zu begleichen. Nimmt B den Wechsel an, so ist A verpflichtet, ihn innerhalb dieser Frist einzulösen, d. h. die Wechselsumme an B zu zahlen. A ist in diesem Fall der Aussteller des Wechsels, B der Wechselnehmer.

Gezogener Wechsel:

Der Importeur A hat eine Forderung an den Einzelhändler B in Höhe von 5.950 €. Da B die grundsätzlich sofort fällige Lieferantenverbindlichkeit nicht sofort begleichen kann, sich aber bereit erklärt, nach Ablauf von drei Monaten zu bezahlen, stellt A ei-

---

[210] Vgl. Art. 15 Abs. 1 WG.

[211] Vgl. *Wöhe, G., Bilstein, J., Ernst, D., Häcker, J.,* Grundzüge der Unternehmensfinanzierung, a.a.O., S. 355.

nen Wechsel aus. Hat A gleichzeitig eine Verbindlichkeit gegenüber seinem Großhändler C in Höhe von 5.950 €, so kann A den B anweisen, innerhalb von drei Monaten diesen Betrag direkt an C zu zahlen. Akzeptiert B das durch seine Unterschrift
(„Querschreiben"), dann muss er innerhalb des gesteckten Zeitrahmens an C bezahlen. Befolgt er diese Anweisung nicht, muss A für seine Verbindlichkeit gegenüber C
geradestehen. A ist der Aussteller des Wechsels, B der Bezogene und C der Wechselnehmer (Remittent).

Enthält der Wechsel den Zusatz **„oder dessen Order"**, dann kann er vom Wechselnehmer
in Umlauf gebracht werden. Wird der Wechsel weitergegeben, dann hat der neue Wechselnehmer eine Forderung an den Bezogenen auf Begleichung des im Wechsel angegebenen
Betrages zum dort angegebenen Zahlungstermin. Der Wechselnehmer hat grundsätzlich drei
Möglichkeiten:

- **Er behält den Wechsel bis zum Zahlungstermin**. Beträgt die Wechselfrist z. B. drei
  Monate, dann fließt ihm auch erst nach drei Monaten der entsprechende Geldbetrag zu.

- **Er gibt den Wechsel an einen Lieferanten weiter** zur Begleichung bestehender Verbindlichkeiten (Übertragung durch Indossament). Damit wird ein sonst eintretender
  Abfluss liquider Mittel zum Zeitpunkt der Wechselausstellung verhindert. Löst der Bezogene den Wechsel nicht ein, dann muss derjenige, der den Wechsel weitergegeben
  hat, die entsprechende Verbindlichkeit begleichen, kann aber seinerseits bei einem
  Vorbesitzer des Wechsels oder beim Aussteller **Regress** nehmen.

- **Er verkauft den Wechsel an ein Kreditinstitut** (Übertragung durch Indossament).
  Das Unternehmen erhält sofort den entsprechenden Geldbetrag, muss aber dafür den
  Wechselzins (Diskont) an das Kreditinstitut entrichten.

Fasst man diese Verwendungsmöglichkeiten und die Art der rechtlichen Sicherung zusammen, dann lassen sich die drei **Funktionen des Wechsels** erkennen:[212]

- Die **Kreditfunktion**: die Zahlungsverpflichtung wird hinausgeschoben; für diese Funk-
  tion ist folglich ein Zins zu entrichten;

- die **Zahlungsmittelfunktion**: der Wechsel kann in Umlauf gebracht und während
  seiner Laufzeit beliebig oft weitergegeben und somit wie ein Zahlungsmittel verwendet
  werden;

- die **Sicherungsfunktion**: sie beruht neben den strengen Formvorschriften auf drei
  Faktoren:

  - Die Wechselforderung besteht unabhängig von dem zugrunde liegenden Warenge-
    schäft.

---

[212] Vgl. dazu auch *Engelhardt, W., Raffée, H., Wischermann, B.,* Grundzüge der doppelten Buchhaltung, a. a. O., S. 114 f.

– Der Wechsel geht **„zu Protest"**, d.h., es wird z.B. von einem Notar ein Protestvermerk gemacht, wenn er nicht eingelöst wird. Danach ist eine beschleunigte Wechselklage möglich.

– Jeder – frühere oder jetzige – Wechselinhaber haftet voll für die Einlösung des Wechsels **(Wechselregress)**. Jeder Wechselinhaber kann bei Nichtbezahlung des Wechselbetrages – ohne Beachtung der Reihenfolge – in Anspruch genommen werden. Da er jedoch im Zweifel auch wieder an seinen Vorgängern Regress nehmen kann, hat im Endeffekt der Aussteller die Folgen der Nichteinlösung eines Wechsels zu tragen.

Wie gezeigt, liegt bei Wechselgeschäften ein **verzinsliches Kreditgeschäft** vor. Da in diesem Zusammenhang nicht die reinen Finanzwechsel zu erörtern sind, die allein für Kreditzwecke ausgestellt werden, sondern die buchhalterische Erfassung von Wechseln zu behandeln ist, die bei Handels- und Industrieunternehmen im Zusammenhang mit dem gewöhnlichen Geschäftsbetrieb (Ein- und Verkauf) anfallen, können die Kreditaufwendungen als **Nebenleistungen der Warenlieferung** angesehen werden. Bei den durch die Ausstellung und Weitergabe eines Wechsels verursachten Nebenleistungen handelt es sich um folgende:

• **Wechselzins (Diskont)**: Auf den Wechsel ist der vereinbarte Zins zu entrichten. Er unterliegt der Umsatzsteuer. Zwar stellt § 4 Nr. 8 UStG Zinsen grundsätzlich von der Umsatzsteuer frei, diese Wechselzinsen werden aber als Nebenleistung der Warenlieferung angesehen und sind somit umsatzsteuerpflichtig. Eine Ausnahme gilt für Kreditinstitute, bei denen das In-Rechnung-Stellen eines Wechselzinses grundsätzlich umsatzsteuerfrei ist. Beträgt z.B. eine Forderung aus Warenlieferungen 10.000 € zuzüglich 1.900 € Umsatzsteuer und wird ein Wechsel auf drei Monate unter Einberechnung von 12 % Diskont p.a. (d.h. 3 % für 3 Monate) vom Kunden akzeptiert, dann bedeutet das:

Diskont:	3 % von	11.900 €	=	357,00 €
Umsatzsteuer:	19 % von	357 €	=	67,83 €
Summe:				424,83 €

Obwohl bereits die Warenlieferung der Umsatzsteuer unterlegen hat, wird auch der darauf beruhende Wechselzins der Umsatzsteuer unterworfen. Diese führt auf der einen Seite als Mehrwertsteuer zu einer Zahllasterhöhung, auf der anderen Seite als Vorsteuer zu einer Zahllastverminderung.

Da das Wechselgesetz bei Wechseln mit bestimmter Verfallzeit eine Zinsklausel neben der Angabe der Wechselsumme nicht zulässt, muss der Diskont entweder **neben der Wechselsumme vom Schuldner eingefordert** oder sofort **in die Wechselsumme einbezogen** werden. Im Folgenden wird i.d.R. davon ausgegangen, dass der Diskont gesondert in Rechnung gestellt wird, wenngleich sich an der grundsätzlichen Verbuchung dadurch nichts ändert.

• **Spesen**: Dabei handelt es sich vor allem um folgende Positionen:

– Auslagen (für Porto, Telefon);

– Inkassoprovision (bei Weitergabe an Kreditinstitute);

– Protestkosten.

Diese Spesen sind umsatzsteuerpflichtig.

Im Zuge der Einführung des Euro wurde die Zuständigkeit für die Geldpolitik von der *Deutschen Bundesbank* auf die *Europäische Zentralbank* übertragen. Dabei zählt die Diskontpolitik nicht mehr zu den geldpolitischen Instrumenten der Europäischen Zentralbank, womit die privilegierte Refinanzierungsmöglichkeit von Kreditinstituten bei der Gewährung von Diskontkrediten entfiel. Dennoch ist der Wechsel zunächst als Sicherungs-, Zahlungs- und Finanzierungsmittel für Unternehmen erhalten geblieben. Dabei wurde der Wechsel unter bestimmten Voraussetzungen – u.a. Mindestlaufzeit von 1 Monat, maximale Restlaufzeit von 6 Monaten, Abzinsung mit dem 3-Monats-EURIBOR-Satz[213] und Bewertungsabschlag von 2 % – als sog. „Kategorie-II-Sicherheit" im Europäischen System der Zentralbanken akzeptiert.[214] Mit der Einführung eines einheitlichen Sicherheitenverzeichnisses hat der Handelswechsel seit dem 01.01.2007 seine Notenbankfähigkeit und damit seine Bedeutung als Sicherheit bei der Kreditaufnahme der Kreditinstitute verloren.[215]

5.4.2 Buchungssätze beim Wechselverkehr

5.4.2.1 Die Buchungsvorgänge bei der Wechselziehung

Akzeptiert der Kunde einen Wechsel, dann geht eine normale Lieferantenverbindlichkeit in eine Wechselverbindlichkeit, den **Schuldwechsel**, über, während der Lieferant statt einer Kundenforderung eine Wechselforderung, den **Besitzwechsel**, erhält.

Erst nach Akzeptierung und Zurücksendung wird der Wechsel buchhalterisch erfasst. Im folgenden Beispiel wird für einen Wechsel, bei dem der Aussteller gleichzeitig der Wechselnehmer ist, die Verbuchung mittels der üblichen Trennung in ein Wechselbestands- und ein Wechselerfolgskonto durchgeführt.[216]

---

[213] Der EURIBOR wird von der European Banking Federation als Benchmark für die aktuellen Marktzinsen für Kredite bestimmter Arten im Handel zwischen Kreditinstituten veröffentlicht. Je nach Kreditlaufzeit werden stets mehrere Arten von EURIBOR notiert; vgl. *Bieg, H., Kußmaul, H.*: Finanzierung, 2. Aufl., München 2009, S. 171.

[214] Vgl. *Perridon, L., Steiner, M., Rathgeber, A.*: Finanzwirtschaft der Unternehmung, 15. Aufl., München 2009, S. 429 f.

[215] Vgl. dazu sowie zu den Merkmalen der Notenbankfähigkeit *Deutsche Bundesbank*: Die Schaffung eines einheitlichen Verzeichnisses für notenbankfähige Sicherheiten im Euro-Währungsgebiet, Monatsbericht April 2006, S. 32 ff.

[216] Zur Verwendung des sog. gemischten Wechselkontos vgl. *Engelhardt, W., Raffée, H., Wischermann, B.*, Grundzüge der doppelten Buchhaltung, a.a.O., S. 118 ff. und *Wöhe, G.*, Bilanzierung und Bilanzpolitik, a.a.O., S. 108 f.

Beispiel:

Der Lieferant A hat seinem Kunden B Waren im Wert von 10.000 € zuzüglich 19 % Umsatzsteuer geliefert. Die Kundenforderung wird in eine Wechselforderung (Laufzeit: 3 Monate) umgewandelt, indem B den von A ausgestellten Wechsel akzeptiert. Zuzüglich zu dem Forderungsbetrag werden Diskontzinsen (12 % p. a.) und Spesen von 20 € zuzüglich 19 % Umsatzsteuer in Rechnung gestellt; beide Beträge werden direkt nach der Rechnungserstellung von Bankkonto zu Bankkonto bezahlt.

Aus der Sicht des Besitzwechselinhabers:

Bei Entstehung der Kundenforderung:

(1)	Kundenforderungen	11.900,—	an	Warenverkauf	10.000,—
				Umsatzsteuer	1.900,—

Bei Akzeptierung des Wechsels:

(2)	Besitzwechsel		an	Kundenfor-derungen	11.900,—

Bei Inrechnungstellung des Diskonts und der Spesen:

(3) a)	Kundenforderungen[217]	424,83	an	Diskontertrag	357,—
				Umsatzsteuer	67,83
b)	Kundenforderungen	23,80	an	Sonstige betriebliche Erträge	20,—
				Umsatzsteuer	3,80

(Die entsprechenden Spesen wurden bei Bezahlung z. B. der Telefonrechnung als Aufwand verbucht; anstatt des Kontos „Sonstige betriebliche Erträge" werden auch die Konten „Wechselkosten" oder „Nebenkosten des Geldverkehrs" verwendet.)

Bei Bezahlung des Diskonts und der Spesen:

(4) a)	Bank	an	Kundenforderungen	424,83
b)	Bank	an	Kundenforderungen	23,80

(Die Buchungssätze (3) (a) und (b) können genauso wie die Buchungssätze (4) (a) und (b) in einen Buchungssatz gefasst werden. Erfolgt eine sofortige Barzahlung des Diskonts und der Spesen, dann können auch die Buchungssätze (3) und (4) zusammengefasst werden.)

---

[217] Anstelle dieses Kontos könnte hier und im Folgenden auch das Konto „Sonstige Forderungen" bzw. „Forderungen aus Lieferungen und Leistungen" angesprochen werden.

Sind der Diskont und die Spesen im Wechselbetrag enthalten (dieser würde im Beispiel 11.900 € + 424,83 € + 23,80 € = 12.348,63 € betragen), dann kann folgende Art der Verbuchung gewählt werden:[218]

Bei Entstehung der Kundenforderung:

(1)	Kundenforderungen	11.900,—	an	Warenverkauf	10.000,—
				Umsatzsteuer	1.900,—

Bei Akzeptierung des Wechsels (einschl. Diskont und Spesen):

(2)	Besitzwechsel	12.348,63	an	Kundenforderungen	11.900,—
				Diskontertrag	357,—
				Sonstige betriebliche Erträge	20,—
				Umsatzsteuer	71,63

Bei gesonderter Bezahlung des Diskonts und der Spesen:

(3)	Bank		an	Besitzwechsel	448,63

(Im Ergebnis ändert sich gegenüber der vorstehenden Verbuchungsmethode grundsätzlich nichts; bis zur Bezahlung des Diskonts und der Spesen bei Einlösung des Wechsels werden diese im Unterschied zu vorher als Bestandteil des Wechsels und nicht als „gewöhnliche" Kundenforderungen angesehen.)

Werden die Wechselspesen als Finanzierungskosten angesehen, dann ist eine Aktivierung der Wechselspesen in der Wechselsumme nicht möglich.[219] Damit wäre im Buchungssatz (2) im Soll der Besitzwechsel nur mit 12.328,63 € anzusetzen sowie eine Aufwandsbuchung („Sonstige betriebliche Aufwendungen", „Wechselkosten", „Nebenkosten des Geldverkehrs") von 20,— € vorzunehmen.

Aus der Sicht des Schuldwechselinhabers:

Bei Entstehung der Lieferantenverbindlichkeit:

(1)	Wareneinkauf	10.000,—	an	Lieferantenverbindlichkeiten[220]	11.900,—
	Vorsteuer	1.900,—			

Bei Akzeptierung des Wechsels:

(2)	Lieferantenverbindlichkeiten		an	Schuldwechsel	11.900,—

---

[218] Vgl. dahingehend *Bähr, G., Fischer-Winkelmann, W.,* Buchführung und Jahresabschluß, 6. Aufl., Wiesbaden 1998, S. 135 ff. (in den neuesten Auflagen nicht enthalten) sowie *Wöhe, G.,* Bilanzierung und Bilanzpolitik, a. a. O., S. 109 f.

[219] Vgl. Wirtschaftsprüfer-Handbuch 2006, Bd. I, 13. Aufl., Düsseldorf 2006, S. 337.

[220] Anstelle dieses Kontos könnte hier und im Folgenden auch das Konto „Sonstige Verbindlichkeiten" bzw. „Verbindlichkeiten aus Lieferungen und Leistungen" angesprochen werden.

Bei Akzeptierung des Wechsels:

(2)   Lieferantenverbindlichkeiten   an   Schuldwechsel   11.900,—

Bei Inrechnungstellung des Diskonts und der Spesen:

(3) a) Diskontaufwand   357,—   an   Lieferantenverbindlich-
       Vorsteuer   67,83   keiten   424,83

    b) Sonstige betriebliche
       Aufwendungen   20,—   an   Lieferantenverbindlich-
       Vorsteuer   3,80   keiten   23,80
       (Die Spesen könnten auch über das Konto „Wechselkosten" oder „Nebenkosten
       des Geldverkehrs" gebucht werden.)

Bei Bezahlung des Diskonts und der Spesen:

(4) a) Lieferantenverbindlichkeiten   an   Bank   424,83

    b) Lieferantenverbindlichkeiten   an   Bank   23,80

(Wie bereits oben gezeigt, ist eine Zusammenfassung der Buchungssätze (3) (a)
und (b) sowie (4) (a) und (b) ebenso wie eine Zusammenfassung der Buchungssätze (3) und (4) möglich.)

Analog zu der Sicht des Lieferanten wird die alternative Verbuchungsmethode für den
Fall aufgezeigt, dass der Diskont und die Spesen Bestandteil des Wechsels sind:

Bei Entstehung der Lieferantenverbindlichkeit:

(1)   Wareneinkauf   10.000,—   an   Lieferantenverbindlich-
        Vorsteuer   1.900,—   keiten   11.900,—

Bei Akzeptierung des Wechsels (einschl. Diskont und Spesen):

(2)   Lieferantenverbind-
        lichkeiten   11.900,—   an   Schuldwechsel   12.348,63
        Diskontaufwand   57,—
        Sonstige betriebliche
        Aufwendungen   20,—
        Vorsteuer   71,63

Bei gesonderter Bezahlung des Diskonts und der Spesen:

(3)   Schuldwechsel   an   Bank   448,63

        (Im Ergebnis ändert sich – wie schon erwähnt – nichts gegenüber der ersten
        Methode. Im weiteren Verlauf des Buches wird von einer getrennten Inrech-
        nungstellung des Diskonts und der Spesen ausgegangen, so dass immer die ers-
        te Buchungsmethode zu verwenden ist.)

5.4.2.2 Die Buchungsvorgänge bei der Wechselverwendung

5.4.2.2.1 Wechselverwendung bei Normalverlauf (störungsfreier Verlauf)

Der **Wechselnehmer (Besitzwechselinhaber)** hat folgende Möglichkeiten, den Wechsel zu verwenden:

(1) Er behält den Wechsel bis zum Verfalltag und der Vorlage beim Bezogenen.

(2) Er gibt den Wechsel an einen Lieferanten weiter:

    a) sofort,

    b) innerhalb der Laufzeit des Wechsels.

(3) Er löst den Wechsel bei einem Kreditinstitut ein:

    a) sofort,

    b) innerhalb der Laufzeit des Wechsels,

    c) mit Ablauf der Laufzeit des Wechsels.

Behält das Unternehmen den Wechsel bis zum Verfalltag (Alternative (1)) und legt ihn dann dem Kunden zum Inkasso vor, ergibt sich – bei jeweiliger Abrechnung über das Bankkonto – unter Heranziehung des oben verwendeten Beispiels folgende Verbuchung:

Beispiel:

(Die Buchungssätze des vorangegangenen Beispiels werden weiter durchnummeriert.)

Beim Besitzwechselinhaber:

(5)   Bank   an   Besitzwechsel   11.900,—

Beim Schuldwechselinhaber:

(5)   Schuldwechsel   an   Bank   11.900,—

Hat das Unternehmen Verbindlichkeiten gegenüber einem Lieferanten C (Alternative (2)), dann kann es den **Wechsel** an diesen **weitergeben**, indem er sein Einverständnis dazu durch seine Unterschrift auf der Wechselrückseite erklärt (Indossament). Bei sofortiger Weitergabe an den Lieferanten ist wirtschaftlich derselbe Sachverhalt wie bei einem gezogenen Wechsel gegeben, bei dem bereits bei der Ausstellung des Wechsels der Lieferant als Wechselnehmer angegeben wird. Ein Unterschied könnte sich lediglich bei anderweitig vereinbarten Zins- oder Spesenkonditionen ergeben. Unter der Annahme, dass der Lieferant denselben Diskont und dieselben Spesen wie das betrachtete Unternehmen A (bisheriger Besitzwechselinhaber) erhält, ergibt sich für das obige Beispiel folgende Verbuchung:

Beispiel:

Bei A:

(5)	Lieferantenverbindlich- keiten		an	Besitzwechsel	11.900,—
(6) a)	Diskontaufwand	357,—	an	Lieferantenverbindlich-	
	Vorsteuer	67,83		keiten	424,83
	b) Sonstige betriebliche Aufwendungen	20,—	an	Lieferantenverbindlich-	
	Vorsteuer	3,80		keiten	23,80
(7) a)	Lieferantenverbindlichkeiten		an	Bank	424,83
	b) Lieferantenverbindlichkeiten		an	Bank	23,80

Bei C:

(Neue Nummerierung, da er neu „in das Geschehen" eingreift.)

(1)	Besitzwechsel		an	Kunden- forderungen	11.900,—
(2) a)	Kundenforderungen	424,83	an	Diskontertrag	357,—
				Umsatzsteuer	67,83
	b) Kundenforderungen	23,80	an	Sonstige betriebliche Erträge	20,—
				Umsatzsteuer	3,80
(3) a)	Bank		an	Kundenforderungen	424,83
	b) Bank		an	Kundenforderungen	23,80

Wird der Wechsel z. B. erst nach einem Monat an C weitergegeben und sind an diesen dafür zwei Drittel des Diskonts und Spesen von 20 € zuzüglich 19 % Umsatzsteuer zu entrichten, dann ergibt sich bei A (die Verbuchung bei C erfolgt – wie im obigen Beispiel ersichtlich – analog zu der bei A):

(5)	Lieferantenverbindlichkeiten		an	Besitzwechsel	11.900,—
(6) a)	Diskontaufwand	238,—	an	Lieferantenverbindlich-	
	Vorsteuer	45,22		keiten	283,22
	b) Sonstige betriebliche Aufwendungen	20,—	an	Lieferantenverbindlich-	
	Vorsteuer	3,80		keiten	23,80
(7) a)	Lieferantenverbindlichkeiten		an	Bank	283,22
	b) Lieferantenverbindlichkeiten		an	Bank	23,80

Zahlt B nicht rechtzeitig an C, so hat die Weitergabe des Wechsels für A i.d.R. zur Folge, dass er dennoch an C bezahlen muss, d.h., bei A entsteht dadurch, dass B den Wechsel von C nicht einlöst, eine Regressverbindlichkeit gegenüber C in Höhe der ursprünglichen Lieferantenverbindlichkeit gegenüber C.

Wird der **Wechsel bei einem Kreditinstitut eingelöst** (Alternative (3)), dann bezeichnet man diesen Vorgang als **Diskontierung**. Betrachtet man zunächst den einfachsten Fall, dass der Wechsel erst am Ende seiner Laufzeit bei dem Kreditinstitut eingelöst wird, dann kann dieses zwar keinen Diskont, aber Spesen – vor allem die sog. **Inkassoprovision** für die Eintreibung des Wechsels – fordern. Verlangt das Kreditinstitut im obigen Beispiel eine Inkassoprovision von 40 €, dann ergibt sich bei A nach Ablauf der drei Monate folgende Verbuchung:

Beispiel:					
(5)	Bank	11.860,—	an	Besitzwechsel	11.900,—
	Sonstige betriebliche				
	Aufwendungen	40,—			

Die Kreditleistungen von Kreditinstituten sind grundsätzlich **von der Umsatzsteuer befreit**. Wird der Wechsel vor Ende seiner Laufzeit bei einem Kreditinstitut eingereicht, so ergibt sich ein umsatzsteuerliches Problem. Das Kreditinstitut stellt neben den Spesen auch den Wechselzins in Rechnung. Bei sofortiger Wechseleinreichung ergibt sich folgende Verbuchung, wenn das Kreditinstitut einen Diskont von 357 € und Spesen von 40 € verlangt:

Beispiel:					
(5)	Bank	11.503,—	an	Besitzwechsel	11.900,—
	Diskontaufwand	357,—			
	Sonstige betriebliche				
	Aufwendungen	40,—			

§ 17 UStG räumt die Möglichkeit ein, dass der Besitzwechselinhaber, der den Wechsel bei einem Kreditinstitut einreicht, den Diskont als **nachträgliche Entgeltsminderung** behandeln kann, so dass nur der nach Abzug des Umsatzsteueranteils verbleibende Diskont als Aufwand verbucht werden kann.[221] Eine vergleichbare Regelung gibt es für Wechselspesen nicht. Macht der Besitzwechselinhaber eine derartige Minderung seiner Umsatzsteuerzahlung geltend, dann muss er dem Schuldwechselinhaber davon Mitteilung machen, der dann verpflichtet ist, den von ihm geltend gemachten Vorsteuerbetrag entsprechend zu kürzen. Für den Besitzwechselinhaber ergibt sich für das obige Beispiel (die Umsatzsteuer von 357 € wird ausgehend von der bekannten Formel 357 : 1,19 = 300 herausgerechnet) folgende Verbuchung:

---

[221] Vgl. dazu Abschn. 151 Abs. 4 UStR.

Beispiel:

Bank	11.503,—	an	Besitzwechsel	11.900,—
Diskontaufwand	300,—			
Umsatzsteuer	57,—			
Sonstige Aufwendungen	40,—			

Beim Schuldwechselinhaber ist folgende Korrekturbuchung auszuführen:

Diskontaufwand		an	Vorsteuer	57,—

In der Praxis ist die dargestellte Korrekturbuchung wegen der erforderlichen Vorsteuerkorrektur und der damit verbundenen Information des Schuldwechselinhabers, durch die dieser auch einen evtl. nicht erwünschten Einblick in die Bankkonditionen erhält, relativ wenig gebräuchlich.[222]

5.4.2.2.2 Wechselverwendung bei nicht störungsfreiem Verlauf

Als „nicht störungsfrei" ist der Verlauf eines Wechsels anzusehen, wenn ihn der Bezogene am Fälligkeitstag nicht einlösen kann. In diesem Fall wird er versuchen, den Besitzwechselinhaber zu einer **Verlängerung der Laufzeit (Prolongation)** des Wechsels zu bewegen. Stimmt dieser einer Verlängerung der Laufzeit zu, wird entweder der alte Wechsel gegen einen neuen ausgetauscht oder auf dem bisherigen Wechsel wird ein entsprechender Vermerk vorgenommen. Grundsätzlich sind bei der Wechselprolongation **zwei Fälle** zu unterscheiden:

• Der Besitzwechselinhaber ist auch der Aussteller des Wechsels, d.h., der Wechsel wurde nicht weitergegeben.

• Der Besitzwechselinhaber ist mit dem Aussteller des Wechsels nicht identisch, d.h., der Wechsel wurde weitergegeben.

Im ersten Fall kann der Aussteller einen **neuen Wechsel ausstellen** und den alten Wechsel nach Akzeptierung des neuen zurückgeben. Neben dem fälligen Diskont fallen i.d.R. wiederum Spesen an, die vom Bezogenen zu tragen sind. Werden diese sofort von Bankkonto zu Bankkonto bezahlt, so ergibt sich, wenn die gleichen Wechselzinskonditionen (12 % p.a.) und Spesen in Höhe von 60 € zuzüglich 19 % Umsatzsteuer bei einer Laufzeit von einem Monat unterstellt werden, beim Aussteller und beim Bezogenen – unter Verwendung des vorangegangenen Beispiels – folgende Verbuchung:

---

[222] Vgl. dahingehend *Engelhardt, W., Raffée, H., Wischermann, B.,* Grundzüge der doppelten Buchhaltung, a.a.O., S. 116f.; vgl. diesbezüglich auch *Bähr, G., Fischer-Winkelmann, W.,* Buchführung und Jahresabschluß, 6. Aufl., Wiesbaden 1998, S. 138 (in den neuesten Auflagen nicht enthalten); *Heinhold, M.,* Buchführung in Fallbeispielen, a.a.O., S. 159.

Beispiel:

Beim Besitzwechselinhaber:

(1)	Besitzwechsel		an	Besitzwechsel 11.900,—

(Dieser Buchungssatz könnte auch unterbleiben, doch wird durch ihn der Prolongationsvorgang buchhalterisch ersichtlich. Theoretisch ist auch eine Buchung auf ein gesondertes Konto „Prolongationswechsel" möglich.)

(2) a)	Bank	141,61	an	Diskontertrag	119,—
				Umsatzsteuer	22,61
b)	Bank	71,40	an	Sonstige betriebliche Erträge	60,—
				Umsatzsteuer	11,40

Beim Schuldwechselinhaber:

(1)	Schuldwechsel (s. o. unter (1))		an	Schuldwechsel 11.900,—

(2) a)	Diskontaufwand	119,—	an	Bank	141,61
	Vorsteuer	22,61			
b)	Sonstige betriebliche Aufwendungen	60,—	an	Bank	71,40
	Vorsteuer	11,40			

Besteht der Aussteller jedoch auf der termingerechten Erfüllung der Wechselverbindlichkeit durch den Bezogenen, und kann dieser sich die erforderlichen finanziellen Mittel anderweitig nicht besorgen,[223] so kommt es zum **Wechselprotest**.[224]

Wurde der Wechsel jedoch bereits an einen Lieferanten oder an ein Kreditinstitut weitergegeben, so stellt sich der Prolongationsvorgang schwieriger dar. In diesem Fall kann der neue Wechsel gegen den alten nur eingetauscht werden, wenn der derzeitige Besitzwechselinhaber damit einverstanden ist. Dann erfolgt eine Verbuchung, wie sie oben aufgezeigt wurde. Ist er – wie dies der Regelfall sein dürfte – damit nicht einverstanden, muss sich der Schuldwechselinhaber den entsprechenden Geldbetrag auf irgendeine Art und Weise besorgen. Er kann den Aussteller des Wechsels bitten, ihm den erforderlichen Geldbetrag gegen Ausstellung eines neuen Wechsels unter Inkaufnahme des darauf zu entrichtenden Diskonts und der darauf entfallenden Spesen zur Verfügung zu stellen. Der Aussteller wird dazu i. d. R. bereit sein, weil er im Falle des Wechselprotests ohnehin für die Einlösung des Wechsels haftet. Stellt er dem Bezogenen den erforderlichen Geldbetrag gegen Ausstellung eines neuen Wechsels zu den oben beschriebenen Konditionen zur Verfügung, dann ergibt

---

[223] Der Spezialfall, dass ihm der Aussteller das Geld zur Verfügung stellt, ist wirtschaftlich im obigen Fall gegeben. Für den Fall, dass der Aussteller den Wechsel weitergegeben hat, kann er ebenfalls – dann allerdings unmittelbar mit finanziellen Mitteln – eingreifen; dieser Fall wird im Anschluss erörtert.

[224] Vgl. dazu die folgenden Ausführungen auf S. 188 ff.

sich beim Aussteller, beim Bezogenen und beim Besitzwechselinhaber folgende Verbuchung:

Beim Aussteller:				
(1) Besitzwechsel		an	Bank	11.900,—
(2) a) Bank	141,61	an	Diskontertrag	119,—
			Umsatzsteuer	22,61
b) Bank	71,40	an	Sonstige betriebliche Erträge	60,—
			Umsatzsteuer	11,40
Beim Bezogenen:				
(1) Bank		an	Schuldwechsel (neu)	11.900,—
(2) a) Diskontaufwand	119,—	an	Bank	141,61
Vorsteuer	22,61			
b) Sonstige betriebliche Aufwendungen	60,—	an	Bank	71,40
Vorsteuer	11,40			
(3) Schuldwechsel (Bei Einlösung des- „alten" Wechsels)		an	Bank	11.900,—
Beim Besitzwechselinhaber:				
(1) Bank (Bei Einlösung des „alten" Wechsels)		an	Besitzwechsel	11.900,—

Kommt eine Wechselprolongation nicht zustande, und ist der Bezogene auch nicht in der Lage, sich die zur Einlösung des Wechsels erforderlichen finanziellen Mittel anderweitig zu beschaffen, so geht der **Wechsel zu Protest**. Durch den Protestbeamten – gemäß § 79 WG ein Notar oder Gerichtsvollzieher – wird eine Protesturkunde ausgestellt, in der die Nichteinlösung des Wechsels registriert wird. Sie ist spätestens zwei Werktage nach dem Verfalltag des Wechsels zu erheben.

Ist eine Protesturkunde ausgestellt, dann hat der Besitzwechselinhaber die Möglichkeit, sich an jeden auf dem Wechsel eingetragenen Wechselbeteiligten unmittelbar zu wenden **(Regress)**. Wurde der Wechsel z. B. mehrmals weitergegeben, kann derjenige, der am Einlösungstag Besitzwechselinhaber ist, entweder direkt beim Aussteller oder bei jedem anderen Wechselbeteiligten Regress nehmen. Hat er sich nicht direkt an den Aussteller gewendet, kann sich der betroffene Wechselbeteiligte an jeden seiner Vorgänger wenden, so dass im Endeffekt **immer der Aussteller für die Einlösung des Wechsels haftet**. Wegen des besonderen Risikos der Protestwechsel sind sie von den anderen Wechseln gesondert auszuweisen; sie werden deshalb auf ein besonderes **Konto „Protestwechsel"** umgebucht.

Die Modalitäten des Wechselprotests sind in Art. 48 WG festgelegt. Danach kann der Besitzwechselinhaber neben der Wechselsumme (einschl. darin enthaltener Zinsen) Zinsen von (i. d. R.) 6 % seit dem Verfalltag, die Protestkosten und sonstige Auslagen sowie eine Provision (höchstens $^1/_3$ % der Wechselsumme) verlangen. Die im Falle des Wechselrückgriffs zu zahlenden Zinsen, Protestkosten und sonstigen Auslagen sind **als Schadensersatz zu behandeln** und unterliegen deshalb **nicht der Umsatzsteuer**.[225] Die vom Wechselinhaber gezahlte Umsatzsteuer wird ihm im Rahmen des Vorsteuerabzugs vom Finanzamt erstattet.[226] Unter Zugrundelegung des obigen Beispiels lässt sich die Verbuchung folgendermaßen zeigen:

Beispiel:

A hat einen Wechsel über 11.900 € ausgestellt, den B akzeptiert hat, und den A an C weitergegeben hat. Der Wechsel geht wegen Zahlungsunfähigkeit des B zu Protest. Die Protestkosten betragen 100 € zuzüglich 19 % Umsatzsteuer, die Auslagen und die Provision betragen insgesamt 50 € zuzüglich 19 % Umsatzsteuer, die Verzugszinsen 6 % p. a. für 12 Tage (2/5 Monate), d. h. 0,2% von 11.900 €, also 23,80 €. C bezahlt die Protestkosten vom Bankkonto und wendet sich an A mit der Forderung, die Wechselsumme einschl. aller anfallenden Aufwendungen zu tragen (Regress).

Verbuchung bei C:

Bei Wechselprotest:

Protestwechsel		an	Besitzwechsel	11.900,—
Sonstige betriebl. Aufwendungen	100,—	an	Bank	119,—
Vorsteuer	19,—			

(Die Auslagen wurden auf dem entsprechenden Aufwandskonto bereits verbucht.)

Bei Regress:

Sonstige Forderungen	12.073,80	an	Protestwechsel	11.900,—
			Sonstige betriebl. Erträge	150,—
			Diskontertrag	23,80

---

[225] Vgl. BMF-Schreiben vom 01.04.1986, BStBl 1986 II, S. 150 sowie *Buchner, R.,* Buchführung und Jahresabschluss, 7. Aufl., München 2005, S. 393 f.

[226] Vgl. *Engelhardt, W., Raffée, H., Wischermann, B.,* Grundzüge der doppelten Buchhaltung, a. a. O., S. 127.

Verbuchung bei A:

Bei Regress:

Protestwechsel	11.900,—	an	Sonstige Verbind-	
Sonstige betriebl.			lichkeiten	12.073,80
Aufwendungen	150,—			
Diskontaufwand	23,80			

Hält A die Möglichkeit zum Regress gegenüber B für Erfolg versprechend, dann kann er seinerseits eine Rückgriffsforderung an B richten (die ihm zusätzlich entstandenen Aufwendungen von 7 € stellt er B in Rechnung):

Verbuchung bei A:

Sonstige Forderungen	12.080,80	an	Protestwechsel	11.900,—
			Sonstige betriebl.	
			Erträge	157,—
			Diskontertrag	23,80

Verbuchung bei B:

Schuldwechsel	11.900,—	an	Sonstige Verbind-	
Sonstige betriebl.			lichkeiten	12.080,80
Aufwendungen	157,—			
Diskontaufwand	23,80			

5.4.3 Die Behandlung der Wechsel in der Bilanz

Besitzwechsel sind in der Bilanz **nicht gesondert** auszuweisen, sondern im Regelfall unter den betreffenden Forderungspositionen (z.B. bei Forderungen aus Lieferungen und Leistungen), da die Verbriefung der Forderung als Wertpapier lediglich eine besondere Sicherungsform darstellt. Steht dem Unternehmen die der Ausstellung zugrunde liegende Forderung nicht zu, sind die Wechsel unter der Position **„sonstige Wertpapiere"** zu erfassen.[227] Vom Unternehmen ausgestellte Wechsel, die nicht weitergegeben wurden, sind also nicht als Wechsel, sondern als „normale" Kundenforderungen auszuweisen. Bei der Erstellung der Schlussbilanz muss eine entsprechende Umbuchung vom Konto „Besitzwechsel" auf das Konto „Kundenforderungen" erfolgen.[228]

Die **Bewertung der Wechsel** erfolgt analog zu der Bewertung der durch Wechsel gesicherten Forderungen. In der Regel ist eine Abzinsung um die in der Wechselsumme enthaltenen

---

[227] Vgl. *Dusemond, M., Heusinger, S., Knop, W.,* in: *Küting, K., Weber, C.-P.,* Handbuch der Rechnungslegung, a.a.O., § 266 HGB, Rn. 96; *Wöhe, G.,* Bilanzierung und Bilanzpolitik, a.a.O., S. 295 und S. 309.

[228] Darauf wird im Folgenden verzichtet, d.h., Wechsel aufgrund von erbrachten Unternehmensleistungen werden als Besitzwechsel ausgewiesen, da es im Rahmen der Buchführungsaufgaben um die buchhalterische Behandlung mit Erstellung des Schlussbilanzkontos, nicht aber um die umfassende Lösung handels- und steuerrechtlicher Bilanzierungsfragen geht.

Wechselzinsen vorzunehmen,[229] sofern diese – wie bisher vorausgesetzt – nicht als eigenständige Forderung in Rechnung gestellt werden. Werden die Wechsel nicht weitergegeben und werden sie als unsicher angesehen, so ist ebenso wie bei anderen Forderungen ein Wertabschlag durch eine Abschreibung vorzunehmen.[230]

Hat das Unternehmen **Wechselverbindlichkeiten**, sind diese in Höhe des gesamten Wechselbetrages **(Erfüllungsbetrag)** auszuweisen. Wurden die Zinsen gesondert in Rechnung gestellt, ist – sofern sie am Bilanzstichtag nicht bereits entrichtet waren – eine gesonderte Verbindlichkeit auszuweisen. Ist der Diskont dagegen Bestandteil der Wechselsumme, kann er nur dann als Rechnungsabgrenzungsposten ausgewiesen und somit aus der Wechselsumme ausgesondert werden, wenn der Wechsel über mehrere Jahre läuft.[231]

Ein besonderes Bilanzierungsproblem ergibt sich bei Wechseln, die vom Unternehmen ausgestellt und weitergegeben wurden (an ein Kreditinstitut oder an einen Lieferanten) oder die das Unternehmen erhalten und weitergegeben hat. In diesen Fällen kann der Wechsel nicht mehr als Forderung ausgewiesen werden. Da das Unternehmen jedoch das Risiko trägt, dass es aus dem Wechsel in Anspruch genommen wird, falls er zu Protest geht, entsteht für das Unternehmen eine **Eventualverbindlichkeit** aus der möglichen Inanspruchnahme bei Regressfällen.

Diese Eventualverbindlichkeit ist in voller Höhe gesondert, d. h. nicht als Passivposition, sondern **„unter dem Strich"** der Bilanz zu vermerken.[232] Sofern allerdings mit einer Inanspruchnahme im Regressfall gerechnet werden muss, ist eine **Rückstellung für Wechselobligo** mit Hilfe des Buchungssatzes „Aufwand an Rückstellung für Wechselobligo" zu bilden, die sich nach der wahrscheinlichen Inanspruchnahme zu richten hat.[233] Besteht bereits Gewissheit, dass ein Regressanspruch gestellt wird, ist eine **„Sonstige Verbindlichkeit"** zu bilden; entsprechend ist ein bestehender Regressanspruch als „Sonstige Forderung" zu aktivieren.[234]

5.5 Die buchtechnische Behandlung von Wertpapieren und Devisen

5.5.1 Die Einteilung der Wertpapiere in der Buchführung und Bilanz

Die Einteilung der Wertpapiere kann vor allem nach zwei Kriterien erfolgen:

• Nach der beabsichtigten **Dauer der Kapitalanlage** ist zwischen Wertpapieren des Anlagevermögens und Wertpapieren des Umlaufvermögens zu unterscheiden. Während Wertpapiere des Anlagevermögens zur langfristigen Kapitalanlage mit oder ohne Absicht zur Beteiligung an anderen Unternehmen erworben werden, dienen Wertpapiere

---

[229] So auch *Eisele, W.*, Technik des betrieblichen Rechnungswesens, a. a. O., S. 172.

[230] Vgl. dazu die Ausführungen auf S. 253 ff.

[231] Vgl. dazu § 250 Abs. 3 HGB; steuerlich ist eine derartige Abgrenzung generell vorzunehmen.

[232] Vgl. § 251 HGB; bei Kapitalgesellschaften ist unter der Bilanz oder im Anhang eine gesonderte betragsmäßige Angabe zu den einzelnen Haftungsverhältnissen geboten.

[233] Vgl. zur Verbuchung und zum Zweck der Rückstellungen ausführlich S. 291 ff.

[234] Vgl. auch *Eisele, W.*, Technik des betrieblichen Rechnungswesens, a. a. O., S. 171.

des Umlaufvermögens i. d. R. der Anlage kurzfristig verfügbarer Geldmittel als Liquiditätsreserve. In der handelsrechtlichen Bilanzgliederung gem. § 266 Abs. 2 HGB wird diese Einteilung weiter präzisiert.[235]

Da die im HGB vorgeschriebene Einteilung der Wertpapiere für die handelsrechtliche Bilanzgliederung maßgebend ist (zwingend allerdings nur für Kapitalgesellschaften), ist zweckmäßigerweise auch in der Buchführung entsprechend zu kontieren.

Gliederung der Wertpapiere nach § 266 Abs. 2 HGB
I. Anlagevermögen 1. Anteile an verbundenen Unternehmen 2. Beteiligungen 3. Wertpapiere des Anlagevermögens
II. Umlaufvermögen 1. Anteile an verbundenen Unternehmen 2. sonstige Wertpapiere

- Nach der **Art der Wertpapiere** kann zwischen Dividendenpapieren und Zinspapieren unterschieden werden.[236] **Dividendenpapiere** (z. B. Aktien, Investmentanteile) verbriefen einen Anteil am Eigenkapital eines anderen Unternehmens, so dass ihre Verzinsung, die Dividende, einen **Anteil am Gewinn** darstellt und folglich von der Höhe des Gewinns beeinflusst wird, also variabel ist. Der Inhaber eines Dividendenpapieres ist über die Kursentwicklung an den Wertsteigerungen und Wertminderungen des Unternehmensvermögens unmittelbar beteiligt. Eine Rückzahlung des beim Kauf eines Dividendenpapiers zur Verfügung gestellten Kapitals ist zwar erst bei der Auflösung des betreffenden Unternehmens möglich, ein Verkauf der Dividendenpapiere kann jedoch jederzeit vorgenommen werden.

Zinspapiere (z. B. Pfandbriefe, Obligationen) verbriefen eine Forderung an ein anderes Wirtschaftssubjekt. Ihre Verzinsung ist grundsätzlich vom Gewinn unabhängig. Der Inhaber eines Zinspapiers ist zwar nicht an den Wertsteigerungen und Wertminderungen des Unternehmensvermögens, dafür jedoch an den Wertänderungen (Kursänderungen) des Zinspapiers selbst beteiligt. Diese Wertänderung kann durch eine jederzeit mögliche Veräußerung realisiert werden; es besteht aber auch die Möglichkeit, Zinspapiere am Ende ihrer Laufzeit zum Rückzahlungsbetrag (i. d. R. dem Nennwert) einzulösen. Der Inhaber eines Zinspapiers erhält einen **festen Zins**, der meistens jährlich oder halbjährlich zu bestimmten Terminen (z. B. M/S = März/September) ausgezahlt wird.

5.5.2 Die Buchungsvorgänge beim Kauf von Wertpapieren

Wertpapieran- und -verkäufe werden teilweise auf einem gemischten Konto – ähnlich dem gemischten Warenkonto – verbucht, dessen Saldo sowohl den mit Hilfe der Inventur ermittelten Bestand als auch den Erfolgsbeitrag enthält. Wie auch beim Warenkonto wird in der Praxis im Regelfall eine Trennung in ein Bestandskonto und in ein Erfolgskonto vorge-

---

[235] Vgl. dazu *Wöhe, G.,* Bilanzierung und Bilanzpolitik, a. a. O., S. 293 ff.
[236] Vgl. dazu auch *Heinhold, M.,* Buchführung in Fallbeispielen, a. a. O., S. 185 f.

nommen. Von diesem Regelfall wird bei der folgenden Darstellung der Verbuchung ausgegangen.

Die **Anschaffungsnebenkosten**, die beim Kauf von Wertpapieren anfallen, sind nach § 255 Abs. 1 Satz 2 HGB grundsätzlich zu aktivieren, sofern sie dem Wertpapier einzeln zuordenbar sind. Bei Wertpapieren des Anlagevermögens besteht also ebenso eine Aktivierungspflicht der Nebenkosten wie bei Wertpapieren des Umlaufvermögens, auch wenn bei diesen die Nebenkosten häufig als außerordentliche Aufwendungen gebucht werden. Im Folgenden wird von der korrekten Aktivierung (Anschaffungspreis zuzüglich Anschaffungsnebenkosten) von Wertpapieren ausgegangen.

Beispiel:

Es werden Aktien zum Nennwert von 10.000 € bei einem Kurs von 300 % (200 Aktien mit einem Nennwert von jeweils 50 € zum Kurswert von jeweils 150 €) zur kurzfristigen Geldanlage über das Bankkonto gekauft. Dabei fallen eine Bankprovision von 1,25 % (= 375 €) vom Kurswert und eine Maklergebühr von 1,5 ‰ (= 45 €) vom Kurswert als Nebenkosten an. Die Bezahlung erfolgt vom betrieblichen Bankkonto.

Buchungssatz:

Wertpapiere des Umlaufvermögens   an   Bank   30.420,—

Ist mit dem Kauf der Aktien eine langfristige Geldanlage beabsichtigt, dann ergibt sich folgende Verbuchung:

Buchungssatz:

Wertpapiere des Anlagevermögens   an   Bank   30.420,—

Bei festverzinslichen Wertpapieren besteht ein besonderes buchhalterisches Problem, da deren Inhaber im Allgemeinen Anspruch auf eine **jährliche oder halbjährliche Zinszahlung** und auf den nominellen Rückzahlungsbetrag haben. Kursschwankungen können bei festverzinslichen Wertpapieren dann auftreten, wenn der aktuelle Kapitalmarktzins von dem im Wertpapier fixierten Zinssatz abweicht. Weicht der Kapitalmarktzins nach oben ab, dann sinkt der Kurs, weicht er nach unten ab, dann steigt der Kurs des Wertpapiers.

Wird ein festverzinsliches Wertpapier **zwischen zwei Zinsterminen** veräußert, so erwirbt der Käufer den laufenden Zinsanspruch mit, d. h., er erhält am nächsten Zinstermin den auf das gesamte vorige Jahr oder Halbjahr entfallenden Zinsanspruch ausbezahlt. Da aber der Teil des Zinsbetrages, der bis zum Verkaufstag angefallen ist, dem bisherigen Eigentümer des Wertpapiers zusteht, muss der Käufer diesen Teil (Stückzinsen) zusätzlich zum eigentlichen Kaufpreis dem Verkäufer bezahlen (vgl. dazu das folgende Beispiel).

Beispiel:

A verkauft an B am 01.06.01 kurzfristig zu haltende Pfandbriefe mit einem Nominalwert von 20.000 € zum Kurs von 95 % mit einem Zinsschein. Die Pfandbriefe haben
die Zinstermine 01.03./01.09. und werden zu 6 % p. a. verzinst. Beim Verkauf fallen
Bankspesen von 200 € an, die je zur Hälfte vom Käufer und vom Verkäufer zu tragen
sind. Die Abwicklung erfolgt beim Käufer und Verkäufer jeweils über das betriebliche Bankkonto.

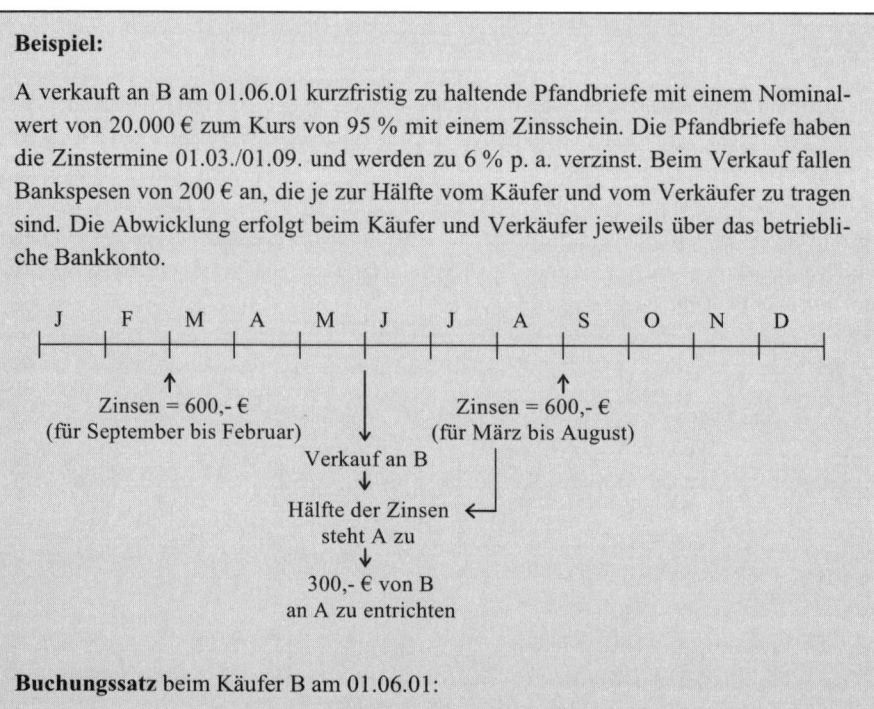

Buchungssatz beim Käufer B am 01.06.01:

Wertpapiere des Umlauf-					
vermögens	19.100,—	an	Bank	19.400,—
Zinsaufwendungen	300,—			

5.5.3 Die Buchungsvorgänge beim Verkauf von Wertpapieren

Wertpapiere werden i. d. R. zu einem höheren oder niedrigeren Kurs als ihren Anschaffungskosten – die im Normalfall gleich dem ausgewiesenen Buchwert sind[237] – veräußert. Folglich entsteht bei ihrem Verkauf ein **Veräußerungsgewinn oder -verlust**. Kursgewinne
werden über das Konto „Sonstige betriebliche Erträge", Kursverluste über das Konto „Sonstige betriebliche Aufwendungen" verbucht. Nur für den Fall, dass derartige Aufwendungen
und Erträge außerhalb der gewöhnlichen Geschäftstätigkeit des Unternehmens anfallen
– z. B. Aufwendungen oder Erträge aus dem Verkauf wesentlicher Teilbetriebe –, werden sie
über das Konto „Außerordentliche Aufwendungen" bzw. „Außerordentliche Erträge" erfasst
und entsprechend bilanziell behandelt.

---

[237] Vgl. zur Bewertung der Wertpapiere in der Bilanz die Ausführungen auf S. 197 f.

Beispiel:

Es werden langfristig gehaltene Aktien im Nennwert von 10.000 € bei einem Kurs von 300 % verkauft. Die beim Verkauf anfallenden Aufwendungen, die der Verkäufer zu tragen hat (Bankprovision, Maklergebühr), betragen 1,2 % des Kurswerts. Die Aktien waren zum Kurs von

(a)   200 %,
(b)   350 %

gekauft worden und wurden bisher auch mit ihren Anschaffungskosten (einschl. jeweils 1,4 % Anschaffungsnebenkosten) ausgewiesen. Die Bezahlung erfolgt über das Bankkonto.

Buchungssätze:

(a)	Bank	29.640,—	an	Wertpapiere des Anlagevermögens	20.280,—
				Sonstige betriebliche Erträge	9.360,—
(b)	Bank	29.640,—	an	Wertpapiere des Anlagevermögens	35.490,—
	Sonstige betriebliche Aufwendungen	5.850,—			

(Die beim Verkauf anfallenden Aufwendungen werden nicht getrennt verbucht, sondern unmittelbar bei der Ermittlung des Verkaufserlöses abgezogen (bei (a)) oder sind in den sonstigen betrieblichen Aufwendungen enthalten (bei (b)).)

Bei der Veräußerung festverzinslicher Wertpapiere ist neben der kursmäßigen Veränderung wiederum die richtige Zuordnung der Zinsen zum Verkäufer bzw. Käufer maßgebend. Für das obige Beispiel zu den festverzinslichen Wertpapieren, das aus der Sicht des Käufers dargestellt wurde, ergibt sich **aus der Sicht des Verkäufers** folgende Verbuchung.

Beispiel:

A hatte die Wertpapiere zum Kurs von

(a)   90 %,
(b)   100 %

gekauft. Sie wurden bisher zu ihren Anschaffungskosten – Spesen waren keine angefallen – ausgewiesen.

Buchungssätze beim Verkäufer A:

(a)	Bank	19.200,—	an	Wertpapiere des Umlauf- vermögens	18.000,—
				Zinserträge	300,—
				Sonstige betriebl. Erträge	900,—
(b)	Bank	19.200,—	an	Wertpapiere des Umlauf- vermögens	20.000,—
	Sonstige betriebliche Aufwendungen	1.100,—		Zinserträge	300,—

5.5.4 Die buchtechnische Behandlung von Devisen

Als Devisen bezeichnet man Ansprüche auf Zahlungen in fremder Währung an einem ausländischen Platz. Dabei handelt es sich meist um Guthaben bei ausländischen Banken, um Schecks oder um Wechsel, die auf fremde Währung lauten und im Ausland zahlbar sind. Bei Handels- oder Industriebetrieben ergibt sich die Möglichkeit eines Kursgewinns bzw. -verlustes vor allem dann, wenn sich nach einer Warenlieferung ins Ausland zwischen der Buchung eines Warenverkaufs ins Ausland und der Einlösung des ausländischen Schecks der Wechselkurs geändert hat.[238]

Da die Devisen in € zu buchen sind, muss der ausländische Wert in einen **€-Wert umgerechnet** werden. Nach § 256a Satz 1 HGB ist als Umrechnungskurs der Devisenkassamittelkurs am Abschlussstichtag heranzuziehen. Beträgt die Restlaufzeit der Forderung ein Jahr oder weniger, so ist bei der Umrechnung weder § 253 Abs. 1 Satz 1 HGB noch § 252 Abs. 1 Nr. 4 Halbsatz 2 HGB zu beachten,[239] d.h. das Realisations- und Imparitätsprinzip sowie das Anschaffungskostenprinzip sind in einem solchen Fall zu vernachlässigen. Wenn die Devisenbestände zu ihrem Wert im Entstehungszeitpunkt der Forderung verbucht werden, und sich der Wechselkurs in der Zeit bis zur Bezahlung der Forderung verändert hat, entsteht für den Fall der Wechselkurserhöhung ein sonstiger betrieblicher Ertrag, für den Fall der Wechselkursverminderung ein sonstiger betrieblicher Aufwand.

Beispiel:

Ein Unternehmen verkauft am 01.08.01 an einen amerikanischen Importeur Waren im Wert von 10.000 $ bei einem Wechselkurs von 1 €/$ (keine Umsatzsteuer berücksichtigen!). Der Kunde sendet am 20.08.01 einen Scheck über 10.000 $. Wie ist zu verbuchen, wenn der Wechselkurs am 20.08.01

(a)   0,98 €/$,
(b)   1,05 €/$ beträgt?

---

[238] Vgl. dazu *Heinhold, M.,* Buchführung in Fallbeispielen, a. a. O., S. 189 f.

[239] Vgl. § 256a Satz 2 HGB.

Buchungssätze:

(a) **Bei Entstehen der Forderung:**

Devisen		an	Warenverkauf	10.000,—

Bei Einlösung des Schecks:

Bank	9.800,—	an	Devisen	10.000,—
Sonstige betriebliche Aufwendungen	200,—			

(b) **Bei Entstehen der Forderung:**

Devisen		an	Warenverkauf	10.000,—

Bei Einlösung des Schecks:

Bank	10.500,—	an	Devisen	10.000,—
			Sonstige betriebliche Erträge	500,—

5.5.5 Abschluss der Wertpapier- und Devisenkonten und die daraus resultierende Behandlung in der Bilanz

Sind am Ende des Geschäftsjahrs Wertpapiere im Bestand des Unternehmens, dann sind diese wie andere Vermögenswerte auch in der Schlussbilanz auszuweisen. Während für das **Umlaufvermögen** das **strenge Niederstwertprinzip** anzuwenden ist, gilt für das **Finanzanlagevermögen** das **gemilderte Niederstwertprinzip**, d.h. bei einer vorübergehenden Wertminderung besteht ein Abschreibungswahlrecht, während bei einer voraussichtlich dauernden Wertminderung stets eine Abschreibung auf den niedrigeren beizulegenden Wert zu erfolgen hat. Für die übrigen Vermögensgegenstände des Anlagevermögens besteht im Gegensatz dazu bei einer lediglich vorübergehenden Wertminderung ein Abschreibungsverbot, wohingegen bei einer dauernden Wertminderung zwingend eine Abschreibung vorzunehmen ist. Die Wertpapiere des Umlaufvermögens sind demzufolge mit dem niedrigsten am Bilanzstichtag zur Verfügung stehenden Betrag anzusetzen, d.h., es ist von zwei Werten – den Anschaffungskosten (Kurswert zuzüglich Anschaffungsnebenkosten im Kaufzeitpunkt) und dem Tageswert (Kurswert im Zeitpunkt des Bilanzstichtags) – der niedrigere zu wählen. Bei Wertpapieren des Anlagevermögens muss handelsrechtlich der niedrigere Wert nach § 253 Abs. 3 Satz 4 HGB nur dann angesetzt werden, wenn die Wertminderung **voraussichtlich von Dauer** ist, ansonsten besteht ein Wahlrecht.[240] Steuerrechtlich darf nach § 6 Abs. 1 Nr. 1 und 2 EStG der niedrigere Teilwert nur bei voraussichtlich dauernder Wertminderung angesetzt werden. Wurde der niedrigere Wertansatz gewählt, steigt der Wert bis zum nächsten Bilanzstichtag aber wieder an, darf der niedrigere Wert nicht beibehalten werden; es muss eine Zuschreibung bis hin zu dem Wert, der am Bilanzstichtag besteht,

---

[240] Der Verzicht auf die außerplanmäßige Abschreibung bei voraussichtlich nicht dauernder Wertminderung im Finanzanlagevermögen geht mit Anhangangabepflichten einher (vgl. § 285 Satz 1 Nr. 18a und b HGB).

höchstens aber bis zu den Anschaffungskosten, erfolgen.[241] Steuerrechtlich besteht über § 6 Abs. 1 Nr. 1 und 2 EStG ein generelles Zuschreibungsgebot bis maximal zu den Anschaffungskosten.

Wird eine derartige Wertminderung festgestellt, dann erfolgt die Verbuchung nach dem Buchungssatz „Sonstige betriebliche Aufwendungen an Wertpapiere des Anlage(Umlauf)vermögens". Zur Veranschaulichung dient das folgende vereinfachte Beispiel, in dem von Wertpapieren des Umlaufvermögens ausgegangen wird.

Beispiel:

Wertpapiere	Anschaffungswert	Tageswert am Bilanzstichtag
A-Aktien	10.000,—	11.000,—
B-Aktien	18.000,—	16.000,—
C-Pfandbriefe	15.000,—	14.000,—

Im Falle der A-Aktien muss der bisher angesetzte Wert von 10.000 € weiterhin angesetzt werden, im Falle der B-Aktien und der C-Pfandbriefe ist ein Aufwand in Höhe des jeweiligen Kursverfalls zu verrechnen. Für beide Wertpapierkategorien zusammen ergibt das den Buchungssatz:

Sonstige betriebliche Aufwendungen   an   Wertpapiere des Umlaufvermögens 3.000,—

5.6 Die buchtechnische Erfassung laufender Zahlungen

5.6.1 Allgemeine Bemerkungen

Auf die Unterschiede zwischen den Begriffen Auszahlung, Ausgabe, Aufwand und Kosten sowie den entsprechenden Begriffen Einzahlung, Einnahme, Ertrag und Leistung wurde bereits hingewiesen.[242] Betrachtet man den **laufenden Geschäftsverkehr**, der den Zahlungsmittelbereich berührt, dann lässt sich mit Hilfe der Unterscheidung in erfolgswirksame und erfolgsunwirksame Geschäftsvorfälle vereinfacht die auf S. 199 folgende Einteilung finden.

Bisher wurden sowohl erfolgsneutrale als auch erfolgswirksame Geschäftsvorfälle behandelt, die zur Entstehung von Verbindlichkeiten oder Forderungen führen (z. B. Kauf einer Maschine auf Ziel; Warenverkauf auf Ziel). Es wurden auch solche Fälle behandelt, bei denen Ein- oder Auszahlungen erfolgen, so, wenn einerseits Forderungen eingelöst oder

---

[241] Vgl. § 253 Abs. 5 HGB.
[242] Vgl. dazu S. 14 ff.

Verbindlichkeiten bezahlt werden (z.B. Bezahlung einer Lieferantenverbindlichkeit; Zahlungszugang aus einer Kundenforderung) oder andererseits gar keine Verbindlichkeiten oder Forderungen buchhalterisch zustande kommen. Der letztgenannte Sachverhalt ist einerseits bei der unmittelbaren Bezahlung im Rahmen von erfolgsneutralen Geschäftsvorfällen (z.B. Barzahlung bei Maschinenkauf oder -verkauf), andererseits bei der unmittelbaren Bezahlung im Rahmen von erfolgswirksamen Geschäftsvorfällen (z.B. Zinszahlung; Mietzahlung; Lohnzahlung) gegeben.

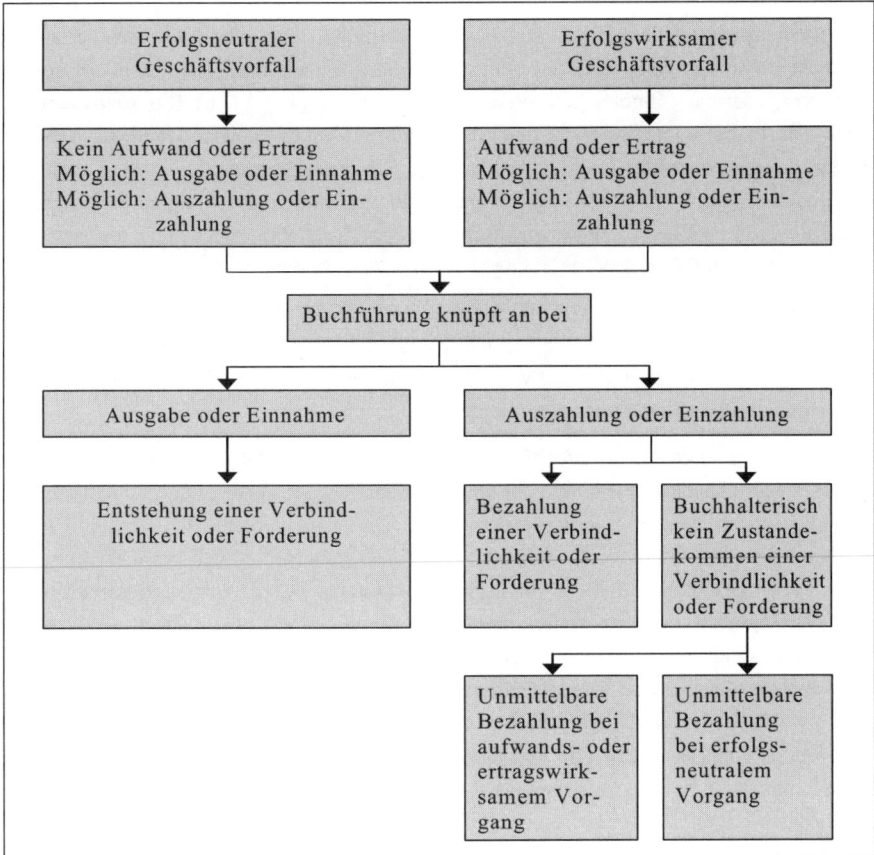

In der Buchführung wird in vielen Fällen erst dann ein erfolgswirksamer Vorgang erfasst, wenn der entsprechende Zahlungsvorgang stattfindet. Insbesondere bei Dauerschuldverhältnissen (z.B. Kreditverhältnis; Pachtverhältnis; Arbeitsverhältnis) wird erst dann ein Wertverzehr oder Wertzuwachs verbucht, **wenn eine Zahlung erfolgt ist**.[243] Da sich in diesen Fällen keine besonderen buchhalterischen Schwierigkeiten ergeben, die nicht bereits Gegenstand der Betrachtung waren, wird im Folgenden nur auf zwei Fälle eingegangen, deren buchhalterische Behandlung besondere Probleme aufwirft. Es handelt sich einerseits um die buchtechnische Behandlung des **Personalaufwands**, die vor allem wegen dessen Zusam-

---

[243] Vgl. dazu die Ausführungen auf S. 85.

mensetzung und dessen Zahlungsmodus Besonderheiten aufweist, und andererseits um buchtechnische Probleme von **Steuerzahlungen und Zuwendungen**, die dadurch entstehen, dass ein Teil der Steuerzahlungen als Aufwand der Periode, ein zweiter Teil als Anschaffungsnebenkosten und ein dritter Teil als Einkommensverwendung, d. h. als ein Vorgang im privaten Bereich des Unternehmers, zu behandeln ist.

5.6.2 Die buchtechnische Behandlung des Personalaufwands

5.6.2.1 Die Lohn- und Gehaltsverbuchung

Die Arbeitnehmer erhalten nicht das gesamte tariflich festgesetzte oder frei vereinbarte Arbeitsentgelt (bei Arbeitern: Lohn; bei Angestellten: Gehalt) ausbezahlt, sondern nur den **Nettobetrag**, der nach Einbehaltung verschiedener „Abzüge" verbleibt. Das **Bruttoarbeitsentgelt** selbst stellt wiederum nicht den gesamten Lohn- und Gehaltsaufwand des Arbeitgebers dar, da er darüber hinaus vor allem den sog. **Arbeitgeberanteil** zur Sozialversicherung zu tragen hat. Insofern ist der bisher vereinfacht verwendete Buchungssatz „Lohn- und Gehaltsaufwand an Bank" zwar prinzipiell richtig, berücksichtigt aber nicht die Besonderheiten der Lohn- und Gehaltsverbuchung.

Das **Arbeitsentgelt** setzt sich vor allem aus Löhnen, Gehältern, Provisionen, Gratifikationen, Tantiemen, Sachbezügen, Aufwendungen für die Altersversorgung und anderen vom Arbeitgeber gewährten Bezügen und Vorteilen zusammen. Von diesem Bruttoentgelt werden vor allem folgende **Abzüge** vorgenommen:

- **Lohnsteuer**: Die Lohnsteuer[244] ist keine selbstständige Steuer, sondern stellt eine besondere Erhebungsform der Einkommensteuer dar. Somit ist sie keine Steuer auf den Arbeitsertrag, sondern eine **Personensteuer**, bei der die persönlichen Verhältnisse und damit die wirtschaftliche Leistungsfähigkeit des Steuerpflichtigen berücksichtigt werden. Das geschieht auf Basis der **Lohnsteuerkarte**, die alle für die Besteuerung des Arbeitnehmers wichtigen Daten enthält. Dazu gehören z. B. die Lohnsteuerklasse, der Familienstand, die Kinderzahl, das Geburtsdatum, die Konfessionszugehörigkeit und bestimmte Freibeträge. Mit Hilfe der Lohnsteuerkarte wird vom Arbeitgeber durch Anwendung der amtlichen Lohnsteuertabellen der monatliche Lohnsteuerbetrag des Arbeitnehmers ermittelt. Die Lohnsteuer wird **vom Bruttoarbeitsentgelt** einbehalten und muss vom Arbeitgeber (Steuerzahler) für den Arbeitnehmer (Steuerschuldner) spätestens bis zum 10. Tag des folgenden Monats an das Finanzamt abgeführt werden.

- **Kirchensteuer**: Der Kirchensteuer unterliegen die Mitglieder der meisten Religionsgemeinschaften. Sie wird in Abhängigkeit von der Einkommensteuer bzw. Lohnsteuer erhoben (je nach Bundesland und Religionsgemeinschaft 8 oder 9 % der Steuerschuld). Auch sie wird vom Betrieb aufgrund der Daten der Lohnsteuerkarte (Konfessionszugehörigkeit) errechnet und gemeinsam mit der Lohnsteuer an das Finanzamt abgeführt, das sie dann seinerseits an die entsprechende Religionsgemeinschaft weiterleitet.

---

[244] Neben der Lohnsteuer ist zur Zeit auch der Solidaritätszuschlag zu berücksichtigen (5,5% der Lohnsteuer), der im Folgenden jedoch vernachlässigt wird.

- **Beiträge zur Sozialversicherung**: Diese setzen sich aus den Beiträgen zur Rentenversicherung, zur Krankenversicherung, zur Pflegeversicherung und zur Arbeitslosenversicherung zusammen. Die Beiträge zur Sozialversicherung werden in der Regel[245] **je zur Hälfte** vom Arbeitgeber und vom Arbeitnehmer getragen. Der Arbeitnehmeranteil zur Sozialversicherung wird ebenso wie die Lohn- und Kirchensteuer vom Bruttoarbeitsentgelt einbehalten und an die Sozialversicherungsträger – i.d.R. an die Krankenkasse, die dann die Verrechnung mit den anderen Sozialversicherungsträgern vornimmt – abgeführt. Angesichts der Senkung des Betrags zur gesetzlichen Krankenversicherung von 14,6 % auf 14,0 % zum 01.07.2009[246] beträgt der Arbeitnehmeranteil zur Sozialversicherung ab diesem Zeitpunkt 20,225 % (bzw. 20,475 % bei Kinderlosen ab dem 23. Lj.) des Bruttoarbeitsentgelts, während sich der Arbeitgeberanteil auf 19,325 % des Bruttoarbeitsentgelts beläuft. Die gesamten Sozialversicherungsbeiträge werden am drittletzten Bankarbeitstag des jeweiligen Monats bezahlt, da sie am Monatsende bei der Krankenkasse eingegangen sein müssen.[247] Die Beitragspflicht bezieht sich nur auf die voraussichtliche Beitragsschuld für den aktuellen Monat; diese muss für den aktuellen Monat entsprechend der erbrachten Arbeitsleistung des Mitarbeiters bestimmt werden. Im Falle von variablen Gehaltsbestandteilen (z.B. Erfolgsprämien) ist ein Restbetrag erst zum drittletzten Bankarbeitstag des Folgemonats fällig.

Der **Arbeitgeber** hat zusätzlich zum Bruttoarbeitsentgelt den **Arbeitgeberanteil zur Sozialversicherung** zu tragen; außerdem hat er u.a. die **gesetzlichen Beiträge zur Unfallversicherung**, deren Höhe vom jeweiligen Wirtschaftszweig abhängig ist, allein zu übernehmen und an die Berufsgenossenschaft abzuführen. Selbst unter Vernachlässigung freiwilliger sozialer Leistungen und vermögenswirksamer Leistungen wird ersichtlich, dass sich durch die Zerlegung des Bruttoarbeitsentgelts in seine Bestandteile und durch die zusätzlich vom Arbeitgeber zu tragenden Beträge buchungstechnische Probleme ergeben. Deshalb ist es erforderlich, die entsprechenden Bestandteile buchtechnisch gesondert zu erfassen.

§ 41 Abs. 1 EStG schreibt für jeden Arbeitnehmer die **Führung eines Lohn- oder Gehaltskontos** durch den Arbeitgeber vor. In diesen Konten sind die aus der Lohnsteuerkarte entnommenen persönlichen Daten aufzuführen, ferner das Bruttoarbeitsentgelt, die einzelnen Abzüge und das Nettoarbeitsentgelt. Eine größere Zahl von Arbeitnehmern, die besonderen personenbezogenen Probleme, wie z.B. Sachbezüge oder Vergütungen bei Dienstreisen, sowie die sich aus der betrieblichen Altersvorsorge ergebenden Probleme erfordern in den meisten Unternehmen eine eigene **Lohn- und Gehaltsbuchführung**.[248] Aus dieser werden die Summen der Kontensalden in die entsprechenden Konten der Finanzbuchführung übernommen. Im Folgenden wird auf das getrennte Führen einer Lohn- und Gehalts-

---

[245] Seit dem 01.07.2009 beträgt der einheitliche Beitragssatz zur gesetzlichen Krankenversicherung 14,0 %, der gesetzliche Zusatzbeitrag i.H.v. 0,9 % ist allerdings allein von den Arbeitnehmern zu tragen. Seit dem 01.01.2005 hat sich zudem für Kinderlose (ab 23. Lj.) der Beitragssatz zur Pflegeversicherung um 0,25 % erhöht, wobei auch dieser Erhöhungsbetrag alleine vom Arbeitnehmer zu tragen ist.

[246] Vgl. Gesetz zur Sicherung von Beschäftigung und Stabilität in Deutschland vom 02.03.2009, BGBl I 2009, S. 416.

[247] Vgl. Beitragsentlastungsgesetz vom 03.08.2005, BGBl I 2005, S. 2269.

[248] Vgl. *Eisele, W.,* Technik des betrieblichen Rechnungswesens, a.a.O., S. 252.

buchführung verzichtet; aus Vereinfachungsgründen werden die entsprechenden Konten der Finanzbuchführung unmittelbar angesprochen.

Die Beziehungen zwischen dem Personalaufwand des Unternehmens sowie dem Brutto- und dem Nettoarbeitsentgelt des Arbeitnehmers lassen sich unter Vernachlässigung der Beiträge des Arbeitgebers und des Arbeitnehmers zur Vermögensbildung und unter Vernachlässigung etwaiger Bildung von Pensionsrückstellungen folgendermaßen darstellen:

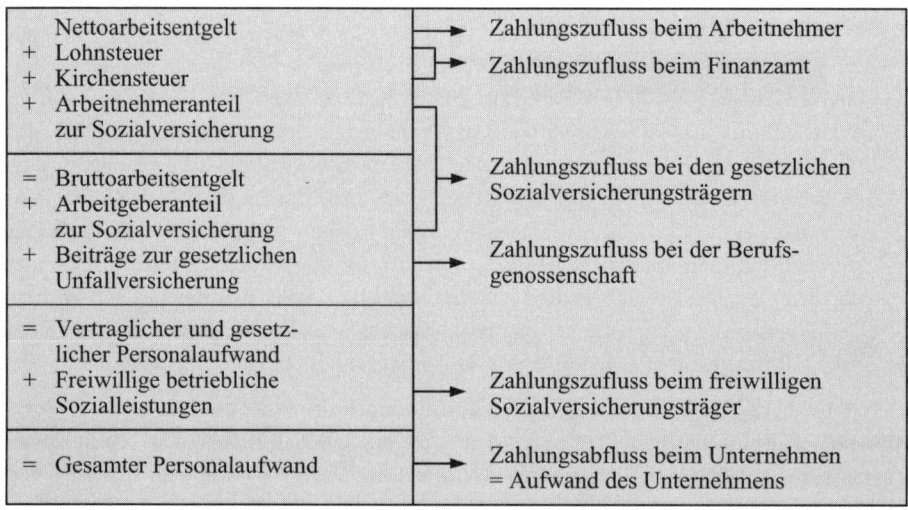

Für die **Verbuchung** von Lohn- und Gehaltszahlungen ergibt sich, dass der gesamte Personalaufwand auf Aufwandskonten zu verbuchen ist. Dabei wird das Bruttoarbeitsentgelt auf dem **Konto „Lohn- und Gehaltsaufwand (LuG-Aufwand)"** erfasst; der Arbeitgeberanteil zur Sozialversicherung sowie die freiwilligen Sozialleistungen werden auf dem **Konto „Sozialaufwand"** verbucht. Zur Trennung freiwilliger von gesetzlichen Sozialaufwendungen kann auch eine Trennung in die Konten „Gesetzlicher Sozialaufwand" und „Freiwilliger Sozialaufwand" vorgenommen werden. Davon wird im Folgenden ausgegangen. Der Aufwand für die **Unfallversicherung** ist grundsätzlich ebenfalls über das **Konto „Gesetzlicher Sozialaufwand"** zu verbuchen; da der entsprechende Zahlungsvorgang – ebenso wie häufig die Zahlung des freiwilligen Sozialaufwands – jedoch nicht gleichzeitig mit der Lohn- und Gehaltsverbuchung erfasst wird, weil keine unmittelbare Abhängigkeit zu dieser besteht, wird im Folgenden auf die entsprechende Verbuchung verzichtet.

Bei der buchmäßigen Erfassung des Lohn- und Gehalts- sowie des Sozialaufwands fällt auf der Zahlungsseite zunächst nur die Bezahlung des Nettolohns – i.d.R. über das Zahlungskonto „Bank", bei Barauszahlung über die „Kasse" – an. Die restlichen Beträge werden einerseits dem Finanzamt, andererseits den Sozialversicherungsträgern geschuldet. Da die Zahlungen erst innerhalb einer bestimmten Frist – bei der Lohn- und Kirchensteuer spätestens nach 10 Tagen des folgenden Kalendermonats, bei der Sozialversicherung spätestens am drittletzten Bankarbeitstag des Monats, in dem ein Mitarbeiter die Arbeitsleistung erbracht hat – fällig sind, werden die geschuldeten Beträge solange auf einem besonderen Konto **„Noch abzuführende Abgaben"**, das ein Unterkonto des Kontos „Sonstige Verbindlichkeiten" darstellt, verbucht. Werden die entsprechenden Beträge bezahlt, wird das Konto

„Noch abzuführende Abgaben" im Soll angesprochen, die Gegenbuchung im Haben erfolgt auf dem betroffenen Zahlungskonto.

Beispiel:

Die Monatslohnabrechnung eines verheirateten Arbeiters hat folgendes Aussehen:

Bruttoarbeitslohn:	3.000 €
Lohnsteuer:	400 €
Kirchensteuer (8 % der Lohnsteuer):	32 €
Arbeitnehmeranteil zur Sozialversicherung:	568 €
Nettoarbeitslohn:	2.000 €

Der – hier und auch im Folgenden vereinfachungshalber als gleich hoch unterstellte – Arbeitgeberanteil zur Sozialversicherung beträgt 568 €. Der Nettolohn sowie die Zahlungen an die Sozialversicherungsträger werden am drittletzten Arbeitstag des Monats vom Bankkonto gezahlt, und die Zahlungen an das Finanzamt erfolgen am 10. des Folgemonats vom Bankkonto.

Buchungssätze:

Bei Erfassung des Sozialaufwands und der Lohn- und Gehaltszahlung:

(1) Lohn- und Gehaltsauf-
    wand   3.000,—   an   Bank   3.136,—
    Gesetzlicher Sozialauf-   Noch abzuführende
    wand   568,—   Abgaben   432,—

Bei Abführung der Steuern:

(2) Noch abzuführende Abgaben   an   Bank   432,—

Bisher wurde davon ausgegangen, dass mit der Entstehung des Lohn- und Gehaltsaufwands auch die Zahlung an den Arbeitnehmer verbunden ist. Es ist aber auch möglich, dass das Unternehmen dem Arbeitnehmer bereits vor Fälligkeit der Lohn- und Gehaltszahlung einen **Vorschuss** zahlt. Sind derartige vorweggenommene Zahlungen vertraglich vereinbart, dann spricht man von **Abschlagszahlungen**. Beispielsweise werden Abschlagszahlungen dann getätigt, wenn zwar von einer wöchentlichen auf eine monatliche Lohnabrechnung übergegangen wurde, der Lohn aber dennoch über Abschlagszahlungen wöchentlich oder alle zwei Wochen ausbezahlt wird. Bei der Verbuchung von Vorschüssen und Abschlagszahlungen lassen sich folgende drei Fälle unterscheiden:

(1) **Vorschüsse, die bei Fälligkeit der Lohn- und Gehaltszahlung ausgeglichen werden**: Wird am 15. des Monats im obigen Beispiel ein Vorschuss von 500 € bezahlt, in dessen Höhe am Ende des Monats eine geringere Lohnzahlung erfolgt, dann wird korrekterweise diese Anzahlung an den Arbeitnehmer als „Sonstige Forderungen" ausge-

wiesen und am Monatsende entsprechend ausgebucht. Dieser kurzfristige Vorschuss-ausgleich wird in der Praxis häufig unmittelbar über „Lohn- und Gehaltsaufwand" ver-bucht.[249] Für die Finanzbuchführung ergeben sich dadurch keine Nachteile, sofern die Jahresgrenze nicht überschritten wird. Die Verbuchung über „Sonstige Forderungen" ist jedoch korrekter und wird im Folgenden verwendet.

(2) **Vorschüsse, die erst im Laufe der Zeit** – unter Umständen erst in Folgejahren – **ausgeglichen werden**: Wird im obigen Beispiel gemeinsam mit der Lohnzahlung ein Vorschuss von 2.000 € bezahlt, der durch eine Verrechnung mit den nächsten beiden Monatslöhnen ausgeglichen wird, dann sind die 2.000 € als „Sonstige Forderungen" einzubuchen und in den beiden Folgemonaten über eine geringere Lohnzahlung auszu-buchen.

(3) **Abschlagszahlungen**: Besteht im obigen Beispiel eine vertragliche Vereinbarung, dass jeweils am 15. eines Monats ein Betrag von 1.000 € vorausgezahlt wird, dann ist die Abschlagszahlung entweder direkt über das Konto „Lohn- und Gehaltsaufwand" oder über das Konto „Abschlagszahlungen" zu verbuchen, das dann am Ende des Monats mit dem Konto „Lohn- und Gehaltsaufwand" verrechnet wird.

Buchungssätze (zu den drei Fällen auf Seite 203 f.):

Zu (1): Bei Vorschussgewährung am 15. (Annahme: Barzahlung des Vorschusses):

(1)	Sonstige Forderungen		an	Kasse	500,—

Bei Lohn- und Gehaltsabrechnung am drittletzten Arbeitstag des Monats:

(2)	Lohn- und Gehaltsauf-wand	3.000,—	an	Bank	2.636,—
	Gesetzlicher Sozialauf-wand	568,—		Sonstige Forde-rungen	500,—
				Noch abzuführende Abgaben	432,—
(3)	Noch abzuführende Abgaben		an	Bank	432,—

Zu (2): Bei Lohnzahlung am drittletzten Arbeitstag des Monats (Annahme: Bankaus-zahlung des Vorschusses):

(1)	Sonstige Forderungen	2.000,—	an	Bank	5.136,—
	Lohn- und Gehaltsauf-wand	3.000,—		Noch abzuführende Abgaben	432,—
	Gesetzlicher Sozialauf-wand	568,—			
(2)	Noch abzuführende Abgaben		an	Bank	432,—

---

[249] Vgl. *Bähr, G., Fischer-Winkelmann, W., List, S.,* Buchführung und Jahresabschluss, 9. Aufl., Wiesbaden 2006, S. 133, sowie *Eisele, W.,* Technik des betrieblichen Rechnungswesens, a.a.O., S. 259 f.

Bei Lohnzahlung am drittletzten Arbeitstag des nächsten (ebenso übernächsten) Monats:

(3)	Lohn- und Gehaltsauf- wand	3.000,—	an	Bank	2.136,—
	Gesetzlicher Sozialauf- wand	568,—		Sonstige Forde- rungen	1.000,—
				Noch abzuführende Abgaben	432,—

Zu (3): Bei Tätigung der Abschlagszahlung am 15. (Annahme: Bankauszahlung der Abschlagszahlung):

| (1) | Abschlagszahlungen | | an | Bank | 1.000,— |

Bei Lohn- und Gehaltsabrechnung am drittletzten Arbeitstag des Monats:

(2)	Lohn- und Gehaltsauf- wand	3.000,—	an	Bank	2.136,—
	Gesetzlicher Sozialauf- wand	568,—		Abschlags- zahlungen	1.000,—
				Noch abzuführende Abgaben	432,—

Am 10. des Folgemonats:

| (3) | Noch abzuführende Abgaben | | an | Bank | 432,— |

5.6.2.2 Die Verbuchung vermögenswirksamer Leistungen

Die Anlage bestimmter Einkommensbeträge der Arbeitnehmer, die zu einer **Vermögensbildung in Arbeitnehmerhand** führt, wird staatlich gefördert. Das betrifft insbesondere Bausparverträge und Beteiligungen am Produktivkapital. Die staatliche Förderung besteht einerseits in der Gewährung einer Wohnungsbau-Prämie (8,8 % von max. 512 € Bausparleistungen jährlich), andererseits werden vermögenswirksame Leistungen nach dem 5. Vermögensbildungs-Gesetz durch eine sog. Arbeitnehmer-Sparzulage gefördert. Diese variiert in Abhängigkeit von der Anlageform. Für die Anlage in Sparverträge über Wertpapiere oder andere Vermögensbeteiligungen, Wertpapier-Kaufverträge, Beteiligungsverträge oder Beteiligungskaufverträge beträgt sie jährlich 18 % für vermögenswirksame Leistungen von max. 400 €, somit also max. 72 €. Werden vermögenswirksame Leistungen nach dem Wohnungsbau-Prämiengesetz oder für den Bau, Erwerb, Ausbau, die Erweiterung oder die Entschuldung eines Wohngebäudes angelegt, beträgt die Zulage jährlich 9 % der Leistungen von jährlich höchstens 470 €, also max. 43 €. Die beiden Zulagen können nebeneinander beansprucht werden, jedoch werden sie nur dann gewährt, wenn das zu versteuernde Einkommen des Arbeitnehmers den Betrag von 17.900 € (35.800 € bei Zusammenveranlagung) unterschreitet (§ 13 Abs. 1 Fünftes VermBG).[250]

Die vermögenswirksamen Leistungen nach dem 5. Vermögensbildungsgesetz können sowohl vom Arbeitgeber als zusätzliche Lohn- und Gehaltszahlung als auch vom Arbeitnehmer als Teil des Nettoarbeitsentgelts oder von beiden anteilig erbracht werden. Werden sie vom **Arbeitgeber** geleistet, dann erhöht sich das steuer- und sozialversicherungspflichtige Entgelt, werden sie vom **Arbeitnehmer** erbracht, dann vermindert sich lediglich sein Nettolohn.[251] Die vom Staat bezahlte Arbeitnehmer-Sparzulage wurde von 1990 bis 1993 nicht mehr wie zuvor vom Arbeitgeber an den Arbeitnehmer weitergeleitet, sondern durch eine jährliche nachträgliche Auszahlung durch das Finanzamt ersetzt. Seit 1994 wird die Arbeitnehmer-Sparzulage jährlich nachträglich festgesetzt und erst nach Ablauf der Sperrfrist bzw. bei Zuteilung des Vertrages an den Arbeitnehmer ausbezahlt. Die vermögenswirksamen Leistungen selbst werden vom Arbeitgeber auf das betreffende Anlagekonto des Arbeitnehmers (z. B. Kreditinstitut oder Bausparkasse) überwiesen. Unter Verwendung des letzten Beispiels ergibt sich für die beiden Extremfälle, dass der Arbeitgeber bzw. Arbeitnehmer jeweils allein den Betrag der vermögenswirksamen Leistung aufbringt, folgende Verbuchung.

Beispiel:

(1) Die vermögenswirksamen Leistungen werden vom Nettolohn des Arbeitnehmers auf sein Anlagekonto gebucht (Zahlung vom betrieblichen Bankkonto). Die Arbeitnehmer-Sparzulage beträgt 9 % der vermögenswirksamen Leistungen von monatlich 13,— €, wird aber nicht (mehr) beim Arbeitgeber verbucht. Die Lohn- und Kirchensteuer des Arbeitnehmers beträgt 148,41 €. Der Gesamtsozialversicherungsbeitragssatz (Arbeitnehmer- und Arbeitgeberanteil) beträgt 39 %.

Buchungssätze:

Am drittletzten Arbeitstags des Monats:

(1) Lohn- und Gehaltsauf-
wand   2.500,—   an   Bank   2.826,09
Gesetzlicher Sozialauf-   Bank   13,—
wand   487,50   Noch abzuführende
                                                  Abgaben   148,41

Am 10. des Folgemonats:

(2) Noch abzuführende Abgaben   an   Bank   148,41

---

[250] Mit Wirkung ab 2002 gibt es außerdem staatliche Förderungen für die zusätzliche kapitalgedeckte Altersvorsorge im Rahmen des Altersvermögensgesetzes vom 29.06.2001, BGBl 2001 I, S. 1310.

[251] Vgl. dazu auch *Schöttler, J., Spulak, R.,* Technik des betrieblichen Rechnungswesens, a.a.O., S. 160 ff.

(2)   Die vermögenswirksamen Leistungen werden zusätzlich vom Arbeitgeber er-
        bracht. Dadurch erhöhen sich die Lohnsteuer des Arbeitnehmers um 0,71 €, die
        Kirchensteuer um 0,06 € und die Sozialversicherungsbeiträge des Arbeitgebers
        und Arbeitnehmers um jeweils 2,54 € (Beträge gerundet).

Buchungssätze:

Am Ende des Monats:

(1)   Lohn- und Gehaltsauf-
        wand   2.513,—   an   Bank   2.840,86
        Gesetzlicher Sozialauf-   Bank   13,—
        wand   490,04   Noch abzuführende
                                                       Abgaben   149,18

Am 10. des Folgemonats:

(2)   Noch abzuführende
        Abgaben   an   Bank   149,18

Die Verbuchung der vermögenswirksamen Leistungen kann anstatt über „Lohn- und Gehaltsaufwand" auch über das Konto „Sozialaufwand" oder „Sonstiger Personalaufwand"
erfolgen.

5.6.2.3 Die Verbuchung von Sachbezügen

Fließen einem Arbeitnehmer Einnahmen aus seiner Tätigkeit im Unternehmen zu, die nicht
in Geld bestehen (z.B. kostenlose oder begünstigte Warenlieferungen, kostenlose oder
begünstigte sonstige Leistungen wie Überlassung einer Wohnung, Verpflegung oder Überlassung eines Betriebsfahrzeugs für private Zwecke), so werden diese **Sachzuwendungen
als Bestandteil des Arbeitsentgelts** behandelt und unterliegen folglich auch dem Lohnsteuerabzug. Nach § 8 Abs. 2 EStG sind Sachbezüge „mit den um übliche Preisnachlässe geminderten üblichen Endpreisen am Abgabeort anzusetzen". Die Finanzverwaltung hat für
die praktische Handhabung **Durchschnittssätze** erarbeitet, die im Normalfall anzuwenden
sind. Neben dem Lohnsteuerabzug unterliegen Sachbezüge auch der Sozialversicherung.
Derartige Lieferungen und sonstige Leistungen sind in der Regel nach § 1 Abs. 1 i.V.m. § 3
Abs. 1b und 9a UStG **umsatzsteuerpflichtig** und unterliegen der Umsatzsteuer mit der in
§ 10 Abs. 4 UStG definierten Mindestbemessungsgrundlage. Bei unentgeltlicher Warenlieferung ist der Verkaufspreis[252] und bei verbilligter Warenlieferung die Differenz zwischen
dem Verkaufspreis und dem verbilligten Abgabepreis als zusätzliches Arbeitsentgelt zu
behandeln.[253]

---

[252] Nach § 8 Abs. 3 EStG erfolgt unter bestimmten Voraussetzungen ein 4%iger Abschlag vom End-
preis am Abgabeort und die Gewährung eines steuerlichen Freibetrages von 1.080 € im Kalenderjahr.

[253] Wegen der Formulierung in § 10 Abs. 4 Satz 1 Nr. 1 UStG, dass eine Orientierung an dem Einkaufspreis zuzüglich der Nebenkosten, ersatzweise an den Selbstkosten, zu erfolgen hat, kann es zu
einer Abweichung der umsatzsteuerlichen von der ertragsteuerlichen Bemessungsgrundlage kommen;
im Folgenden wird vereinfachend von einem einheitlichen Wert ausgegangen.

Beispiel:[254]

Der Arbeitnehmer A erhält einen Bruttolohn von 2.200 € im Monat. Außerdem wohnt er in einer betrieblichen Wohnung unentgeltlich, deren Mietwert mit 300 € (wegen der Steuerbefreiung in § 4 Nr. 12 UStG fällt keine Umsatzsteuer an) angesetzt wird, und erhält Waren im Wert von 100 € zuzüglich 19 % Umsatzsteuer unentgeltlich geliefert. Dadurch erhöht sich sein steuerpflichtiger Lohn um 300 € (für die Nutzungsüberlassung) und um 119 € für die Warenlieferung, beträgt somit also 2.619 €. Für die Verbuchung sind folgende zusätzliche Daten (nach Berücksichtigung der Sachbezüge) seines Lohnkonots von Bedeutung:

- Lohnsteuer: 350,— €
- Kirchensteuer: 28,— €
- Arbeitnehmeranteil (= Arbeitgeberanteil) zur Sozialversicherung: 450,— €
- Vermögenswirksame Leistungen: keine
- Überweisung des Nettolohns und des Sozialversicherungsbeitrags am drittletzten Arbeitstag des Monats über das Bankkonto
- Überweisung der Lohn- und Kirchensteuer am 10. des Folgemonats vom Bankkonto

Die Buchung der unentgeltlichen Warenlieferung erfolgt über das Warenverkaufskonto.

Buchungssätze:

Am drittletzten Arbeitstag des Monats:

(1)	Lohn- und Gehalts-aufwand	2.619,—	an	Warenverkauf	100,—
	Gesetzlicher Sozial-aufwand	450,—		Umsatzsteuer	19,—
				Mieterträge	300,—
				Bank	2.272,—
				Noch abzuführende Abgaben	378,—

Am 10. des Folgemonats:

(2)	Noch abzuführende Abgaben		an	Bank	378,—

5.6.3 Die buchtechnische Behandlung von Steuerzahlungen und Zuwendungen

Bei der buchtechnischen Behandlung sind zwei Gruppen von Steuern zu unterscheiden:[255] Erstens Steuern, die vom Unternehmen zu tragen sind, und zweitens Steuern, die das Unternehmen für dritte Personen zu deren Lasten zahlt.

---

[254] Vgl. ebenfalls mit einer beispielhaften Darstellung *Eisele, W.,* Technik des betrieblichen Rechnungswesens, a. a. O., S. 256 f.

[255] Vgl. zur Systematisierung der Unternehmenssteuern *Wöhe, G.,* Betriebswirtschaftliche Steuerlehre, Band I, 1. Halbband, a. a. O., S. 66 ff.

(1) **Steuern, die vom Unternehmen zu tragen**[256] **sind**:) Sie lassen sich grundsätzlich in zwei Kategorien einteilen:

– **Aufwandsteuern**: Dazu zählen alle Steuern, die als Aufwand den Erfolg des Unternehmens mindern. Grundsätzlich haben deshalb die Buchungssätze das Muster „Steueraufwand an Bank (Zahlungskonto)". Zu den Aufwandsteuern gehören:

- bei allen gewerblichen Unternehmen:

  - die Gewerbesteuer,

  - zahlreiche Verbrauchsteuern (z. B. Energiesteuer);

- nur bei Kapitalgesellschaften:

  - die Körperschaftsteuer,

  - der Solidaritätszuschlag (auf die Körperschaftsteuer);

- nur bei betrieblicher Veranlassung:

  - die Grundsteuer,

  - die Kraftfahrzeugsteuer.

Die Verbuchung erfolgt über die entsprechenden Aufwandskonten (z. B. „Gewerbesteuer", „Verbrauchsteuern" usw.), die jeweils im Gewinn- und Verlustkonto abgeschlossen werden. Das Gegenkonto ist im Normalfall das angesprochene Zahlungskonto. Wenn – wie bei vielen Steuerarten – die für die Steuerschuld relevante Bemessungsgrundlage erst nach Ablauf des Geschäftsjahrs exakt errechnet werden kann, ist eine **Rückstellung**[257] in Höhe des geschätzten Steuerbetrages zu bilden (Buchungssatz: „Steueraufwand an Steuerrückstellung"). Bei Bezahlung im Folgejahr wird die Rückstellung zugunsten des Zahlungskontos aufgelöst.

Steuernachzahlungen, die frühere Geschäftsjahre betreffen, sind als periodenfremde Aufwendungen (i. d. R. über das Konto „Sonstige betriebliche Aufwendungen"), **Steuerrückerstattungen** als periodenfremde Erträge (i. d. R. über das Konto „Sonstige betriebliche Erträge") zu verbuchen.[258]

– **Aktivierungspflichtige Steuern**: Dazu zählen alle Steuern, die in den Anschaffungskosten eines Vermögensgegenstandes (als Anschaffungsnebenkosten) zu aktivieren sind. Grundsätzlich haben die Buchungssätze das Muster „Aktivposition

---

[256] „Tragen" bedeutet in diesem Zusammenhang, dass diese Steuern nach dem Willen des Gesetzgebers vom Unternehmen zu erwirtschaften und abzuführen sind. Dass das Unternehmen derartige Steuern (z. B. die Gewerbesteuer) im Preis auf den Abnehmer überwälzen kann, so dass dieser im Endergebnis die Steuern „wirtschaftlich" trägt, steht hier nicht zur Diskussion.

[257] Vgl. zu den Rückstellungen allgemein S. 291 ff. und zur Gewerbesteuerrückstellung im Besonderen S. 295 ff.

[258] Besondere Probleme ergeben sich u. a. beim Ausweis von Steuerrückerstattungen, die sich auf frühere Geschäftsjahre beziehen; diese müssen in der Gewinn- und Verlustrechnung als Korrektur zu den Steueraufwendungen behandelt werden, da § 275 HGB keine entsprechende Position, sondern einen zusammengefassten Ausweis der Steuerbelastung vorsieht; vgl. dazu *Eisele, W.,* Technik des betrieblichen Rechnungswesens, a. a. O., S. 274.

an Bank (Zahlungskonto)". Diese Steuern werden erst im Rahmen der Abschreibung bzw. der Veräußerung des entsprechenden Vermögensgegenstandes als Aufwand verrechnet. Zu den aktivierungspflichtigen Steuern gehören u. a.:

- die Grunderwerbsteuer (sie fällt beim Erwerb eines Betriebsgrundstücks in Höhe von 3,5 % des Entgelts an und ist i. d. R. vom Käufer zu tragen);

- die nicht als Vorsteuer verrechenbare Umsatzsteuer.

Wird z. B. ein Grundstück für 100.000 € zuzüglich 3,5 % Grunderwerbsteuer erworben, dann lautet der Buchungssatz „Grundstücke und Gebäude an Bank 103.500". Die Anschaffungskosten des Grundstücks müssen für Zwecke der Besteuerung in die beiden Bestandteile „Grund und Boden" und „Gebäude" aufgeteilt werden. Entsprechend ist auch die Grunderwerbsteuer anteilig zu verteilen. Diese Aufteilung ist erforderlich, weil der Grund und Boden zu den nicht abschreibungsfähigen, das Gebäude dagegen zu den abschreibungsfähigen Wirtschaftsgütern zählt.

(2) **Steuern, die nicht vom Unternehmen zu tragen sind:** Auch bei diesen lassen sich zwei Kategorien unterscheiden:

- **Privatsteuern:** Dazu zählen alle Steuern, die nicht betrieblich veranlasst sind, sondern den Unternehmer in seinem Privatbereich treffen. Diese Steuern sind zwar grundsätzlich aus dem privaten Zahlungsbereich zu entrichten, sie werden aber häufig von betrieblichen Konten bezahlt. In diesen Fällen liegt bei Einzelunternehmen und Personengesellschaften eine Privatentnahme vor, so dass die Buchung nach dem Muster „Privatentnahmen an Bank (Zahlungskonto)" zu erfolgen hat.[259] Zu den Privatsteuern gehören:

  - bei allen Unternehmern bzw. Mitunternehmern:

    - die Einkommensteuer,

    - der Solidaritätszuschlag (auf die Einkommensteuer),

    - die Kirchensteuer,

    - die Erbschaftsteuer;

  - nur bei privater Veranlassung:

    - die Grundsteuer,

    - die Kraftfahrzeugsteuer,

    - die Grunderwerbsteuer (beim Erwerb eines Privatgrundstücks).

Wird z. B. die Einkommensteuer des Unternehmers in Höhe von 5.000 € vom betrieblichen Bankkonto bezahlt, dann wird dieser Vorgang als Privatentnahme behandelt und mit folgendem Buchungssatz verbucht:

Privatentnahmen   an   Bank   5.000,—

---

[259] Vgl. dazu die Ausführungen auf S. 92 ff.

– **Durchlaufende Steuern:** Dazu zählen die Steuern, die das Unternehmen nach dem Willen des Gesetzgebers nicht zu tragen, aber an das Finanzamt abzuführen hat. Das sind

- die Lohn- und Kirchensteuer, die das Unternehmen für seine Arbeitnehmer einzubehalten und abzuführen hat, so dass die Arbeitnehmer von diesen Steuern durch Verminderung des ausbezahlten Arbeitsentgelts (Nettolohn) getroffen werden;

- die Umsatzsteuer, die das Unternehmen an das Finanzamt abzuführen hat („Umsatzsteuerzahllast"), die aber nach dem Willen des Gesetzgebers der Letztverbraucher über die Preise wirtschaftlich zu tragen hat.

Auf die buchtechnische Behandlung beider Steuern wurde oben bereits eingegangen.[260]

Werden entstandene Steuern während des Geschäftsjahrs bezahlt (z.B. die Kfz-Steuer), so ergeben sich für den bilanziellen Ausweis keine Probleme. Wird mit einer Steuerzahlung in einer bestimmten Höhe für das laufende Geschäftsjahr gerechnet, so ist der geschätzte Betrag in der Gewinn- und Verlustrechnung als Aufwand zu verrechnen, und in der Bilanz ist eine Rückstellung zu bilden. Sind Steuern im Zeitpunkt des Jahresabschlusses zwar rechtskräftig veranlagt, aber noch nicht bezahlt, muss dieser Betrag als Verbindlichkeit (in der Regel im Konto „Sonstige Verbindlichkeiten") ausgewiesen werden. Steuervorauszahlungen stellen aus der Sicht des Unternehmens eine Forderung (Konto „Sonstige Forderungen") dar.[261]

Im handelsrechtlichen **Jahresabschluss** ist der Steueraufwand in der Gewinn- und Verlustrechnung nach § 275 Abs. 2 bzw. 3 HGB in zwei Positionen auszuweisen, den **Steuern vom Einkommen und vom Ertrag** einerseits und den **sonstigen Steuern** andererseits.[262] Dabei wird auch die Körperschaftsteuer als Aufwand erfasst, der den handelsrechtlichen Jahresüberschuss vermindert. Da es aber bei Kapitalgesellschaften keinen Privatbereich gibt, weil diese eigenständige juristische Personen sind, muss die Steuerbelastung handelsrechtlich als Aufwand verbucht werden. Steuerrechtlich sind auch bei Kapitalgesellschaften nur bestimmte Steuern als Betriebsausgaben abzugsfähig, wie z.B. die Grundsteuer, während die Körperschaftsteuer und der Solidaritätszuschlag sowie seit 2008 auch die Gewerbesteuer zu den nicht abzugsfähigen Betriebsausgaben zählen. Diese nicht abzugsfähigen Betriebsausgaben werden aber nicht innerhalb, sondern außerhalb der Steuerbilanz durch Hinzurechnung im Rahmen der Einkommensermittlung berücksichtigt.

Zuwendungen (Subventionen) der öffentlichen Hand führen beim begünstigten Unternehmen zu Einzahlungen. Sie können folgendermaßen eingeteilt werden[263]:

---

[260] Vgl. dazu S. 200 ff. und S. 130 ff.

[261] Vgl. mit einem Anwendungsbeispiel bei der Darstellung der Gewerbesteuerverbuchung S. 295 ff.

[262] Vgl. dazu *Wöhe, G.,* Bilanzierung und Bilanzpolitik, a.a.O., S. 283 ff.

[263] Vgl. dazu auch mit Erläuterung der bilanziellen Folgen Stellungnahme HFA 1/1984, Bilanzierungsfragen bei Zuwendungen der öffentlichen Hand, in: WPg 1984, S. 612 ff.; vgl. zur bilanziellen und buchhalterischen Behandlung auch *Eisele, W.,* Technik des betrieblichen Rechnungswesens, a.a.O., S. 278 ff.

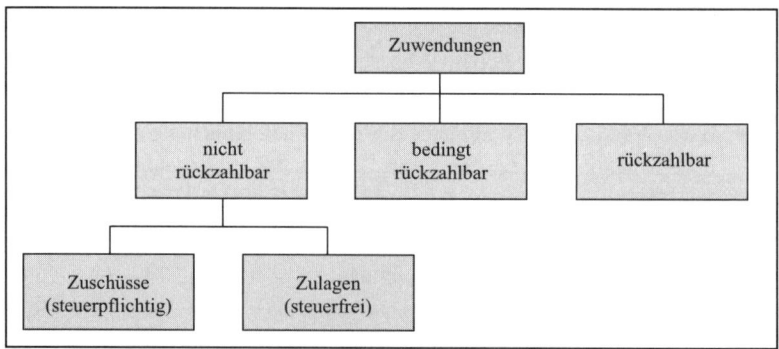

Für die buchhalterische Behandlung folgt daraus folgende Einteilung:

- **Ertragswirksame Zuwendungen**: Die nicht rückzahlbaren Zuwendungen führen – ob steuerpflichtig oder nicht – zu einem Ertrag. Bei (steuerfreien) Zulagen erfolgt außerhalb der Bilanz eine Kürzung des Unternehmenserfolgs. Der Ertrag bei (steuerpflichtigen) Zuschüssen wird entweder sofort realisiert (Buchungssatztyp: „Bank an Zuschussertrag") oder er wird auf eine bestimmte Zeit – z. B. die Laufzeit des Anlageguts, für dessen Anschaffung ein Zuschuss gewährt wurde – verteilt, und zwar entweder durch Kürzung der Anschaffungs- oder Herstellungskosten (und damit des Abschreibungsaufwands) des angeschafften Guts (Buchungssatztyp: „Bank an Maschine"[264]) oder durch Bildung eines Passivpostens (z. B. ein gesondertes Konto „Sonderposten für Investitionszuschüsse"; Buchungssatztyp: „Bank an Sonderposten für Investitionszuschüsse"), der z. B. entsprechend der Laufzeit des begünstigten Anlageguts aufzulösen ist.

- **Verbindlichkeitsbildende Zuwendungen**: Rückzahlbare Zuwendungen sind bilanziell grundsätzlich ebenso zu behandeln wie andere Verbindlichkeiten (Buchungssatztyp: „Bank an Verbindlichkeiten"). Allerdings werden bedingt rückzahlbare Zuwendungen, die nur im Falle des Erfolgs eines Projekts zurückzuzahlen sind, entweder sofort als Verbindlichkeit gebucht, die im Fall des Nichteintritts des Erfolgs ertragswirksam wieder ausgebucht wird, oder sie werden sofort ertragswirksam verrechnet (siehe unter dem obigen Punkt), und erst bei Erwartung des Erfolgs wird eine Rückstellung gebildet bzw. bei eingetretenem Erfolg wird eine Verbindlichkeit verbucht, damit die ursprünglichen Ertragswirkungen korrigiert werden.

---

[264] Sofern das Gut erst im folgenden Jahr angeschafft wird, kann bis dahin eine steuerfreie Rücklage gebildet werden; vgl. dazu S. 304 ff.

5.7 Übungsaufgabe 3

Erstellen Sie zu den folgenden Geschäftsvorfällen des Möbelfabrikanten A die dazugehörigen Buchungssätze!

1. A bezieht eine Holzlieferung seines Lieferanten B, dessen Rechnung folgendermaßen aussieht:

Warenwert	10.000 €
− 10 % Mengenrabatt	1.000 €
= Netto-Wert	9.000 €
+ 19 % Umsatzsteuer	1.710 €
= Rechnungsbetrag	10.710 €
Bei Zahlung innerhalb von 14 Tagen 3 % Skonto, ansonsten Zahlung innerhalb von 30 Tagen.	

   A bezahlt nach 10 Tagen von seinem Bankkonto.

2. A verkauft an seinen Kunden C Fertigfabrikate für 15.000 € zuzüglich 19 % Umsatzsteuer. C akzeptiert den von A ausgestellten Wechsel (Laufzeit: 3 Monate) in Höhe des Rechnungsbetrages. Außerdem werden Diskontzinsen (8 % p. a.) und Spesen von 40 € zuzüglich 19 % Umsatzsteuer in Rechnung gestellt; beide Beträge werden direkt nach der Rechnungserstellung auf das Bankkonto von A überwiesen.

3. A bezieht eine Rohöllieferung von seinem Lieferanten D für 5.000 € zuzüglich 19 % Umsatzsteuer. A akzeptiert einen Wechsel (Laufzeit: 1 Monat), den D ausstellt, in Höhe von 4.000 €. Den anfallenden Diskont (12 % p. a.) und die Spesen von 20 € zuzüglich 19 % Umsatzsteuer überweist A unmittelbar von seinem Bankkonto. Den Rechnungsrestbetrag überweist er unter Abzug von 2 % Skonto (auf den gesamten Rechnungsbetrag!) nach 8 Tagen von seinem Bankkonto.

4. a) Am 01.04. werden kurzfristig zu haltende 12 %ige Pfandbriefe F/A (Zinstermine: je 6 % am 01.02. und am 01.08.) mit einem Nennwert von 20.000 € einschl. des Zinsscheins zum Kurs von 98 % vom Bankkonto gekauft. Die Spesen betragen 250 €.

    b) Am 01.08. werden die Zinsen aus den Pfandbriefen über das Bankkonto fällig.

5. Die Gehaltsabrechnung eines ledigen Angestellten von A hat folgendes Aussehen:

Bruttogehalt:	4.000 €
Lohnsteuer:	850 €
Kirchensteuer (8 % der Lohnsteuer):	68 €
Arbeitnehmeranteil zur Sozialversicherung:	720 €
Vermögenswirksame Leistungen (vgl. dazu die Fußnote 267 zu Sachverhalt (11)):	52 €
Nettogehalt:	2.310 €

Der Arbeitgeberanteil zur Sozialversicherung beträgt ebenfalls 720 €. Das Nettogehalt wird ebenso wie die Zahlungen an die Bausparkasse und die Zahlungen an die Sozialversicherungsträger unmittelbar nach der Gehaltsabrechnung am drittletzten Arbeitstag des Monats vom Bankkonto ausbezahlt, die Zahlungen an das Finanzamt werden am 10. des Folgemonats über das Bankkonto getätigt.

6. Ein bebautes Grundstück wird für 200.000 € zuzüglich 3,5 % Grunderwerbsteuer erworben und sofort, ebenso wie die Grunderwerbsteuer, vom betrieblichen Bankkonto bezahlt. Das Grundstück dient zur Hälfte betrieblichen Zwecken und wird auch in Höhe dieses Betrages als Betriebsvermögen behandelt.

7. Die Einkommensteuerüberzahlung des Einzelunternehmers Anton A. von 18.000 € wird verrechnet mit der fälligen Kfz-Steuerzahlung für die Lkw des Unternehmens in Höhe von 6.000 € und der fälligen Umsatzsteuerzahlung von 10.000 €. Der Ausgleich erfolgt über das betriebliche Bankkonto.

8. A verkauft seine E-Aktien (des Anlagevermögens) im Nennwert von 50.000 € bei einem Kurs von 320 %. Sie waren zum Kurs von 200 % gekauft worden und wurden bisher zu diesem Wert zuzüglich 1,2 % Anschaffungsnebenkosten bilanziert. Die Bezahlung (Verkaufsspesen fallen nicht an) erfolgt über das Bankkonto.

9. A verkauft seine Pfandbriefe einschl. des Zinsscheins (aus Geschäftsvorfall (4)) am 01.09. zum Kurs von 95 %. Die Spesen betragen 150 €. Der Kaufpreis geht auf dem Bankkonto ein.

10. A kann den Wechsel (aus Geschäftsvorfall (3)) am Ende seiner Laufzeit nicht einlösen und bittet D, der noch im Besitz des Wechsels ist, um Prolongation. D stellt einen neuen Wechsel in derselben Höhe zu denselben Konditionen aus (Laufzeit ein Monat, 12 % Zinsen p.a.; 20 € Spesen zuzüglich 19 % Umsatzsteuer). A überweist den Diskont einschl. der Spesen sofort von seinem Bankkonto.

11. Die am drittletzten Arbeitstag des Monats durchgeführte Lohnabrechnung für einen verheirateten Arbeiter von A ist auf S. 215 dargestellt (am 15. des Monats war aus der Kasse ein Vorschuss von 300 € bezahlt worden; auch dieser Sachverhalt soll verbucht werden).

Der Arbeitgeberanteil zur Sozialversicherung beträgt ebenfalls 500 €. Der Nettolohn, der Beitrag an die Bausparkasse sowie die Beiträge an die Sozialversicherungsträger werden unmittelbar nach der Lohnabrechnung unter Abzug des Vorschusses vom Bankkonto ausbezahlt. Am 10. des Folgemonats wird die Zahlung an das Finanzamt über das Bankkonto getätigt.

Bruttolohn:	2.800 €
Sachzuwendungen:[265]	238 €
Gesamtlohn:	3.038 €
Lohnsteuer:	410 €
Kirchensteuer:[266]	—
Arbeitnehmeranteil zur Sozialversicherung:	500 €
Vermögenswirksame Leistungen:	52 €
Nettolohn:[267]	1.838 €
Vorschuss:	300 €
Auszubezahlen:	1.538 €

12. A löst den Wechsel (aus Geschäftsvorfall (3) und (10)) nach Ablauf seiner Laufzeit durch Bezahlung aus seiner Geschäftskasse ein.

13. Der Wechsel (aus Geschäftsvorfall (2)) bringt A kein Glück: er geht zu Protest. A hatte den Wechsel an F weitergegeben (die Verbuchung dieses Vorgangs wird hier weggelassen), der sich direkt nach Ausstellung der Protesturkunde an A wendet. Die Protestkosten betragen 90 € zuzüglich 19 % Umsatzsteuer, die Auslagen und die Provision zusammen 40 € zuzüglich 19 % Umsatzsteuer, die Verzugszinsen 8 % p.a. für 15 Tage ($\frac{1}{2}$ Monat), d.h. $\frac{1}{3}$ % von 17.250 €, also 57,50 €. F bezahlt die Protestkosten sofort aus der Kasse und wendet sich an A mit der Forderung, die Wechselsumme einschl. aller anfallenden Aufwendungen zu tragen. A löst nach 15 Tagen den Protestwechsel bei F durch Banküberweisung ein und begleicht auch seine sonstigen Verbindlichkeiten. A stellt eine Rückgriffsforderung an C, dem er zusätzliche Aufwendungen von 10 € in Rechnung stellt.

14. Für das erworbene Grundstück (aus Geschäftsvorfall (6)) fällt Grundsteuer in Höhe von insgesamt 8.000 € an, die das laufende Jahr betrifft und vom betrieblichen Bankkonto bezahlt wird.

---

[265] Es handelt sich um eine unentgeltliche Warenlieferung im Wert von 200 € zuzüglich 19 % Umsatzsteuer.

[266] Der Arbeitnehmer gehört keiner Religionsgemeinschaft an.

[267] Nach Abzug der Sachbezüge von 230 € und der vermögenswirksamen Leistungen, die allein vom Arbeitnehmer getragen werden; mit 52 € werden – selbstverständlich ohne negative Folgen – mehr vermögenswirksame Leistungen getätigt, als staatlich förderungswürdig sind (vgl. analog den Sachverhalt unter (5)).

Lösung (Buchungssätze):

1. a) Rohstoffe   9.000,—   an   Lieferantenverbindlich-
       Vorsteuer   1.710,—   keiten   10.710,—

     b) Lieferantenverbindlich-
         keiten   10.710,—   an   Skontoerträge   270,—
                                                Vorsteuer   51,30
                                                Bankkonto   10.388,70

2. a) Kundenforderungen   17.850,—   an   Umsatzerlöse   15.000,—
                                                 Umsatzsteuer   2.850,—

     b) Besitzwechsel   an   Kundenfor-
                                                 derungen   17.850,—

     c) Kundenforderungen   472,43   an   Diskontertrag   357,—
                                               Sonstige betriebliche
                                             Erträge   40,—
                                               Umsatzsteuer   75,43

     d) Bank   an   Kundenfor-
                                                 derungen   472,43

3. a) Betriebsstoffe   5.000,—   an   Lieferantenverbindlich-
                                               keiten   5.950,—
         Vorsteuer   950,—

     b) Lieferantenverbindlichkeiten   an   Schuldwechsel   4.000,—

     c) Diskontaufwand   40,—   an   Lieferantenverbindlich-
                                               keiten   71,40
         Sonstige betriebliche
         Aufwendungen   20,—
         Vorsteuer   11,40

     d) Lieferantenverbindlichkeiten   an   Bank   71,40

     e) Lieferantenverbindlich-   an   Skontoerträge   100,—
         keiten   1.950,—   Vorsteuer   19,—
                                               Bank   1.831,—

4. a) Wertpapiere des Umlauf-
         vermögens   19.850,—   an   Bank   20.250,—
         Zinsaufwand   400,—

     b) Bank   an   Zinserträge   1.200,—

5. a)	Lohn- und Gehaltsauf-		an	Bank	3.750,—
	wand	4.000,—		Bank	52,—
	Gesetzlicher Sozial-			Noch abzuführende	
	aufwand	720,—		Abgaben	918,—
b)	Noch abzuführende Abgaben		an	Bank	918,—

6.	Grundstücke und Gebäude		an	Bank	200.000,—
	Gebäude	103.500,—		Bank	7.000,—
	Privatentnahmen	103.500,—			

7.	Kfz-Steueraufwand	6.000,—	an	Privateinlagen	18.000,—
	Umsatzsteuer	10.000,—			
	Bank	2.000,—			

8.	Bank	160.000,—	an	Wertpapiere des	
				Anlagevermögens	101.200,—
				Sonstige betriebl.	
				Erträge	58.800,—

9.	Bank	19.050,—	an	Wertpapiere des Umlauf-	
	Sonstige betriebliche			vermögens	19.850,—
	Aufwendungen	1.000,—		Zinserträge	200,—

10. a)	Schuldwechsel		an	Schuldwechsel	4.000,—
b)	Diskontaufwand	40,—	an	Lieferantenverbindlich-	
	Sonstige betriebliche			keiten	71,40
	Aufwendungen	20,—			
	Vorsteuer	11,40			
c)	Lieferantenverbindlichkeiten		an	Bank	71,40

11. a)	Sonstige Forderungen		an	Kasse	300,—
b)	Lohn- und Gehalts-		an	Umsatzerlöse[268]	200,—
	aufwand	3.038,—		Umsatzsteuer	38,—
	Gesetzlicher Sozial-			Sonstige Forderungen	300,—
	aufwand	500,—		Bank	2.538,—
				Bank	52,—
				Noch abzuführende	
				Abgaben	410,—
c)	Noch abzuführende Abgaben		an	Bank	410,—

---

[268] Da es sich im vorliegenden Beispiel um einen Industriebetrieb handelt, wird dieses Konto und nicht das Konto „Warenverkauf" angesprochen.

| 12. | Schuldwechsel | | an | Kasse | 4.000,— |

| 13.a) | Protestwechsel | 17.850,— | an | Sonstige Verbindlich-keiten | 17.997,50 |

Sonstige betriebliche
Aufwendungen   90,—
Diskontaufwand   57,50
(Die Auslagen wurden auf dem entsprechenden Aufwandskonto bereits verbucht.)

	b)	Sonstige Verbindlichkeiten		an	Bank	17.997,50
	c)	Sonstige Forderungen	18.007,50	an	Protestwechsel	17.850,—
					Sonstige betriebl. Erträge	100,—
					Diskontertrag	57,50

| 14. | Grundsteueraufwand | 4.000,— | an | Bank | 8.000,— |
| | Privatentnahmen | 4.000,— | | | |

5.8 Die buchtechnische Behandlung ausgewählter spezieller Geschäfte

5.8.1 Die buchtechnische Behandlung von Leasing-Geschäften (wirtschaftliche Zurechnung)

5.8.1.1 Begriff und bilanzielle Behandlung von Leasing-Verträgen

Leasing ist die Bezeichnung für eine spezielle Form der Beschaffung von Investitionsgütern, bei der Wirtschaftsgüter nicht gekauft, sondern gemietet werden. Der Vermieter (**Leasing-Geber**) verpflichtet sich im Rahmen eines Leasing-Vertrages, dem Mieter (**Leasing-Nehmer**) bestimmte Wirtschaftsgüter (**Leasing-Objekte**) gegen periodische Zahlung eines Entgelts (**Leasing-Raten**) zur Verfügung zu stellen. Die Idee, Anlagegüter zu mieten statt zu kaufen, kam bereits Ende des letzten Jahrhunderts auf, hat sich in Deutschland aber erst seit den sechziger Jahren des 20. Jahrhunderts durchgesetzt. Seitdem sind in Deutschland mehr als siebenhundert Leasing-Gesellschaften gegründet worden. Die Palette der Leasing-Objekte reicht vom Kopiergerät bis zum Kraftwerk.[269]

Generell lässt sich der Leasing-Vertrag als eine besondere und viele Spielarten umfassende Form des **Mietvertrages** nach § 535 BGB qualifizieren, bei dem der Leasing-Geber stets (rechtlicher) Eigentümer des vermieteten Objektes bleibt. Für die Behandlung der Leasing-Objekte in der Handels- und Steuerbilanz kommt es jedoch nicht allein auf das **rechtliche Eigentum**, sondern vielmehr auf die wirtschaftliche Zugehörigkeit (**wirtschaftliches Eigentum**) an.

---

[269] Vgl. dazu *Wöhe, G., Bilstein, J., Ernst, D., Häcker, J.,* Grundzüge der Unternehmensfinanzierung, a. a. O., S. 319.

Durch das BilMoG wurde das Prinzip der wirtschaftlichen Zurechnung erstmals im Gesetz kodifiziert. Demnach ist nach § 246 Abs. 1 S. 2 HGB ein Vermögensgegenstand in der Bilanz des rechtlichen Eigentümers auszuweisen; lediglich bei Auseinanderfallen des wirtschaftlichen und des rechtlichen Eigentums ist für die Frage der Bilanzierung allein das wirtschaftliche Eigentum maßgeblich, so dass in diesen Fällen der Vermögensgegenstand nicht beim rechtlichen, sondern beim wirtschaftlichen Eigentümer zu bilanzieren ist.[270]

Die **handelsrechtlichen Rechnungslegungsvorschriften** enthalten keine speziellen Regelungen für die bilanzielle Behandlung von Leasing-Verträgen. Allerdings kann sich für Kapitalgesellschaften aus § 285 Nr. 3a HGB eine **Berichtspflicht** für Leasing-Verträge ergeben. Danach ist der Gesamtbetrag der sonstigen finanziellen Verpflichtungen, die nicht in der Bilanz erscheinen, im Anhang anzugeben. Diese Berichtspflicht besteht aber nur, „sofern diese Angabe für die Beurteilung der Finanzlage von Bedeutung ist". Die Bilanzierung kann folglich mangels spezieller Vorschriften nur aus den allgemeinen Bilanzierungs- und Bewertungsvorschriften für analoge Rechtsverhältnisse (Mietverträge, Ratenkaufverträge) oder nach allgemeinen GoB erfolgen. Die Auslegungsproblematik dieser Vorschriften und Grundsätze hat – wie die umfangreiche Literatur zeigt – allerdings zu erheblichen Meinungsverschiedenheiten geführt.[271]

Für die **bilanzsteuerliche Behandlung** existieren auf der Rechtsprechung des BFH basierende **Erlasse der Finanzverwaltung**,[272] in denen (mehr oder weniger) eindeutige Kriterien entwickelt worden sind, unter welchen vertraglichen Voraussetzungen die Leasing-Objekte steuerlich dem Leasing-Geber oder dem Leasing-Nehmer zuzurechnen sind. Diese Zurechnungsvorschriften geben den Vertragspartnern die Möglichkeit, die steuerlichen Konsequenzen eines Leasing-Vertrages vorauszubestimmen, und beeinflussen somit ggf. den Inhalt des Vertrages, insbesondere die Dauer der Grundmietzeit. Die Zurechnungsvorschriften sind unabhängig von der Behandlung der Leasing-Objekte in der Handelsbilanz anzuwenden. Wegen der fehlenden rechtlichen Regelungen für die Handelsbilanz werden die steuerlichen Zurechnungsvorschriften jedoch häufig auf die Behandlung von Leasing-Verträgen in der Handelsbilanz übertragen.

Die folgende Übersicht zeigt in tabellarischer Form die steuerliche Behandlung des Mobilien-Leasings bei Vollamortisationsverträgen.[273]

---

[270] Vgl. dazu *Bieg, H., Kußmaul, H., Petersen, K., Waschbusch, G., Zwirner, C.*, Bilanzrechtsmodernisierungsgesetz – Bilanzierung, Berichterstattung und Prüfung nach dem BilMoG, a.a.O., S. 37 ff.

[271] Vgl. *Wöhe, G.,* Betriebswirtschaftliche Steuerlehre, Band I, 2. Halbband, a.a.O., S. 305.

[272] Vgl. Leasing-Erlasse des BMF (BMF-Schreiben vom 19.04.1971, BStBl 1971 I, S. 264 ff.; BMF-Schreiben vom 21.03.1972, BStBl 1972 I, S. 188 ff.; BMF-Schreiben vom 22.12.1975, BB 1976, S. 72; BMF-Schreiben vom 13.05.1980, BB 1980, S. 815 sowie BMF-Schreiben vom 23.12.1991, BStBl 1992 I, S. 13)

[273] Zu Einzelheiten vgl. *Wöhe, G.,* Betriebswirtschaftliche Steuerlehre, Band I, 2. Halbband, a.a.O., S. 310 f.

Leasing-Vertragstyp	Zurechnungskriterien	Behandlung beim Leasing-Geber	Behandlung beim Leasing-Nehmer
Leasing-Vertrag **ohne Optionen**	Grundmietzeit weniger als 40 % der betriebsgewöhnlichen Nutzungsdauer	keine Bilanzierung	Bilanzierung
	Grundmietzeit zwischen 40 % und 90 % der betriebsgewöhnlichen Nutzungsdauer	Bilanzierung	keine Bilanzierung
	Grundmietzeit mehr als 90 % der betriebsgewöhnlichen Nutzungsdauer	keine Bilanzierung	Bilanzierung
Leasing-Vertrag **mit Kaufoption**	Grundmietzeit weniger als 40 % der betriebsgewöhnlichen Nutzungsdauer	keine Bilanzierung	Bilanzierung
	Grundmietzeit zwischen 40 % und 90 % der betriebsgewöhnlichen Nutzungsdauer **und** der für den Fall der Optionsausübung vorgesehene Kaufpreis **unterschreitet** den Restbuchwert oder den niedrigeren gemeinen Wert im Veräußerungszeitpunkt	keine Bilanzierung	Bilanzierung
	Grundmietzeit zwischen 40 % und 90 % der betriebsgewöhnlichen Nutzungsdauer **und** der für den Fall der Optionsausübung vorgesehene Kaufpreis **unterschreitet nicht** den Restbuchwert oder den niedrigeren gemeinen Wert im Veräußerungszeitpunkt	Bilanzierung	keine Bilanzierung
	Grundmietzeit mehr als 90 % der betriebsgewöhnlichen Nutzungsdauer	keine Bilanzierung	Bilanzierung
Leasing-Vertrag **mit Mietverlängerungsoption**	Grundmietzeit weniger als 40 % der betriebsgewöhnlichen Nutzungsdauer	keine Bilanzierung	Bilanzierung
	Grundmietzeit zwischen 40 % und 90 % der betriebsgewöhnlichen Nutzungsdauer **und** die für den Fall der Optionsausübung vereinbarte Anschlussmiete **unterschreitet** den Wertverzehr im Verlängerungszeitraum	keine Bilanzierung	Bilanzierung
	Grundmietzeit zwischen 40 % und 90 % der betriebsgewöhnlichen Nutzungsdauer **und** die für den Fall der Optionsausübung vereinbarte Anschlussmiete **unterschreitet nicht** den Wertverzehr im Verlängerungszeitraum	Bilanzierung	keine Bilanzierung
	Grundmietzeit mehr als 90 % der betriebsgewöhnlichen Nutzungsdauer	keine Bilanzierung	Bilanzierung
Spezial-Leasing-Vertrag	Spezieller Zuschnitt auf Leasing-Nehmer, der anderweitige Verwendung des Gegenstands ausschließt	keine Bilanzierung	Bilanzierung

5.8.1.2 Die buchtechnischen Folgen der Zurechnungsvorschriften

Wird das vermietete Wirtschaftsgut dem **Leasing-Geber zugerechnet**, so hat er es mit seinen Anschaffungs- oder Herstellungskosten zu aktivieren und über die betriebsgewöhnliche Nutzungsdauer abzuschreiben. Die vereinnahmten Leasing-Raten sind Betriebseinnahmen.

Eine Aktivierung der vereinbarten Leasing-Raten beim Leasing-Geber in Form eines linear aufzulösenden Einmalbetrages „noch nicht fällige Mietforderungen", dem ein zinsstaffelmäßig aufzulösender Passivposten „Wert der noch zu erbringenden Leistung" gegenübergestellt wird, hat die Finanzverwaltung mit der Begründung abgelehnt, dass der Leasing-Vertrag als Mietvertrag anzusehen sei, wenn das Leasing-Objekt dem Leasing-Geber zugerechnet wird und der Vertrag „damit zu den schwebenden Geschäften" gehöre, „die grundsätzlich nicht in der Bilanz erfaßt werden dürfen".[274]

Der **Leasing-Nehmer** hat im Falle der **Zurechnung** des Leasing-Objektes **beim Leasing-Geber Betriebsausgaben** in Höhe der Leasing-Raten. Im Vergleich zur eigenen Aktivierung im Falle des Kaufs ergibt sich für den Leasing-Nehmer ein **liquiditäts- und rentabilitätsmäßiger Vorteil durch eine Steuerverschiebung**, die wie ein zinsloser Steuerkredit wirkt, da die Aufwandsverrechnung beim Leasing früher erfolgt. Sie ist umso größer, je kürzer die Grundmietzeit im Verhältnis zur betriebsgewöhnlichen Nutzungsdauer festgesetzt wird, und je länger der Leasing-Nehmer folglich das Wirtschaftsgut zu einer erheblich herabgesetzten Folgemiete nach Ablauf der Grundmietzeit weiter verwenden kann. Da die Summe der Leasing-Raten die Anschaffungskosten des Leasing-Gebers übersteigt, ist Leasing in der Regel teurer als Kauf. Allerdings tritt eine (teilweise) Kompensation der vom Leasing-Geber geforderten Finanzierungskosten ein, und zwar nicht nur durch die relative Zinsersparnis als Folge der ratenweisen Zahlung des Kaufpreises, sondern auch durch den infolge der Steuerverschiebung anfallenden Zinsgewinn.

Erfolgt die **Zurechnung beim Leasing-Nehmer**, so muss er das Leasing-Objekt mit seinen Anschaffungs- oder Herstellungskosten bilanzieren. Nach dem Leasing-Erlass vom 19.04.1971 sind das die Anschaffungs- oder Herstellungskosten des Leasing-Gebers, die in der Berechnung der Leasing-Raten enthalten sind (z.B. Transport- und Versicherungsaufwendungen oder Aufwendungen für die Herstellung von Fundamenten), zuzüglich eventueller weiterer Anschaffungs- und Herstellungskosten, die nicht in die Leasing-Raten einbezogen sind. Hiervon ausgenommen sind aber solche Nebenkosten (z.B. Frachten vom Hersteller des Leasing-Objekts zum Leasing-Nehmer), die dem Leasing-Nehmer vom Leasing-Geber gesondert in Rechnung gestellt werden. Die **Abschreibung** nach der betriebsgewöhnlichen Nutzungsdauer erfolgt durch den Leasing-Nehmer. Diese Regelung ist dann problematisch, wenn der Leasing-Nehmer die Anschaffungs- oder Herstellungskosten des Leasing-Gebers nicht kennt und folglich – ggf. anhand von Marktpreisen – schätzen muss.

Der Leasing-Nehmer muss in Höhe der Anschaffungs- oder Herstellungskosten des Leasing-Gebers, die die Grundlage für die Berechnung der Leasing-Raten bilden, eine **Verbindlichkeit gegenüber dem Leasing-Geber** passivieren.

---

[274] BMF-Schreiben betr. bilanzmäßige Behandlung von Leasing-Verträgen beim Leasing-Geber vom 13.05.1980, BB 1980, S. 815.

Die Leasing-Raten sind in einen **Tilgungsanteil** sowie in einen **Kosten- und Zinsanteil** aufzuteilen. Letzterer vermindert sich mit fortschreitender Tilgung, so dass sich der Tilgungsanteil entsprechend erhöht. Der Tilgungsanteil wird mit der Verbindlichkeit erfolgsneutral verrechnet. Als Betriebsausgaben sind nur der Zins- und Kostenanteil sowie die Abschreibungen abzuziehen.

Aktiviert der Leasing-Nehmer das Leasing-Objekt, so muss der **Leasing-Geber** eine mit fortschreitender Mietzahlung zu tilgende **Forderung bilanzieren**, die der Verbindlichkeit des Leasing-Nehmers entspricht. Die Mietraten sind beim Leasing-Geber in Höhe des Zins- und Kostenanteils erfolgswirksam, in Höhe des Tilgungsanteils erfolgsneutral.

Die Verbuchung eines Leasing-Geschäfts, das zur **Zurechnung** des genutzten Guts **beim Leasing-Nehmer** führt, zeigt – unter Heranziehung der Zinsstaffelmethode – das folgende einfache Beispiel.

Beispiel:

Der Leasing-Geber A erwirbt am 30.12.00 eine Spezialmaschine mit dreijähriger Nutzungsdauer vom Hersteller H für 81.000 € zuzüglich 19 % Umsatzsteuer, die er am 20.01.01 durch Banküberweisung bezahlt. Am 31.12.00 schließt er mit dem Leasing-Nehmer B einen dreijährigen Leasing-Vertrag ab; danach hat B jeweils am 31.12. der drei Folgejahre eine Leasing-Rate von 35.000 € an A zu entrichten und sofort die Umsatzsteuer aus dem Leasing-Geschäft an A zu bezahlen. Die Bezahlung erfolgt unmittelbar in bar.

Buchungssätze:

Beim Leasing-Geber A:

Am 30.12.00:

(1)	Wareneinkauf	81.000,—	an	Lieferantenver-	
	Vorsteuer	15.390,—		bindlichkeiten	96.390,—

(Das Leasing-Objekt ist beim Leasing-Geber Umlaufvermögen und wird deshalb als Ware behandelt.)

Am 31.12.00:

(2)	Forderungen an Leasingnehmer		an	Warenverkauf	81.000,—
(3)	Kasse		an	Umsatzsteuer	19.950,—

(Die Umsatzsteuer-Forderungen errechnen sich als 19 %iger Betrag der gesamten Leasing-Raten von 105.000,— €.)

Am 20.01.01:

(4)	Lieferantenverbindlichkeiten		an	Bank	96.390,—

Am 31.12.01:

(5)   Bank   35.000,—   an   Leasing-Erträge
                                                        (Zinserträge)   12.000,—
                                                        Forderungen
                                                        an Leasing-
                                                        nehmer   23.000,—

(Vor der Verbuchung sind die Zins- und Tilgungsanteile in den Leasing-Raten zu errechnen. Bei der Zinsstaffelmethode ergibt sich:

– Ermittlung des Zins- und Kostenan- $3 \cdot 35.000,— = 105.000,—$
  teils:

                                                            $-$ 81.000,—
                                                        _____
                                                                   24.000,—

– Ermittlung der Jahresziffer: $1 + 2 + 3$ $= 6$

– Ermittlung des jährlichen Zins- und
  Kostenanteils

$$01: 3 \cdot \frac{24.000,—}{6} = 12.000,—$$

$$02: 2 \cdot \frac{24.000,—}{6} = 8.000,—$$

$$03: 1 \cdot \frac{24.000,—}{6} = 4.000,—)$$

Beim Leasing-Nehmer B:

Am 31.12.00:

(1)   Maschinen   an   Verbindlichkeiten
                                                 gegen
                                                 Leasing-Geber   81.000,—

(2)   Vorsteuer   an   Kasse   19.950,—

Am 31.12.01:

(3) Leasing-Aufwand
     (Zinsaufwand)   12.000,—   an   Bank   35.000,—
     Verbindlichkeiten
     gegen
     Leasing-Geber   23.000,—

     (B hat darüber hinaus eine Abschreibung auf das Anlagegut im Rahmen der Jahresabschlussvorbereitung vorzunehmen.[275] In den Folgejahren ist die Verbuchung analog durchzuführen.)

5.8.2 Die Verbuchung von Kommissionsgeschäften

Bei Kommissionsgeschäften übernimmt es ein Beauftragter (Kommissionär), gewerbsmäßig gegen Entgelt Waren oder Wertpapiere im eigenen Namen, aber im Auftrag und für Rechnung eines Auftraggebers (Kommittent) zu kaufen (**Einkaufskommission**) oder zu verkaufen (**Verkaufskommission**).[276] Die Honorierung des Kommissionärs erfolgt regelmäßig auf Provisionsbasis und unter Ersatz der angefallenen Aufwendungen sowie häufig als Mehrerlösbeteiligung bei für den Auftraggeber vorteilhaft realisierten Transaktionen.[277] Umsatzsteuerlich gelten nach § 3 Abs. 3 UStG der Kommissionär bei der Verkaufskommission und der Kommittent bei der Einkaufskommission als Abnehmer. Der Kommissionär wird wie ein Eigenhändler behandelt, so dass die Umsatzsteuerverpflichtungen und -ansprüche mit der Warenlieferung entstehen.

Bei der Einkaufskommission kauft der Kommissionär Waren oder Wertpapiere im eigenen Namen für Rechnung des Kommittenten und nimmt sie in sein Warenlager als Kommissionsware auf. Obwohl er juristischer Eigentümer der Ware ist, wird er wegen seiner Weitergabeverpflichtung nicht als wirtschaftlicher Eigentümer angesehen; deshalb muss die Kommissionsware bei Erstellung einer Schlussbilanz dem Vermögen des Kommittenten zugerechnet und vom Vermögen des Kommissionärs abgezogen werden. Die Verbuchung wird anhand des folgenden Beispiels gezeigt:

Beispiel:

Der Importeur A ist Einkaufskommissionär für den Kommittenten B. Im Auftrag von B erwirbt er am 15.12.00 – gegen eine 10 %ige Provision vom Einkaufspreis der Waren – Waren zum Preis von 20.000 € (zuzüglich 19 % Umsatzsteuer), die er sofort bar bezahlt; zusätzlich muss er Frachtkosten an einen Spediteur in Höhe von 1.000 € (zuzüglich 19 % Umsatzsteuer) bar entrichten. Am 15.01.01 sendet A die Waren unter

---

[275] Vgl. dazu die Ausführungen auf S. 239 ff.

[276] Vgl. die rechtliche Regelung in §§ 383 bis 406 HGB.

[277] Vgl. dazu und zum Folgenden auch *Eisele, W.,* Technik des betrieblichen Rechnungswesens, a. a. O., S. 133 ff.

Berechnung des Einkaufspreises, der Frachtkosten, der Provision und der Umsatzsteuer an B, der am 22.01.01 den fälligen Betrag überweist.

Buchungssätze:

Beim Kommissionär A:

Am 15.12.00:

(1) Kommissionsware B   21.000,—   an   Kasse   24.990,—
     Vorsteuer   3.990,—

Am 31.12.00:

(2) Kontokorrentkonto B   24.990,—   an   Kommissions-
                                          ware B   21.000,—
                                          Umsatzsteuer   3.990,—

Am 15.01.01:

(3) Kontokorrentkonto B   2.380,—   an   Provisionserträge   2.000,—
                                          Umsatzsteuer   380,—

(A stellt B in Rechnung:	Warenpreis	20.000,—
	Frachtkosten	1.000,—
	10 % Provision	2.000,—
	Netto-Rechnungsbetrag	23.000,—
	19 % Umsatzsteuer	4.370,—
	Brutto-Rechnungsbetrag	27.370,—

Restverbuchung bezüglich der Differenz zu 24.990,—.)

Am 22.01.01:

(4) Bank   an   Kontokorrent-
                                           konto B   27.370,—

Beim Kommittenten B:

Am 15.12.00:

(1)   —

Am 31.12.00:

(2) Wareneinkauf   21.000,—   an   Kontokorrent-
     Vorsteuer   3.990,—   konto A   24.990,—

(Zusätzlich ist zu überlegen, ob der Provisionsaufwand nicht bereits realisiert ist; dann wäre eine Aufwandsbuchung vorzunehmen; wenn nicht, erfolgt diese Buchung am 15.01.01 wie unter (3) folgend.)

Am 15.01.01:

(3) Provisionsaufwand   2.000,—   an   Kontokorrent-
     Vorsteuer   380,—   konto A   2.380,—

Am 22.01.01:

(4) Kontokorrentkonto A   an   Bank   27.370,—

Bei der Verkaufskommission verkauft der Kommissionär im eigenen Namen und für Rechnung des Kommittenten Waren oder Wertpapiere an einen Dritten, ohne juristisches Eigentum daran zu erwerben, d.h., rechtlicher und wirtschaftlicher Eigentümer bleibt bis zum Verkauf der Kommittent, der die Kommissionsware, die am Jahresende noch vorhanden ist, folglich auch in seiner Bilanz erfassen muss. Dennoch muss das Vorhandensein der Waren beim Kommissionär aufgezeichnet werden, sei es in einem Nebenbuch außerhalb der regulären Buchführung, sei es auf einem gesonderten Kommissionswarenkonto. Beim Kommittenten ist ebenfalls der Übergang der Waren vom eigenen Lager auf das des Kommissionärs zu registrieren; deshalb wird ein gesondertes Konto „Ware in Kommission" oder „Konsignationsware" geführt.[278]

Im Folgenden wird die Verbuchung unter Verwendung der bezeichneten Konten dargestellt;[279] es ist allerdings darauf hinzuweisen, dass die Verbuchung angesichts der zahlreichen Gestaltungsmöglichkeiten variiert werden kann, so z.B.

*   bei der Aufzeichnung in Nebenbüchern (der Kommissionär führt dann kein eigenes Kommissionswarenkonto),
*   bei der Trennung der Kommissionswarenkonten, die gemischte Konten darstellen, in Bestands- und Erfolgskonten,
*   bei Verbuchungszeitpunkt und -art der Provision und der damit verbundenen Umsatzsteuer.

Beispiel:

Der Händler A ist Verkaufskommissionär für den Kommittenten B. Im Auftrag von B verkauft er am 01.02.01 Waren, die er am 15.01.01 in Kommission genommen hat, zum vorgegebenen Verkaufspreis (der Einkaufspreis von B betrug 80.000 € zuzüglich Umsatzsteuer) von 100.000 € (davon erhält A vereinbarungsgemäß 5 % Provision) zuzüglich 19 % Umsatzsteuer an einen Kunden gegen Barzahlung. Am 15.02.01 überweist A an B den fälligen Betrag von 113.050 €.

[278] Vgl. dazu und zum Folgenden auch *Eisele, W.,* Technik des betrieblichen Rechnungswesens, a.a.O., S. 136ff. und *Heinhold, M.,* Buchführung in Fallbeispielen, a.a.O., S. 198 ff.

[279] Zur Verbuchung der Umsatzsteuer bei der Verkaufskommission vgl. das BFH-Urteil vom 25.11.1986, BStBl 1987 II, S. 278.

Buchungssätze:

Beim Kommissionär A:

Am 15.01.01:

| (1) | Kommissions-
waren B | 100.000,— | an
an | Kontokorrent-
konto B | 100.000,— |

Am 01.02.01:

| (2) | Kasse | 119.000,— | an | Kommissions-
waren B
Umsatzsteuer | 100.000,—
19.000,— |

| (3) | Vorsteuer | 18.050,— | an | Provisionserträge 5.000,—
Kontokorrent-
konto B   13.050,— |

Am 15.02.01:

| (4) | Kontokorrentkonto B | | an | Bank | 113.050,— |

Beim Kommittenten B:

Am 15.01.01:

| (1) | Konsignationsware bei A | | an | Wareneinkauf   80.000,— |

Am 01.02.01:

| (2) | Kontokorrentkonto A 113.050,—
Provisionsaufwand   5.000,—
Vorsteuer   950,— | an | Konsignationswa-
re bei A   100.000,—
Umsatzsteuer   19.000,— |

(Der Provisionsaufwand ist als Erlösminderung im Konsignationswarenkonto abzuschließen; Letzteres stellt ein gemischtes Warenkonto dar.)

Am 15.02.01:

| (3) | Bank | 113.050,— | an | Kontokorrent-
konto A   113.050,— |

5.8.3 Die Verbuchung bei Gelegenheitsgesellschaften

Eine Gelegenheitsgesellschaft ist die Verbindung rechtlich und wirtschaftlich selbstständiger Unternehmen zur **zeitlich begrenzten Durchführung** einzelner oder einer Reihe gleichartiger Geschäfte; sie wird regelmäßig in der Rechtsform der **Gesellschaft des bürgerlichen Rechts** geführt. Gelegenheitsgesellschaften dienen vor allem der gemeinsamen Durchführung von Projekten, weil z.B. die Kapazität eines Unternehmens dafür nicht ausreicht. Ihre beiden Hauptausprägungsarten sind die **Arbeitsgemeinschaften** (vor allem im Baugewerbe) und die **Konsortien** (vor allem im Bankgewerbe). Zur Abwicklung derartiger Geschäfte (auch Metageschäfte bzw. Partizipationsgeschäfte genannt) stehen verschiedene Möglichkeiten zur Verfügung, die im Folgenden anhand eines Beispiels zu einer „unechten" Arbeitsgemeinschaft – weil jeder Beteiligte nach außen Verträge im eigenen Namen und nicht in dem der Arbeitsgemeinschaft abschließt – und eines vereinfachten Beispiels zu einem Konsortium dargestellt werden. Auch hierbei sind zahlreiche Variationen der Sachverhaltsgestaltung denkbar, die jeweils Auswirkungen auf die Verbuchung haben, ohne dass eine grundlegende Änderung eintritt.[280]

Beispiel zu einer „unechten" Arbeitsgemeinschaft (Metageschäfte):

Zwei Handelsunternehmen A und B führen gemeinsam ein Projekt durch – Neueinführung eines Produkts – und gehen dafür eine Verbindung ein, bei der A als Metaführer auftritt. Dafür erhält er einen Vorabgewinn von 10.000 €, ist ansonsten aber zu gleichen Teilen mit B am Erfolg beteiligt. Am 10.01.01 kauft A Waren für 100.000 € (zuzüglich 19 % Umsatzsteuer) gegen einen Barscheck. Am 15.01.01 überweist ihm B 45.000 € auf sein Bankkonto. Am 20.01.01 verkauft A zwei Drittel der Waren für 90.000 € (zuzüglich 19 % Umsatzsteuer) durch Barverkauf. Am 25.01.01 wird das restliche Drittel von B für 50.000 € (zuzüglich 19 % Umsatzsteuer) gegen Barzahlung verkauft. Am 30.01.01 rechnet A ab und überweist B den ihm zustehenden Erfolgsanteil (nach Verrechnung mit den anderen gegenseitigen Forderungen und Schulden).

Buchungssätze beim Metaführer A:

      Am 10.01.01:

(1)	Metawareneinkauf	100.000,—	an	Kasse	119.000,—
	Vorsteuer	19.000,—			

      Am 15.01.01:

| (2) | Bank | | an | Kontokorrent- | |
| | | | | konto B | 45.000,— |

(Das Kontokorrentkonto drückt Forderungen bzw. Verbindlichkeiten gegenüber dem Metapartner B aus.)

Am 20.01.01:

(3)	Kasse	107.100,—	an	Metawaren-	
				verkauf	90.000,—
				Umsatzsteuer	17.100,—

      Am 25.01.01:

(4)	Kontokorrentkonto B	59.500,—	an	Metawaren-	
				verkauf	50.000,—
				Umsatzsteuer	9.500,—

---

[280] Vgl. ebenfalls mit Beispielen *Eisele, W.,* Technik des betrieblichen Rechnungswesens, a.a.O., S. 141 ff. und *Heinhold, M.,* Buchführung in Fallbeispielen, a.a.O., S. 197 ff.

Am 30.01.01:

(5) Metaabrechnung   an   Metawaren-
                                                           einkauf   100.000,—

(6) Metawarenverkauf   an   Metaabrechnung 140.000,—

(Das Metaabrechnungskonto nimmt die durch das Metageschäft verursachten Aufwendungen im Soll – hier nicht gegeben – und die Salden von Wareneinkaufs- und Warenverkaufskonto auf; sein Saldo wird in Höhe des Gewinnanteils von A – 10.000 € zuzüglich 50 % des Restgewinns – in dessen Gewinn- und Verlustkonto und in Höhe des Gewinnanteils des B bei A in dessen Kontokorrentkonto B übertragen.)

(7) Metaabrechnung   40.000,—   an   Gewinn- und
                                                           Verlustkonto   25.000,—
                                                           Kontokorrent-
                                                           konto B   15.000,—

(8) Kontokorrentkonto B   an   Bank   500,—

Als typischer Fall eines **Konsortiums** wird im Folgenden ein Bankenkonsortium zur Aktienemission – vereinfacht (so z. B. ohne Berücksichtigung von Provisionen) – herangezogen und aus der Sicht des Konsortialführers behandelt.[281] Bei der Verbuchung sind dabei das Konsortialkonto, das – vergleichbar einem gemischten Warenkonto – den Betrag der übernommenen Aktien, die aus dem Gemeinschaftsgeschäft resultierenden Aufwendungen und die Erlöse aus dem Aktienverkauf enthält, ferner das Kontokorrentkonto im Verhältnis zur emittierenden Aktiengesellschaft, das die Forderungen und Verbindlichkeiten gegenüber der AG ausdrückt, und schließlich die Kontokorrentkonten im Verhältnis zu den anderen Konsorten, die die Forderungen und Verbindlichkeiten des Konsortialführers gegenüber diesen beinhalten, besonders zu beachten.

Beispiel zu einem Konsortium:

Eine Aktiengesellschaft gibt bei einer Kapitalerhöhung Aktien im Nennwert von 1.000.000 € zum Übernahmekurs von 200 % an das aus der Hausbank A (Konsortialführer) und der Bank B bestehende Konsortium aus. A und B sind gleichermaßen am Konsortialerfolg beteiligt, nachdem A ein Vorwegentgelt von 50.000 € erhalten hat.

Folgende Sachverhalte sind bei A zu verbuchen:

01.04.01: Übernahme der jungen Aktien zum Übernahmekurs.

10.04.01: Vorauszahlung an die AG von 1.500.000 €.

15.04.01: Überweisung (von B an A) von 500.000 €.

---

[281] Vgl. dazu auch mit einem Beispiel *Eisele, W.,* Technik des betrieblichen Rechnungswesens, a. a. O., S. 144 ff.

20.04.01: Verkauf von Aktien (Nennwert: 600.000 €) durch A zum Kurs von 220 %.

22.04.01: Verkauf von Aktien (Nennwert: 400.000 €) durch B zum Kurs von 225 %.

25.04.01: Überweisung von Verkaufsspesen von 20.000 € durch A (ohne Umsatzsteuer).

27.04.01: Überweisung des Restbetrags an die AG von 500.000 €.

30.04.01: Errechnung der Gewinnanteile durch A und Ausgleich des Kontokorrentkontos mit B über das Bankkonto.

Buchungssätze bei A:

Am 01.04.01:

(1)   Konsortialkonto   an   Kontokorrent-
                                            konto AG   2.000.000,—

Am 10.04.01:

(2)   Kontokorrentkonto AG   an   Bank   1.500.000,—

Am 15.04.01:

(3)   Bank   an   Kontokorrent-
                                            konto B   500.000,—

Am 20.04.01:

(4)   Bank   an   Konsortial-
                                            konto   1.320.000,—

Am 22.04.01:

(5)   Kontokorrentkonto B   an   Konsortialkonto 900.000,—

Am 25.04.01:

(6)   Konsortialkonto   an   Bank   20.000,—

Am 27.04.01:

(7)   Kontokorrentkonto AG   an   Bank   500.000,—

Am 30.04.01:

(8) (a) Konsortialkonto   200.000,—   an   GuV   125.000,—
                                            Kontokorrent-
                                            konto B   75.000,—

    (b) Bank   an   Kontokorrent-
                                            konto B   325.000,—

(Der Gewinn beläuft sich auf 200.000 €, von denen A 125.000 € und B 75.000 € zustehen; das Kontokorrentkonto wird vereinbarungsgemäß ausgeglichen durch Banküberweisung.)

6 Die Technik der Aufstellung des Jahresabschlusses

6.1 Überblick über die Jahresabschlussvorbereitungen

Damit der Jahresabschluss seine Aufgaben der Rechenschaftslegung, der Information und der Ausschüttungsbemessung erfüllen kann, müssen aus den Zahlen der Buchführung die am Bilanzstichtag vorhandenen Bestände an Vermögensgegenständen und Schulden ermittelt und durch Gegenüberstellung der Erträge und der Aufwendungen der Abrechnungsperiode der Periodenerfolg festgestellt werden. Diese Aufgaben erfordern einerseits die Ermittlung der Endbestände aller Bestandskonten, andererseits die Ermittlung aller Aufwendungen und Erträge. Formal geschieht das in der Weise, dass alle Salden der Aufwands- und Ertragskonten auf das Gewinn- und Verlustkonto übertragen und der Saldo des Gewinn- und Verlustkontos und des Privatkontos auf das Kapitalkonto abgeschlossen werden. Ferner werden alle Salden der Bestandskonten über ein Schlussbilanzkonto auf die Schlussbilanz übertragen.

Bevor diese Buchungsarbeiten durchgeführt werden können, müssen sowohl an den sich aus den laufenden Aufzeichnungen am Bilanzstichtag ergebenden Buchbeständen als auch an dem sich aus der Gewinn- und Verlustrechnung ergebenden Erfolg gewisse Korrekturen vorgenommen werden. So können sich z.B. zwischen den sich buchmäßig ergebenden Beständen und den tatsächlich durch körperliche Bestandsaufnahme (Inventur) ermittelten Beständen **Differenzen** ergeben. Ferner muss im Interesse einer **periodenrichtigen Erfolgsabgrenzung** einerseits der Erfolg um solche Auszahlungen und Einzahlungen bzw. Aufwendungen und Erträge korrigiert werden, die nicht das laufende, sondern ein späteres Geschäftsjahr betreffen (z.B. für das kommende Jahr vorausbezahlte Versicherungsprämien: Auszahlung jetzt – Aufwand später), andererseits müssen solche Aufwendungen verbucht werden, die nicht im Laufe des Geschäftsjahrs, sondern erst bei der Erstellung des Jahresabschlusses erfasst werden, wie z.B. Abschreibungen auf Anlagen, Vorräte oder Forderungen zur Erfassung von während des Geschäftsjahrs eingetretenen Wertminderungen, die sowohl eine Minderung der Bestände als auch des Erfolgs bewirken.

Die wichtigsten **Tätigkeiten bei der Jahresabschlussvorbereitung** sind:

- **Feststellung der Endbestände** durch körperliche Bestandsaufnahme **(Inventur)**: Sie dient der Ermittlung mengenmäßiger Abweichungen zwischen den Buchbeständen (Sollbeständen) und den tatsächlich vorhandenen Beständen (Istbeständen). Wurden die Bestände auch buchhalterisch durch Fortschreibung erfasst,[282] dann ist das Inventurergebnis mit dem buchmäßigen Bestand zu vergleichen. Dazu müssen Mengendiffe-

---

[282] Bei der Ermittlung des Warenbestands und -einsatzes wurde zwischen inventurabhängigen und inventurunabhängigen Verfahren unterschieden (vgl. S. 107 ff.); bei den inventurabhängigen Verfahren kann der Endbestand nur mittels Inventur ermittelt werden, bei den inventurunabhängigen Verfahren ist die Inventur für Vergleichszwecke erforderlich.

renzen geklärt und buchhalterisch berücksichtigt werden. Treten z. B. bei den Vorräten oder beim Kassenbestand nicht zu klärende Mengendifferenzen auf, so ist eine Korrektur vorzunehmen, durch die die buchmäßige Behandlung der tatsächlichen Situation angepasst wird. Bei negativen Abweichungen (Fehlbeständen) erfolgt diese Anpassung über das Konto „Sonstige betriebliche Aufwendungen", bei positiven Abweichungen (Überbeständen) über das Konto „Sonstige betriebliche Erträge". Bei größeren negativen Differenzen ist steuerlich unter Umständen eine erfolgswirksame Ausbuchung nicht möglich.[283]

- **Erfassung wertmäßiger Abweichungen** zwischen den in den Konten enthaltenen Bestandswerten und den Werten dieser Bestände am Bilanzstichtag durch Abschreibungen:[284] Der Wert bestimmter Vermögensgegenstände, die nicht in einer Periode verbraucht werden, sondern in der Lage sind, über eine Reihe von Jahren Nutzungen abzugeben (z. B. Gebäude, Maschinen, Werkzeuge, Geschäftseinrichtungen), mindert sich im Laufe der Abrechnungsperiode entweder aus technischen Gründen (z. B. Abnutzung durch Gebrauch) oder aus wirtschaftlichen Gründen (z. B. technischer Fortschritt). Im ersten Fall nimmt der Nutzungsvorrat, der in den Gütern enthalten ist, ab, im zweiten Fall bleibt der Nutzungsvorrat zwar mengenmäßig erhalten, er mindert sich aber in seinem wirtschaftlichen Wert.

  Diese Wertminderungen müssen bei der Feststellung des wertmäßigen Endbestandes am Bilanzstichtag durch **Abschreibungen** erfasst werden. Da eine exakte Feststellung der Wertminderungen einer Periode in der Regel nicht möglich ist, verteilt man buchtechnisch die Anschaffungs- oder Herstellungskosten auf die Jahre der geschätzten Nutzungsdauer.

  Abschreibungen können auch bei **Wertpapieren**, die im Kurs gesunken sind, oder bei Forderungen wegen mangelnder Zahlungsfähigkeit des Schuldners erforderlich werden. **Forderungen**, deren volle Bezahlung zweifelhaft ist, werden auf ein entsprechendes Konto (zweifelhafte Forderungen) umgebucht und in dem Umfang abgeschrieben, in dem sie für uneinbringlich gehalten werden.

- Periodenrichtige Zuordnung von Aufwendungen und Erträgen sowie Auszahlungen und Einzahlungen **(Rechnungsabgrenzungsposten)**:[285] Während des Geschäftsjahrs werden einerseits Zahlungen empfangen oder getätigt, deren Leistungen erst in einem folgenden Geschäftsjahr bewirkt werden (z. B. Mietvorauszahlungen), andererseits werden Leistungen empfangen oder getätigt, für die Zahlungen erst in einem folgenden Geschäftsjahr erfolgen. Eine exakte Ermittlung des in der Abrechnungsperiode tatsächlich verursachten Periodenerfolgs ist deshalb nur möglich, wenn durch besondere vorbereitende Abschlussbuchungen mit Hilfe sog. Rechnungsabgrenzungsposten eine genaue Abgrenzung zwischen den einzelnen Abrechnungsperioden erfolgt, durch die alle

---

[283] Vgl. mit weiteren Verweisen *Eisele, W.,* Technik des betrieblichen Rechnungswesens, a. a. O., S. 123 f.

[284] Zu Einzelheiten bei der Vornahme von Abschreibungen vgl. S. 239 ff.

[285] Zu Einzelheiten bei der Bildung von Rechnungsabgrenzungsposten vgl. S. 278 ff.

im Geschäftsjahr verbuchten Leistungen und Zahlungsvorgänge dem Geschäftsjahr zugerechnet werden, das sie betreffen.

- Erfassung von Aufwendungen der Periode, die erst in einer späteren Periode zu Auszahlungen oder Mindereinzahlungen führen, durch **Rückstellungen**:[286] Droht dem Betrieb in einer späteren Periode eine Inanspruchnahme durch einen Dritten, die ihren wirtschaftlichen Grund in der Abrechnungsperiode hat, deren Höhe und Fälligkeitstermin aber noch nicht feststehen, so ist ein Aufwand in der Abrechnungsperiode entstanden, der erst später zu einer Auszahlung führt. Es muss eine Rückstellung für ungewisse Verbindlichkeiten passiviert werden, da sonst der Periodengewinn zu hoch ausgewiesen würde (z. B. Rückstellungen für Steuern, Pensionen, schwebende Prozesse, Garantiezusagen). Droht dem Betrieb ein Verlust, der seinen wirtschaftlichen Grund in der Abrechnungsperiode hat, der aber in seiner Höhe am Bilanzstichtag noch nicht genau feststeht, so ist ebenfalls eine Rückstellung zu bilden (z. B. Rückstellungen für drohende Verluste aus schwebenden Geschäften; steuerlich seit 1997 nicht mehr erlaubt). Wurden in der abgelaufenen Periode – quasi innerbetriebliche – Aufwendungen für Instandhaltungen bzw. für Abraumbeseitigung verursacht, deren Nachholung erst in den ersten drei bzw. zwölf Monaten des folgenden Geschäftsjahrs erfolgt, so müssen ebenfalls Rückstellungen gebildet werden.

- Minderung des Jahreserfolgs durch **Bildung steuerfreier Rücklagen**: Rücklagen sind grundsätzlich aus dem versteuerten Gewinn zu bilden. Zur Realisierung wirtschaftspolitischer Ziele lässt das Steuerrecht in besonderen Fällen die Bildung von Rücklagen aus dem unversteuerten Gewinn zu, verlangt jedoch in späteren Perioden eine Auflösung und Nachversteuerung dieser Rücklagen. Da die steuerfreien Rücklagen noch eine Verpflichtung gegenüber dem Finanzamt enthalten, können sie nicht in voller Höhe dem Eigenkapital zugerechnet werden, sondern sind in dem sog. „Sonderposten mit Rücklageanteil" in der Bilanz auszuweisen.[287] Seit In-Kraft-Treten des BilMoG jedoch ist die Bildung von steuerfreien Rücklagen nur noch in der Steuerbilanz möglich, in der Handelsbilanz ist der Ansatz hingegen verboten.

- **Korrektur von Erfolgskonten**: Werden während des Geschäftsjahrs bestimmte Auszahlungen in voller Höhe als betrieblicher Aufwand verbucht, obwohl sie zum Teil privaten Zwecken dienen, dann muss – sofern dies nicht unmittelbar bei der Verbuchung des Geschäftsvorfalls erfolgte – im Rahmen der Jahresabschlussvorbereitung vor allem für steuerliche Zwecke der private Anteil herausgerechnet und entsprechend verbucht werden. Die Abgrenzung zwischen Betriebs- und Privatsphäre ist vor allem bei kleinen und mittelständischen Betrieben von Bedeutung und betrifft z. B.

  - die anteilige private Nutzung von Betriebsfahrzeugen,

  - die anteilige private Nutzung bei gemischt genutzten Grundstücken[288] und

  - die Lebenshaltungskosten nach § 12 EStG.

---

[286] Zu Einzelheiten bei der Bildung von Rückstellungen vgl. S. 291 ff.

[287] Zu Einzelheiten vgl. S. 304 ff.

[288] Vgl. dazu ausführlicher *Eisele, W.,* Technik des betrieblichen Rechnungswesens, a.a.O., S. 433 ff.

Im Folgenden werden derartige Sachverhalte unmittelbar bei der Verbuchung der Geschäftsvorfälle nach dem Buchungssatztyp „Privatentnahmen an (jeweiliges) Aufwandskonto" verbucht. Ansonsten wird auf dieses vorwiegend steuerliche Problem im Rahmen der vorbereitenden Abschlussbuchungen nicht mehr eingegangen.

- **Abschluss von Unterkonten auf Hauptkonten**: Bevor die einzelnen Aufwands- und Ertragskonten in das Gewinn- und Verlustkonto und die einzelnen Bestandskonten in das Schlussbilanzkonto übertragen werden, müssen solche Konten, deren Saldo in bestimmte andere Konten zu übertragen ist, abgeschlossen werden. Auf diese Konten und die erforderliche Verbuchung wurde oben jeweils hingewiesen. Zu nennen sind insbesondere

  - der Abschluss des Bezugskostenkontos, des Kontos „Skontoerträge" sowie des Kontos „Lieferantenboni" im Wareneinkaufskonto (bzw. dem jeweiligen sonstigen Bestandskonto),

  - der Abschluss des Kontos „Skontoaufwendungen" und des Kontos „Kundenboni" im Warenverkaufskonto (bzw. im Konto „Umsatzerlöse"),

  - der Abschluss des Vorsteuerkontos im Umsatzsteuerkonto,

  - der Abschluss des Kontos „Privatentnahmen" und des Kontos „Privateinlagen" im Privatkonto sowie der Abschluss des Privatkontos im Eigenkapitalkonto.

Die **Aufstellung des Jahresabschlusses** erfolgt in drei Schritten:

- Abschluss der Erfolgskonten (Aufwands- und Ertragskonten) im Gewinn- und Verlustkonto;

- Abschluss des Gewinn- und Verlustkontos im Eigenkapitalkonto;

- Abschluss der Bestandskonten (Aktiv- und Passivkonten) im Schlussbilanzkonto.

Bevor die Salden der einzelnen Konten in das Gewinn- und Verlustkonto bzw. in das Schlussbilanzkonto übertragen werden, wird in der Praxis eine sog. **Abschlussübersicht** (Hauptabschlussübersicht) aufgestellt, mit deren Hilfe eventuell vorhandene Fehler vor der endgültigen Aufstellung des Jahresabschlusses eliminiert werden können.[289]

6.2 Beachtung von Gliederungsvorschriften für die Bilanz

Der Gesetzgeber hat kein für Unternehmen aller Rechtsformen geltendes Mindestgliederungsschema für die Bilanz und die Gewinn- und Verlustrechnung erlassen. Zum Inhalt der Bilanz ist aus § 242 Abs. 1 HGB lediglich zu entnehmen, dass jeder Kaufmann „zu Beginn seines Handelsgewerbes und für den Schluss eines jeden Geschäftsjahrs einen das Verhältnis seines Vermögens und seiner Schulden darstellenden Abschluss (Eröffnungsbilanz, Bilanz) aufzustellen" hat. § 247 Abs. 1 HGB konkretisiert diese Vorschrift lediglich dahingehend, dass „das Anlage- und das Umlaufvermögen, das Eigenkapital, die Schulden sowie die Rechnungsabgrenzungsposten gesondert auszuweisen und hinreichend aufzugliedern"

---

[289] Die Abschlussübersicht wird auf S. 319 ff. dargestellt.

sind. Von dieser Pflicht zur Aufstellung einer Bilanz sowie einer Gewinn- und Verlustrechnung sind lediglich **kleingewerbetreibende Einzelkaufleute** i.S.d. § 241a HGB ausgenommen.

Für **große und mittelgroße Kapitalgesellschaften** i. S. des § 267 Abs. 2 und 3 HGB ist das Bilanzgliederungsschema des § 266 Abs. 2 und 3 HGB, das auf den Seiten 236 und 237 dargestellt wird, verbindlich. **Kleine Kapitalgesellschaften** dürfen eine verkürzte Bilanz aufstellen, in die nur die mit Buchstaben und römischen Zahlen bezeichneten Posten gesondert aufgenommen werden müssen.[290]

Reicht die Mindestgliederung aufgrund der Besonderheiten eines Betriebes nicht aus, die Klarheit und Übersichtlichkeit der Bilanzierung zu gewährleisten, so werden entweder **zusätzliche Positionen** eingefügt – wenn sich Vermögens- oder Schuldposten nicht in die Bilanzpositionen des § 266 Abs. 2 und 3 HGB einordnen lassen –, oder es werden gesetzlich vorgeschriebene Posten **weiter aufgeteilt** (z. B. die Position „Betriebs- und Geschäftsausstattung" in Werkzeuge, Fuhrpark, sonstige Betriebsausstattung und Büroausstattung), so dass entweder mehrere Positionen an die Stelle von einer Position treten oder die Zusammensetzung einer Position durch **Vermerke** in einer Vorspalte oder in einer Fußnote erläutert wird (so kann z. B. die Position „Kapitalrücklage" in einer Vorspalte nach den verschiedenen Arten ihrer Dotierung erläutert werden).

Außerdem ergibt sich aus dem Gesetz der Ausweis bestimmter Positionen, die

- im Gliederungsschema nicht enthalten sind, weil sie selten auftreten, z. B. der eingeforderte, aber noch nicht eingezahlte Betrag der ausstehenden Einlagen auf das gezeichnete Kapital;[291]

- wegen ihres besonderen Charakters aus einer im Gliederungsschema angegebenen Position ausgegliedert werden müssen, z. B. Rückdeckungsansprüche aus Lebensversicherungen;[292]

- eine im Gliederungsschema aufgeführte Position durch nähere Angaben in den Vorspalten oder auf andere Weise (z. B. als Fußnote oder im Anhang) erläutern; so müssen z. B. der Betrag der Forderungen mit einer Restlaufzeit von mehr als einem Jahr und der Betrag der Verbindlichkeiten mit einer Restlaufzeit bis zu einem Jahr bei jedem Posten gesondert vermerkt werden,[293] ferner muss ein in den aktiven Rechnungsabgrenzungsposten aufgenommener Disagiobetrag gesondert ausgewiesen oder im Anhang angegeben werden.[294]

---

[290] Vgl. § 266 Abs. 1 Satz 3 HGB.

[291] Vgl. § 272 Abs. 1 HGB.

[292] Vgl. *Datenverarbeitungsorganisation des steuerberatenden Berufes in der Bundesrepublik Deutschland eG,* DATEV-Kontenrahmen Spezialkontenrahmen (SKR) 04 – Gültig ab 2009, S. 2 und grundsätzlich zur Aktivierungspflicht von Rückdeckungsansprüchen aus Lebensversicherungen *Kußmaul, H.,* Betriebliche Altersversorgung von Geschäftsführern. Voraussetzungen und finanzwirtschaftliche Auswirkungen, München 1995, S. 37 sowie S. 98.

[293] Vgl. § 268 Abs. 4 und 5 HGB.

[294] Vgl. § 268 Abs. 6 HGB.

Risiken und Verpflichtungen, für die ein Ausweis auf der Passivseite der Bilanz nicht zwingend vorgeschrieben ist,[295] müssen im Interesse der Klarheit der Rechenschaftslegung entweder in der Bilanz (**„unter dem Strich"**, d. h. nicht als Bestandteil der Bilanzsumme) oder im **Anhang** vermerkt werden.[296]

Gliederung der Bilanz nach § 266 Abs. 2 und 3 HGB

Aktivseite:

A. Anlagevermögen:

  I. Immaterielle Vermögensgegenstände:
    1. Selbst geschaffene gewerbliche Schutzrechte und ähnliche Rechte und Werte;
    2. entgeltlich erworbene Konzessionen, gewerbliche Schutzrechte und ähnliche Rechte und Werte sowie Lizenzen an solchen Rechten und Werten;
    3. Geschäfts- oder Firmenwert;
    4. geleistete Anzahlungen;

  II. Sachanlagen:
    1. Grundstücke, grundstücksgleiche Rechte und Bauten einschl. der Bauten auf fremden Grundstücken;
    2. technische Anlagen und Maschinen;
    3. andere Anlagen, Betriebs- und Geschäftsausstattung;
    4. geleistete Anzahlungen und Anlagen im Bau;

  III. Finanzanlagen:
    1. Anteile an verbundenen Unternehmen;
    2. Ausleihungen an verbundene Unternehmen;
    3. Beteiligungen;
    4. Ausleihungen an Unternehmen, mit denen ein Beteiligungsverhältnis besteht;
    5. Wertpapiere des Anlagevermögens;
    6. sonstige Ausleihungen.

B. Umlaufvermögen:

  I. Vorräte:
    1. Roh-, Hilfs- und Betriebsstoffe;
    2. unfertige Erzeugnisse, unfertige Leistungen;
    3. fertige Erzeugnisse und Waren;
    4. geleistete Anzahlungen;

  II. Forderungen und sonstige Vermögensgegenstände:
    1. Forderungen aus Lieferungen und Leistungen;
    2. Forderungen gegen verbundene Unternehmen;
    3. Forderungen gegen Unternehmen, mit denen ein Beteiligungsverhältnis besteht;
    4. sonstige Vermögensgegenstände;

  III. Wertpapiere:
    1. Anteile an verbundenen Unternehmen;
    2. sonstige Wertpapiere;

  IV. Kassenbestand, Bundesbankguthaben, Guthaben bei Kreditinstituten und Schecks.

C. Rechnungsabgrenzungsposten.

D. Aktive latente Steuern.

E. Aktiver Unterschiedsbetrag aus der Vermögensverrechnung.

---

[295] Vgl. § 251 HGB.
[296] Vgl. § 268 Abs. 7 HGB.

Passivseite:

A. Eigenkapital:
 I. Gezeichnetes Kapital;
 II. Kapitalrücklage;
III. Gewinnrücklagen:
  1. gesetzliche Rücklage;
  2. Rücklage für Anteile an einem herrschenden oder mehrheitlich beteiligten Unternehmen;
  3. satzungsmäßige Rücklagen;
  4. andere Gewinnrücklagen;
 IV. Gewinnvortrag/Verlustvortrag;
  V. Jahresüberschuss/Jahresfehlbetrag.

B. Rückstellungen:
  1. Rückstellungen für Pensionen und ähnliche Verpflichtungen;
  2. Steuerrückstellungen;
  3. sonstige Rückstellungen.

C. Verbindlichkeiten:
  1. Anleihen, davon konvertibel;
  2. Verbindlichkeiten gegenüber Kreditinstituten;
  3. erhaltene Anzahlungen auf Bestellungen;
  4. Verbindlichkeiten aus Lieferungen und Leistungen;
  5. Verbindlichkeiten aus der Annahme gezogener Wechsel und der Ausstellung eigener Wechsel;
  6. Verbindlichkeiten gegenüber verbundenen Unternehmen;
  7. Verbindlichkeiten gegenüber Unternehmen, mit denen ein Beteiligungsverhältnis besteht;
  8. sonstige Verbindlichkeiten,
   davon aus Steuern,
   davon im Rahmen der sozialen Sicherheit.

D. Rechnungsabgrenzungsposten.

E. Passive latente Steuern.

6.3 Beachtung von Gliederungsvorschriften für die Gewinn- und Verlustrechnung

Die Pflicht zur Aufstellung einer Gewinn- und Verlustrechnung im Rahmen des handelsrechtlichen Jahresabschlusses ergibt sich aus § 242 Abs. 2 i.V.m. § 242 Abs. 4 HGB. Für Nicht-Kapitalgesellschaften gibt es keine gesetzlichen Vorschriften über die Gliederung der Aufwendungen und Erträge. Für Kapitalgesellschaften sieht § 275 HGB wahlweise das **Gesamtkosten- oder das Umsatzkostenverfahren**[297] vor. Entsprechend enthält § 275 HGB zwei Gliederungsschemata. Für Einzelunternehmen und Personengesellschaften ist – ebenso wie bei der Bilanz – kein Gliederungsschema vorgeschrieben.

---

[297] Bezüglich Einzelheiten zu diesen Verfahren vgl. *Wöhe, G.,* Bilanzierung und Bilanzpolitik, a.a.O., S. 274 ff.

Gliederung der Gewinn- und Verlustrechnung (§ 275 HGB)	
Gesamtkostenverfahren (§ 275 Abs. 2 HGB)	**Umsatzkostenverfahren** (§ 275 Abs. 3 HGB)
1. Umsatzerlöse	1. Umsatzerlöse
2. Erhöhung oder Verminderung des Bestands an fertigen und unfertigen Erzeugnissen	
3. andere aktivierte Eigenleistungen	
4. sonstige betriebliche Erträge	
5. Materialaufwand: a) Aufwendungen für Roh-, Hilfs- und Betriebsstoffe und für bezogene Waren b) Aufwendungen für bezogene Leistungen	2. Herstellungskosten der zur Erzielung der Umsatzerlöse erbrachten Leistungen
6. Personalaufwand: a) Löhne und Gehälter b) soziale Abgaben und Aufwendungen für Altersversorgung und für Unterstützung, davon für Altersversorgung	3. Bruttoergebnis vom Umsatz 4. Vertriebskosten
7. Abschreibungen: a) auf immaterielle Vermögensgegenstände des Anlagevermögens und Sachanlagen b) auf Vermögensgegenstände des Umlaufvermögens, soweit diese die in der Kapitalgesellschaft üblichen Abschreibungen überschreiten	5. allgemeine Verwaltungskosten 6. sonstige betriebliche Erträge

8. (7.) sonstige betriebliche Aufwendungen

9. (8.) Erträge aus Beteiligungen, davon aus verbundenen Unternehmen

10. (9.) Erträge aus anderen Wertpapieren und Ausleihungen des Finanzanlagevermögens, davon aus verbundenen Unternehmen

11. (10.) sonstige Zinsen und ähnliche Erträge, davon aus verbundenen Unternehmen

12. (11.) Abschreibungen auf Finanzanlagen und auf Wertpapiere des Umlaufvermögens

13. (12.) Zinsen und ähnliche Aufwendungen, davon aus verbundenen Unternehmen

14. (13.) Ergebnis der gewöhnlichen Geschäftstätigkeit

15. (14.) außerordentliche Erträge

16. (15.) außerordentliche Aufwendungen

17. (16.) außerordentliches Ergebnis

18. (17.) Steuern vom Einkommen und vom Ertrag

19. (18.) sonstige Steuern

20. (19.) Jahresüberschuss/Jahresfehlbetrag

In der Übersicht auf Seite 238 sind die beiden Gliederungsschemata nach § 275 Abs. 2 und 3 HGB gegenübergestellt worden (wobei sich die in Klammern gesetzten Zahlen auf das Umsatzkostenverfahren beziehen).

Die folgende **verkürzte Gliederung** des § 275 Abs. 2 und 3 HGB zeigt noch einmal deutlich den Unterschied zwischen beiden Verfahren.

Gliederung der Gewinn- und Verlustrechnung in verkürzter Form			
Gesamtkostenverfahren (§ 275 Abs. 2 HGB)		**Umsatzkostenverfahren** (§ 275 Abs. 3 HGB)	
Posten			Posten
1	Umsatzerlöse	Umsatzerlöse	1
2	+/./. Bestandsveränderungen der fertigen und unfertigen Erzeugnisse	./. Herstellungskosten der zur Erzielung der Umsatzerlöse erbrachten Leistungen	2
3	+ andere aktivierte Eigenleistungen	= Bruttoergebnis vom Umsatz	3
		./. Vertriebskosten	4
4	+ sonstige betriebliche Erträge	./. allg. Verwaltungskosten	5
5	./. Materialaufwand	+ sonstige betriebliche Erträge	6
6	./. Personalaufwand	./. sonstige betriebliche Aufwendungen	7
7	./. Abschreibungen		
8	./. sonstige betriebliche Aufwendungen		
	= Betriebsergebnis		
9–13	+ Finanzergebnis		8–12
14	= Ergebnis der gewöhnlichen Geschäftstätigkeit		13
15–17	+/./. außerordentliches Ergebnis		14–16
18–19	./. Steuern		17–18
20	= Jahresüberschuss/Jahresfehlbetrag		19

Die Gliederung der Gewinn- und Verlustrechnung ist nach § 277 Abs. 3 Satz 2 HGB um den gesonderten Ausweis von Erträgen und Aufwendungen aus Verlustübernahme und um die aufgrund einer Gewinngemeinschaft, eines Gewinnabführungs- oder eines Teilgewinnabführungsvertrages erhaltenen oder abgeführten Gewinne zu ergänzen. Außerdem sind gem. § 277 Abs. 3 Satz 1 HGB die außerplanmäßigen Abschreibungen auf Vermögensgegenstände des Anlagevermögens nach § 253 Abs. 3 Satz 3 und 4 gesondert auszuweisen oder im Anhang anzugeben.

Während bei Anwendung des **Gesamtkostenverfahrens** alle Aufwendungen der Periode nach Aufwandsarten (Kostenarten) gegliedert erfasst werden, stellt das **Umsatzkostenverfahren** den Umsatzerlösen der Periode nur die Umsatzaufwendungen, d.h. die auf die umgesetzten Leistungen entfallenden Aufwendungen, gegenüber, und zwar gegliedert nach

Funktionsbereichen (Kostenstellen). Das Gliederungsschema des § 275 Abs. 3 HGB unterscheidet zwischen den Aufwendungen des Herstellungs-, Verwaltungs- und Vertriebsbereichs.

Da aus diesem Schema weder die Material- noch die Personalaufwendungen zu ersehen sind, schreibt § 285 Nr. 8 HGB vor, dass bei Anwendung des Umsatzkostenverfahrens die Material- und Personalaufwendungen des Geschäftsjahrs, untergliedert nach den für das Gesamtkostenverfahren geltenden Vorschriften (§ 275 Abs. 2 Nr. 5 und 6 HGB), **im Anhang gesondert auszuweisen** sind. Kleine Kapitalgesellschaften können allerdings nach § 288 HGB auf den Ausweis des Materialaufwands im Anhang verzichten. Nach § 326 Satz 2 HGB können darüber hinaus alle kleinen Kapitalgesellschaften bei der Offenlegung sämtliche die Gewinn- und Verlustrechnung betreffenden Angaben aus dem Anhang weglassen. Mittelgroße Kapitalgesellschaften dürfen nach § 327 Nr. 2 HGB den Anhang ohne die Angaben über den Materialaufwand zum Handelsregister einreichen.

6.4 Ermittlung und buchtechnische Behandlung der Abschreibungen

6.4.1 Begriff, Arten und Aufgaben der Abschreibung

Abnutzbare Anlagegüter (Gebäude, Maschinen, Werkzeuge u. a.) haben in der Regel eine mehrjährige Nutzungsdauer. Folglich können ihre Anschaffungs- oder Herstellungskosten nicht in einer Periode als Aufwand in die Gewinn- und Verlustrechnung eingehen, sondern müssen im Interesse einer **periodenrichtigen Aufwandsverteilung** über die gesamte Zeit ihrer wirtschaftlichen Nutzungsdauer verteilt werden. Diese Verteilung wird als **Abschreibung** bezeichnet. Die Wertminderung kann verschiedene Ursachen haben (z. B. technischer Verschleiß, wirtschaftliche Entwertung infolge technischen Fortschritts oder Nachfragerückgang). Da die tatsächliche Wertminderung in einem Geschäftsjahr in der Praxis in der Regel nicht ermittelt werden kann, ist die Abschreibung letzten Endes eine reine „**Verteilungsabschreibung**", d.h., sie teilt die Anschaffungs- oder Herstellungskosten eines Vermögensgegenstandes mittels eines planmäßigen Verfahrens[298] auf die Jahre der geschätzten Nutzung auf.

Sowohl in der Handels- als auch in der Steuerbilanz besteht ein **Zwang zur Abschreibung**. § 253 Abs. 3 Satz 1 HGB bestimmt: „Bei Vermögensgegenständen des Anlagevermögens, deren Nutzung zeitlich begrenzt ist, sind die Anschaffungs- oder Herstellungskosten um planmäßige Abschreibungen zu vermindern", und in § 7 Abs. 1 Satz 1 EStG wird gefordert: „Bei Wirtschaftsgütern, deren Verwendung oder Nutzung durch den Steuerpflichtigen zur Erzielung von Einkünften sich erfahrungsgemäß auf einen Zeitraum von mehr als einem Jahr erstreckt, ist jeweils für ein Jahr der Teil der Anschaffungs- oder Herstellungskosten abzusetzen, der bei gleichmäßiger Verteilung dieser Kosten auf die Gesamtdauer der Verwendung oder Nutzung auf ein Jahr entfällt (Absetzung für Abnutzung in gleichen Jahresbeträgen)."

---

[298] Zu den Verfahren planmäßiger Abschreibung vgl. S. 242 ff.

Die gesetzlichen Formulierungen zeigen, dass Handels- und Steuerrecht noch immer eine **unterschiedliche Terminologie** verwenden, obwohl sie dieselbe Sache regeln. Dem handelsrechtlichen und betriebswirtschaftlichen Begriff der planmäßigen Abschreibung entspricht im Einkommensteuergesetz der Begriff der **Absetzung für Abnutzung (AfA)** oder Absetzung für Substanzverringerung. Dem handelsrechtlichen Begriff der außerplanmäßigen Abschreibung[299] stehen im Steuerrecht zwei Begriffe gegenüber: die Absetzung für außergewöhnliche technische und wirtschaftliche Abnutzung (AfaA) und die Teilwertabschreibung.

Darüber hinaus gibt es im Steuerrecht sog. **steuerliche Sonderabschreibungen und erhöhte Absetzungen**, die für begrenzte Zeit und oft auch für einen begrenzten Personenkreis aus wirtschaftspolitischen, insbesondere konjunktur- und strukturpolitischen Gründen zugelassen werden. Sie stehen in keiner Beziehung zum geschätzten Wertminderungsverlauf, sondern dienen der Beeinflussung der Steuerbemessungsgrundlage „Gewinn", insbesondere wenn sie neben den planmäßigen Abschreibungen in Anspruch genommen werden dürfen.

Die folgende Übersicht zeigt die verschiedenen Abschreibungsarten und ihre gesetzliche Regelung für die Handels- und Steuerbilanz.

Handelsrecht	Steuerrecht
Planmäßige Abschreibung (§ 253 Abs. 3 Satz 1 HGB)	Absetzung für Abnutzung (AfA) und Absetzung für Substanzverringerung (§ 7 Abs. 1 Sätze 1–6 EStG)
Außerplanmäßige Abschreibung (§ 253 Abs. 3 Satz 3 und 4 HGB)	(1) Absetzung für außergewöhnliche technische und wirtschaftliche Abnutzung (AfaA) (§ 7 Abs. 1 Satz 7 EStG) (2) Teilwertabschreibung (§ 6 Abs. 1 EStG)
	Steuerliche Sonderabschreibungen und erhöhte Absetzungen (geregelt im EStG, in verschiedenen speziellen Gesetzen, der EStDV u.a.)

Der in § 253 Abs. 3 HGB ausgesprochene **Grundsatz der Planmäßigkeit** erfordert die Aufstellung eines **Abschreibungsplans**, aus dem der Abschreibungsverlauf eindeutig ersichtlich ist und durch den der Grundsatz der Bewertungskontinuität gesichert werden soll. Dieser Plan kann geändert werden, wenn sachliche Gründe es rechtfertigen (z. B. Verkürzung der wirtschaftlichen Nutzungsdauer infolge unerwarteten technischen Fortschritts). Das dem Plan zugrunde liegende Abschreibungsverfahren muss nach § 284 Abs. 2 Nr. 1 HGB von Kapitalgesellschaften im Anhang angegeben werden. Jede Änderung der Abschreibungsmethode ist ebenfalls im Anhang anzugeben und zu begründen. Außerdem ist

---

[299] Vgl. § 253 Abs. 3 Satz 3 HGB.

der Einfluss der Methodenänderung auf die Vermögens-, Finanz- und Ertragslage darzustellen.[300]

Zur **Aufstellung des Abschreibungsplans** müssen neben den Anschaffungs- oder Herstellungskosten bestimmt werden:

- Die **wirtschaftliche Nutzungsdauer**; das ist der Zeitraum, in dem es wirtschaftlich sinnvoll ist, eine Anlage zu nutzen. Sie ist in der Regel kürzer als die **technische** Nutzungsdauer (Lebensdauer), unter der der Zeitraum zu verstehen ist, in dem eine Anlage technisch einwandfreie Nutzungen abgeben kann. Die Lebensdauer lässt sich in der Regel durch Reparaturen und Austausch von Einzelteilen verlängern. Sie stellt die obere Grenze der wirtschaftlichen Nutzungsdauer dar. Die Berechnung der wirtschaftlichen Nutzungsdauer von Anlagegütern ist theoretisch mit Hilfe der Investitionsrechnung möglich, in der Praxis aber außerordentlich schwierig. Folglich wird die Ermittlung in der Regel **mit Hilfe von Schätzungen** vorgenommen, die von Vergangenheitswerten ausgehen, d. h. von der beobachteten durchschnittlichen Nutzungsdauer einer vergleichbaren Anlage.

- Der am Ende der wirtschaftlichen Nutzungsdauer **noch erzielbare Restverkaufserlös**. Ist zu erwarten, dass sich am Ende der wirtschaftlichen Nutzungsdauer noch ein Nettoliquidationserlös ergibt, d. h. ein Überschuss des Veräußerungspreises (z. B. Schrotterlös) über die Kosten der Außerbetriebnahme und der Veräußerung des abgeschriebenen Anlagegutes, so können die zu verteilenden Anschaffungs- oder Herstellungskosten um den **geschätzten Restwert** vermindert werden, da im Interesse einer periodenrichtigen Erfolgsermittlung nur der Teil der Anschaffungs- oder Herstellungskosten abgeschrieben werden sollte, der aller Voraussicht nach bis zum Ausscheiden des Vermögensgegenstandes verbraucht worden ist. Wird kein Restwert berücksichtigt, so tritt im Jahre der Veräußerung des Vermögensgegenstandes ein sonstiger betrieblicher Ertrag in Höhe des während der Abschreibungsdauer zu viel verrechneten Abschreibungsaufwandes ein. Es entspricht jedoch kaufmännischer Praxis, dass ein **Restverkaufserlös** in der Regel **nicht berücksichtigt** wird, sondern die vollen Anschaffungs- oder Herstellungskosten abgeschrieben werden.

- Der **Verlauf der Wertminderung** des in dem abzuschreibenden Vermögensgegenstand enthaltenen Nutzungsvorrats bzw. ein anderes Kriterium (z. B. gezielte Periodengewinnbeeinflussung im Rahmen gesetzlich zulässiger Ermessensspielräume) zur Bestimmung des zweckmäßigsten **Abschreibungsverfahrens**.

6.4.2 Die Verfahren planmäßiger Abschreibung

In der **Handelsbilanz** sind sämtliche Abschreibungsverfahren zulässig, die den Grundsätzen ordnungsmäßiger Buchführung entsprechen.[301] Das **Steuerrecht** setzt bei der Abschreibung in fallenden Jahresbeträgen (degressive Abschreibung) gewisse Höchstgrenzen für die jährliche Abschreibung, um im Interesse der Gleichmäßigkeit der Besteuerung eine Verschie-

---

[300] Vgl. § 284 Abs. 2 Nr. 3 HGB.
[301] Vgl. § 243 Abs. 1 HGB.

bung von Steuerzahlungen auf spätere Perioden durch zu hohe Abschreibungen und damit einen zu niedrigen Gewinnausweis in den ersten Jahren der Nutzungsdauer zu verhindern.[302]

Folgende Verfahren können angewendet werden:

- Die **Zeitabschreibung**: die Anschaffungs- oder Herstellungskosten werden mit Hilfe eines planmäßigen Verteilungsverfahrens entsprechend dem Zeitablauf auf die betriebsgewöhnliche Nutzungsdauer verteilt. Der Abschreibungsbetrag einer Abrechnungsperiode ist von der Zahl der mit dem abzuschreibenden Wirtschaftsgut produzierten Leistungen und damit vom Beschäftigungsgrad unabhängig; die Jahresabschreibung zählt zu den fixen Kosten.

  Die Berechnung des jährlichen Abschreibungsbetrages kann erfolgen durch eine:

  - Abschreibung in gleich bleibenden Jahresbeträgen **(lineare Abschreibung)**; sie ist zulässig nach § 7 Abs. 1 EStG bei allen abnutzbaren Anlagegütern;

  - Abschreibung in fallenden Jahresbeträgen **(degressive Abschreibung)**; je nach Verlauf der Degression sind zu unterscheiden:

    - **geometrisch-degressive Abschreibung** (Buchwertabschreibung); sie ist zulässig unter Beachtung der in § 7 Abs. 2 EStG aufgezählten Einschränkungen bei allen beweglichen abnutzbaren Anlagegütern, also nicht bei Gebäuden;

    - **arithmetisch-degressive Abschreibung**; sie ist seit 1985 in der Steuerbilanz nicht mehr erlaubt;[303]

    - **degressive Abschreibung mit unregelmäßig fallenden Quoten**; sie kommt zustande durch Anwendung erhöhter Absetzungen anstelle oder steuerlicher Sonderabschreibungen neben der Normalabschreibung;

  - Abschreibung mit steigenden Jahresbeträgen **(progressive Abschreibung)**; sie ist seit dem 01.01.1958 als Zeitabschreibung steuerlich nicht mehr zulässig, da sie weder im EStG noch in der EStDV aufgeführt wird.

- Die **Leistungsabschreibung** (variable Abschreibung): die Anschaffungs- oder Herstellungskosten werden entsprechend der Beanspruchung, d.h. der Zahl der in einer Abrechnungsperiode mit dem abzuschreibenden Anlagegut produzierten Leistungen (Stückzahl, Maschinenstunden, km-Leistung bei Kraftfahrzeugen) verteilt.

---

[302] Vgl. § 7 Abs. 2 EStG, wonach die degressive Abschreibung lediglich bei beweglichen Wirtschaftsgütern des Anlagevermögens, die nach dem 31.12.2008 und vor dem 01.01.2011 angeschafft oder hergestellt wurden, angewendet werden darf, wobei die degressive Abschreibung maximal das Zweieinhalbfache der linearen Abschreibung, aber nicht mehr als 25% betragen darf. Abweichend davon darf bei beweglichen Wirtschaftsgütern des Anlagevermögens, die nach dem 31.12.2005 und vor dem 01.01.2008 angeschafft oder hergestellt worden sind, der anzuwendende Prozentsatz höchstens das Dreifache der linearen Abschreibung betragen, zugleich aber 30% nicht übersteigen.

[303] Vgl. Aufhebung des § 11a EStDV durch Art. 4 Nr. 3 Steuerbereinigungsgesetz 1985, BGBl 1984 I, S. 1493; zur möglichen Interpretation der Streichung von § 11a EStDV wegen der geringen Bedeutung des Verfahrens in der Praxis und der grundsätzlich weiteren Zulässigkeit einer entsprechenden Abschreibungsmethode vgl. *Federmann, R.,* Bilanzierung nach Handels- und Steuerrecht, 11. Aufl., Berlin 2000, S. 371.

- Die **Abschreibung für Substanzverringerung** (variable Abschreibung): bei Bergbau-unternehmen, Steinbrüchen, Kiesgruben und anderen Betrieben, bei denen ein Sub-stanzabbau erfolgt, dürfen die Abschreibungen nach Maßgabe des eingetretenen Sub-stanzverzehrs berechnet werden. Ebenso wie bei der Leistungsabschreibung schwankt die Periodenabschreibung mit der Höhe der Periodenleistung. Der Abschreibungsbetrag pro Leistungseinheit, z. B. pro Kubikmeter abgebauter Substanz, ist konstant. Das Ver-fahren ist nach § 7 Abs. 6 EStG auch steuerlich zulässig.

Die genannten Verfahren unterscheiden sich in der Verteilung der Anschaffungs- oder Her-stellungskosten auf die Gesamtnutzungsdauer und somit in der Ermittlung des jährlichen Abschreibungsbetrages. Die **buchtechnische Behandlung** der jeweils ermittelten Jahresab-schreibung ist jedoch **in allen Fällen die gleiche**. Deshalb gehen die folgenden Beispiele von der in der Praxis am häufigsten angewendeten linearen Abschreibungsmethode aus.

6.4.3 Außerplanmäßige Abschreibungen

Sinkt der Wert eines Vermögensgegenstandes unter den durch planmäßige Abschreibung erreichten Restbuchwert, oder sinkt der Wert von nicht abnutzbaren Anlagegütern oder Gütern des Umlaufvermögens, die keiner planmäßigen Abschreibung unterliegen können, so verlangt das Imparitätsprinzip, dass die erkennbare, aber durch Umsatz noch nicht realisierte Wertminderung erfasst wird. **Handelsrechtlich** müssen nach § 253 Abs. 4 HGB im **Um-laufvermögen** generell außerplanmäßige Abschreibungen auf den niedrigeren beizulegen-den Wert vorgenommen werden, im **Anlagevermögen** besteht nach § 253 Abs. 3 HGB eine Abschreibungspflicht bei dauernder Wertminderung und ein Abschreibungswahlrecht bei vorübergehender Wertminderung im Finanzanlagevermögen. Noch weiter geht die **steuer-rechtliche Regelung** des § 6 Abs. 1 Nr. 1 und 2 EStG, die (seit 1999) eine außerplanmäßige Abschreibung auf den niedrigeren Teilwert bei voraussichtlich vorübergehender Wertminde-rung im **Anlage- und Umlaufvermögen** verbietet.

Eine **außergewöhnliche Wertminderung** liegt vor, wenn

- die **technische Fähigkeit** des zu bewertenden Wirtschaftsgutes, Nutzungen abzugeben, aus bestimmten Gründen stärker abgenommen hat, als das durch die planmäßige Ab-schreibung berücksichtigt wird;

- der Nutzungsvorrat, den ein Anlagegut noch repräsentiert, **aus wirtschaftlichen Gründen** stärker entwertet worden ist, als es der planmäßigen Abschreibung ent-spricht;

- die **Wiederbeschaffungskosten** oder der Einzelveräußerungswert eines Wirtschaftsgu-tes gesunken sind. Der Einzelveräußerungswert kommt bei Anlagegütern nur selten in Frage, da solche Güter normalerweise dazu bestimmt sind, dauernd dem Betrieb zu dienen.

6.4.4 Die buchtechnische Behandlung der Abschreibungen von Anlagegütern

6.4.4.1 Die direkte Abschreibung

Die Abschreibungen können buchtechnisch mit Hilfe der direkten oder der indirekten Methode verrechnet werden. Wird der jährliche Abschreibungsbetrag unmittelbar auf dem Konto gegengebucht, dessen wertmäßiger Bestand vermindert wird, dann handelt es sich um eine **direkte Abschreibung**. In der Bilanz werden folglich die Anschaffungs- oder Herstellungskosten abzüglich aller bisher vorgenommenen Abschreibungen ausgewiesen. Wird ein Vermögensgegenstand während des Geschäftsjahrs angeschafft oder hergestellt, dann darf eine Abschreibung grundsätzlich nur noch anteilig für den Rest des Jahres vorgenommen werden. Dasselbe gilt für das Jahr seiner Veräußerung, für das noch eine zeitanteilige Abschreibung vorzunehmen ist. Beim Anlagenzugang beweglicher Wirtschaftsgüter kommt steuerlich – und damit faktisch auch handelsrechtlich – die Vereinfachungsregel des R 44 Abs. 2 EStR a.F., nach der bei Zugang innerhalb des ersten Halbjahrs die volle Jahresabschreibung und bei Zugang innerhalb des zweiten Halbjahrs die halbe Jahresabschreibung vorgenommen werden konnte, nicht mehr zur Anwendung (§ 7 Abs. 1 Satz 4 EStG).

Beispiel:

Die Anschaffungskosten (einschl. Anschaffungsnebenkosten) einer Maschine betragen 15.000 € zuzüglich 19 % Umsatzsteuer. Die Bezahlung erfolgt sofort in bar. Die Abschreibung über die geschätzte Nutzungsdauer von 5 Jahren erfolgt in gleichen Jahresbeträgen. Die jährliche Abschreibung beträgt also 3.000 € (Annahme: Die Schlussbilanz des Vorjahrs beinhaltet neben den 17.850 € Bargeld nur Eigenkapital; der Umsatzsteuererstattungsanspruch wird vorgetragen und mit einer späteren Umsatzsteuerschuld verrechnet).

Buchungssätze:

Beim Kauf der Maschine:

(1)	Maschinen	15.000,—	an	Kasse	17.850,—
	Vorsteuer	2.850,—			

Bei der Abschreibungsverbuchung:

(2)	Abschreibungen auf Anlagen		an	Maschinen	3.000,—

Beim Abschluss der Konten:

(3)	GuV-Konto	an	Abschreibungen auf Anlagen	3.000,—
(4)	Umsatzsteuer	an	Vorsteuer	2.850,—
(5)	Eigenkapital	an	GuV-Konto	3.000,—
(6)	Schlussbilanzkonto	an	Maschinen	12.000,—

| (7) | Schlussbilanzkonto | | an | Umsatzsteuer | 2.850,— |
| (8) | Eigenkapital | | an | Schlussbilanz-
konto | 14.850,— |

Kontenmäßige Darstellung:

S	Kasse	H
AB	17.850,—	(1) 17.850,—

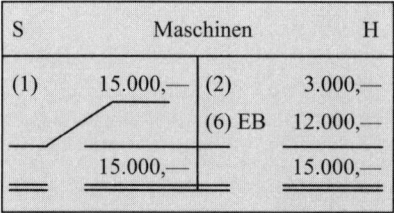

S	Vorsteuer	H
(1)	2.850,—	(4) 2.850,—

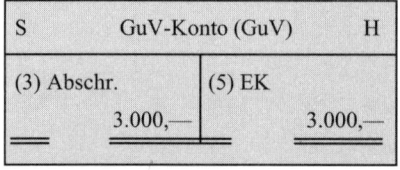

S	Maschinen	H
(1)	15.000,—	(2) 3.000,—
		(6) EB 12.000,—
	15.000,—	15.000,—

S	GuV-Konto (GuV)	H
(3) Abschr.		(5) EK
	3.000,—	3.000,—

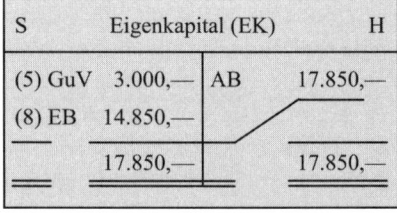

S	Eigenkapital (EK)	H
(5) GuV	3.000,—	AB 17.850,—
(8) EB	14.850,—	
	17.850,—	17.850,—

S	Umsatzsteuer	H
(4)	2.850,—	(7) EB 2.850,—

S	Abschreibungen auf Anlagen	H
(2)	3.000,—	(3) GuV 3.000,—

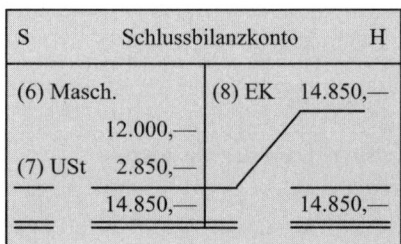

S	Schlussbilanzkonto	H
(6) Masch.		(8) EK 14.850,—
	12.000,—	
(7) USt	2.850,—	
	14.850,—	14.850,—

6.4.4.2 Die indirekte Abschreibung

Wird die Gegenbuchung zur Verbuchung der jährlichen Abschreibung auf dem Abschrei-
bungskonto nicht auf dem Maschinenkonto, sondern auf einem **Wertberichtigungskonto**
(Passivkonto) durchgeführt, so wird das Anlagekonto von dem Vorgang nicht unmittelbar
berührt. Die Anschaffungs- oder Herstellungskosten bleiben bis zum Ende der Nutzungsdauer in der Bilanz **ungekürzt** stehen und werden durch ein auf der Passivseite geführtes
Wertberichtigungskonto **korrigiert**. Hat die Wertberichtigung im Laufe der Jahre die Höhe
der Anschaffungs- oder Herstellungskosten erreicht, so ist der Buchwert der Anlage gleich
null, das Anlagekonto auf der Aktivseite und das Wertberichtigungskonto auf der Passivseite heben sich auf. Dieses Verfahren bezeichnet man als **indirekte Abschreibung**, weil die

Wertminderung nicht auf dem Anlagekonto ersichtlich wird, sondern nur auf dem indirekten Wege der Wertberichtigung.

Beispiel:

Es wird das für die Darstellung der direkten Methode verwendete Beispiel zugrunde gelegt.

Buchungssätze:

Beim Kauf der Maschine:

(1)	Maschinen	15.000,—	an	Kasse	17.850,—
	Vorsteuer	2.850,—			

Bei der Abschreibungsverbuchung:

(2)	Abschreibungen auf Anlagen		an	Wertberichtigung auf Anlagen	3.000,—

Beim Abschluss der Konten:

(3)	GuV-Konto		an	Abschreibungen auf Anlagen	3.000,—
(4)	Umsatzsteuer		an	Vorsteuer	2.850,—
(5)	Eigenkapital		an	GuV-Konto	3.000,—
(6)	Schlussbilanzkonto		an	Maschinen	15.000,—
(7)	Schlussbilanzkonto		an	Umsatzsteuer	2.850,—
(8)	Eigenkapital		an	Schlussbilanzkonto	14.850,—
(9)	Wertberichtigung auf Anlagen		an	Schlussbilanzkonto	3.000,—

Kontenmäßige Darstellung:

S	Kasse		H
AB	17.850,—	(1)	17.850,—

S	Vorsteuer		H
(1)	2.850,—	(4)	2.850,—

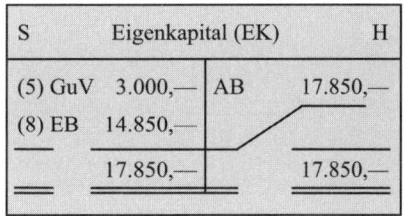

S	Eigenkapital (EK)		H
(5) GuV	3.000,—	AB	17.850,—
(8) EB	14.850,—		
	17.850,—		17.850,—

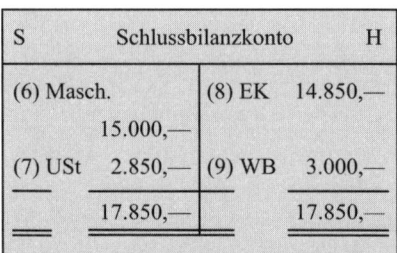

Der **Vorteil** der indirekten Methode der Abschreibung liegt in der **größeren Bilanzklarheit**, die dadurch erreicht wird, dass die Anschaffungs- oder Herstellungskosten auf der Aktivseite während der gesamten Nutzungszeit der Anlage in unveränderter Höhe erscheinen und durch einen Passivposten korrigiert werden.[304] Auf diese Weise bekommt der Bilanzleser eine bessere Vorstellung von der Größe der Produktionskapazitäten als im Falle der direkten Abschreibung. Steht eine Anlage mit 1.000.000 € zu Buche, ist sie aber bis auf 25.000 € abgeschrieben, so kann man erkennen, über welche Leistungsfähigkeit der Betrieb verfügt; die Anlage wird in der Regel auch im letzten Jahr ihrer wirtschaftlichen Nutzungsdauer noch eine größere Leistung abgeben können als eine Maschine, die z.B. bei ihrer Anschaffung 50.000 € gekostet hat und ebenfalls bisher auf 25.000 € abgeschrieben ist. Im Falle direkter Abschreibung würden beide Maschinen mit 25.000 € in der Bilanz erscheinen. Die hinter den 25.000 € Restwert stehende Kapazität wäre nicht erkennbar, da aus der Bilanz das Alter der Anlage nicht zu ersehen ist. Bei indirekter Abschreibung könnten aus der Höhe der Wertberichtigung Rückschlüsse auf das Alter gezogen werden, wenn die Methode der Verteilung der Anschaffungskosten (z.B. gleich bleibende oder fallende Jahresraten) bekannt würde.

---

[304] So z.B. *Eisele, W.,* Technik des betrieblichen Rechnungswesens, a.a.O., S. 349; *Engelhardt, W., Raffée, H., Wischermann, B.,* Grundzüge der doppelten Buchhaltung, a.a.O., S. 63 ff.; *Wöhe, G.,* Bilanzierung und Bilanzpolitik, a.a.O., S. 116.

	Anlage 1	Anlage 2
Anschaffungskosten	1.000.000 €	50.000 €
Bisherige Abschreibungen	975.000 €	25.000 €
Netto-Ausweis	25.000 €	25.000 €

Anlage 1 hat eine wesentlich größere Kapazität als Anlage 2
Anlage 2 ist wesentlich jünger als Anlage 1

Allerdings darf man die Vergrößerung der Bilanzklarheit durch Bildung von Wertberichtigungsposten nicht überschätzen. In der Regel ist dem Bilanzleser nicht bekannt, auf welche einzelnen Anlagegüter sich die auf der Passivseite ausgewiesenen Wertberichtigungen beziehen. Sowohl unter der Position „Anlagen" als auch unter der Position „Wertberichtigung auf Anlagen" verbirgt sich im Normalfall eine größere Zahl von Einzelpositionen.

Die indirekte Abschreibung ist für **Nicht-Kapitalgesellschaften** eine Alternative zur direkten Abschreibung. **Kapitalgesellschaften** müssen nach § 268 Abs. 2 HGB in der Bilanz oder im Anhang die Entwicklung des Anlagevermögens in einem **Anlagespiegel**[305] nach der **direkten Bruttomethode** aufzeigen. Das bedingt bei der laufenden Verbuchung die Verwendung der direkten Abschreibung.

6.4.5 Die buchtechnische Behandlung des Verkaufs von Anlagegütern

Güter des Anlagevermögens können sowohl während ihrer ursprünglich vorgesehenen Nutzungsdauer als auch nach Ablauf dieses vorgesehenen Zeitrahmens entgeltlich oder unentgeltlich (z.B. an Schrotthändler) abgegeben werden. Da es ein reiner Zufall wäre, wenn bei Verkauf der abgenutzten Anlagegüter genau der jeweilige Restbuchwert erzielt würde, entstehen aufgrund der auftretenden Differenzen sonstige betriebliche Aufwendungen oder Erträge, deren Zustandekommen in der Abbildung auf Seite 250 dargestellt ist.

In Höhe des über dem Restbuchwert liegenden Teils des Veräußerungspreises wird der bisher verrechnete Abschreibungsaufwand dadurch korrigiert, dass ein **sonstiger betrieblicher Ertrag** ausgewiesen wird. Auf diese Weise wird die im Vergleich zu den Anschaffungskosten bis zur Veräußerung eingetretene Werteinbuße von 2.000 € ersichtlich (Abschreibungsaufwand von 7.000 € abzüglich Veräußerungsgewinn von 5.000 €).

---

[305] Vgl. zu den Besonderheiten im Zusammenhang mit dem Anlagespiegel z.B. *Kußmaul, H.,* Anlagespiegel, in: *Busse von Colbe, W., Pellens, B.,* Lexikon des Rechnungswesens, 4. Aufl., München/Wien 1998, S. 32 ff.; *Schildbach, T.,* Der handelsrechtliche Jahresabschluss, 9. Aufl., Herne 2009, S. 170 ff.

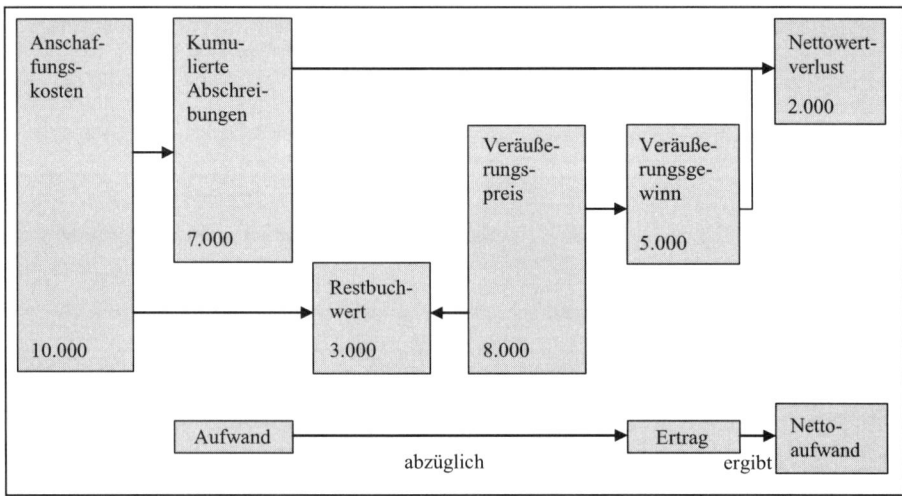

Beim Abgang von Anlagen lassen sich folgende Fälle unterscheiden:

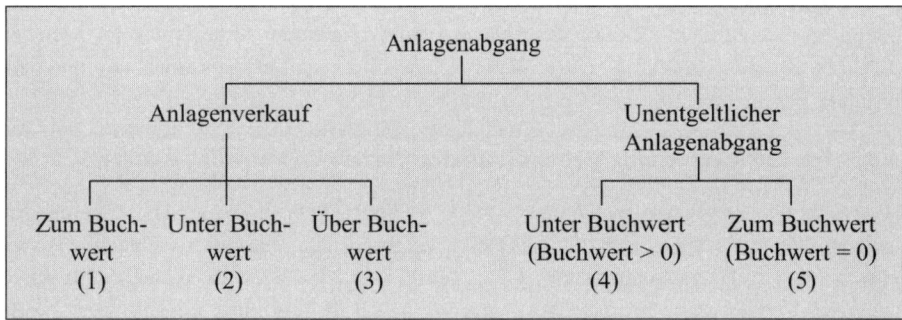

In allen Fällen ist sowohl eine Verbuchung nach der direkten als auch nach der indirekten Methode möglich. Ob bei einem Anlagenverkauf bereits eine Vollabschreibung erfolgt war oder ob von einem Gegenstand des Anlagevermögens erst ein Teil seiner Anschaffungs- oder Herstellungskosten abgeschrieben wurde, spielt für die Art der Verbuchung grundsätzlich keine Rolle. Entscheidend ist nur, dass eine Differenz zwischen Verkaufspreis und Restbuchwert (bei indirekter Abschreibung: Anschaffungskosten abzüglich Wertberichtigung) besteht. Im Folgenden wird die buchtechnische Behandlung der einzelnen Varianten sowohl bei Anwendung der direkten als auch der indirekten Abschreibung anhand eines Beispiels erläutert.

Beispiel:

Die Anschaffungskosten einer Maschine betrugen 10.000 € (zuzüglich 19 % Umsatzsteuer); bisher wurden Abschreibungen von 8.000 € vorgenommen. Bei Verkauf wird jeweils in bar bezahlt.

1. Fall: Anlagenverkauf zum Buchwert (2.000 € zuzüglich 19 % Umsatzsteuer):

Bei direkter Abschreibung:

Kasse	2.380,—	an	Maschinen	2.000,—
			Umsatzsteuer	380,—

Bei indirekter Abschreibung:

Wertberichtigung auf Anlagen		an	Maschinen	8.000,—
Kasse	2.380,—	an	Maschinen	2.000,—
			Umsatzsteuer	380,—

(Zunächst wird das Wertberichtigungskonto auf das Maschinenkonto umgebucht, ehe die Ausbuchung auf dem Maschinenkonto durchgeführt wird.)

2. Fall: Anlagenverkauf unter Buchwert (500 € zuzüglich 19 % Umsatzsteuer):

Bei direkter Abschreibung:

Kasse	595,—	an	Maschinen	2.000,—
Sonstige betriebliche Aufwendungen	1.500,—		Umsatzsteuer	95,—

Bei indirekter Abschreibung:

Wertberichtigung auf Anlagen		an	Maschinen	8.000,—
Kasse	595,—	an	Maschinen	2.000,—
Sonstige betriebliche Aufwendungen	1.500,—		Umsatzsteuer	95,—

3. Fall: Anlagenverkauf über Buchwert (5.000 € zuzüglich 19 % Umsatzsteuer):

Bei direkter Abschreibung:

Kasse	5.950,—	an	Maschinen	2.000,—
			Sonstige betriebliche Erträge	3.000,—
			Umsatzsteuer	950,—

Bei indirekter Abschreibung:

Wertberichtigung auf Anlagen		an	Maschinen	8.000,—
Kasse	5.950,—	an	Maschinen	2.000,—
			Sonstige betriebliche Erträge	3.000,—
			Umsatzsteuer	950,—

---

4. Fall: Unentgeltliche Anlagenabgabe bei bestehendem Restbuchwert (von 2.000 €):

Bei direkter Abschreibung:

| Sonstige betriebliche Aufwendungen | an | Maschinen | 2.000,— |

Bei indirekter Abschreibung:

| Wertberichtigung auf Anlagen | an | Maschinen | 8.000,— |
| Sonstige betriebliche Aufwendungen | an | Maschinen | 2.000,— |

---

5. Fall: Unentgeltliche Anlagenabgabe bei Restbuchwert von 0:

Das obige Beispiel wird dahingehend modifiziert, dass anstatt einer bisher unterstellten Abschreibung von 8.000 € nunmehr 10.000 € abgeschrieben wurden.

Bei direkter Abschreibung:

(Nur wenn ein Erinnerungswert[306] von 1,— € besteht, erfolgt eine Verbuchung:)

| Abschreibungen auf Sachanlagen | an | Maschinen | 1,— |

Bei indirekter Abschreibung:

| Wertberichtigung auf Anlagen | an | Maschinen | 10.000,— |

6.4.6 Die Abschreibungen auf Güter des Umlaufvermögens und ihre bilanziellen Auswirkungen

6.4.6.1 Abschreibungen auf Vorräte

Bei Abschreibungen auf Vorräte handelt es sich um **außerplanmäßige Abschreibungen**, da Vorräte im Gegensatz zu den Anlagen keiner regelmäßigen Wertminderung durch Gebrauch unterliegen. Sie repräsentieren keinen Nutzungsvorrat, der über eine Reihe von Jahren abgegeben werden kann, sondern sind ein Lagerbestand, der nur einmal genutzt wird: entweder beim Produktionsprozess durch Umformung zu Fertigfabrikaten (Roh-, Hilfs- und Betriebsstoffe) oder beim Absatzprozess durch Umsatz am Markt (Fertigfabrikate, Waren). Bis diese Nutzung erfolgt, kann sich aber der Wert der Vorräte verändern, so dass er nicht mehr den Anschaffungs- oder Herstellungskosten entspricht. Treten Wertminderungen infolge eines **Sinkens der Wiederbeschaffungs- oder Wiederherstellungskosten** ein, so werden sie aus Gründen kaufmännischer Vorsicht in der Regel bereits durch Abschreibungen erfasst, bevor sie durch den Umsatzprozess tatsächlich realisiert sind **(Niederstwertprinzip)**, denn es ist damit zu rechnen, dass z. B. ein Sinken der Wiederbeschaffungskosten von Waren auch zu einer Verminderung der erzielbaren Absatzpreise führen wird.

---

[306] In der Praxis werden Vermögensgegenstände des Anlagevermögens oft bis zu einem Erinnerungswert von 1,— € abgeschrieben, um zu zeigen, dass sich die Gegenstände noch im Unternehmen befinden. Im Folgenden wird auf den Ansatz derartiger Erinnerungswerte verzichtet.

Die **buchtechnische Behandlung** dieser Abschreibung ist dieselbe wie bei der Anlagenabschreibung, jedoch dominiert in der Praxis bei der Erfassung von Wertminderungen bei Vorräten die direkte Methode der Abschreibung.

Beispiel:

Anschaffungskosten eines Warenendbestandes:	10.000 €
Wiederbeschaffungskosten am Bilanzstichtag (Tageswert):	8.000 €

Buchungssätze:

(1)	Abschreibungen auf Waren	an	Wareneinkauf	2.000,—
(2)	Schlussbilanzkonto	an	Wareneinkauf	8.000,—
(3)	GuV-Konto	an	Abschreibungen auf Waren	2.000,—

Nach dem HGB sind derartige Wertminderungen nicht über das Konto „Abschreibungen auf Waren", sondern über **„Materialaufwand"** bzw. **„Wareneinsatz"** oder über **„Bestandsveränderungen"** zu verbuchen; lediglich die die üblichen Abschreibungen überschreitenden Beträge sind in der Gewinn- und Verlustrechnung der Kapitalgesellschaften nach § 275 Abs. 2 HGB gesondert auszuweisen.[307] Diese Verbuchung entspricht der bisher gewählten Form der Verbuchung bei den inventurabhängigen Verfahren:[308] Der Endbestand wird am Jahresende entsprechend den gesetzlichen Vorschriften ermittelt, der Saldo des Wareneinkaufskontos geht als Wareneinsatz in das Gewinn- und Verlustkonto ein. Da bei den inventurunabhängigen Verfahren der jeweilige Verbrauch unmittelbar beim Verkauf (bzw. bei der Produktion) zu den dann geltenden Werten bemessen wird, ist dort eine entsprechende Korrektur durchzuführen. Damit den handelsrechtlichen Vorschriften entsprochen wird, muss im obigen Beispiel das Konto „Abschreibungen auf Waren" im Konto „Wareneinkauf" bzw. „Wareneinsatz" abgeschlossen werden, das seinerseits im Gewinn- und Verlustkonto seinen Abschluss findet.

6.4.6.2 Abschreibungen auf Forderungen

Für die Abschreibungen auf Forderungen gilt das Gleiche wie für die Abschreibungen auf Vorräte: Während die Anlagenabschreibungen die Aufgabe haben, die Anschaffungskosten entsprechend ihrer Wertminderung auf die Jahre der Nutzung zu verteilen, sollen die Abschreibungen auf Forderungen eine Wertminderung erfassen, die der Betrieb durch den **Verlust eines Anspruchs auf Zahlung eines Kaufpreises** hinnehmen muss.

6.4.6.2.1 Einzelabschreibungen auf Forderungen

Die Abschreibungen auf Forderungen können grundsätzlich für jede Forderung gesondert und für den gesamten Forderungsbestand pauschal vorgenommen werden. Im ersten Fall spricht man von einer Einzelabschreibung auf Forderungen, im zweiten Fall von einer Pau-

---

[307] Vgl. dazu *Eisele, W.,* Technik des betrieblichen Rechnungswesens, a. a. O., S. 351.
[308] Vgl. S. 107 ff.

schalabschreibung auf Forderungen. Im Zusammenhang mit der Einzelabschreibung auf Forderungen können entsprechend dem Grad der Sicherheit ihrer Erfüllung drei Arten von Forderungen unterschieden werden:

- **„Normale" (vollwertige, sichere, einwandfreie) Forderungen**: Bei diesen Forderungen bestehen keine Zweifel, dass sie termingerecht erfüllt werden. Sie sind bei der Aufstellung des Jahresabschlusses als Bestandteil des Kontos, in dem sie bisher enthalten waren, mit ihrem bisherigen Wert (Nominalwert) auszuweisen (wurden sie z. B. bisher über das Konto „Kundenforderungen" verbucht, dann gehen sie auch als Bestandteil der Kundenforderungen in das Schlussbilanzkonto ein).

- **Zweifelhafte (dubiose) Forderungen**: Bei diesen Forderungen bestehen begründete Zweifel, dass der Kunde seinen Zahlungsverpflichtungen in vollem Umfang nachkommen wird. Im Interesse der Aussagefähigkeit der Bilanz sind solche Forderungen aus dem Bestand an „normalen" Forderungen auszusondern und als „Zweifelhafte Forderungen (Dubiose)" auszuweisen (die Umbuchung erfolgt in Höhe der Bruttoforderung). An diese rein gliederungstechnische Änderung schließt sich die Neubewertung an: Zweifelhafte Forderungen sind nur mit ihrem wahrscheinlichen Wert anzusetzen. Das führt zum Ansatz eines entsprechenden Abschreibungsbetrages und zum niedrigeren Ausweis zweifelhafter Forderungen auf der Aktivseite (direkte Abschreibung) bzw. zu einer entsprechenden Korrektur über die Bildung einer Wertberichtigung auf der Passivseite (indirekte Abschreibung).

  Als Ursache für die Aussonderung zweifelhafter Forderungen kommen z. B. der trotz Mahnung zu beobachtende Zahlungsverzug des Kunden, der Erlass von Zahlungsbefehlen und der Insolvenzantrag des Kunden in Frage.

- **Uneinbringliche Forderungen**: Bei diesen Forderungen steht fest, dass sie endgültig verloren sind. Während bei zweifelhaften Forderungen eine Abschreibung auf die Nettoforderung (ohne Umsatzsteuer) durchgeführt wird und die Umsatzsteuer ihrerseits noch nicht korrekturgebucht werden darf, da sich die umsatzsteuerliche Bemessungsgrundlage erst bei sicher feststehendem Forderungsausfall verändern darf, erfolgt bei uneinbringlichen Forderungen eine Abschreibung auf die Nettoforderung und eine Korrekturbuchung der Umsatzsteuer. Die ursprünglich zu entrichtende Umsatzsteuer kann vom Finanzamt zurückgefordert werden – i. d. R. im Wege der Verrechnung mit anderen Umsatzsteuerverpflichtungen –, weil der Grund für die Umsatzsteuerpflicht weggefallen ist.

  Uneinbringlich ist eine Forderung z. B. dann, wenn die Zwangsvollstreckung beim Kunden ohne Erfolg bleibt, wenn der Kunde einen Offenbarungseid leistet, wenn die Insolvenzmasse nicht einmal zur Befriedigung bevorrechtigter Forderungen ausreicht, wenn das Insolvenzverfahren mangels Masse eingestellt wird[309] oder wenn der Kunde zu Recht die Verjährung der Forderung geltend macht.

Besteht für eine Kundenforderung ein Ausfallrisiko, dann kann grundsätzlich nach der direkten oder nach der indirekten Methode verbucht werden. Gemäß § 266 HGB ist bei der Abschreibung von Forderungen bei **Kapitalgesellschaften** – nach § 5 PublG auch bei publizitätspflichtigen Nicht-Kapitalgesellschaften – für bilanzielle Zwecke die **direkte Abschreibung** vorzunehmen, während die indirekte Abschreibung den Nicht-Kapitalgesellschaften vorbehalten ist.[310] In der Praxis hat sich die direkte Abschreibung von Forderungen durchgesetzt.[311] Dennoch wird im Folgenden sowohl die direkte als auch die indirekte Abschreibung auf Forderungen beispielhaft dargestellt.[312]

Beispiel:

Der Bestand an Forderungen beläuft sich auf 23.800 € (einschl. des Umsatzsteueranteils von 3.800 €). Im Rahmen der Abschlussarbeiten wird eine Forderung an einen Kunden in Höhe von 4.760 € (enthalten ist ein Umsatzsteueranteil von 760 €) für zweifelhaft gehalten; ein Viertel der Forderung wird als uneinbringlich angesehen.

Direkte Forderungsabschreibung:

(1) Dubiose an Kundenforderungen 4.760,—

(Aussonderung der zweifelhaften Forderungen aus dem Bestand an Normalforderungen auf das Konto „Dubiose" bzw. „Zweifelhafte Forderungen".)

(2) Abschreibungen auf Forderungen an Dubiose 1.000,—

(Dabei handelt es sich um die bewertungsmäßige Korrektur der Forderung; die entsprechende Umsatzsteuerkorrektur darf noch nicht durchgeführt werden.

Die Verbuchung könnte auch über das Konto „Sonstige betriebliche Aufwendungen" erfolgen; dieses wird in der Folge aber nur bei der endgültigen Ausbuchung einer Forderung herangezogen.)

---

[309] Zur Konkurseröffnung, zum Konkursverfahren und zur Konkursbeendigung vgl. *Kußmaul, H.,* Der Konkurs von Unternehmen. Konkurseröffnung, Folgen und Konkursbeendigung, WiSt 1983, S. 87 ff.; vgl. dazu aber auch die neue Insolvenzordnung (InsO) vom 05.03.1994, mit Wirkung ab dem 01.01.1999, BGBl 1994 I, S. 2866 und *Macke, H., Wegener, W.,* Ablauf eines Insolvenzverfahrens ab dem 1.1.1999, INF 1998, S. 405 ff. und S. 438 ff.

[310] Ausnahme: die publizitätspflichtigen Nicht-Kapitalgesellschaften.

[311] Vgl. zur Vorteilhaftigkeit der einzelnen Verfahren und zum Charakter der Forderungsabschreibung *Wöhe, G.,* Bilanzierung und Bilanzpolitik, a. a. O., S. 119.

[312] Im Übrigen ist es auch möglich, bei der laufenden Verbuchung die indirekte Abschreibungsmethode zu wählen, bei der Ableitung der Schlussbilanz aus dem Schlussbilanzkonto ist dann aber eine Umkontierung unter Einhaltung der gesetzlichen Vorschriften vorzunehmen.

Indirekte Forderungsabschreibung:

(1)	Dubiose	an	Kundenforde-
			rungen 4.760,—
(2)	Abschreibungen auf		
	Forderungen	an	Wertberichtigung
			auf Forderungen 1.000,—

Steht zu einem späteren Zeitpunkt fest, ob und in welchem Umfang eine Forderung endgültig uneinbringlich geworden ist, dann lassen sich drei Fälle unterscheiden, die in der Folge beispielhaft aufbereitet werden:

(1)   Der Forderungsverlust ist richtig eingeschätzt;

(2)   der Forderungsverlust ist niedriger als geschätzt;

(3)   der Forderungsverlust ist höher als geschätzt.

Im ersten Fall muss lediglich die entsprechende zweifelhafte Forderung – bei indirekter Verbuchung auch die dazugehörige Wertberichtigung – ausgebucht werden. Dabei ist die bisher unterlassene Umsatzsteuerkorrekturbuchung durchzuführen. Im zweiten Fall muss zusätzlich die zu hoch angesetzte Abschreibung ertragswirksam rückgängig gemacht werden, während im dritten Fall zusätzlich die zu niedrig angesetzte Abschreibung aufwandswirksam nachgeholt werden muss.

Beispiel:

Ausgangspunkt ist das vorangegangene Beispiel.

Fall 1:

Der endgültige Forderungsverlust entspricht dem geschätzten Forderungsverlust. Der Zahlungseingang erfolgt über das Bankkonto.

Direkte Abschreibung:

Bank	3.570,—	an	Dubiose	3.760,—
Umsatzsteuer	190,—			

Indirekte Abschreibung:

Bank	3.570,—	an	Dubiose	4.760,—
Umsatzsteuer	190,—			
Wertberichtigung				
auf Forderungen	1.000,—			

Fall 2:

Der Kunde bezahlt einen Betrag von 4.165 € (darin ist ein Betrag von 665 € Umsatzsteuer enthalten) über das Bankkonto.

Direkte Abschreibung:

Bank	4.165,—	an	Dubiose	3.760,—
Umsatzsteuer	95,—		Sonstige betrieb-	
			liche Erträge	500,—

Indirekte Abschreibung:

Bank	4.165,—	an	Dubiose	4.760,—
Umsatzsteuer	95,—		Sonstige betrieb-	
Wertberichtigung			liche Erträge	500,—
auf Forderungen	1.000,—			

Fall 3:

Der Kunde bezahlt einen Betrag von 2.380 € (darin ist ein Betrag von 380 € Umsatzsteuer enthalten) über das Bankkonto.

Direkte Abschreibung:

Bank	2.380,—	an	Dubiose	3.760,—
Umsatzsteuer	380,—			
Sonstige betriebliche				
Aufwendungen	1.000,—			

Indirekte Abschreibung:

Bank	2.380,—	an	Dubiose	4.760,—
Umsatzsteuer	380,—			
Wertberichtigung				
auf Forderungen	1.000,—			
Sonstige betriebliche				
Aufwendungen	1.000,—			

Geht überhaupt keine Zahlung mehr ein, dann ändert sich gegenüber dem dritten Fall grundsätzlich nichts, d.h., die bisher in zu geringem Umfang vorgenommene Aufwandsverrechnung muss nachgeholt werden. Im obigen Beispiel ergibt sich dann folgende Verbuchung:

Beispiel:

Direkte Abschreibung:

Umsatzsteuer	760,—	an	Dubiose	3.760,—
Sonstige betriebliche				
Aufwendungen	3.000,—			

Indirekte Abschreibung:

Umsatzsteuer	760,—	an	Dubiose	4.760,—
Wertberichtigung				
auf Forderungen	1.000,—			
Sonstige betriebliche				
Aufwendungen	3.000,—			

6.4.6.2.2 Pauschalabschreibungen (Pauschalwertberichtigungen) auf Forderungen

Im Unterschied zur Einzelabschreibung bezieht sich die Pauschalabschreibung auf den gesamten Forderungsbestand; der in der Praxis übliche Begriff der Pauschalwertberichtigung wird auch hier parallel zu dem der Pauschalabschreibung herangezogen. Das Unternehmen weiß aus Erfahrung, dass ein gewisser Prozentsatz seiner Forderungen im Durchschnitt uneinbringlich ist. Wenn am Bilanzstichtag auch noch keine Forderung als uneinbringlich bekannt ist, so wird doch aus Gründen kaufmännischer Vorsicht eine Pauschalabschreibung durchgeführt. Da es sich hierbei – ähnlich wie auch bei der Einzelkorrektur von Forderungen – um einen geschätzten Betrag, also um einen Verlust handelt, dessen Höhe und dessen tatsächliches Eintreten ungewiss ist, könnte betriebswirtschaftlich korrekter von einer **„Pauschal-Rückstellung"** anstatt von einer „Pauschal-Wertberichtigung" gesprochen werden.

Pauschalwertberichtigungen sind nur wegen des allgemeinen Kreditrisikos zulässig, das nach der generellen wirtschaftlichen Situation unter Beachtung der besonderen betrieblichen Situation zu bemessen ist (z.B. Konjunkturrückgang; Risiken im Auslandsgeschäft). Die Höhe der Pauschalwertberichtigung orientiert sich grundsätzlich an Vergangenheitswerten; ein einmal gewählter und begründeter Prozentsatz ist auch in den Folgejahren beizubehalten und kann nur in begründeten Ausnahmefällen geändert werden, damit der Grundsatz der Bewertungsstetigkeit des § 252 Abs. 1 Nr. 6 HGB nicht durchbrochen wird.

Pauschalabschreibungen auf Forderungen können grundsätzlich nach der direkten und indirekten Methode vorgenommen werden, doch ist für **Kapitalgesellschaften** und publizitätspflichtige Nicht-Kapitalgesellschaften der bilanzielle Ausweis von Wertberichtigungen nicht mehr zulässig, da das Mindestgliederungsschema in § 266 HGB keine passivischen Wertberichtigungen mehr vorsieht.[313] Für den Fall, dass die indirekte Abschreibung zugrunde gelegt wird, muss bei der Ableitung der Schlussbilanz aus dem Schlussbilanzkonto eine entsprechende Korrektur vorgenommen werden.

---

[313] Vgl. auch *Wöhe, G.,* Bilanzierung und Bilanzpolitik, a.a.O., S. 122.

Beispiel:

Bei der Jahresabschlussvorbereitung des Geschäftsjahrs 00 wird das allgemeine Kreditrisiko auf 4 % des Forderungsbestands geschätzt. Der Forderungsbestand beträgt (nach Abzug der ausgesonderten uneinbringlichen Forderungen) 119.000 €, worin ein Umsatzsteueranteil von 19.000 € enthalten ist.

Buchungssatz:

Abschreibungen auf Forderungen	an	Forderungen bzw. Wertberichtigung auf Forderungen	4.000,—

Bei der **direkten Methode** der Forderungsabschreibung werden die jeweiligen Forderungen, die im Folgejahr (oder den Folgejahren) ganz oder teilweise ausfallen, entsprechend ausgebucht; bei einer Differenz zwischen Zahlungseingang und zu Buche stehender Forderung wird ein sonstiger betrieblicher Ertrag bzw. Aufwand ausgewiesen.[314]

Bei Anwendung der **indirekten Methode** – sei es bei Nicht-Kapitalgesellschaften, sei es im Sinne eines Hilfskontos bei Kapitalgesellschaften, das bei Ableitung der Schlussbilanz korrigiert wird – lassen sich zwei Verfahren unterscheiden, die jeweils wiederum in **zwei Ausprägungen** gestaltet werden können:

- Bereits während des Geschäftsjahrs werden die endgültigen Forderungsverluste verbucht, am Jahresende erfolgt ein Vergleich zwischen geschätztem und tatsächlichem Forderungsverlust.

- Während des Geschäftsjahrs wird das Wertberichtigungskonto noch nicht angesprochen, so dass erst am Jahresende eine entsprechende Verrechnung erfolgt.

Bei der **ersten Methode** werden alle endgültigen Forderungsverluste unmittelbar bei ihrer Feststellung über das Wertberichtigungskonto mit der dann zusätzlich erforderlichen Umsatzsteuerkorrekturbuchung gebucht. Am Jahresende wird der geschätzte mit dem tatsächlichen Forderungsverlust verglichen. Ist Letzterer größer (kleiner) als der geschätzte, dann erfolgt eine entsprechende Korrekturbuchung über das Konto „Sonstige betriebliche Aufwendungen" („Sonstige betriebliche Erträge"). Außerdem wird die Wertberichtigung des Folgejahrs verbucht. Zum besseren Verständnis werden die beiden Fälle (der Fall, dass der Forderungsverlust richtig geschätzt wurde, wird wegen seiner analogen Behandlung und angesichts seines unwahrscheinlichen Auftretens nicht eigens behandelt) beispielhaft dargestellt.

---

[314] Vgl. *Eisele, W.,* Technik des betrieblichen Rechnungswesens, a.a.O., S. 354.

Beispiel:

Fall 1:

Ausgangspunkt ist das Beispiel auf Seite 259. Im Verlauf des Geschäftsjahrs 01 erweisen sich die Forderung gegen den Kunden A in Höhe von 2.380 € (einschl. 19 % Umsatzsteuer) am 15.06. und die Forderung gegen den Kunden B in Höhe von 3.570 € (einschl. 19 % Umsatzsteuer) am 01.11. als endgültig uneinbringlich. Der Forderungsbestand am Jahresende beträgt 142.800 € (einschl. 19 % Umsatzsteuer von 22.800 €); darauf wird erneut eine 4 %ige Pauschalwertberichtigung gebildet.

(1)   Buchung der auf Forderungen aus dem Jahr 00 entfallenden Zahlungseingänge (hier in ihrer Summe, in der Praxis jeweils gesondert bei Zahlungseingang):

Bank		an	Kundenforde-
			rungen 113.050,—

(2)   Buchung am 15.06.:

Wertberichtigung			
auf Forderungen	2.000,—	an	Kundenforde-
Umsatzsteuer	380,—		rungen 2.380,—

(3)   Buchung am 01.11.:

Wertberichtigung			
auf Forderungen	3.000,—	an	Kundenforde-
Umsatzsteuer	570,—		rungen 3.570,—

(4)   Buchungen am Jahresende (ohne Abschlussbuchungen bezüglich GuV-Konto und Schlussbilanzkonto):

(a) Umbuchung der – im Vergleich zur Pauschalwertberichtigung des Vorjahrs – zusätzlich realisierten Forderungsausfälle:

Sonstige betriebliche		
Aufwendungen	an	Wertberichtigung
		auf Forderungen 1.000,—

(b) Bildung der erneuten Pauschalwertberichtigung für 01:

Abschreibungen		
auf Forderungen	an	Wertberichtigung
		auf Forderungen 4.800,—

Fall 2:

Ausgangspunkt ist wiederum das Beispiel auf Seite 259. Im Verlauf des Geschäftsjahrs 01 erweist sich lediglich die Forderung gegen den Kunden A in Höhe von 2.380 € (einschl. 19 % Umsatzsteuer) am 15.06. als endgültig uneinbringlich. Der Forderungsbestand am Jahresende beträgt 142.800 € (einschl. 19 % Umsatzsteuer von 22.800 €); darauf wird erneut eine 4 %ige Pauschalwertberichtigung gebildet.

(1)　Buchung der auf Forderungen aus dem Jahr 00 entfallenden Zahlungseingänge (hier in ihrer Summe, in der Praxis jeweils gesondert bei Zahlungseingang):

Bank		an	Kundenforde-	
			rungen	116.620,—

(2)　Buchung am 15.06.:

Wertberichtigung				
auf Forderungen	2.000,—	an	Kundenforde-	
Umsatzsteuer	380,—		rungen	2.380,—

(3)　Buchungen am Jahresende (ohne Abschlussbuchungen bezüglich GuV-Konto und Schlussbilanzkonto):

(a) Umbuchung der – im Vergleich zur Pauschalwertberichtigung des Vorjahrs – in geringerem Umfang realisierten Forderungsausfälle:

Wertberichtigung			
auf Forderungen	an	Sonstige betriebliche	
		Erträge	2.000,—

(b) Bildung einer erneuten Pauschalwertberichtigung für 01:

Abschreibungen			
auf Forderungen	an	Wertberichtigung	
		auf Forderungen	4.800,—

Bei der **zweiten Methode** werden alle Forderungsausfälle – unabhängig vom Entstehungsjahr der Forderungen – auf einem besonderen Sammelkonto „Forderungsverluste" gesammelt. Dieses wird am Ende des Geschäftsjahrs entweder im Wertberichtigungskonto abgeschlossen (und der sich dann ergebende Saldo in das Gewinn- und Verlustkonto übertragen), oder es wird direkt in das Gewinn- und Verlustkonto übernommen. Dabei wird der Saldo des Wertberichtigungskontos ebenfalls in das Gewinn- und Verlustkonto übertragen. Bei direktem Abschluss im Gewinn- und Verlustkonto ergibt sich die beispielhafte Darstellung auf Seite 262 f.[315]

Wird der Saldo des Forderungsverlustekontos nicht direkt in das Gewinn- und Verlustkonto, sondern in das Wertberichtigungskonto übertragen, dann ändern sich gegenüber der eben aufgezeigten Verbuchung lediglich die Buchungssätze (3) (a) und (3) (b), was beispielhaft auf Seite 263 aufgeführt ist; die Buchungssätze (1) und (2) bleiben komplett bestehen, und auch die Buchungssätze (3) (c) und (3) (d) behalten ihre Gültigkeit.

---

[315] In Anlehnung an *Eisele, W.,* Technik des betrieblichen Rechnungswesens, a. a. O., S. 361 ff.

Beispiel:

Ausgangspunkt ist das Beispiel auf Seite 260 (i.V. m. Seite 259) in Fall 1. Als zusätzliche Angaben sind von Bedeutung: Die Zielverkäufe im Jahr 01 betrugen insgesamt 476.000 € (einschl. 76.000 € Umsatzsteuer); davon wurden 321.300 € (einschl. 51.300 € Umsatzsteuer) über das Bankkonto bezahlt, 11.900 € (einschl. 1.900 € Umsatzsteuer) erwiesen sich am 01.12.01 als endgültig uneinbringlich, der Restbestand an Forderungen beträgt somit 142.800 € (einschl. 22.800 € Umsatzsteuer).

(1) **Buchung der gesamten Zahlungseingänge:**

    (a) Aus Forderungen, die 00 entstanden waren:

Bank	an	Kundenforderungen 113.050,—

    (b) Aus Forderungen, die 01 entstanden sind:

Bank	an	Kundenforderungen 321.300,—

(2) **Buchung der realisierten Forderungsausfälle:**

    (a) Am 15.06.:

Forderungsverluste	2.000,—	an	Kundenforde-
Umsatzsteuer	380,—		rungen 2.380,—

    (b) Am 01.11.:

Forderungsverluste	3.000,—	an	Kundenforde-
Umsatzsteuer	570,—		rungen 3.570,—

    (c) Am 01.12.:

Forderungsverluste	10.000,—	an	Kundenforde-
Umsatzsteuer	1.900,—		rungen 11.900,—

(3) **Buchungen am Jahresende:**

    (a) Abschluss des Forderungsverlustekontos im GuV-Konto:

GuV-Konto	an	Forderungsverluste 15.000,—

    (b) Abschluss des Wertberichtigungskontos im GuV-Konto:

Wertberichtigung auf Forderungen	an	GuV-Konto 4.000,—

(c) Neubildung der Pauschalwertberichtigung (4 % von 120.000 €) für 01:

Abschreibungen auf Forderungen	an	Wertberichtigung auf Forderungen	4.800,—

(d) Abschluss des Abschreibungskontos im GuV-Konto:

GuV-Konto	an	Abschreibungen auf Forderungen	4.800,—

Beispiel:

(3)   (a) Abschluss des Forderungsverlustekontos im Wertberichtigungskonto:

Wertberichtigung auf Forderungen	an	Forderungs- verluste	15.000,—

(3)   (b) Abschluss des Wertberichtigungskontos im GuV-Konto:

GuV-Konto	an	Wertberichtigung auf Forderungen	11.000,—

Eine Vereinfachung der Buchführung ergibt sich dann, wenn bei der Aufstellung des Jahresabschlusses die neu gebildete Wertberichtigung direkt in das Konto „Wertberichtigung auf Forderungen" als Endbestand eingebucht wird, und der Differenzbetrag zwischen Anfangs- und Endbestand in das Gewinn- und Verlustkonto übertragen wird. Dann liegt ein dem Wareneinkaufskonto vergleichbares, ebenfalls gemischtes Konto vor, das nach Vergleich des Anfangsbestands mit dem Endbestand in Höhe des sich ergebenden Saldos in das Gewinn- und Verlustkonto übertragen wird. Gegenüber der ersten Buchungsart ergibt sich im obigen Beispiel folgende Verbuchung am Jahresende:

Beispiel:

(3)   (a) Abschluss des Forderungsverlustekontos im GuV-Konto:

GuV-Konto	an	Forderungs- verluste	15.000,—

(b) Einbuchung der neu gebildeten Pauschalwertberichtigung:

Wertberichtigung auf Forderungen	an	Schlussbilanz- konto	4.800,—

(c) Abschluss des Saldos des Wertberichtigungskontos im GuV-Konto:

GuV-Konto	an	Wertberichtigung auf Forderungen	800,—

Die absolute Größe des ausgewiesenen Erfolgs ist dieselbe wie bei den anderen Verbuchungsmethoden. Nochmals muss darauf hingewiesen werden, dass bei Kapitalgesellschaften die indirekten Verbuchungsmethoden zwar bei der laufenden Verbuchung zur Anwendung kommen können, dass aber **bei der Erstellung der Schlussbilanz** das Wertberichtigungskonto im Forderungskonto („Kundenforderungen") abgeschlossen werden muss.

In der Wirtschaftspraxis werden Einzel- und Pauschalabschreibungen auf Forderungen nebeneinander angewendet, d. h., einzelne Forderungen werden als zweifelhaft ausgesondert und entsprechend dem erwarteten Forderungsausfall abgeschrieben; daneben wird zur Berücksichtigung des allgemeinen Kreditrisikos eine Pauschalwertberichtigung auf Forderungen gebildet. In der Folge werden „Abschreibungen auf Forderungen" bei der Korrektur zweifelhafter Forderungen, „Forderungsverluste" bei realisierten Forderungsausfällen zum Geschäftsjahr sowie „Sonstige betriebliche Aufwendungen" bzw. „Sonstige betriebliche Erträge" bei endgültiger Verbuchung bisher als dubios bezeichneter Forderungen unter Heranziehung der direkten Abschreibungsmethode erfasst; die Pauschalwertberichtigung wird jährlich gebildet über „Abschreibungen auf Forderungen an Wertberichtigung auf Forderungen" und jährlich aufgelöst über „Wertberichtigung auf Forderungen an GuV-Konto".

Beispiel:

Am Ende des Geschäftsjahrs 00 weist das Unternehmen folgende Forderungen auf (jeweils einschl. 19 % Umsatzsteuer):

Gegen A: 11.900 €

Gegen B: 35.700 €

Gegen C: 23.800 €

Gegen sonstige Kunden: 95.200 €

Die Forderung gegen A wird wegen eines eingeleiteten Insolvenzverfahrens für zweifelhaft gehalten und zu 50 % einzeln abgeschrieben. Die Forderung gegen B wird wegen mehrerer erfolgloser Mahnungen und eines deswegen eingeleiteten Zwangsvollstreckungsverfahrens für zweifelhaft gehalten und zu 66,66 % einzeln abgeschrieben. Vom restlichen Forderungsbestand wird zur Berücksichtigung des allgemeinen Kreditrisikos eine 3 %ige Pauschalwertberichtigung gebildet.

Buchungssätze (ohne Abschluss des Aufwandskontos im GuV-Konto):

(1)	(a) Dubiose	an	Kundenforderungen	11.900,—
	(b) Dubiose	an	Kundenforderungen	35.700,—

(2)	(a) Abschreibungen auf				
	Forderungen		an	Dubiose	5.000,—
	(b) Abschreibungen auf				
	Forderungen		an	Dubiose	20.000,—
(3)	Abschreibungen auf				
	Forderungen		an	Wertberichtigung auf Forderungen	3.000,—

Im **Geschäftsjahr 01** ergibt sich folgende Konstellation:

- Die Forderung gegen A ist bei einer Insolvenzquote von 60 % zum Teil endgültig uneinbringlich (Zahlungskonto: Bank).

- Die Bemühungen, an das Geld von B zu kommen, scheitern endgültig.

- Die Forderungen gegen C und die restlichen Kundenforderungen gehen bis auf die endgültig uneinbringlich gewordene Forderung gegen D (2.380 € einschl. 19 % Umsatzsteuer) auf dem Bankkonto ein.

- Im Jahr 01 sind Forderungen in Höhe von 476.000 € entstanden, von denen 428.400 € auf dem Bankkonto eingehen.

- Eine Forderung gegen E in Höhe von 5.950 € (einschl. 19 % Umsatzsteuer) erweist sich als endgültig uneinbringlich, eine Forderung gegen F in Höhe von 9.520 € (einschl. 19 % Umsatzsteuer) wird für zweifelhaft gehalten und zu 25 % einzeln abgeschrieben. Am Jahresende wird auf den restlichen Forderungsbestand von 32.130 € (einschl. 19 % Umsatzsteuer, d. h. 5.130 €) eine 3 %ige Pauschalwertberichtigung vorgenommen.

Buchungssätze (mit Abschluss der Aufwandskonten im GuV-Konto):

(1) **Buchung der gesamten Zahlungseingänge:**

(a) Aus der Forderung gegen A:

Bank	7.140,—	an	Dubiose	6.900,—
Umsatzsteuer	760,—		Sonstige betriebliche Erträge	1.000,—

(b) Aus den sonstigen Forderungen, die im Jahr 00 entstanden sind:

Bank		an	Kundenforderungen	116.620,—

(c) Aus den Forderungen, die im Jahr 01 entstanden sind:

Bank		an	Kundenforderungen	428.400,—

(2)   Buchung der realisierten Forderungsausfälle:

(a) Aus der Forderung gegen B:

Sonstige betriebliche				
Aufwendungen	10.000,—	an	Dubiose	15.700,—
Umsatzsteuer	5.700,—			

(b) Aus der Forderung gegen D:

Forderungsver-		an	Kundenforde-	
luste	2.000,—		rungen	2.380,—
Umsatzsteuer	380,—			

(c) Aus der Forderung gegen E:

Forderungsver-		an	Kundenforde-	
luste	5.000,—		rungen	5.950,—
Umsatzsteuer	950,—			

(3)   Buchungen am Jahresende:

(a) Aussonderung und Einzelabschreibung der Forderung gegen F:

Dubiose	an	Kundenforde-	
		rungen	9.520,—
Abschreibungen auf Forderungen	an	Dubiose	2.000,—

(b) Abschluss des Forderungsverlustekontos im GuV-Konto:

GuV-Konto	an	Forderungs-	
		verluste	7.000,—

(c) Abschluss des Wertberichtigungskontos im GuV-Konto (Auflösung der im Vorjahr gebildeten Pauschalwertberichtigung):

Wertberichtigung auf			
Forderungen	an	GuV-Konto	3.000,—

(d) Abschluss des Kontos „Sonstige betriebliche Aufwendungen" im GuV-Konto:

GuV-Konto	an	Sonstige betriebliche	
		Aufwendungen	10.000,—

(e) Abschluss des Kontos „Sonstige betriebliche Erträge" im GuV-Konto:

Sonstige betriebliche Erträge	an	GuV-Konto	1.000,—

(f) Neubildung der Pauschalwertberichtigung (3 % von 27.000 €):

Abschreibungen auf Forderungen	an	Wertberichtigung	
		auf Forderungen	810,—

(g) Abschluss des Abschreibungskontos im GuV-Konto:

GuV-Konto an Abschreibungen
auf Forderungen 2.810,—

Dadurch ergibt sich folgendes Gewinn- und Verlustkonto im Jahr 01:

Soll		GuV-Konto	Haben
Forderungsverluste	7.000,—	Wertberichtigung auf Forderungen	3.000,—
Sonstige betriebliche Aufwendungen	10.000,—	Sonstige betriebliche Erträge	1.000,—
Abschreibungen auf Forderungen	2.810,—	•	
	•	•	
	•	•	

6.4.7 Die Zuschreibungen[316]

Die Erhöhung eines Bilanzansatzes auf rein wertmäßiger Grundlage und damit ohne mengenmäßige Veränderung wird als Zuschreibung oder Wertaufholung bezeichnet. Eine derartige Aufwertung bedingt eine vorherige Abschreibung eines Vermögensgegenstandes bzw. Wirtschaftsgutes. Dabei dienen Zuschreibungen nicht der Korrektur fehlgeschätzter planmäßiger Abschreibungen,[317] sondern der Korrektur einer zuvor vorgenommenen außerplanmäßigen Abschreibung auf den niedrigeren beizulegenden Wert (einschl. dem niedrigeren Börsen- oder Marktpreis). Bei der bilanziellen Erfassung der Zuschreibungen besteht in der Steuerbilanz durch § 6 Abs. 1 Nr. 1 und 2 EStG generell ein Zuschreibungsgebot – höchstens bis zu den (um planmäßige Abschreibungen gekürzten) Anschaffungs- oder Herstellungskosten. In der Handelsbilanz besteht ebenso nach § 253 Abs. 5 HGB eine Zuschreibungspflicht, und zwar unabhängig von der Rechtsform.

Die Verbuchung der Zuschreibungen erfolgt entgegengesetzt zu der der Abschreibungen nach dem Buchungssatztyp „Anlagegegenstand/Umlaufgegenstand an Zuschreibungserträge", wobei Letztere bei Kapitalgesellschaften und publizitätspflichtigen Nicht-Kapitalgesellschaften in der Gewinn- und Verlustrechnung als „Sonstige betriebliche Erträge" auszuweisen sind. Bei indirekter Abschreibung erfolgt die Sollbuchung im Konto „Wertberichtigungen". Spezielle buchungstechnische Erfordernisse ergeben sich durch die Regelungen des § 58 Abs. 2a AktG und des § 29 Abs. 4 GmbHG, wonach der Vorstand und Aufsichtsrat bei der Aktiengesellschaft bzw. die Geschäftsführer mit Zustimmung des Aufsichtsrats oder der Gesellschafter bei der GmbH den Eigenkapitalanteil von Wertaufholungen in andere

---

[316] Vgl. dazu ausführlich und umfassend *Kußmaul, H.,* Zuschreibungen/Wertaufholungen, in: Handbuch der Bilanzierung, hrsg. von *R. Federmann, H. Kußmaul* und *S. Müller,* Freiburg i. Br. 2003 ff. (Loseblatt), Beitrag 151, S. 1-40.

[317] Vgl. als Vertreter der herrschenden Meinung z. B. *Federmann, R.,* Bilanzierung nach Handels- und Steuerrecht, a. a. O., S. 382.

Gewinnrücklagen einstellen können. Der Eigenkapitalanteil ergibt sich als Differenz aus der Zuschreibung und dem daraus resultierenden (bei gleichlaufender handels- und steuerbilanzieller Wertaufholung) Steueraufwand; er ist zu Lasten des Gewinnverteilungskontos zu bilden. [318]

Beispiel:

Eine außerplanmäßige Abschreibung von 100.000 € auf Aktien, die eine Aktiengesellschaft zur langfristigen Geldanlage hält, wird durch eine Zuschreibung rückgängig gemacht; dabei ist von einem Ertragsteuersatz von 40 % auszugehen.

Ohne Bildung einer Wertaufholungsrücklage:

| Wertpapiere des Anlagevermögens | an | Zuschreibungs-erträge | 100.000,— |

Mit Bildung einer Wertaufholungsrücklage:

| Wertpapiere des Anlagevermögens | an | Zuschreibungs-erträge | 100.000,— |
| Gewinnverteilungskonto | an | Andere Gewinn-rücklagen | 60.000,— |

6.5 Übungsaufgabe 4

Ein Einzelunternehmen weist am 31.12.00 folgende Schlussbilanz auf:

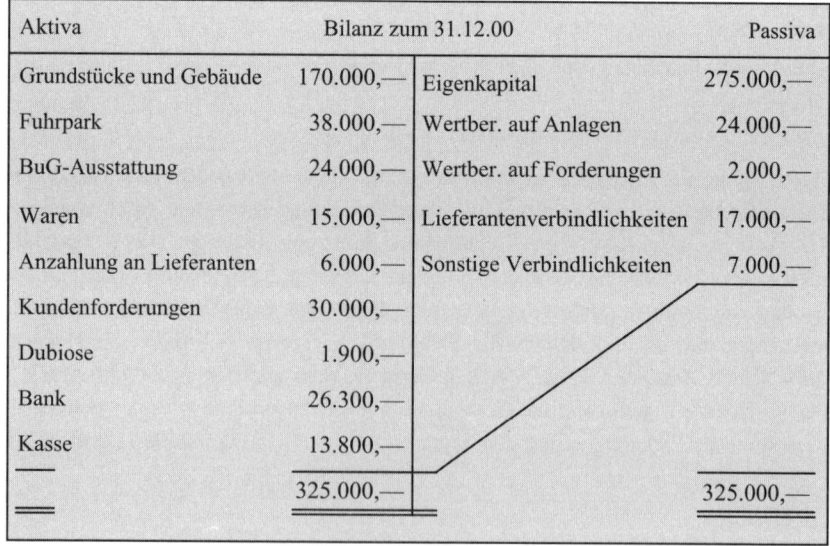

Aktiva	Bilanz zum 31.12.00		Passiva
Grundstücke und Gebäude	170.000,—	Eigenkapital	275.000,—
Fuhrpark	38.000,—	Wertber. auf Anlagen	24.000,—
BuG-Ausstattung	24.000,—	Wertber. auf Forderungen	2.000,—
Waren	15.000,—	Lieferantenverbindlichkeiten	17.000,—
Anzahlung an Lieferanten	6.000,—	Sonstige Verbindlichkeiten	7.000,—
Kundenforderungen	30.000,—		
Dubiose	1.900,—		
Bank	26.300,—		
Kasse	13.800,—		
	325.000,—		325.000,—

---

[318] Vgl. dazu *Eisele, W.,* Technik des betrieblichen Rechnungswesens, a.a.O., S. 378 f.; vgl. dazu auch z.B. *Federmann, R.,* Bilanzierung nach Handels- und Steuerrecht, a.a.O., S. 283.

Eröffnen Sie die Konten zum 01.01.01 (ohne Heranziehung eines Eröffnungsbilanzkontos), schreiben Sie – auf gesonderten Blättern – die mit Angabe der Beträge versehenen Buchungssätze zu den Geschäftsvorfällen, den Abschlussangaben, den vorbereitenden Abschlussangaben und die endgültigen Abschlussbuchungen, die das Eigenkapitalkonto berühren, in Worten nieder, verbuchen Sie die Buchungssätze und erstellen Sie eine Bilanz zum 31.12.01 und eine Gewinn- und Verlustrechnung für die Zeit vom 01.01. bis 31.12.01. Der Warenverkehr ist auf zwei Konten (Wareneinkauf; Warenverkauf), die Umsatzsteuer auf drei Konten (Vorsteuer; Eigenverbrauchsteuer; Umsatzsteuer) zu verbuchen. Von einer monatlichen Umsatzsteuervoranmeldung wird abgesehen; die Umsatzsteuer wird lediglich am Jahresende verrechnet.

Geschäftsvorfälle:

1. Vom Lieferanten X werden Waren im Wert von 50.000 € (zuzüglich 9.500 € Umsatzsteuer) gekauft, für die im Vorjahr eine Anzahlung von 6.000 € geleistet wurde, die nun mit der Verbindlichkeit verrechnet wird.

2. Die Waren werden für 80.000 € (zuzüglich 15.200 € Umsatzsteuer) weiterverkauft; dabei fallen Transportkosten von 2.000 € (zuzüglich 380 € Umsatzsteuer) an, die direkt vom Bankkonto an den Spediteur überwiesen werden. Die Zahlung des Kunden geht 8 Tage nach Lieferung unter Abzug von 2 % Skonto auf dem Bankkonto ein.

3. Die Waren werden dem Lieferanten X 14 Tage nach Lieferung bezahlt; dabei wird ein Abzug von 3.000 € (zuzüglich 570 € Umsatzsteuer) für mangelhafte Waren vorgenommen. Diese Waren werden zurückgesendet (sie wurden erst gar nicht an den Kunden weiterveräußert). Die Bezahlung erfolgt unter Abzug von 3 % Skonto (bezogen auf den gesamten Rechnungsbetrag!) vom Bankkonto.

4. Das Finanzamt teilt dem Unternehmen folgende Verrechnung mit: die fällige Umsatzsteuerzahlung von 7.000 € wird mit einer Einkommensteuerüberzahlung des Unternehmers Franz A. von 6.000 € verrechnet. Der Rest wird vom Bankkonto überwiesen.

5. Es erfolgt eine Lohnzahlung vom Bankkonto des Betriebes. Der gesamte Personalaufwand beträgt 2.500 €, der Arbeitnehmer- und Arbeitgeberanteil zur Sozialversicherung jeweils 400 €, die Lohn- und Kirchensteuer 350 €. Vermögenswirksame Leistungen werden nicht erbracht. Während der Nettolohn sowie die Beiträge zur Sozialversicherung sofort per Banküberweisung ausbezahlt werden, werden die Steuern 10 Tage später vom Bankkonto abgebucht.

6. Eine als dubios beurteilte Forderung, die von 10.000 € (zzgl. 19% Umsatzsteuer) direkt auf 1.900 € abgeschrieben worden war, wird vom betreffenden Kunden in Höhe von 8.330 € (einschl. 1.330 € Umsatzsteuer) bezahlt, der Rest ist endgültig uneinbringlich.

7. Ein Kraftfahrzeug des Betriebes, das für 10.000 € (zuzüglich 1.900 € Umsatzsteuer) gekauft worden war und für das eine Wertberichtigung von 7.000 € gebildet wurde, wird vom Unternehmer Franz A. zum Teilwert von 5.000 € (zuzüglich 950 € Umsatzsteuer) entnommen.

8. a) Am 01.04. werden für 50.000 € 6 %ige Pfandbriefe F/A (Zinstermine: je 3 % am 01.02. und am 01.08.) zum Kurs von 95 % einschl. des Zinsscheins vom Bankkonto gekauft. Die Spesen betragen 400 €. Die Wertpapiere sollen nur kurzfristig gehalten werden.

    b) Am 01.08. gehen die Zinsen auf dem Bankkonto ein.

9. Die im Jahr 00 gegenüber dem Kunden B entstandene Forderung in Höhe von 1.190 € (einschl. 190 € Umsatzsteuer), die bisher für sicher gehalten wurde, erweist sich als endgültig uneinbringlich.

10. Es werden Waren an den Kunden C im Wert von 595 € (einschl. 95 € Umsatzsteuer) geliefert. Kurz nach der Lieferung erfährt das Unternehmen, dass Kunde C sich mit unbekanntem Ziel ins Ausland abgesetzt hat. Die Forderung ist endgültig uneinbringlich.

11. Eine EDV-Anlage, die für 10.000 € (zuzüglich 1.900 € Umsatzsteuer) gekauft und inzwischen direkt auf 2.000 € abgeschrieben worden ist, wird für 595 € (einschl. 95 € Umsatzsteuer) gegen Barzahlung verkauft.

12. Es werden Waren an den Kunden D im Wert von 17.850 € (einschl. 2.850 € Umsatzsteuer) auf Ziel verkauft.

Abschlussangaben:

13. Innerhalb des materiellen Anlagevermögens sollen abgeschrieben werden:

    a) direkt auf Gebäude 5.000 €;

    b) indirekt auf den Fuhrpark 6.000 €;

    c) direkt auf die Betriebs- und Geschäftsausstattung 4.000 €.

14. Die Forderung gegen den Kunden D (aus Geschäftsvorfall 12) wird für zweifelhaft gehalten, weil D einen Insolvenzantrag gestellt hat. Es ist mit einem Forderungsausfall in Höhe von einem Drittel des Gesamtforderungsbetrags zu rechnen und deshalb entsprechend direkt abzuschreiben.

15. Der Warenendbestand laut Inventur beträgt 3.542,50 €.

16. Auf den Jahresendbestand an Kundenforderungen wird eine 5 %ige Pauschalwertberichtigung gebildet (der Einfachheit halber vom Bruttoforderungsbestand aus gerechnet; der Umsatzsteueranteil ist indirekt im Prozentsatz berücksichtigt).

17. Die am Jahresende fällige Umsatzsteuer wird vom Bankkonto beglichen.

Lösung:

(1) Buchungssätze zu den Geschäftsvorfällen und Abschlussangaben:

1.	Wareneinkauf	50.000,—	an	Anzahlung an Lieferanten	6.000,—
	Vorsteuer	9.500,—		Lieferantenverbindlichkeiten	53.500,—

2. a) Kundenforderungen   95.200,—   an   Warenverkauf   80.000,—
        Umsatzsteuer   15.200,—

   b) Transportaufwand   2.000,—   an   Bank   2.380,—
     Vorsteuer   380,—

   c) Skontoaufwand   1.600,—   an   Kundenforderungen 95.200,—
     Umsatzsteuer   304,—
     Bank   93.296,—

3. Lieferantenverbindlich-
   keiten   53.500,—   an   Wareneinkauf   3.000,—
        Vorsteuer   570,—
        Skontoerträge   1.500,—
        Vorsteuer   285,—
        Bank   48.145,—

4. Sonstige Verbindlich-
   keiten   7.000,—   an   Privateinlagen   6.000,—
        Bank   1.000,—

5. a) Lohn- und
     Gehaltsaufwand   2.100,—   an   Bank   2.150,—
     Gesetzlicher   Noch abzuführende
     Sozialaufwand   400,—   Abgaben   350,—

   b) Noch abzuführende Abgaben   an   Bank   350,—

6. Bank   8.330,—   an   Dubiose   1.900,—
  Umsatzsteuer   570,—   Sonstige betriebliche
        Erträge   7.000,—

7. a) Wertberichtigung auf Anlagen   an   Fuhrpark   7.000,—

   b) Privatentnahmen   5.950,—   an   Fuhrpark   3.000,—
        Sonstige betriebliche
        Erträge   2.000,—
        Eigenverbrauchsteuer   950,—

8. a) Wertpapiere des
     Umlaufvermögens   47.900,—   an   Bank   48.400,—
     Zinsaufwand   500,—

   b) Bank   an   Zinserträge   1.500,—

9. Forderungsverluste   1.000,—   an   Kundenforderungen 1.190,—
  Umsatzsteuer   190,—

10.a) Kundenforderungen   595,—   an   Warenverkauf   500,—
                                                       Umsatzsteuer   95,—

     b) Forderungsverluste   500,—   an   Kundenforderungen   595,—
           Umsatzsteuer   95,—

11.   Kasse   595,—   an   Betriebs- und
     Sonstige betriebliche   Geschäftsausstattung
     Aufwendungen   1.500,—   (BuG-Ausstattung)   2.000,—
                                                       Umsatzsteuer   95,—

12.   Kundenforderungen   17.850,—   an   Warenverkauf   15.000,—
                                                       Umsatzsteuer   2.850,—

13.a) Abschreibungen auf
         Anlagevermögen   an   Grundstücke und
                                                         Gebäude   5.000,—

     b) Abschreibungen auf
         Anlagevermögen   an   Wertberichtigung auf
                                                          Anlagen   6.000,—

     c) Abschreibungen auf
         Anlagevermögen   an   Betriebs- und Geschäfts-
                                                        ausstattung   4.000,—

14.a) Dubiose   an   Kundenforderungen   17.850,—

     b) Abschreibungen auf
         Forderungen   an   Dubiose   5.000,—

15.   Schlussbilanzkonto   an   Wareneinkauf   3.542,50

16.   (Vor Durchführung der Verbuchung ist der Endbestand des Kundenforderungskontos festzustellen; dieser beträgt 28.810 €.)

     Abschreibungen auf Forderungen   an   Wertberichtigung auf
                                                                 Forderungen   1.440,50

17.   (Vor Abschluss des Umsatzsteuerkontos sind das Vorsteuer- und Eigenverbrauchsteuerkonto im Rahmen der nach der kontenmäßigen Darstellung aufgezeigten vorbereiteten Abschlussbuchungen auf das Umsatzsteuerkonto zu verbuchen.)

     Umsatzsteuer   an   Bank   9.006,—

(2) Kontenmäßige Darstellung:

Bestandskonten:

Soll	Grundstücke und Gebäude		Haben
AB	170.000,—	(13a)	5.000,—
		EB	165.000,—
	170.000,—		170.000,—

Soll	Bank		Haben
AB	26.300,—	(2b)	2.380,—
(2c)	93.296,—	(3)	48.145,—
(6)	8.330,—	(4)	1.000,—
(8b)	1.500,—	(5a)	2.150,—
		(5b)	350,—
		(8a)	48.400,—
		(17)	9.006,—
		EB	17.995,—
	129.426,–		129.426,—

Soll	BuG-Ausstattung		Haben
AB	24.000,—	(11)	2.000,—
		(13c)	4.000,—
		EB	18.000,—
	24.000,—		24.000,—

Soll	Wareneinkauf		Haben
AB	15.000,—	(3)	3.000,—
(1)	50.000,—	Skonto-erträge	1.500,—
		(15)	3.542,50
		GuV	56.957,50
	65.000,—		65.000,—

Soll	Anzahlung an Lieferanten		Haben
AB	6.000,—	(1)	6.000,—

Soll	Kundenforderungen		Haben
AB	30.000,—	(2c)	95.200,—
(2a)	95.200,—	(9)	1.190,—
(10a)	595,—	(10b)	595,—
(12)	17.850,—	(14a)	17.850,—
		EB	28.810,—
	143.645,—		143.645,—

Soll	Dubiose		Haben
AB	1.900,—	(6)	1.900,—
(14a)	17.850,—	(14b)	5.000,—
		EB	12.850,—
	19.750,—		19.750,—

Soll	Fuhrpark		Haben
AB	38.000,—	(7a)	7.000,—
		(7b)	3.000,—
		EB	28.000,—
	38.000,—		38.000,—

Soll	Kasse		Haben
AB	13.800,—	EB	14.395,—
(11)	595,—		
	14.395,—		14.395,—

Soll	Wertp. des Umlaufverm.		Haben
(8a)	47.900,—	EB	47.900,—

Soll	Wertbericht. auf Anlagen		Haben
(7a)	7.000,—	AB	24.000,—
EB	23.000,—	(13b)	6.000,—
	30.000,—		30.000,—

Soll	Lieferantenverbindlichk.		Haben
(3)	53.500,—	AB	17.000,—
EB	17.000,—	(1)	53.500,—
	70.500,—		70.500,—

Soll	Vorsteuer (VSt)		Haben
(1)	9.500,—	(3)	570,—
(2b)	380,—	(3)	285,—
		USt	9.025,—
	9.880,—		9.880,—

Soll	Umsatzsteuer (USt)		Haben
(2c)	304,—	(2a)	15.200,—
(6)	570,—	(10a)	95,—
(9)	190,—	(11)	95,—
(10b)	95,—	(12)	2.850,—
VSt	9.025,—	Eigenverbrauch-	
(17)	9.006,—	steuer	950,—
	19.190,—		19.190,—

Soll	Eigenverbrauchsteuer		Haben
USt	950,—	(7b)	950,—

Soll	Eigenkapital		Haben
EB	295.052,—	AB	275.000,—
		Privat	50,—
		GuV	20.002,—
	295.052,—		295.052,—

Soll	Wertbericht. auf Ford.		Haben
GuV	2.000,—	AB	2.000,—
EB	1.440,50	(16)	1.440,50
	3.440,50		3.440,50

Soll	Sonstige Verbindlichk.		Haben
(4)	7.000,—	AB	7.000,—

Soll	Privateinlagen		Haben
Privat	6.000,—	(4)	6.000,—

Soll	Privatentnahmen		Haben
(7b)	5.950,—	Privat	5.950,—

Soll	Privat		Haben
Privatent-		Privat-	
nahmen	5.950,—	einlagen	6.000,—
EK	50,—		
	6.000,—		6.000,—

Soll	Noch abzuführ. Abgaben		Haben
(5b)	350,—	(5a)	350,—

Erfolgskonten:

Soll	Skontoaufwand		Haben
(2c)	1.600,—	Waren-verkauf	1.600,—

Soll	Gesetzlicher Sozialaufw.		Haben
(5a)	400,—	GuV	400,—

Soll	Transportaufwand		Haben
(2b)	2.000,—	GuV	2.000,—

Soll	Forderungsverluste		Haben
(9)	1.000,—	GuV	1.500,—
(10b)	500,—		
	1.500,—		1.500,—

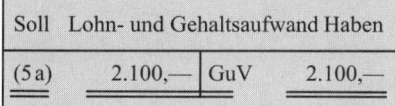

Soll	Lohn- und Gehaltsaufwand		Haben
(5a)	2.100,—	GuV	2.100,—

Soll	Skontoerträge		Haben
Waren-einkauf	1.500,—	(3)	1.500,—

Soll	Zinsaufwand		Haben
(8a)	500,—	GuV	500,—

Soll	Zinserträge		Haben
GuV	1.500,—	(8b)	1.500,—

Soll	Sonst. betr. Aufw.		Haben
(11)	1.500,—	GuV	1.500,—

Soll	Abschreib. auf Forderungen		Haben
(14b)	5.000,—	GuV	6.440,50
(16)	1.440,50		
	6.440,50		6.440,50

Soll	Warenverkauf		Haben
Skonto-aufw.	1.600,—	(2a)	80.000,—
		(10a)	500,—
GuV	93.900,—	(12)	15.000,—
	95.500,—		95.500,—

Soll	Abschreib. auf Anlageverm.		Haben
(13a)	5.000,—	GuV	15.000,—
(13b)	6.000,—		
(13c)	4.000,—		
	15.000,—		15.000,—

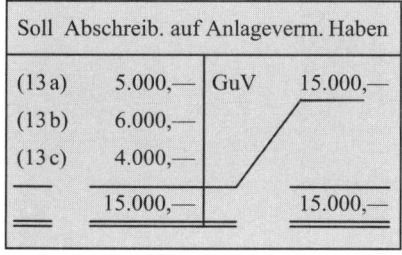

Soll	Sonst. betr. Erträge		Haben
GuV	9.000,—	(6)	7.000,—
		(7b)	2.000,—
	9.000,—		9.000,—

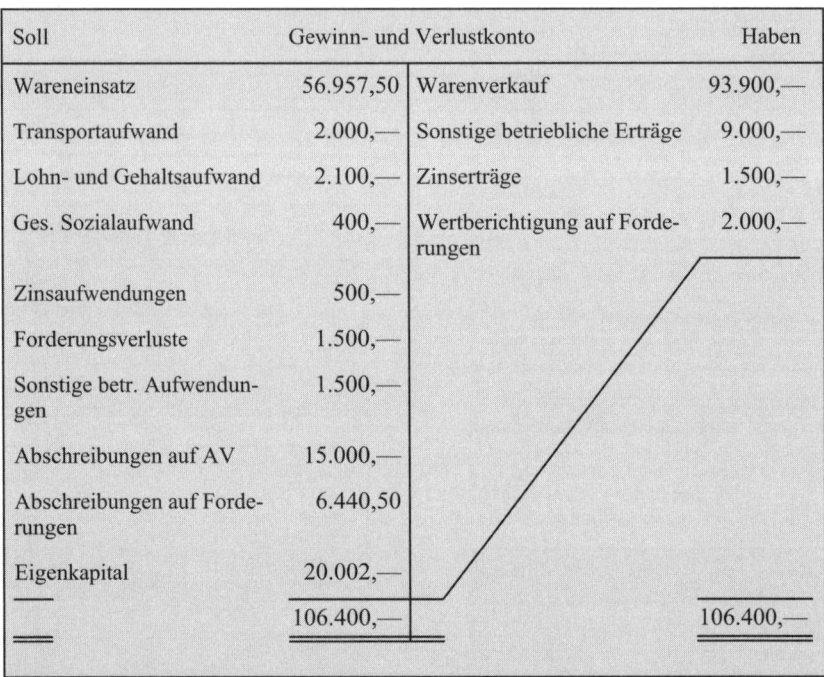

Soll		Gewinn- und Verlustkonto	Haben
Wareneinsatz	56.957,50	Warenverkauf	93.900,—
Transportaufwand	2.000,—	Sonstige betriebliche Erträge	9.000,—
Lohn- und Gehaltsaufwand	2.100,—	Zinserträge	1.500,—
Ges. Sozialaufwand	400,—	Wertberichtigung auf Forderungen	2.000,—
Zinsaufwendungen	500,—		
Forderungsverluste	1.500,—		
Sonstige betr. Aufwendungen	1.500,—		
Abschreibungen auf AV	15.000,—		
Abschreibungen auf Forderungen	6.440,50		
Eigenkapital	20.002,—		
	106.400,—		106.400,—

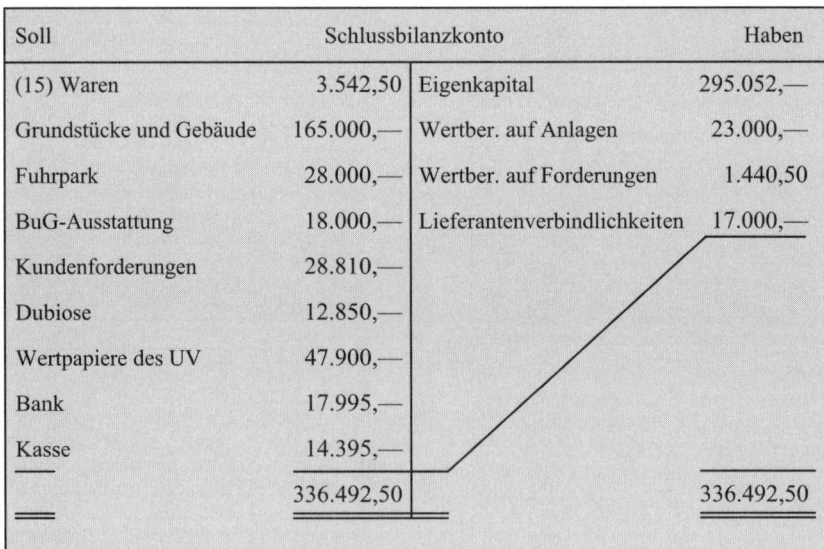

Soll		Schlussbilanzkonto	Haben
(15) Waren	3.542,50	Eigenkapital	295.052,—
Grundstücke und Gebäude	165.000,—	Wertber. auf Anlagen	23.000,—
Fuhrpark	28.000,—	Wertber. auf Forderungen	1.440,50
BuG-Ausstattung	18.000,—	Lieferantenverbindlichkeiten	17.000,—
Kundenforderungen	28.810,—		
Dubiose	12.850,—		
Wertpapiere des UV	47.900,—		
Bank	17.995,—		
Kasse	14.395,—		
	336.492,50		336.492,50

(3) Vorbereitende Abschlussbuchungen:

Privatkonten:

Privateinlagen	an	Privat	6.000,—
Privat	an	Privatentnahmen	5.950,—

Privat	an	Eigenkapital	50,—

Umsatzsteuerkonten:

Umsatzsteuer	an	Vorsteuer	9.025,—
Eigenverbrauchsteuer	an	Umsatzsteuer	950,—

Erlösschmälerungskonten:

Warenverkauf	an	Skontoaufwand	1.600,—
Skontoerträge	an	Wareneinkauf	1.500,—

(4) Abschlussbuchungen:

Aufwands- und Ertragskonten:

GuV-Konto	an	Wareneinkauf	56.957,50
GuV-Konto	an	Transportaufwand	2.000,—
GuV-Konto	an	Lohn- und Gehaltsaufwand	2.100,—
GuV-Konto	an	Gesetzlicher Sozialaufwand	400,—
GuV-Konto	an	Zinsaufwand	500,—
GuV-Konto	an	Forderungsverluste	1.500,—
GuV-Konto	an	Sonstige betriebliche Aufwendungen	1.500,—
GuV-Konto	an	Abschreibungen auf Anlagevermögen	15.000,—
GuV-Konto	an	Abschreibungen auf Forderungen	6.440,50
Warenverkauf	an	GuV-Konto	93.900,—
Sonstige betriebliche Erträge	an	GuV-Konto	9.000,—
Zinserträge	an	GuV-Konto	1.500,—
Wertberichtigung auf Forderungen	an	GuV-Konto	2.000,—

Gewinn- und Verlustkonto:

GuV-Konto	an	Eigenkapital	20.002,—

Bestandskonten:

Schlussbilanzkonto	an	Grundstücke und Gebäude	165.000,—

Schlussbilanzkonto	an	Fuhrpark	28.000,—
Schlussbilanzkonto	an	BuG-Ausstattung	18.000,—
Schlussbilanzkonto	an	Kundenforderungen	28.810,—
Schlussbilanzkonto	an	Dubiose	12.850,—
Schlussbilanzkonto	an	Bank	17.995,—
Schlussbilanzkonto	an	Kasse	14.395,—
Schlussbilanzkonto	an	Wertpapiere des UV	47.900,—
Eigenkapital	an	Schlussbilanz-konto	295.052,—
Wertberichtigung auf Anlagen	an	Schlussbilanzkonto	23.000,—
Wertberichtigung auf Forderungen	an	Schlussbilanzkonto	1.440,50
Lieferantenverbindlichkeiten	an	Schlussbilanzkonto	17.000,—

6.6 Aufgaben, Arten und buchtechnische Behandlung von Rechnungsabgrenzungsposten

6.6.1 Die Notwendigkeit der zeitlichen Rechnungsabgrenzung

Im Geschäftsverkehr werden häufig Entgelte für längere Zeiträume im Voraus oder nachträglich bezahlt. Solange sich Leistungen und Zahlungen auf das gleiche Rechnungsjahr beziehen, ergeben sich in der Finanzbuchführung keine Abgrenzungsschwierigkeiten. Fallen jedoch Zahlungsvorgänge in anderen Geschäftsjahren an als die entsprechenden Leistungsvorgänge, ist eine **periodenrichtige Erfolgsermittlung** nur gewährleistet, wenn die Aufwendungen und Erträge dem Jahr ihrer Verursachung zugerechnet werden. Im Rahmen der Jahresabschlussvorbereitung ist deshalb eine zeitliche Rechnungsabgrenzung durchzuführen, damit

- alle **Ausgaben und Einnahmen**, die im abgelaufenen Jahr erfolgt sind, aber Aufwendungen bzw. Erträge späterer Jahre betreffen (z. B. im Voraus bezahlte bzw. erhaltene Mieten), und

- alle **Aufwendungen und Erträge**, die im abgelaufenen Jahr verursacht worden sind, für die Ausgaben oder Einnahmen aber erst in einem späteren Jahr erfolgen (z. B. noch nicht bezahlte bzw. erhaltene Mieten),

der Abrechnungsperiode zugerechnet werden, in die sie wirtschaftlich nach dem Prinzip der Verursachung gehören. Derartige Abgrenzungen werden dem Oberbegriff der Rechnungsabgrenzungsposten zugeordnet, ohne dass sie nach der derzeitigen Buchführungs- und Bi-

lanzierungspraxis in jedem Fall auf dem **Konto „Rechnungsabgrenzungsposten"** zu verbuchen sind.[319]

Ohne Rechnungsabgrenzung könnte der Gewinn der Periode zu hoch oder zu niedrig ausgewiesen werden. Wäre er zu hoch, dann muss er durch den Ansatz eines Passivpostens
(passiver Rechnungsabgrenzungsposten) in der Bilanz korrigiert werden:[320]

Beispiel:

Das Unternehmen erhält eine Mietzahlung in Höhe von 2.000 € für den Monat
Januar 02 bereits im Dezember 01. Bei der Jahresabschlussvorbereitung 01 ist deshalb
ein passiver Rechnungsabgrenzungsposten (RAP) als Korrektur des sonst zu hoch
ausgewiesenen Erfolges des Geschäftsjahrs 01 zu bilden (der Gewinn wird zur Verdeutlichung getrennt vom Kapital ausgewiesen):

Bilanz ohne Rechnungsabgrenzung			Bilanz mit Rechnungsabgrenzung		
AV = 6.000	Kapital	= 7.000	AV = 6.000	Kapital	= 7.000
UV = 4.000	Gewinn	= 3.000	UV = 4.000	RAP	= 2.000
				Gewinn	= 1.000

Wäre der Periodenerfolg ohne Ansatz eines Rechnungsabgrenzungspostens zu niedrig, dann
muss er durch den Ansatz eines Aktivpostens **(aktiver Rechnungsabgrenzungsposten)** in
der Bilanz korrigiert werden:

Beispiel:

Das Unternehmen zahlt eine Miete von 2.000 €, die den Januar 02 betrifft, bereits im
Dezember 01. Bei der Jahresabschlussvorbereitung 01 ist deshalb ein aktiver Rechnungsabgrenzungsposten (RAP) als Korrektur des ansonsten zu niedrig ausgewiesenen Erfolges des Geschäftsjahrs 01 zu bilden (der Gewinn wird zur Verdeutlichung
getrennt vom Kapital ausgewiesen):

---

[319] Zu den buchhalterischen Einzelheiten vgl. S. 282.
[320] Vgl. zum Folgenden *Wöhe, G.,* Bilanzierung und Bilanzpolitik, a.a.O., S. 124 ff.

Bilanz ohne Rechnungsabgrenzung		Bilanz mit Rechnungsabgrenzung	
AV = 6.000	Kapital = 7.000	AV = 6.000	Kapital = 7.000
UV = 4.000	Gewinn = 3.000	UV = 4.000	Gewinn = 5.000
		RAP = 2.000	

Diese Erfolgserhöhung bzw. -verminderung im Vergleich zum Nicht-Abgrenzungsfall gleicht sich in der (den) Folgeperiode(n) aus, d. h., es wird lediglich die Periodenzuordnung einzelner Erfolgsbeiträge, nicht aber der insgesamt erzielte Erfolg des Unternehmens beeinflusst.

Rechnungsabgrenzungsposten, die durch Geschäftsvorfälle notwendig werden, die in der abgelaufenen Periode einen aktiven oder passiven Zahlungsvorgang ausgelöst haben, bezeichnet man als **transitorische Posten**, weil der in der Periode erfolgte Zahlungsvorgang in die nächste(n) Periode(n) „hinübergeht". Gezahlt wird im Voraus, der Leistungsvorgang (Verursachung von Aufwand oder Ertrag) liegt in einer späteren Periode. Wird dagegen durch Geschäftsvorfälle, die noch das alte Jahr betreffen, ein aktiver oder passiver Zahlungsvorgang erst im folgenden Jahr (in den folgenden Jahren) ausgelöst, dann spricht man von einem **antizipativen Posten**, weil der Zahlungsvorgang, der in der (den) nächsten Periode(n) erfolgt, in der Abrechnungsperiode buchtechnisch vorweggenommen (antizipiert) wird. Der Leistungsvorgang erfolgt in der abgelaufenen Periode, gezahlt wird aber erst in einer späteren Periode. Der Unterschied zwischen transitorischen und antizipativen Posten stellt sich verkürzt folgendermaßen dar:

Transitorisch	Zahlung im Voraus	→	Leistung später
Antizipativ	Leistung jetzt	→	Zahlung im Nachhinein

Es lassen sich also grundsätzlich vier Arten von Rechnungsabgrenzungsposten unterscheiden, ohne dass die tatsächliche Kontenbezeichnung damit vorweggenommen wird:

	aktive Abgrenzung (Gewinn ohne Abgrenzung zu niedrig)	**passive Abgrenzung** (Gewinn ohne Abgrenzung zu hoch)
transitorisch	Ausgabe jetzt – Aufwand später (z. B. vorausbezahlte Löhne)	Einnahme jetzt – Erträge später (z. B. im Voraus erhaltene Miete)
antizipativ	Ertrag jetzt – Einnahmen später (z. B. noch zu erhaltende Miete)	Aufwand jetzt – Ausgabe später (z. B. noch zu zahlende Löhne)

Seit In-Kraft-Treten des Aktiengesetzes 1965 ist – jetzt geregelt in § 250 HGB – nur noch die Verwendung transitorischer Rechnungsabgrenzungsposten zugelassen; diese handelsrechtliche Regelung wurde durch § 5 Abs. 5 EStG auch für einkommensteuerliche Zwecke übernommen. Anstelle „antizipativer Rechnungsabgrenzungsposten" sind nach diesen Bilanzierungsvorschriften **„sonstige Forderungen"** bzw. **„sonstige Verbindlichkeiten"** auszuweisen. Dass antizipative Rechnungsabgrenzungen nicht mehr als „antizipativer Rechnungsabgrenzungsposten" ausgewiesen werden dürfen, „wird damit begründet, daß bei der antizipativen Abgrenzung in Wirklichkeit eine Verbindlichkeit vorliegt, wenn der Betrieb in der nächsten Periode noch eine Zahlung für einen Aufwand zu leisten hat, der bereits in der Abgrenzungsperiode eingetreten ist, bzw. daß eine Forderung vorliegt, wenn der Betrieb erst in der nächsten Periode eine Zahlung erhält, für die er bereits in der Abrechnungsperiode eine Leistung erbracht hat."[321] An der Periodenabgrenzung ändert sich dadurch nichts, es tritt lediglich an die Stelle des Kontos „Rechnungsabgrenzungsposten" das Konto „Sonstige Forderungen" bzw. „Sonstige Verbindlichkeiten".

Für die Bildung **aktiver Rechnungsabgrenzungsposten**[322] müssen folgende Voraussetzungen erfüllt sein:[323]

- Die **Ausgabe liegt vor dem Aufwand**: Maßgebend ist das periodenmäßige Auseinanderfallen von Aufwand und Ausgabe, wobei – entsprechend der Definition der Ausgabe – bereits das Entstehen einer Geldverbindlichkeit und nicht der Zahlungsvorgang ausreichend ist.

- Der **Aufwand ist einer späteren Periode zuzurechnen**: Der Aufwand muss in eine spätere Periode als die Ausgabe fallen; die Aufwandszurechnung ist entsprechend der empfangenen Gegenleistung vorzunehmen.

- Der **Aufwand muss für eine bestimmte Zeit erfolgen**: Der Zeitraum, für den die Ausgabe erfolgt, darf nicht nur bestimmbar, sondern muss bestimmt sein. Dieses Kriterium ist auch erfüllt, wenn sich der Aufwandszeitraum auf mehrere Jahre erstreckt, wenn die bestimmte Zeit erst in einem späteren Geschäftsjahr beginnt und wenn die Aufwendungen nicht periodisch wiederkehrend sind, d. h. unregelmäßig anfallen.

Liegen die entsprechenden Voraussetzungen vor, so müssen die Rechnungsabgrenzungsposten in der Handels- und Steuerbilanz grundsätzlich ausgewiesen werden. Handelsrechtlich besteht allerdings nach § 250 Abs. 3 HGB – im Gegensatz zur Aktivierungspflicht im Steuerrecht – ein **Aktivierungswahlrecht** für das Disagio[324]. Für die unter den Rechnungsabgrenzungsposten auszuweisenden Sachverhalte bestimmter als Aufwand berücksichtigter Zölle und Verbrauchsteuern sowie der Umsatzsteuer auf Anzahlungen, welche allerdings

---

[321] *Wöhe, G.,* Bilanzierung und Bilanzpolitik, a. a. O., S. 126.

[322] Da die Voraussetzungen für die Bildung passiver Rechnungsabgrenzungsposten grundsätzlich mit denen der Bildung aktiver Rechnungsabgrenzungsposten übereinstimmen, wird lediglich auf Besonderheiten der passiven Rechnungsabgrenzungsposten ergänzend hingewiesen und sonst auf die Aussagen zur Bildung aktiver Rechnungsabgrenzungsposten Bezug genommen.

[323] Vgl. dazu mit weiteren Verweisen *Kußmaul, H.,* Nutzungsrechte an Grundstücken in Handels- und Steuerbilanz, Hamburg 1987, S. 107 f.

[324] Vgl. zur Verbuchung die Ausführungen auf S. 288 f.

keine transitorischen Rechnungsabgrenzungsposten im engeren Sinne darstellen, besteht in der Handelsbilanz ein Aktivierungsverbot, während diese Positionen in der Steuerbilanz nach § 5 Abs. 5 EStG aktiviert werden müssen.[325]

6.6.2 Die Verbuchung transitorischer Rechnungsabgrenzungsposten

Wie gezeigt, ist die Bildung eines transitorischen Rechnungsabgrenzungspostens erforderlich, wenn in der Abrechnungsperiode eine Ausgabe (Einnahme) erfolgt ist, deren Aufwand (Ertrag) erst in einer späteren Periode eintritt.

Beispiel:

Am 01.10.01 zahlt das Unternehmen die Miete in Höhe von 12.000 € für eine Lagerhalle für ein Jahr im Voraus über das Bankkonto (Anfangsbestand: 15.000 €).

Buchungssätze:

Am 01.10.01:

(1)	Mietaufwand	an	Bank	12.000,—

Am 31.12.01:

(2)	Aktiver Rechnungs-abgrenzungsposten (RAP)	an	Mietaufwand	9.000,—
(3)	GuV-Konto	an	Mietaufwand	3.000,—
(4 a)	Schlussbilanzkonto	an	Aktiver RAP	9.000,—
(4 b)	Schlussbilanzkonto	an	Bank	3.000,—

Kontenmäßige Darstellung:

Soll	Mietaufwand	Haben		Soll	Bank	Haben
(1) 12.000,—	(2)	9.000,—		AB 15.000,—	(1)	12.000,—
	(3) GuV	3.000,—			(4b) EB	3.000,—
12.000,—		12.000,—		15.000,—		15.000,—

Soll	Aktiver RAP	Haben		Soll	GuV-Konto	Haben
(2) 9.000,—	(4a) EB	9.000,—		(3) Mietaufwand 3.000,—		

---

[325] Vgl. dazu ausführlicher *Bieg, H., Kußmaul, H.*, Externes Rechnungswesen, a.a.O., S. 100; *Bieg, H., Kußmaul, H., Petersen, K., Waschbusch, G., Zwirner, C.*, Bilanzrechtsmodernisierungsgesetz – Bilanzierung, Berichterstattung und Prüfung nach dem BilMoG, a.a.O., S. 58 ff., *Kußmaul, H.*, Nutzungsrechte …, a.a.O., S. 108 ff.

Soll	Schlussbilanzkonto	Haben
(4 a) Akt.		•
RAP 9.000,—		•
(4 b) Bank 3.000,—		•

Am 01.10.01 mindert sich das Bankkonto zwar um 12.000 €, drei Viertel dieses Betrages sind aber eine Vorauszahlung für das Jahr 02. In Höhe dieses Betrages wird der sonst zu hoch ausgewiesene Mietaufwand korrigiert, indem 9.000 € als aktiver Rechnungsabgrenzungsposten aktiviert werden. Folglich wird im Gewinn- und Verlustkonto nur der das Jahr 01 betreffende Aufwand ausgewiesen.

Bei der Verbuchung im Geschäftsjahr 02 wird dann der dieses Jahr betreffende Aufwand dadurch erfasst, dass der Rechnungsabgrenzungsposten (bei der Eröffnung der Konten am 01.01.02) wieder aufgelöst wird. Der entsprechende Buchungssatz lautet:

Mietaufwand	an	Aktiver RAP	9.000,—

Erhält das Unternehmen in der Abrechnungsperiode eine Einnahme im Voraus, obwohl der entsprechende Ertrag erst in einer Folgeperiode erzielt wird, muss eine Periodenabgrenzung durch Ansatz eines transitorischen Passivums **(passiver Rechnungsabgrenzungsposten)** vorgenommen werden.

Beispiel:

Es wird das vorangegangene Beispiel aus der Sicht des Vermieters zugrunde gelegt. Auch bei ihm erfolgt die Zahlung auf dem Bankkonto, das ebenfalls einen Anfangsbestand von 15.000 € aufweist.

Buchungssätze:

Am 01.10.01:

(1)	Bank		an	Mieterträge	12.000,—

Am 31.12.01:

(2)	Mieterträge		an	Passiver RAP	9.000,—
(3)	Mieterträge		an	GuV-Konto	3.000,—
(4 a)	Passiver RAP		an	Schlussbilanzkonto	9.000,—
(4 b)	Schlussbilanzkonto		an	Bank	27.000,—

Kontenmäßige Darstellung:

Soll	Mieterträge	Haben		Soll	Bank	Haben
(2) 9.000,—	(1)	12.000,—		AB 15.000,—	(4 b) EB	27.000,—
(3) GuV 3.000,—				(1) 12.000,—		
12.000,—		12.000,—		27.000,—		27.000,—

Soll	Passiver RAP	Haben		Soll	GuV-Konto	Haben
(4 a) EB 9.000,—	(2)	9.000,—		•	(3) Mieter-	
				•	träge 3.000,—	

Soll	Schlussbilanzkonto	Haben
(4 b) Bank	(4 a) Pass.	
27.000,—	RAP 9.000,—	

Am 01.10.01 vergrößert sich das Bankkonto zwar um 12.000 €, drei Viertel dieses Betrages betreffen aber ertragsmäßig das Jahr 02. In Höhe dieses Betrages wird ein passiver Rechnungsabgrenzungsposten gebildet, mit dessen Hilfe im Gewinn- und Verlustkonto nur der das Jahr 01 betreffende Ertrag ausgewiesen wird.

Bei der Verbuchung im Geschäftsjahr 02 wird dann der dieses Geschäftsjahr betreffende Ertrag dadurch erfasst, dass der Rechnungsabgrenzungsposten wieder aufgelöst wird.

Der Buchungssatz im Jahr 02 lautet demzufolge:

Passiver RAP	an	Mieterträge	9.000,—

Die entsprechende Rechnungsabgrenzung kann vereinfachend auch schon unmittelbar bei der Verbuchung des jeweiligen Geschäftsvorfalls durchgeführt werden. Im letzten Falle würde sich dadurch eine Zusammenfassung der ersten beiden Buchungssätze ergeben:

(1 a) Bank		an	Mieterträge	12.000,—
(1 b) Mieterträge		an	Passiver RAP	9.000,—

Oder vereinfachend:

(1) Bank	12.000,—	an	Mieterträge	3.000,—
			Passiver RAP	9.000,—

6.6.3 Die Verbuchung antizipativer „Rechnungsabgrenzungsposten"

Wie bereits erwähnt, sind Aufwendungen (Erträge), deren zugehörige Ausgaben (Einnahmen) erst in einer Folgeperiode erfolgen, nicht mehr mit Hilfe eines Rechnungsabgrenzungspostens, sondern durch Ansatz einer sonstigen Verbindlichkeit (sonstigen Forderung) zu erfassen.

Beispiel:

Das Unternehmen hat eine Lagerhalle gemietet. Die Jahresmiete in Höhe von 18.000 € wird nachträglich für das vorangegangene Halbjahr je zur Hälfte am 28.02. und am 31.08. über das Bankkonto (Anfangsbestand: 20.000 €) bezahlt. Die Auszahlung für die vom 01.09.01 bis zum 28.02.02 erhaltene Mietleistung erfolgt folglich erst am 28.02.02, obwohl bereits im Jahr 01 in Höhe von zwei Drittel dieses Betrages ein Aufwand verursacht wurde. Dieser Mietaufwand wird im Rahmen der Jahresabschlussvorbereitung durch die Bildung einer sonstigen Verbindlichkeit berücksichtigt.

Buchungssätze (betreffend die Zahlungen am 28.02.02 und 31.08.02):

Am 31.12.01:

(1)	Mietaufwand	an	Sonstige Verbind- lichkeiten	6.000,—
(2)	GuV-Konto	an	Mietaufwand	6.000,—
(3)	Sonstige Verbindlichkeiten	an	Schlussbilanz- konto	6.000,—

Am 28.02.02:

(4 a)	Sonstige Verbindlichkeiten	an	Mietaufwand	6.000,—
(4 b)	Mietaufwand	an	Bank	9.000,—

Die Buchungssätze (4 a) und (4 b) können aus Vereinfachungsgründen – wie im Folgenden gehandhabt – auch zusammengefasst werden:

(4)	Sonstige Verbind- lichkeiten	6.000,—	an	Bank	9.000,—
	Mietaufwand	3.000,—			

Am 31.08.02:

(5)	Mietaufwand	an	Bank	9.000,—

Betrachtet man das Beispiel **aus der Sicht des Vermieters**, dann ist im Jahr 01 ein entsprechender Ertrag durch Ansatz einer sonstigen Forderung zu verbuchen.

Beispiel:

Es wird das vorangegangene Beispiel aus der Sicht des Vermieters zugrunde gelegt. Auch bei ihm erfolgt die Zahlung auf dem Bankkonto, dessen Anfangsbestand 20.000 € beträgt.

Buchungssätze (betreffend die Zahlungen am 28.02.02 und 31.08.02):

Am 31.12.01:

(1)	Sonstige Forderungen	an	Mieterträge	6.000,—
(2)	Mieterträge	an	GuV-Konto	6.000,—
(3)	Schlussbilanzkonto	an	Sonstige Forde- rungen	6.000,—

Am 28.02.02:

(4 a)	Mieterträge	an	Sonstige Forde- rungen	6.000,—
(4 b)	Bank	an	Mieterträge	9.000,—

Die Buchungssätze (4 a) und (4 b) können aus Vereinfachungsgründen – wie im Folgenden gehandhabt – auch zusammengefasst werden:

(4)	Bank	9.000,—	an	Sonstige Forde- rungen	6.000,—
				Mieterträge	3.000,—

Am 31.08.02:

(5)	Bank	an	Mieterträge	9.000,—

Die bisherige Darstellung der Verbuchung der transitorischen und antizipativen Rechnungsabgrenzungen gilt sowohl für die handelsrechtliche als auch für die steuerrechtliche Bilanzierung. Da viele Leistungen, für die Rechnungsabgrenzungen durchzuführen sind, nicht mit Umsatzsteuer belastet sind, verändert sich das bisher Dargestellte durch die Berücksichtigung der Umsatzsteuer grundsätzlich nicht. Die Fälle, in denen Umsatzsteuer anfällt, werden im folgenden Kapitel behandelt.

6.6.4 Die Behandlung der Umsatzsteuer bei der Rechnungsabgrenzung

Für die Entstehung einer Umsatzsteuerschuld – und damit korrespondierend auch eines Vorsteuererstattungsanspruchs – ist nicht der Zahlungszeitpunkt, sondern der **Zeitpunkt der Leistung**, d.h. der Zeitpunkt, an dem eine Forderung bzw. eine Verbindlichkeit entsteht, maßgebend. Daraus folgt, dass bei antizipativen Rechnungsabgrenzungen mit der Verbuchung sonstiger Forderungen bzw. sonstiger Verbindlichkeiten auch die Umsatzsteuer (Vorsteuer) zu entrichten (anzurechnen) ist. Bei der Verbuchung transitorischer Rechnungsabgrenzungsposten ist die dazugehörige Umsatzsteuer (Vorsteuer) noch nicht zu entrichten (anzurechnen). Dementsprechend hat die noch nicht zu entrichtende Umsatzsteuer einen

Verbindlichkeitscharakter, während die noch nicht anrechenbare Vorsteuer einen Forderungscharakter hat. Die entsprechenden Auswirkungen lassen sich für die vier Fälle beispielhaft folgendermaßen darstellen:

Beispiel:

1. Aktiver Rechnungsabgrenzungsposten:

Das Unternehmen nimmt eine umsatzsteuerpflichtige Vermietungsleistung (unter Verzicht auf die Steuerbefreiung) in Anspruch, für die es am 01.12.01 für zwei Monate die Miete von 2.380 € (einschl. 380 € Umsatzsteuer) im Voraus über das Bankkonto bezahlt.

Buchungssätze:

Am 01.12.01:

| (1) | Mietaufwand | 2.000,— | an | Bank | 2.380,— |
| | Vorsteuer | 380,— | | | |

Am 31.12.01:

| (2 a) | Aktiver RAP | | an | Mietaufwand | 1.000,— |
| (2 b) | Noch nicht anrechenbare Vorsteuer | | an | Vorsteuer | 190,— |

2. Passiver Rechnungsabgrenzungsposten:

Es gilt derselbe Sachverhalt aus der Sicht des Vermieters (die Bezahlung erfolgt wiederum auf dem Bankkonto).

Am 01.12.01:

| (1) | Bank | 2.380,— | an | Mieterträge | 2.000,— |
| | | | | Umsatzsteuer | 380,— |

Am 31.12.01:

| (2 a) | Mieterträge | | an | Passiver RAP | 1.000,— |
| (2 b) | Umsatzsteuer | | an | Noch nicht zu entrichtende Umsatzsteuer | 190,— |

3. Sonstige Verbindlichkeiten:

Das Unternehmen nimmt eine umsatzsteuerpflichtige Mietleistung wahr, für die erst am 31.01.02 für das vorangegangene Vierteljahr eine Zahlung von 3.570 € (einschl. 570 € Umsatzsteuer) vom Bankkonto geleistet wird.

Am 31.12.01:

| (1) | Mietaufwand | 2.000,— | an | Sonstige Verbindlichkeiten | |
| | Vorsteuer | 380,— | | | 2.380,— |

4. Sonstige Forderungen:

Es gilt derselbe Sachverhalt aus der Sicht des Vermieters (die Bezahlung erfolgt wiederum auf dem Bankkonto).

Am 31.12.01:

| (1) | Sonstige Forderungen | 2.380,— | an | Mieterträge | 2.000,— |
| | | | | Umsatzsteuer | 380,— |

Die Verbuchung im Folgejahr 02 hat demzufolge folgendes Aussehen:

1. Aktiver Rechnungsabgrenzungsposten:

Am 01.01.02:

(3 a)	Mietaufwand		an	Aktiver RAP	1.000,—
(3 b)	Vorsteuer		an	Noch nicht anrechen-	
				bare Vorsteuer	190,—

---

2. Passiver Rechnungsabgrenzungsposten:

Am 01.01.02:

(3 a)	Passiver RAP		an	Mieterträge	1.000,—
(3 b)	Noch nicht zu entrichtende				
	Umsatzsteuer		an	Umsatzsteuer	190,—

---

3. Sonstige Verbindlichkeiten:

Am 31.01.02:

(3)	Mietaufwand	1.000,—	an	Bank	3.570,—
	Vorsteuer	190,—			
	Sonstige				
	Verbindlichkeiten	2.380,—			

---

4. Sonstige Forderungen:

Am 31.01.02:

(3)	Bank	3.570,—	an	Mieterträge	1.000,—
				Umsatzsteuer	190,—
				Sonstige Forde-	
				rungen	2.380,—

6.6.5 Die buchtechnische Behandlung des Disagios (Damnums)

Als **Damnum** (Spezialfall des Disagios) bezeichnet man allgemein (insbesondere bei Hypothekendarlehen) einen Nachteil durch eine verminderte Auszahlung oder eine höhere Rückzahlung im Vergleich zum Nennwert; der umfassendere Begriff **„Disagio"** wird vor allem bei Schuldverschreibungen und Schuldscheindarlehen verwendet, die zu einem unter dem Erfüllungsbetrag – der dort häufig gleich dem Nennwert ist – liegenden Betrag ausgegeben werden. Bei der betrachteten Gruppe der Handels- und Industrieunternehmen ist der Fall der Kreditaufnahme wesentlich wahrscheinlicher als der Fall der Kreditvergabe und wird deshalb im Folgenden auch ausschließlich zugrunde gelegt. Die Verbuchung wird beispielhaft für den Fall einer Schuldverschreibung und eines durch eine Grundschuld gesicherten Darlehens dargestellt.

Beispiel 1:

Das Unternehmen nimmt am 01.01.01 ein Darlehen auf, das durch Eintragung einer Grundschuld gesichert wird. Die Zahlungen laufen jeweils über das Bankkonto.

Nennwert:	100.000 €
Laufzeit:	5 Jahre
Auszahlungskurs:	95 %
Rückzahlungskurs:	102 %
Verzinsung:	Jeweils am Jahresende 10 % auf die Restschuld am Ende des vorhergehenden Jahres.
Tilgung:	In 5 gleichen Jahresraten jeweils am Jahresende.

Buchungssätze:

Am 01.01.01:

(1) Bank   95.000,—   an   Darlehensverbind-
     Damnum   7.000,—   lichkeiten   102.000,—

Am 31.12.01:

(2) Zinsaufwand   an   Bank   10.200,—
     (Zinszahlung)

(3) Darlehensverbindlichkeiten   an   Bank   20.400,—
     (Tilgung)

(4) Zinsaufwand   an   Damnum   1.400,—

(Anteilige Auflösung des Damnums; anstelle des Kontos „Zinsaufwand", durch das der Zinscharakter des Damnums zum Ausdruck kommt, könnte auch das Konto „Abschreibung auf Damnum" verwendet werden.)

Die Buchungssätze (3) und (4) wiederholen sich in den vier Folgejahren; der Buchungssatz (2) erfolgt ebenfalls jährlich, allerdings mit einem wegen der verminderten Restschuld von Jahr zu Jahr geringeren Zinsbetrag.

Beispiel 2:

Das Unternehmen begibt am 31.12.01 eine Obligation im Nennwert von 10 Millionen € zum Zinssatz von 8 %.

Ausgabekurs:	95 %
Rückzahlungskurs:	100 %
Laufzeit:	10 Jahre

Buchungssatz:

Am 31.12.01:

Bank	9.500.000,—	an	Verbindlich-
Disagio	500.000,—		keiten aus
			Obligationen 10.000.000,—

Auch hierbei ist das Disagio in Höhe von jeweils 50.000 € in den zehn Folgejahren erfolgswirksam aufzulösen.

Beiden Fällen liegt ein Sachverhalt zugrunde, der der Bildung transitorischer Aktiva ähnelt (Auszahlung jetzt, Aufwand später). Eine gewisse Modifikation besteht darin, dass hier keine Auszahlung, sondern streng genommen eine Mindereinzahlung erfolgt ist. Dass dennoch ein Sachverhalt vorliegt, der als transitorisches Aktivum angesehen werden kann, wird dann ersichtlich, wenn man gedanklich zunächst eine Einzahlung in Höhe des Erfüllungsbetrages annimmt, der eine Auszahlung in Höhe des Disagios (Damnums) folgt.

6.6.6 Die Behandlung der Rechnungsabgrenzungen in der Bilanz

Grundsätzlich besteht für die dargestellten Positionen eine **Bilanzierungspflicht**. Bei den transitorischen Rechnungsabgrenzungsposten muss die Voraussetzung erfüllt sein, dass die Aufwendungen bzw. Erträge in einem bestimmbaren und bestimmten Zeitabschnitt nach dem Zahlungsvorgang erfolgen. Für die Bildung eines **Disagios (Damnums)** räumt § 250 Abs. 3 Satz 1 HGB ein **Aktivierungswahlrecht** ein. Steuerrechtlich schreibt § 5 Abs. 5 EStG eine Aktivierungspflicht vor. Grundsätzlich sind also folgende Vorgänge in den dargestellten Postenarten auszuweisen:

Transitorisches Aktivum	Ausgabe jetzt, Aufwand später	Aktiver Rechnungsabgrenzungsposten
Transitorisches Passivum	Einnahme jetzt, Ertrag später	Passiver Rechnungsabgrenzungsposten
Antizipatives Aktivum	Ertrag jetzt, Einnahme später	Sonstige Forderungen
Antizipatives Passivum	Aufwand jetzt, Ausgabe später	Sonstige Verbindlichkeiten

Ein **Disagio (Damnum)** kann unter den Posten der aktiven Rechnungsabgrenzung ausgewiesen werden, muss bei Kapitalgesellschaften aber[326] auch als eigene Position in der Bilanz aufgeführt oder im Anhang angegeben werden.

6.7 Die buchtechnische Behandlung der Bildung und Auflösung von Rückstellungen

6.7.1 Arten und Aufgaben der Rückstellungen

Rückstellungen sind Passivposten, die die Aufgabe haben, Aufwendungen, die erst in einer späteren Periode zu einer in ihrer Höhe und/oder ihrem genauen Fälligkeitstermin am Bilanzstichtag noch nicht feststehenden Auszahlung (z. B. Steuerrückstellungen) oder Mindereinzahlung (z. B. Kulanzrückstellungen) führen, **der Periode ihrer Verursachung zuzurechnen.** Eine rechtsverbindliche Verpflichtung gegenüber einem Dritten muss nach betriebswirtschaftlicher Auffassung nicht bestehen, um eine Rückstellung bilden zu können. Es muss lediglich die Wahrscheinlichkeit für eine spätere Inanspruchnahme und somit für eine spätere Auszahlung gegeben sein, deren wirtschaftliche Begründung bereits aus der laufenden Abrechnungsperiode herrührt.

Nach § 249 Abs. 1 Satz 1 HGB besteht eine **Passivierungspflicht** für Rückstellungen für **„ungewisse Verbindlichkeiten und für drohende Verluste aus schwebenden Geschäften".** Rückstellungen, die die Periodisierung von stoßweise anfallenden Ausgaben zum Ziel haben, sind grundsätzlich nicht zulässig (z. B. sog. Selbstversicherungen, kalkulatorische Wagnisse).

§ 249 Abs. 1 Satz 2 Nr. 2 HGB schreibt außerdem eine Passivierungspflicht für Rückstellungen für Gewährleistungen vor, die ohne rechtliche Verpflichtung erbracht werden **(Kulanzrückstellungen).** Passivierungspflichtig sind ferner Rückstellungen für im Geschäftsjahr unterlassene Aufwendungen für Instandhaltung, die in den ersten drei Monaten des folgenden Geschäftsjahrs nachgeholt werden, sowie für unterlassene Aufwendungen für Abraumbeseitigung, die im folgenden Geschäftsjahr nachgeholt werden.

Dieser Rückstellungskatalog ist erschöpfend. § 249 Abs. 2 HGB bestimmt, dass für andere Zwecke keine Rückstellungen gebildet werden dürfen. Diese Vorschrift ist allerdings auslegungsbedürftig, weil der Begriff „Rückstellungen für ungewisse Verbindlichkeiten" Abgrenzungsprobleme aufwerfen kann. Sie soll jedoch verhindern, dass unter Berufung auf das Prinzip kaufmännischer Vorsicht weitere Rückstellungen gebildet werden können.

Das **Mindestgliederungsschema** für die Bilanz der Kapitalgesellschaften schreibt den gesonderten Ausweis folgender Rückstellungsarten vor:[327]

- Rückstellungen für Pensionen und ähnliche Verpflichtungen;

- Steuerrückstellungen;

- sonstige Rückstellungen.

---

[326] Vgl. § 268 Abs. 6 HGB.

[327] Vgl. § 266 Abs. 3 HGB.

Die folgende Übersicht gibt einen Überblick über die Regelung der Rückstellungen durch das HGB.[328]

Rückstellungen in der Handelsbilanz (§ 249 HGB)	
Rückstellungskatalog, § 249 HGB	Keine gesetzliche Definition des Rückstellungsbegriffs, sondern erschöpfende Aufzählung der zulässigen Rückstellungsarten.
Gesonderter Ausweis in der Bilanz, § 266 Abs. 3 HGB	(1) Rückstellungen für Pensionen und ähnliche Verpflichtungen; (2) Steuerrückstellungen; (3) sonstige Rückstellungen.
Berichterstattung im Anhang, § 285 Nr. 12 HGB	Rückstellungen, die in der Bilanz unter dem Posten „sonstige Rückstellungen" nicht gesondert ausgewiesen werden, sind zu erläutern, wenn sie einen nicht unerheblichen Umfang haben.
Passivierungspflicht, § 249 Abs. 1 HGB (steuerrechtlich ebenfalls passivierungspflichtig mit Ausnahme der Rückstellungen für drohende Verluste aus schwebenden Geschäften, welche steuerrechtlich untersagt sind)	(1) Rückstellungen für ungewisse Verbindlichkeiten; (2) Rückstellungen für drohende Verluste aus schwebenden Geschäften; (3) Rückstellungen für Gewährleistungen ohne rechtliche Verpflichtung (Kulanzrückstellungen); (4) Rückstellungen für unterlassene Abraumbeseitigung, wenn diese im folgenden Geschäftsjahr nachgeholt wird; (5) Rückstellungen für unterlassene Instandhaltung, wenn diese in den ersten 3 Monaten des folgenden Geschäftsjahrs nachgeholt wird.
Passivierungsverbot, § 249 Abs. 3 Satz 1 HGB	Für andere Zwecke als die in § 249 Abs. 1 HGB genannten dürfen keine Rückstellungen gebildet werden.
Bewertung, § 253 Abs. 1 Satz 2, § 253 Abs. 2, § 252 Abs. 1 Nr. 4 HGB	– In Höhe des Erfüllungsbetrages, der nach vernünftiger kaufmännischer Beurteilung notwendig ist, d.h. die Höhe der Rückstellung hat sich an der Preis- und Kostensituation im Erfüllungszeitpunkt zu orientieren;[329] – Abzinsung mit durchschnittlichem Marktzinssatz der vergangenen sieben Geschäftsjahre, falls die Restlaufzeit mehr als ein Jahr beträgt; – Beachtung des Vorsichtsprinzips: Alle vorsehbaren Risiken und Verluste, die bis zum Abschlussstichtag entstanden sind, sind zu berücksichtigen.
Auflösung, § 249 Abs. 3 Satz 2 HGB	Auflösung nur zulässig, soweit der Grund der Rückstellungsbildung entfallen ist.

---

[328] Vgl. grundlegend *Wöhe, G.,* Bilanzierung und Bilanzpolitik, a.a.O., S. 526.

[329] Vgl. *Bieg, H., Kußmaul, H., Petersen, K., Waschbusch, G., Zwirner, C.,* Bilanzrechtsmodernisierungsgesetz – Bilanzierung, Berichterstattung und Prüfung nach dem BilMoG, a.a.O., S. 79 f.; *Petersen, K., Zwirner, C., Künkele, K.,* Rückstellungen nach BilMoG – Grundlagen, offene Fragen und bilanzpolitische Aspekte, StuB 2008, S. 696.

Da Rückstellungen den steuerpflichtigen Gewinn mindern, werden in der **Steuerbilanz** seit jeher strenge Maßstäbe bei ihrer Bildung angelegt, um willkürliche Gewinnverlagerungen zu verhindern.

Aufgrund des derzeitigen Standes der Rechtsprechung müssen Rückstellungen in der Steuerbilanz gebildet werden, wenn

- eine ihrer Höhe nach ungewisse Schuld gegenüber einem Dritten entweder rechtswirksam besteht oder in der Abrechnungsperiode wirtschaftlich bereits begründet ist;

- eine sittliche Verpflichtung zu einer Leistung gegenüber einem Dritten in ungewisser Höhe besteht, die wirtschaftlich in der Abrechnungsperiode begründet ist (Gewährleistungen ohne rechtliche Verpflichtung);

- in bestimmten Fällen ein drohender Verlust zu einer Vermögensminderung führt (z.B. Rückstellung für aufgeschobene Reparaturen, die in den ersten drei Monaten des folgenden Wirtschaftsjahrs durchgeführt werden; die allgemeine Drohverlustrückstellung ist steuerlich nicht mehr erlaubt);

- eine selbstständig bewertungsfähige Betriebslast vorliegt (z.B. Rückstellungen für unterlassene Abraumbeseitigung, die im folgenden Geschäftsjahr nachgeholt wird).

Rückstellungen, die lediglich der Abgrenzung des Periodengewinns dienen sollen, ohne dass einer der vier genannten Gründe vorliegt, sind in der Steuerbilanz unzulässig.

Gesetzlich werden explizit bestimmte Rückstellungsbildungen in § 5 EStG eingeschränkt oder ausgeschlossen; so untersagen § 5 Abs. 4a EStG die Bildung von Rückstellungen für drohende Verluste aus schwebenden Geschäften und § 5 Abs. 4b EStG die Rückstellungen für Aufwendungen, die Anschaffungs- oder Herstellungskosten für ein Wirtschaftsgut darstellen (insbesondere bei der Aufbereitung von Kernbrennelementen anfallende Aufwendungen). Bei der Bewertung sind steuerrechtlich durch die seit 1999 gültige Regelung des § 6 Abs. 1 Nr. 3a EStG einige Besonderheiten (z.B. generelles Abzinsungsgebot[330]) zu beachten, die zu einer Begrenzung der Rückstellungshöhe führen. Weiterhin sind zur Bemessung der Rückstellungshöhe die Wertverhältnisse am Bilanzstichtag maßgebend, sodass die Berücksichtigung von künftigen Preis- und Kostensteigerungen explizit durch § 6 Abs. 1 Nr. 3a Buchst. f EStG ausgeschlossen ist.

---

[330] Vgl. dazu BMF-Schreiben vom 26.05.2005, BStBl 2005 I, S. 699.

6.7.2 Tabellarische Übersicht über die Rückstellungen

Die Übersicht[331] zeigt die Anlässe der Rückstellungsbildung und die Zulässigkeit der wichtigsten Rückstellungsarten in der Handels- und Steuerbilanz.

Rückstellungen				
Rückstellungsvoraus-setzung	Beispiele	Zulässigkeit		Zahlungs-bzw. Leis-tungsvorgang
		Handels-bilanz	Steuer-bilanz	
Es besteht eine rechtswirksame Verpflichtung gegenüber einem Dritten; die Höhe der späteren Zahlung ist ungewiss.	Pensionsrückstellungen, Steuerrückstellungen	Passivierungspflicht	Passivierungspflicht	Aufwand jetzt, Auszahlung später
Eine Verpflichtung gegenüber einem Dritten ist wirtschaftlich verursacht, aber noch nicht rechtswirksam.	Rückstellung für bereits erkennbare Bergschäden	Passivierungspflicht	Passivierungspflicht	Aufwand jetzt, Auszahlung später
Eine Verpflichtung gegenüber einem Dritten ist mit hoher Wahrscheinlichkeit wirtschaftlich verursacht, aber noch nicht erkennbar.	Rückstellung für aufgrund von Abbauhandlungen erwartete Bergschäden, für erwartete Garantieleistungen	Passivierungspflicht	Passivierungspflicht	Aufwand jetzt, Auszahlung später
Es ist offen, ob eine Verpflichtung gegenüber einem Dritten verursacht ist oder nicht, ihre Höhe lässt sich jedoch schätzen.	Rückstellung für schwebende Prozesse	Passivierungspflicht	Passivierungspflicht	Aufwand jetzt, Auszahlung später
Es kann zwar keine rechtliche, aber eine sittliche Verpflichtung gegenüber einem Dritten entstehen, die wirtschaftlich bereits begründet ist.	„Kulanzrückstellung"	Passivierungsverbot	Passivierungspflicht	Aufwand jetzt, Auszahlung später
Es droht ein Verlust aus einem abgeschlossenen Vertrag, der von beiden Seiten erst in der nächsten Periode erfüllt werden muss.	Rückstellung für drohende Verluste aus schwebenden Geschäften	Passivierungspflicht	Passivierungsverbot	Aufwand jetzt, Auszahlung später

---

[331] Modifiziert entnommen aus *Wöhe, G.,* Bilanzierung und Bilanzpolitik, a.a.O., S. 532 ff.

Rückstellungen (Forts.)				
Rückstellungsvoraus-setzung	Beispiele	Zulässigkeit		Zahlungs- bzw. Leistungsvorgang
		Handels-bilanz	Steuer-bilanz	
Ein Aufwand der Periode führt in einer späteren Periode zu einer Auszahlung, ohne dass eine Verpflichtung gegenüber einem Dritten besteht.	Rückstellung für unterlassene Reparaturen	Passivierungspflicht, falls die Maßnahme in den ersten 3 Monaten des folgenden Geschäftsjahrs erfolgt Passivierungsverbot, falls die Maßnahme ab dem 4. Monat des folgenden Geschäftsjahrs erfolgt		Aufwand jetzt, Auszahlung später
	Rückstellung für spätere Großreparaturen	Passivierungsverbot	Passivierungsverbot	
Es drohen aperiodisch auftretende Verluste. Eine Inanspruchnahme durch einen Dritten ist nicht möglich, die Verluste werden jedoch periodisch mit Durchschnittswerten in der Kostenrechnung erfasst (kalkulatorische Wagnisse).	Rückstellung für Verluste aus Einzelwagnissen	Passivierungsverbot	Passivierungsverbot	Durchschnittlicher Aufwand jetzt, tatsächlicher Aufwand und Auszahlung unregelmäßig

6.7.3 Die Verbuchung der Rückstellungsbildung

Die Verbuchung der Rückstellungen erfolgt stets nach dem gleichen Muster: im Soll wird das betroffene Aufwandskonto angesprochen, im Haben das jeweilige Rückstellungskonto. Das Aufwandskonto wird im Gewinn- und Verlustkonto, das Rückstellungskonto im Schlussbilanzkonto abgeschlossen.

Beispiel:

Bei der Vorbereitung des Jahresabschlusses 01 wird festgestellt, dass im Jahre 01 ein Prozess gegen das Unternehmen angestrengt wurde, der mit hoher Wahrscheinlichkeit verloren gehen wird. Das Unternehmen rechnet für diesen Fall mit einer Auszahlung in Höhe von 8.000 € (Umsatzsteuer braucht nicht berücksichtigt zu werden).

Buchungssatz:

Prozessaufwand	an	Prozessrück-stellungen	8.000,—

Anhand der **Gewerbesteuerrückstellung** lässt sich der Zusammenhang zwischen der Rückstellungsbildung und den bereits getätigten Zahlungen (Vorauszahlungen) zeigen. Das Unternehmen leistet für das Jahr, in dem die Gewerbesteuerschuld verursacht wurde (weil ein Gewerbeertrag erzielt wurde), Vorauszahlungen auf den erst im nächsten oder übernächsten Jahr zugehenden Gewerbesteuerbescheid und die daraus ersichtliche endgültige Gewerbesteuerschuld. Die Höhe der geleisteten Vorauszahlungen wird an sich von dem erwarteten Gewerbeertrag bestimmt; in der Praxis orientiert sie sich jedoch in erster Linie an den Gewerbesteuerzahlungen der Vorjahre.

Für die **buchtechnische Erfassung** derartiger Vorgänge gibt es grundsätzlich **zwei Methoden**, die anhand des Beispiels auf Seite 296 und auf Seite 298 dargestellt werden.

Beide Methoden führen in diesem Fall zum gleichen Erfolgsausweis und **zum gleichen Nettovermögensausweis**. Unterschiede können sich jedoch dann ergeben, wenn die erwartete und geschätzte Gewerbesteuerzahlung geringer ist als die geleisteten Vorauszahlungen. Würde die Nettomethode so ausgelegt, dass bei einer im Vergleich zur Vorauszahlung geringer geschätzten Gewerbesteuerschuld keine Korrektur des – zu hoch – verbuchten Aufwands erfolgt, dann ergäbe sich im Vergleich zur Bruttomethode eine unterschiedliche Zurechnung des Periodenerfolges. Für diese Auslegung spricht, dass an sich am Ende des Jahres noch keine Forderung gegen die Gemeinde in Höhe des nach der Schätzung zu hoch ausgewiesenen Betrages besteht. Allenfalls existiert eine in ihrer Höhe und ihrem Fälligkeitstermin ungewisse Forderung, d. h., es liegt ein Parallelfall zur Rückstellung auf der Aktivseite vor.

Beispiel:

1. Fall: Die Gewerbesteuerschuld ist höher als die Vorauszahlung.

Das Unternehmen leistet für das Jahr 01 am 01.07.01 eine Gewerbesteuervorauszahlung an die Gemeinde in Höhe von 10.000 € über das Bankkonto. Bei der Jahresabschlussvorbereitung für das Jahr 01 wird die endgültige Gewerbesteuerschuld auf 12.000 € geschätzt.

(1) Bruttomethode:

Am 01.07.01:

(1)   Gemeinde für Gewerbesteuer
      (Gem. f. Gew.steuer)   an   Bank   10.000,—

(Das Konto „Gemeinde für Gewerbesteuer" stellt ein Verrechnungskonto gegenüber der Gemeinde dar, das bei einer Sollbuchung eine Forderung und bei einer Habenbuchung eine Verbindlichkeit gegenüber der Gemeinde ausdrückt; demzufolge wird es auch im Schlussbilanzkonto abgeschlossen.)

Am 31.12.01:

(2)   Gewerbesteueraufwand   an   Gewerbesteuer-
                                               rückstellung   12.000,—

Für das Gewinn- und Verlustkonto und für das Schlussbilanzkonto ergibt sich folgende Konstellation (Anfangsbestand des Bankkontos 10.000 €):

Soll	GuV-Konto	Haben	Soll	Schlussbilanzkonto	Haben
Gewerbe-steuer-aufwand 12.000,—		• • •	Gem. f. Gew.-steuer 10.000,—	Gewerbe-steuerrück-stellung 12.000,—	

(2) Nettomethode:

Am 01.07.01:

(1)   Gewerbesteueraufwand   an   Bank   10.000,—

Am 31.12.01:

(2)   Gewerbesteueraufwand   an   Gewerbesteuer-
                                               rückstellung   2.000.—

Für das Gewinn- und Verlustkonto und für das Schlussbilanzkonto ergibt sich folgende Konstellation:

Soll	GuV-Konto	Haben	Soll	Schlussbilanzkonto	Haben
Gewerbe-steuer-aufwand 12.000,—		• • •	• • •	Gewerbe-steuerrück-stellung 2.000,—	

Orientiert man sich bei der Anwendung der Nettomethode aber an dem Gedanken der periodenrichtigen Gewinnermittlung, dann muss der Gewerbesteueraufwand in Höhe des nach der Schätzung zu hoch ausgewiesenen Betrages mit Hilfe des Buchungssatzes „Sonstige Forderungen (Gewerbesteuerforderung) an Gewerbesteueraufwand" korrigiert werden. Dann treten keine Unterschiede in der Höhe des jährlichen Erfolgsausweises auf.

Beispiel:

2. Fall: Die Gewerbesteuerschuld ist niedriger als die Vorauszahlung. Ausgehend von den oben zugrunde gelegten Daten wird die Gewerbesteuerschuld am Jahresende auf 7.000 € geschätzt.

(1) Bruttomethode:

Am 01.07.01:

| (1) | Gemeinde für Gewerbesteuer | an | Bank | 10.000,— |

Am 31.12.01:

| (2) | Gewerbesteueraufwand | an | Gewerbesteuer-rückstellung | 7.000,— |

Für das Gewinn- und Verlustkonto und für das Schlussbilanzkonto ergibt sich folgende Konstellation:

Soll	GuV-Konto	Haben	Soll	Schlussbilanzkonto	Haben
Gewerbest.-aufwand 7.000,—		• • •	Gem. f. Gew.-steuer 10.000,—	Gewerbe-steuerrück-stellung 7.000,—	

(2) Nettomethode:

Am 01.07.01:

| (1) | Gewerbesteueraufwand | an | Bank | 10.000,— |

Am 31.12.01:

| (2) | Gewerbesteuerforderung | an | Gewerbesteuer-aufwand | 3.000,— |

Für das Gewinn- und Verlustkonto und für das Schlussbilanzkonto ergibt sich folgende Konstellation:

Soll	GuV-Konto	Haben	Soll	Schlussbilanzkonto	Haben
Gewerbest.-aufwand 7.000,—		• •	Gewerbest.-forderung 3.000,—		• •

6.7.4 Die Verbuchung der Rückstellungsauflösung

Rückstellungen werden grundsätzlich durch einen entsprechenden Zahlungsvorgang aufgelöst. Bei der buchtechnischen Behandlung sind dabei **drei Fälle** zu unterscheiden:

1. Die tatsächliche Inanspruchnahme (Auszahlung) entspricht der gebildeten Rückstellung:

   Buchungssatztyp: Rückstellungen   an   Bank

2. Die tatsächliche Inanspruchnahme (Auszahlung) ist größer als die gebildete Rückstellung:

   Buchungssatztyp: Rückstellungen   an   Bank
   Sonstige betriebliche Aufwendungen

3. Die tatsächliche Inanspruchnahme (Auszahlung) ist geringer als die gebildete Rückstellung:

   Buchungssatztyp: Rückstellungen   an   Bank
   Sonstige betriebliche
   Erträge

Anhand der oben erwähnten Prozessrückstellung (Seite 296) lassen sich die drei Fälle folgendermaßen darstellen (Behandlung im Jahr 02):

Beispiel:

1. Fall: Tatsächliche Inanspruchnahme = Rückstellungsbildung

(Es fällt also tatsächlich eine Auszahlung in Höhe von 8.000 € vom Bankkonto an.)

Buchungssatz:

Prozessrückstellungen		an	Bank	8.000,—

2. Fall: Tatsächliche Inanspruchnahme > Rückstellungsbildung

(Es fällt eine Auszahlung in Höhe von 10.000 € vom Bankkonto an.)

Buchungssatz:

Prozessrückstellungen	8.000,—	an	Bank	10.000,—
Sonstige betriebliche Aufwendungen	2.000,—			

3. Fall: Tatsächliche Inanspruchnahme < Rückstellungsbildung

(Es fällt eine Auszahlung in Höhe von 7.000 € vom Bankkonto an.)

Buchungssatz:

Prozessrückstellungen	8.000,—	an	Bank	7.000,—
			Sonstige betriebliche Erträge	1.000,—

Anhand der oben behandelten Gewerbesteuerrückstellung (Seiten 296 und 298) lassen sich die drei Fälle bei den beiden Methoden wie folgt darstellen (die Nummerierung erfolgt ausgehend vom obigen Beispiel durchgehend):

Beispiel:

1. Fall: Die Gewerbesteuerschuld ist höher als die Vorauszahlung.

Fall a: Tatsächliche Inanspruchnahme = Rückstellungsbildung (bzw. Aufwandsverrechnung)

(Der Gewerbesteuerbescheid für das Jahr 01 geht am 01.10.02 zu; er lautet auf 12.000 €; die Bezahlung erfolgt am 15.10.02 vom Bankkonto.)

(1)   **Bruttomethode**:

Am 01.10.02:

| (3) | Gewerbesteuerrückstellung | an | Gemeinde für Gewerbesteuer (Gem. f. Gew.steuer) | 12.000,— |

(Damit wird eine Verbindlichkeit gegenüber der Gemeinde in Höhe von 12.000 € dokumentiert, die die bisherige Rückstellung ablöst.)

Am 15.10.02:

| (4) | Gemeinde für Gewerbesteuer | an | Bank | 2.000,— |

(2)   **Nettomethode**:

Am 01.10.02:

| (3) | Gewerbesteuerrückstellung | an | Gewerbesteuerverbindlichkeit | 2.000,— |

Am 15.10.02:

| (4) | Gewerbesteuerverbindlichkeit | an | Bank | 2.000,— |

Fall b: Tatsächliche Inanspruchnahme > Rückstellungsbildung (bzw. Aufwandsverrechnung)

(Der Gewerbesteuerbescheid für das Jahr 01 geht am 01.10.02 zu; er lautet auf 15.000 €; die Bezahlung erfolgt am 15.10.02 vom Bankkonto.)

(1) **Bruttomethode**:

Am 01.10.02:

(3) Gewerbesteuer-
     rückstellung   12.000,—   an   Gem. f.
     Sonstige betriebliche   Gew.steuer   15.000,—
     Aufwendungen   3.000,—

Am 15.10.02:

(4) Gem. f. Gew.steuer   an   Bank   5.000,—

(2) **Nettomethode**:

Am 01.10.02:

(3) Gewerbesteuer-
     rückstellung   2.000,—   an   Gewerbesteuer-
     Sonstige betriebliche   verbindlichkeit 5.000,—
     Aufwendungen   3.000,—

Am 15.10.02:

(4) Gewerbesteuerverbindlichkeit   an   Bank   5.000,—

Fall c: Tatsächliche Inanspruchnahme < Rückstellungsbildung (bzw. Aufwandsver-
         rechnung)

(Der Gewerbesteuerbescheid für das Jahr 01 geht am 01.10.02 zu; er lautet auf
6.000 €; die Erstattung erfolgt am 15.10.02 auf das Bankkonto.)

(1) **Bruttomethode**:

Am 01.10.02:

(3) Gewerbesteuerrück-
     stellung   12.000,—   an   Gem. f.
                                                   Gew.steuer   6.000,—
                                                   Sonstige betriebliche
                                                   Erträge   6.000,—

Am 15.10.02:

(4) Bank   an   Gem. f.
                                                   Gew.steuer   4.000,—

(2) **Nettomethode**:

Am 01.10.02:

| (3) | Gewerbesteuerrück-
stellung | 2.000,— | an | Sonstige betrieb-
liche Erträge | 6.000,— |
| | Gewerbesteuer
forderung | 4.000,— | | | |

Am 15.10.02:

| (4) | Bank | | an | Gewerbesteuer-
forderung | 4.000,— |

---

2. Fall: Die Gewerbesteuerschuld ist niedriger als die Vorauszahlung.

Fall a: Tatsächliche Inanspruchnahme = Rückstellungsbildung (bzw. Aufwandsverrechnung)

(Der Gewerbesteuerbescheid für das Jahr 01 geht am 01.10.02 zu; er lautet auf 7.000 €; die Erstattung erfolgt am 15.10.02 auf das Bankkonto.)

(1) **Bruttomethode**:

Am 01.10.02:

| (3) | Gewerbesteuerrückstellung | | an | Gem. f.
Gew.steuer | 7.000,— |

Am 15.10.02:

| (4) | Bank | | an | Gem. f.
Gew.steuer | 3.000,— |

(2) **Nettomethode**:

Am 01.10.02:

(3)   (Da die geschätzte Gewerbesteuerforderung der endgültigen Gewerbesteuerforderung entspricht, ist keine Buchung erforderlich.)

Am 15.10.02:

| (4) | Bank | | an | Gewerbesteuer-
forderung | 3.000,— |

Fall b: Tatsächliche Inanspruchnahme > Rückstellungsbildung (bzw. Aufwandsverrechnung)

(Der Gewerbesteuerbescheid für das Jahr 01 geht am 01.10.02 zu; er lautet auf 9.000 €; die Erstattung erfolgt am 15.10.02 auf das Bankkonto.)

(1) **Bruttomethode**:

Am 01.10.02:

(3)	Gewerbesteuer- rückstellung	7.000,—	an	Gem. f. Gew.steuer	9.000,—
	Sonstige betriebliche Aufwendungen	2.000,—			

Am 15.10.02:

(4)	Bank		an	Gem. f. Gew.steuer	1.000,—

(2) **Nettomethode**:

Am 01.10.02:

(3)	Sonstige betriebliche Aufwendungen		an	Gewerbesteuer- forderung	2.000,—

Am 15.10.02:

(4)	Bank		an	Gewerbesteuer- forderung	1.000,—

Fall c: Tatsächliche Inanspruchnahme < Rückstellungsbildung (bzw. Aufwandsverrechnung)

(Der Gewerbesteuerbescheid für das Jahr 01 geht am 01.10.02 zu; er lautet auf 5.000 €; die Erstattung erfolgt am 15.10.02 auf das Bankkonto.)

(1) **Bruttomethode**:

Am 01.10.02:

(3)	Gewerbesteuer- rückstellung	7.000,—	an	Gem. f. Gew.steuer	5.000,—
				Sonstige betrieb- liche Erträge	2.000,—

Am 15.10.02:

(4)	Bank		an	Gem. f. Gew.steuer	5.000,—

(2)　**Nettomethode**:

Am 01.10.02:

(3)	Gewerbesteuerforderung	an	Sonstige betrieb- liche Erträge	2.000,—

Am 15.10.02:

(4)	Bank	an	Gewerbesteuer- forderung	5.000,—

6.8　Arten und buchtechnische Behandlung steuerfreier Rücklagen

6.8.1　Arten und Aufgaben steuerfreier Rücklagen

Steuerfreie Rücklagen sind offene Rücklagen, die zu Lasten des steuerpflichtigen Gewinns gebildet werden, also – im Gegensatz zur Regel – nicht aus dem versteuerten, sondern aus dem unversteuerten Gewinn. Ist ein steuerpflichtiger Gewinn in der Höhe, in der steuerfreie Rücklagen zulässig sind, nicht vorhanden, so führt ihre Bildung zu einem vortragsfähigen Verlust.

In der Regel müssen die steuerfreien Rücklagen innerhalb bestimmter Fristen gewinnerhöhend aufgelöst werden, so dass für den Betrieb **keine endgültigen Steuerersparnisse**, sondern lediglich **Steuerverschiebungen** auf spätere Perioden eintreten. Es erfolgt eine Steuerstundung, die für den Betrieb zunächst eine Liquiditäts- und Finanzierungshilfe darstellt und außerdem – da der Steuerkredit zinslos gewährt wird – zu einem Zinsgewinn führt und folglich auch die Rentabilität und die Investitionsentscheidungen des Betriebes beeinflusst.

Da steuerfreie Rücklagen die Ausnahme von der Regel, dass offene Rücklagen aus dem Gewinn nach Steuern zu bilden sind, darstellen, sind sie ein **Instrument der Steuerpolitik**, mit dem die Steuerbemessungsgrundlage und unternehmerische Entscheidungen beeinflusst werden sollen. Nach den vom Steuergesetzgeber verfolgten Zielsetzungen lassen sich zwei Gruppen von steuerfreien Rücklagen unterscheiden.[332] Zur **ersten Gruppe** zählen solche, die eine **Billigkeitsmaßnahme** ohne unmittelbare wirtschaftspolitische Zielsetzung darstellen. So dürfen z.B. nach § 6b EStG Veräußerungsgewinne, die beim Verkauf bestimmter Wirtschaftsgüter über ihren Buchwerten, also durch Auflösung stiller Rücklagen, entstehen, ganz oder teilweise auf andere im Gesetz aufgezählte Wirtschaftsgüter übertragen werden.[333] Ist die Anschaffung oder Herstellung derartiger Wirtschaftsgüter im laufenden Geschäftsjahr nicht mehr möglich, so kann der Veräußerungsgewinn auf eine steuerfreie Rücklage überführt und auf in einem späteren Geschäftsjahr angeschaffte oder hergestellte Wirt-

---

[332] Zu Einzelheiten vgl. *Wöhe, G.*, Betriebswirtschaftliche Steuerlehre, Band I, 2. Halbband, a.a.O., S. 370 ff.

[333] Die Übertragungsmöglichkeiten wurden durch das StEntlG 1999/2000/2002 stark eingeschränkt.

schaftsgüter in der Weise übertragen werden, dass deren Anschaffungs- oder Herstellungskosten um die steuerfreie Rücklage gekürzt werden. Zu dieser Gruppe gehören auch die Rücklage für Ersatzbeschaffung gem. R 6.6 EStR und die Rücklage für Zuschüsse gem. R 6.5 EStR.

Zur **zweiten Gruppe** von steuerfreien Rücklagen zählen solche, mit denen der Steuergesetzgeber außerfiskalische Ziele verfolgt (z. B. Standortpolitik, Umweltpolitik).

6.8.2 Die Verbuchung der Bildung und Auflösung steuerfreier Rücklagen

Die buchmäßige Behandlung steuerfreier Rücklagen wird an einer steuerfreien Rücklage für Zuschüsse der öffentlichen Hand (Beispiel auf Seite 305) und einer steuerfreien Rücklage nach § 6b EStG (Beispiel auf Seite 306) dargestellt.

Beispiel für eine Zuschussrücklage:

Ein Unternehmen erhält am 08.11.01 einen Zuschuss in Höhe von 100.000 € von seinem Bundesland zur Anschaffung eines Forschungslaboratoriums, dessen Anschaffungskosten 500.000 € (zuzüglich 95.000 € Umsatzsteuer) betragen und das am 02.01.02 geliefert wird. Das Unternehmen verbucht den Zuschussbetrag anschaffungskostenmindernd. Das Laboratorium wird auf fünf Jahre abgeschrieben. Da die Anschaffung erst in der der Zuschussgewährung folgenden Periode vorgenommen wird, wird der Zuschuss – damit er nicht als steuerpflichtige Einnahme behandelt werden muss – durch Bildung einer steuerfreien Rücklage neutralisiert. In der Periode der Anschaffung werden die Anschaffungskosten um den auf der steuerfreien Rücklage „geparkten" Zuschuss gekürzt. Die Abschreibungen erfolgen von den gekürzten Anschaffungskosten.

Buchungssätze:

Am 08.11.01:

| (1) | Bank | | an | Sonstige betriebliche Erträge | 100.000,— |

| (2) | Sonstige betriebliche Aufwendungen | | an | Steuerfreie Rücklagen | 100.000,— |

Am 02.01.02:

| (3) | Maschinelle Anlagen 500.000,— Vorsteuer 95.000,— | | an | Bank | 595.000,— |

| (4) | Steuerfreie Rücklagen | | an | Sonstige betriebliche Erträge | 100.000,— |

| (5) | Abschreibungen auf Anlagevermögen | | an | Maschinelle Anlagen | 100.000,— |

Am 31.12.02:

(Hier kann evtl. auch erst die Verbuchung der Rücklagenübertragung erfolgen, d.h. die Verbuchungen unter (4) und (5).)

(6)	Abschreibungen auf Anlagevermögen	an	Maschinelle Anlagen	80.000,—

Beispiel für eine Rücklage nach § 6b EStG:

Das Unternehmen verkauft ein unbebautes Grundstück mit einem Buchwert von 50.000 € am 01.04.01 für 200.000 € (die entstehende Grunderwerbsteuer trägt vereinbarungsgemäß der Käufer). Die Bezahlung erfolgt am 10.04.01 auf dem Bankkonto. Der Veräußerungsgewinn wird in eine steuerfreie Rücklage eingestellt. Am 01.02.02 wird ein unbebautes Grundstück für 250.000 € gekauft, das am 10.02.02 vom Bankkonto bezahlt wird (die entstehende Grunderwerbsteuer von 8.750 € wird zusätzlich vom Unternehmen am 15.02.02 vom Bankkonto entrichtet).

Buchungssätze:

Am 01.04.01:

(1)	Forderungen	200.000,—	an	Grundstücke	50.000,—
				Sonstige betriebliche Erträge	150.000,—
(2)	Sonstige betriebliche Aufwendungen		an	Steuerfreie Rücklagen	150.000,—

Am 10.04.01:

(3)	Bank	an	Forderungen	200.000,—

Am 01.02.02:

(4)	Grundstücke	an	Verbindlichkeiten	258.750,—
(5)	Steuerfreie Rücklagen	an	Sonstige betriebliche Erträge	150.000,—
(6)	Abschreibungen auf Anlagevermögen	an	Grundstücke	150.000,—

Am 10.02.02:

(7)	Verbindlichkeiten	an	Bank	250.000,—

Am 15.02.02:

(8)	Verbindlichkeiten	an	Bank	8.750,—

6.8.3 Die Behandlung der steuerfreien Rücklagen in der Bilanz

Vor In-Kraft-Treten des BilMoG durften steuerfreie Rücklagen in der Steuerbilanz nur dann gebildet werden, wenn sie auch in die Handelsbilanz eingestellt wurden, d. h., das Maßgeblichkeitsprinzip der Handelsbilanz für die Steuerbilanz wurde hier de facto umgekehrt.[334] Nach § 247 Abs. 3 HGB a.F. waren steuerfreie Rücklagen – sollten sie in die Handelsbilanz aufgenommen werden – gesondert von den anderen Rücklagen als **„Sonderposten mit Rücklageanteil"** auszuweisen. Für Kapitalgesellschaften begrenzte § 273 Satz 1 HGB a.F. die Bildungsmöglichkeit des Sonderpostens mit Rücklageanteil auf die Fälle, in denen „das Steuerrecht die Anerkennung des Wertansatzes bei der steuerrechtlichen Gewinnermittlung davon abhängig macht, dass der Sonderposten in der Bilanz gebildet wird".[335] Damit besteht der Sonderposten mit Rücklageanteil einerseits aus den steuerfreien Rücklagen, andererseits – wenn von dieser Ausweisform Gebrauch gemacht wurde – aus den steuerlich bedingten Wertberichtigungsbeträgen (steuerrechtliche Abschreibungen im Sinne des § 254 HGB a.F., die in Ausübung des Wahlrechts gemäß § 281 Abs. 1 Satz 1 HGB a.F. passivisch ausgewiesen wurden). Nach In-Kraft-Treten des BilMoG und der damit einhergehenden Abschaffung der umgekehrten Maßgeblickeit war die Vorschrift des § 247 Abs. 3 HGB a.F. letztmalig auf Jahresabschlüsse für vor dem 01.01.2010 beginnende Geschäftsjahre anwendbar.[336] Für Sonderposten mit Rücklageanteil, die in Jahresabschlüssen für das letzte vor dem 01.01.2010 beginnenden Geschäftsjahr enthalten waren, gilt ein Wahlrecht, wonach diese entweder beibehalten werden können oder der Betrag unmittelbar in die Gewinnrücklagen einzustellen ist.[337] In der Steuerbilanz ist die Bildung von steuerfreien Rücklagen auch nach dem BilMoG weiterhin möglich.

---

[334] Vgl. dazu *Wöhe, G.*, Betriebswirtschaftliche Steuerlehre, Band I, 2. Halbband, a. a. O., S. 374.

[335] Nach § 273 Satz 2 HGB a.F. ist der Sonderposten auf der Passivseite vor den Rückstellungen auszuweisen; außerdem sind die Vorschriften, nach denen er gebildet worden ist, in der Bilanz oder im Anhang anzugeben.

[336] Vgl. Art. 66 Abs. 5 EGHGB.

[337] Vgl. Art. 67 Abs. 3 EGHGB.

6.9 Übungsaufgabe 5

Ein Einzelunternehmen mit dem Unternehmer A weist am 31.12.00 folgende Schlussbilanz auf:

Aktiva	Bilanz zum 31.12.00		Passiva
Grundstücke und Gebäude	24.966,—	Eigenkapital	36.000,—
Betriebs- und Geschäfts-ausstattung	910,—	Wertberichtigung auf Anlagen	12.000,—
Fuhrpark	12.000,—	Gewerbesteuerrückstellung	2.500,—
Wertpapiere des AV	3.500,—	Prozessrückstellung	8.000,—
Waren	23.297,—	Darlehensverbindlichkeiten	8.000,—
Kundenforderungen	14.280,—	Bank	9.238,—
Gemeinde für Gewerbe-steuer	3.200,—	Sonstige Verbindlichkeiten	14.480,—
Sonstige Forderungen	1.000,—	Passiver RAP	180,—
Kasse	6.365,—		
Aktiver RAP	880,—		
	90.398,—		90.398,—

Eröffnen Sie die Konten zum 01.01.01 (ohne Heranziehung eines Eröffnungsbilanzkontos), schreiben Sie auf gesonderten Blättern die mit Angabe der Beträge versehenen Buchungssätze zu den Geschäftsvorfällen, den Abschlussangaben und den vorbereitenden Abschlussbuchungen nieder (in den Fällen, in denen Umsatzsteuer zu berücksichtigen ist, ist dies vermerkt), verbuchen Sie die Buchungssätze und erstellen Sie eine Bilanz zum 31.12.01 und eine Gewinn- und Verlustrechnung für die Zeit vom 01.01.–31.12.01.

Der Warenverkehr ist auf zwei Konten (Wareneinkauf; Warenverkauf), die Umsatzsteuer auf drei Konten (Vorsteuer; Eigenverbrauchsteuer; Umsatzsteuer) zu verbuchen. Von einer monatlichen Umsatzsteuervoranmeldung wird abgesehen; die Umsatzsteuer wird lediglich am Jahresende verrechnet. Eine Pauschalwertberichtigung auf Forderungen wird nicht gebildet.

Geschäftsvorfälle:

1. Folgende Abgrenzungen sind aufzulösen:
   a) Am 30.12.00 wurde die Kraftfahrzeugversicherung in Höhe von 960 € für die Zeit vom 01.12.00–30.11.01 über die Bank gezahlt.
   b) Am 31.12.00 ging auf dem Bankkonto Miete für die Zeit vom 01.09.00–28.02.01 von 540 € ein.

2. Zu Beginn des Jahres 01 nimmt das Unternehmen einen Kredit unter Eingehen einer Grundschuld in Höhe von 10.000 € auf. Das Darlehen ist in gleichen Teilen Ende 01 bis Ende 05 zu tilgen. Die Zinsen betragen 10 % auf die jeweilige Restschuld zu Beginn des Jahres und sind jeweils am Jahresende über das Bankkonto zu bezahlen. Der Auszahlungskurs des Darlehens ist 90 %, der Rückzahlungskurs 101 %. Wie lautet die Verbuchung bei getrenntem Ausweis des Damnums am Anfang (a) und am Ende des Jahres (b)?

3. a) Unternehmer A bezahlt die am 01.01.01 bestehende Umsatzsteuerschuld aus eigener Tasche (die Umsatzsteuerschuld beträgt 12.480 € und ist im Konto „Sonstige Verbindlichkeiten" ausgewiesen).

   b) Unternehmer A entnimmt den gesamten Wertpapierbestand zum Tageswert von 3.200 €.

4. a) Auf dem Bankkonto geht Miete von 9.000 € für die Zeit vom 01.11.00–30.04.02 ein, für die schon im Jahr 00 eine entsprechende Abgrenzung vorgenommen wurde.

   b) Wir zahlen in bar Miete in Höhe von 4.800 € für die Zeit vom 01.03.00–28.02.02, für die schon im Jahr 00 eine entsprechende Abgrenzung vorgenommen wurde.

5. Wir kaufen am 01.04.01 ein Kraftfahrzeug zum Preis von 29.750 € (einschl. 19 % Umsatzsteuer = 4.750 €), das ausschließlich betrieblich genutzt werden wird. Der Händler gewährt 2 % Skonto auf den gesamten Rechnungsbetrag. Wir zahlen den Betrag über unser Bankkonto.

6. Wir kaufen am 01.09.01 Waren zum Preis von 47.600 € (einschl. 19 % Umsatzsteuer = 7.600 €). Wir überweisen den Kaufpreis über unser Bankkonto.

7. Der Gewerbesteuerbescheid für das Jahr 00 geht ein. Die Steuerschuld für das Jahr 00 beträgt 2.700 €. Zurückgestellt wurden für diesen Zeitraum 2.500 €, vorausgezahlt 3.200 €. Die Vorauszahlung für das Jahr 01 wird auf 2.700 € festgesetzt. Nach einem Monat erfolgt der Ausgleich für die Jahre 00 und 01 über unser Bankkonto.

8. Wir verkaufen Waren zum Preis vor Rabatt von 119.000 € (einschl. 19 % Umsatzsteuer = 19.000 €). Wir gewähren 20 % Rabatt. Nach einer Woche überweist unser Kunde den Kaufpreis unter Abzug von 3 % Skonto auf unser Bankkonto.

9. Der Bruttolohn der Arbeitnehmer beträgt 20.000 €, die Lohnsteuer 2.600 €, die Kirchensteuer 250 €, Arbeitgeber- und Arbeitnehmeranteil zur Sozialversicherung betragen jeweils 3.600 €. Vermögenswirksame Leistungen werden nicht getätigt. Der Nettolohn sowie die Beiträge zur Sozialversicherung werden sofort, die anderen Abgaben 10 Tage später über das Bankkonto gezahlt.

10. Wir verlieren den Prozess, für den wir in der letztjährigen Bilanz 8.000 € zurückgestellt hatten, bekommen aber von der Versicherung ein Viertel der anfallenden Kosten in Höhe von insgesamt 10.000 € erstattet (die Zahlungen erfolgen über das Bankkonto; keine Umsatzsteuer berücksichtigen!).

11. Wir zahlen über unser Bankkonto eine Tilgungsrate für das am 31.12.00 ausgewiesene Darlehen in Höhe von 4.000 € sowie Darlehenszinsen für die Zeit vom 01.01.01–31.12.01 in Höhe von 960 €.

Abschlussangaben:

12. Die Abgrenzungen zum 31.12.01 sind – soweit nicht bereits geschehen – vorzunehmen.

13. Es werden abgeschrieben:

    a)   direkt 800 € auf das Gebäude;

    b)   indirekt eine volle lineare Jahresabschreibung auf das neue Kraftfahrzeug bei einer geschätzten Nutzungsdauer von 5 Jahren.

14. Über das Vermögen unseres Kunden V, gegen den wir noch aus dem Vorjahr eine Forderung von 14.280 € (einschl. 19 % Umsatzsteuer = 2.280 €) haben, ist das Insolvenzverfahren eröffnet worden. Wir rechnen mit einer Insolvenzquote (Geldeingang zu Gesamtforderung) von 30 % und schreiben entsprechend direkt ab.

15. Für das Jahr 01 schätzen wir den Gewerbesteueraufwand auf 900 €.

16. Wir rechnen mit einer Inanspruchnahme aus Garantieverpflichtungen wegen einer im Laufe des Jahres 01 fehlerhaft ausgelieferten Ware in Höhe von 6.000 €.

17. Der Warenendbestand lt. Inventur beträgt 30.747 €.

18. Die am Jahresende fällige Umsatzsteuer wird vom Bankkonto beglichen.

Lösung:

(1) Buchungssätze zu den Geschäftsvorfällen und Abschlussangaben:

1. a) Kfz-Versicherung   an   Aktiver RAP   880,—

    b) Passiver RAP   an   Mieterträge   180,—

2. a) Bank   9.000,—   an   Darlehensverbindlich-
                                                        keiten   10.100,—

        Damnum   1.100,—

    b) Darlehensverbindlich-   an   Bank   3.030,—
        keiten   2.020,—
        Zinsaufwand   1.010,—

    (Die Auflösung des Damnums wird im Rahmen der Abschlussvorbereitung im dafür vorgesehenen Buchungssatz (12) vorgenommen.)

3. a) Sonstige Verbindlichkeiten   an   Privateinlagen   12.480,—

    b) Privatentnahmen   3.200,—   an   Wertpapiere des AV   3.500,—
        Sonstige betriebliche
        Aufwendungen   300,—

4. a) Bank   9.000,—   an   Sonstige Forde-
                                                        rungen   1.000,—
                                                        Mieterträge   8.000,—

b) Sonstige Verbindlich-
keiten   2.000,—   an   Kasse   4.800,—
Mietaufwand   2.800,—

5. a) Fuhrpark   25.000,—   an   Lieferantenver-
Vorsteuer   4.750,—   bindlichkeiten   29.750,—

b) Lieferantenverbind-
lichkeiten   29.750,—   an   Skontoerträge   500,—
Vorsteuer   95,—
Bank   29.155,—

6. a) Wareneinkauf   40.000,—   an   Lieferantenver-
Vorsteuer   7.600,—   bindlichkeiten   47.600,—

b) Lieferantenverbindlichkeiten   an   Bank   47.600,—

7. a) Gewerbesteuer-
rückstellung   2.500,—   an   Gemeinde für
Sonstige betriebliche   Gewerbesteuer   2.700,—
Aufwendungen   200,—

b) Gemeinde für
Gewerbesteuer   2.700,—   an   Gemeinde für
Gewerbesteuer   500,—
Bank   2.200,—

(oder: Gemeinde für Gewerbesteuer   an   Bank   2.200,—)

8. a) Kundenforderungen 95.200,—   an   Warenverkauf   80.000,—
Umsatzsteuer   15.200,—

b) Skontoaufwand   2.400,—   an   Kundenforderungen 95.200,—
Umsatzsteuer   456,—
Bank   92.344,—

9. a) LuG-Aufwand   20.000,—   an   Bank   20.750,—
Gesetzl. Sozialaufwand 3.600,—   Noch abzuführende
Abgaben (NaA)   2.850,—

b) NaA   an   Bank   2.850,—

10.a) Prozessrückstellung 8.000,—   an   Bank   10.000,—
Sonstige betriebliche
Aufwendungen   2.000,—

b) Bank   an   Sonstige betriebliche Erträge   2.500,—

11. Darlehensverbindlichkeiten 4.000,—   an   Bank   4.960,—
     Zinsaufwand   960,—

12. a) Zinsaufwand   an   Damnum   220,—
       (zu Geschäftsvorfall 2)

    b) Mieterträge   an   Passiver RAP   2.000,—
       (zu Geschäftsvorfall 4 a)

    c) Aktiver RAP   an   Mietaufwand   400,—
       (zu Geschäftsvorfall 4 b)

13. a) Abschreibungen auf AV   an   Grundstücke und
                                                         Gebäude   800,—

    b) Abschreibungen auf AV   an   Wertberichtigung
                                                         auf Anlagen   4.900,—

(Der Anschaffungswert des neuen Kraftfahrzeugs wird um die Skontoerträge vermindert; siehe beim Abschluss der Erlösschmälerungskonten.)

14. a) Dubiose   an   Kundenforderungen 14.280,—

    b) Abschreibungen auf Forderungen an   Dubiose   8.400,—

15. Gewerbesteueraufwand   an   Gewerbesteuerrück-
                                                         stellung   900,—

16. Garantieaufwand   an   Garantierückstellung 6.000,—

17. Schlussbilanzkonto   an   Wareneinkauf   30.747,—

18. (Zuvor ist das Vorsteuerkonto im Rahmen der nach der kontenmäßigen Darstellung aufgezeigten Vorabschlussbuchungen auf das Umsatzsteuerkonto zu verbuchen.)
     Umsatzsteuer   an   Bank   2.489,—

(2) Kontenmäßige Darstellung:

Bestandskonten:

Soll	Grundstücke und Gebäude	Haben		
AB	24.966,—	(13a)		800,—
		EB		24.166,—
	24.966,—			24.966,—

Soll	Betriebs- u. Geschäftsausst.	Haben	
AB	910,—	EB	910,—

Soll	Fuhrpark	Haben	
AB	12.000,—	Skonto-	
(5a)	25.000,—	erträge	500,—
		EB	36.500,—
	37.000,—		37.000,—

Soll	Wertpapiere des AV	Haben	
AB	3.500,—	(3b)	3.500,—

Soll	Kundenforderungen	Haben	
AB	14.280,—	(8b)	95.200,—
(8a)	95.200,—	(14a)	14.280,—
	109.480,—		109.480,—

Soll	Wareneinkauf	Haben	
AB	23.297,—	(17) EB	30.747,—
(6a)	40.000,—	Warenein-	
		satz	32.550,—
	63.297,—		63.297,—

Soll	Gem. für Gewerbesteuer	Haben	
AB	3.200,—	(7a)	2.700,—
(7b)	2.700,—	(7b)	500,—
		EB	2.700,—
	5.900,—		5.900,—

Soll	Sonstige Forderungen	Haben	
AB	1.000,—	(4a)	1.000,—

Soll	Kasse	Haben	
AB	6.365,—	(4b)	4.800,—
		EB	1.565,—
	6.365,—		6.365,—

Soll	Eigenkapital		Haben
EB	46.440,—	AB	36.000,—
		Privat	9.280,—
		GuV	1.160,—
	46.440,—		46.440,—

Soll	Gewerbesteuerrückstellung		Haben
(7a)	2.500,—	AB	2.500,—
EB	900,—	(15)	900,—
	3.400,—		3.400,—

Soll	Darlehensverbindlichk.		Haben
(2b)	2.020,—	AB	8.000,—
(11)	4.000,—	(2a)	10.100,—
EB	12.080,—		
	18.100,—		18.100,—

Soll	Bank		Haben
(2a)	9.000,—	AB	9.238,—
(4a)	9.000,—	(2b)	3.030,—
(8b)	92.344,—	(5b)	29.155,—
(10b)	2.500,—	(6b)	47.600,—
EB	19.428,—	(7b)	2.200,—
		(9a)	20.750,—
		(9b)	2.850,—
		(10a)	10.000,—
		(11)	4.960,—
		(18)	2.489,—
	132.272,—		132.272,—

Soll	Aktiver RAP		Haben
AB	880,—	(1a)	880,—
(12c)	400,—	EB	400,—
	1.280,—		1.280,—

Soll	Damnum		Haben
(2a)	1.100,—	(12a)	220,—
		EB	880,—
	1.100,—		1.100,—

Soll	Dubiose		Haben
(14a)	14.280,—	(14b)	8.400,—
		EB	5.880,—
	14.280,—		14.280,—

Soll	Wertberichtig. auf Anlagen		Haben
EB	16.900,—	AB	12.000,—
		(13b)	4.900,—
	16.900,—		16.900,—

Soll	Prozessrückstellung		Haben
(10a)	8.000,—	AB	8.000,—

Soll	Vorsteuer		Haben
(5a)	4.750,—	(5b)	95,—
(6a)	7.600,—	USt	12.255,—
	12.350,—		12.350,—

Soll	Umsatzsteuer		Haben
(8b)	456,—	(8a)	15.200,—
VSt	12.255,—		
(18)	2.489,—		
	15.200,—		15.200,—

Soll	Sonstige Verbindlichkeiten		Haben
(3a)	12.480,—	AB	14.480,—
(4b)	2.000,—		
	14.480,—		14.480,—

Soll	Privatentnahmen		Haben
(3b)	3.200,—	Privat	3.200,—

Soll	Privat		Haben
Privatentn.	3.200,—	Privat-	
Eigen-		einlagen	12.480,—
kapital	9.280,—		
	12.480,—		12.480,—

Soll	Passiver RAP		Haben
(1b)	180,—	AB	180,—
EB	2.000,—	(12b)	2.000,—
	2.180,—		2.180,—

Soll	Privateinlagen		Haben
Privat	12.480,—	(3a)	12.480,—

Soll	Lieferantenverbindlich.		Haben
(5b)	29.750,—	(5a)	29.750,—
(6b)	47.600,—	(6a)	47.600,—
	77.350,—		77.350,—

Soll	Garantierückstellung		Haben
EB	6.000,—	(16)	6.000,—

Soll	Noch abzuführ. Abgaben		Haben
(9b)	2.850,—	(9a)	2.850,—

Erfolgskonten:

Soll	Kfz-Versicherung		Haben
(1a)	880,—	GuV	880,—

Soll	Sonst. betr. Aufw.		Haben
(3b)	300,—	GuV	2.500,—
(7a)	200,—		
(10a)	2.000,—		
	2.500,—		2.500,—

Soll	Zinsaufwand		Haben
(2b)	1.010,—	GuV	2.190,—
(11)	960,—		
(12a)	220,—		
	2.190,—		2.190,—

Soll	LuG-Aufwand		Haben
(9a)	20.000,—	GuV	20.000,—

Soll	Skontoaufwand		Haben
		Waren-	
(8b)	2.400,—	verkauf	2.400,—

Soll	Abschreibungen auf AV		Haben
(13a)	800,—	GuV	5.700,—
(13b)	4.900,—		
	5.700,—		5.700,—

Soll	Gesetzl. Sozialaufwand		Haben
(9a)	3.600,—	GuV	3.600,—

Soll	Gewerbesteueraufwand		Haben
(15)	900,—	GuV	900,—

Soll	Abschreib. auf Forderungen		Haben
(14b)	8.400,—	GuV	8.400,—

Soll	Mietaufwand		Haben
(4b)	2.800,—	(12c)	400,—
		GuV	2.400,—
	2.800,—		2.800,—

Soll	Garantieaufwand		Haben
(16)	6.000,—	GuV	6.000,—

Soll	Mieterträge		Haben
(12b)	2.000,—	(1b)	180,—
GuV	6.180,—	(4a)	8.000,—
	8.180,—		8.180,—

Soll	Warenverkauf		Haben
Skonto-		(8a)	80.000,—
aufwand	2.400,—		
GuV	77.600,—		
	80.000,—		80.000,—

Soll	Skontoerträge		Haben
Fuhr-			
park	500,—	(5b)	500,—

Soll	Sonst. betriebl. Erträge		Haben
GuV	2.500,—	(10b)	2.500,—

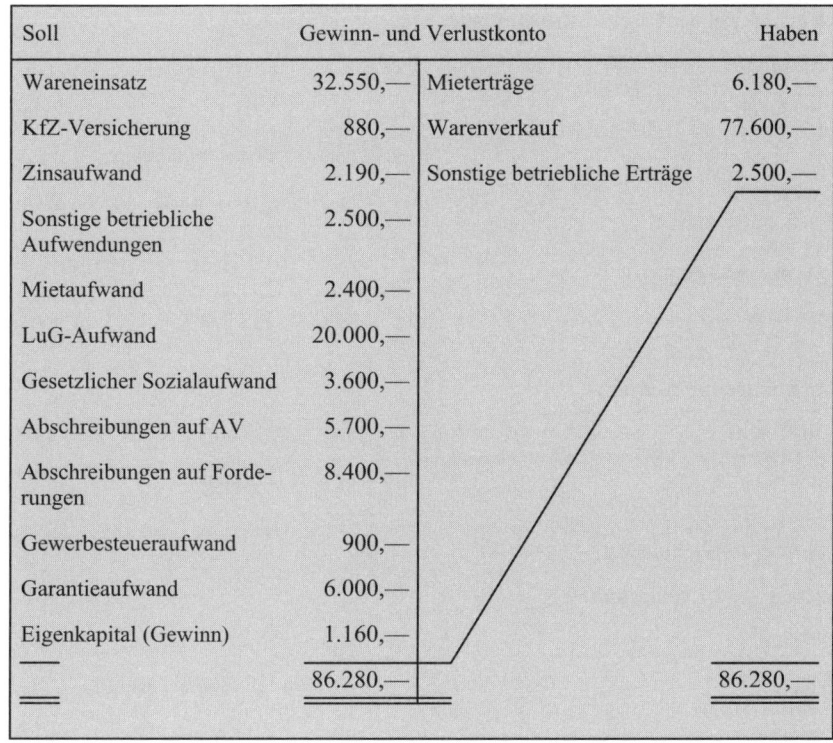

Soll	Gewinn- und Verlustkonto		Haben
Wareneinsatz	32.550,—	Mieterträge	6.180,—
KfZ-Versicherung	880,—	Warenverkauf	77.600,—
Zinsaufwand	2.190,—	Sonstige betriebliche Erträge	2.500,—
Sonstige betriebliche Aufwendungen	2.500,—		
Mietaufwand	2.400,—		
LuG-Aufwand	20.000,—		
Gesetzlicher Sozialaufwand	3.600,—		
Abschreibungen auf AV	5.700,—		
Abschreibungen auf Forderungen	8.400,—		
Gewerbesteueraufwand	900,—		
Garantieaufwand	6.000,—		
Eigenkapital (Gewinn)	1.160,—		
	86.280,—		86.280,—

Soll	Schlussbilanzkonto		Haben
(17) Waren	30.747,—	Eigenkapital	46.440,—
Grundstücke und Gebäude	24.166,—	Wertber. auf Anlagen	16.900,—
Fuhrpark	36.500,—	Gewerbesteuerrückstellung	900,—
BuG-Ausstattung	910,—	Darlehensverbindlichkeiten	12.080,—
Gem. f. Gew.-Steuer	2.700,—	Bank	19.428,—
Kasse	1.565,—	Passiver RAP	2.000,—
Aktiver RAP	400,—	Garantierückstellung	6.000,—
Damnum	880,—		
Dubiose	5.880,—		
	103.748,—		103.748,—

(3)   Vorbereitende Abschlussbuchungen:

Privatkonten:

Privateinlagen	an	Privat	12.480,—
Privat	an	Privatentnahmen	3.200,—
Privat	an	Eigenkapital	9.280,—

Umsatzsteuerkonten:

Umsatzsteuer	an	Vorsteuer	12.255,—

Erlösschmälerungskonten:

Warenverkauf	an	Skontoaufwand	2.400,—
Skontoerträge	an	Fuhrpark	500,—

(4)   Abschlussbuchungen:

Aufwands- und Ertragskonten:

GuV-Konto	an	Wareneinkauf	32.550,—
GuV-Konto	an	Kfz-Versicherung	880,—
GuV-Konto	an	Zinsaufwand	2.190,—
GuV-Konto	an	Sonstige betriebliche Aufwendungen	2.500,—
GuV-Konto	an	Mietaufwand	2.400,—
GuV-Konto	an	LuG-Aufwand	20.000,—
GuV-Konto	an	Gesetzl. Sozialaufwand	3.600,—
GuV-Konto	an	Abschreibungen auf AV	5.700,—
GuV-Konto	an	Abschreibungen auf Forderungen	8.400,—
GuV-Konto	an	Gewerbesteueraufwand	900,—
GuV-Konto	an	Garantieaufwand	6.000,—
Mieterträge	an	GuV-Konto	6.180,—
Warenverkauf	an	GuV-Konto	77.600,—
Sonstige betriebliche Erträge	an	GuV-Konto	2.500,—

Gewinn- und Verlustkonto:

GuV-Konto	an	Eigenkapital	1.160,—

Bestandskonten:

Schlussbilanzkonto	an	Grundstücke und Gebäude	24.166,—
Schlussbilanzkonto	an	Betriebs- und Geschäftsausstattung	910,—
Schlussbilanzkonto	an	Fuhrpark	36.500,—
Schlussbilanzkonto	an	Gem. f. Gewerbesteuer	2.700,—
Schlussbilanzkonto	an	Kasse	1.565,—
Schlussbilanzkonto	an	Aktiver RAP	400,—
Schlussbilanzkonto	an	Damnum	880,—
Schlussbilanzkonto	an	Dubiose	5.880,—
Eigenkapital	an	Schlussbilanzkonto	46.440,—
Wertberichtigung auf Anlagen	an	Schlussbilanzkonto	16.900,—
Gewerbesteuerrückstellung	an	Schlussbilanzkonto	900,—
Darlehensverbindlichkeiten	an	Schlussbilanzkonto	12.080,—
Bank	an	Schlussbilanzkonto	19.428,—
Passiver RAP	an	Schlussbilanzkonto	2.000,—
Garantierückstellung	an	Schlussbilanzkonto	6.000,—

6.10 Die Abschlussübersicht

Wenn sämtliche Geschäftsvorfälle einer Abrechnungsperiode verbucht und die im Rahmen der Jahresabschlussvorbereitung erforderlichen Verbuchungen erfolgt sind, lassen sich das Gewinn- und Verlustkonto und das Schlussbilanzkonto erstellen. In der Praxis macht man jedoch in der Regel vor Abschluss aller Einzelkonten zunächst einen so genannten Probeabschluss (vorläufiger Abschluss) in Form einer Abschlussübersicht (Hauptabschlussübersicht; Betriebsübersicht; Abschlusstabelle; Bilanzübersicht) außerhalb der eigentlichen Buchführung. Mit Hilfe einer Abschlussübersicht versucht man vor allem, vier Zielen gerecht zu werden:[338]

---

[338] Vgl. dazu auch *Wöhe, G.,* Bilanzierung und Bilanzpolitik, a.a.O., S. 129 ff. sowie in ähnlicher Weise *Eisele, W.,* Technik des betrieblichen Rechnungswesens, a.a.O., S. 436 ff. und *Schöttler, J., Spulak, R.,* Technik des betrieblichen Rechnungswesens, a.a.O., S. 144.

- Bei der großen Zahl von Geschäftsvorfällen während einer Abrechnungsperiode und der Zahl der davon berührten Einzelkonten sind **Fehler bei der Verbuchung** und bei den Abschlussarbeiten häufig anzutreffen. Die Korrektur bereits abgeschlossener Konten bereitet dann große Schwierigkeiten, vor allem wenn sich Fehler auf mehrere Einzelkonten auswirken. Deshalb wird die Abschlussübersicht dazwischengeschaltet, damit Fehler vor dem Abschluss der Konten berichtigt werden können.

- Während die Verbuchung der laufenden Geschäftsvorfälle im Wesentlichen Routinearbeit ist, erfordern viele vorbereitende Abschlussbuchungen eine **Entscheidung der Unternehmensführung**, so z.B. bei der Festlegung der Höhe der Abschreibungen, bei der Bildung von Rückstellungen, bei der Bewertung von Forderungen, bei der Bildung von Rechnungsabgrenzungsposten u. dgl. Aus diesem Grunde ist es zweckmäßig, diese Abschlussbuchungen zunächst außerhalb der Buchführung vorzunehmen und der Geschäftsleitung zur endgültigen Entscheidung vorzulegen.

- Die Abschlussübersicht vermittelt dem Unternehmer bzw. der Geschäftsführung und anderen Interessenten (Finanzamt; Kreditgeber) **zusätzliche Informationen** über die wirtschaftliche Lage des Unternehmens, da sie neben den Endbeständen bzw. Salden der Bestands- und Erfolgskonten auch die Veränderungen dieser Konten, d.h. die dort erfolgten Bruttoveränderungen, während der Abrechnungsperiode aufzeigt.

- Die Abschlussübersicht kann auch dazu dienen, **aus der Handelsbilanz die Steuerbilanz abzuleiten**; ferner kann sie es dem externen Abschlussprüfer (i.d.R. ein Wirtschaftsprüfer) ermöglichen, Veränderungen an der von der Unternehmung selbst getätigten Verbuchung vorzunehmen. Gerade der letzte Punkt lässt erkennen, dass durch Verwendung einer Abschlussübersicht vorläufige Verbuchungen rückgängig gemacht werden können, ohne dass in jedem Fall die jeweiligen Konten korrigiert werden müssen.

In der Abschlussübersicht stehen die Konten untereinander; jedem Konto sind mehrere Spalten zugeordnet, deren Funktionen im Folgenden aufgezeigt werden. Eine Abschlussübersicht kann je nach Erfordernis eine verschiedene Anzahl von Spalten aufweisen (i.d.R. liegt sie zwischen vier und acht), wobei die Kontenspalte nicht mitgezählt wird. Eine Abschlussübersicht mit acht Spalten ist auf Seite 321 dargestellt.

In die Spalte **„Konten"** werden die Bezeichnungen für sämtliche Bestands- und Erfolgskonten aufgenommen. In die Spalte **„Anfangsbestände"** werden die Endbestände der letztjährigen Bilanz eingetragen. Unter den **„Summenzugängen"** wird die Summe der jeweiligen Soll- und Habenbuchungen auf den betreffenden Konten registriert. Addiert man die jeweiligen Soll- und Habenbeträge der Spalten „Anfangsbestände" und „Summenzugängen", dann erhält man die Werte der **Summenbilanz**. Da auf den Konten allen aktiven Anfangsbeständen in gleicher Höhe passive Anfangsbestände gegenüberstehen, und da bei der Verbuchung der Geschäftsvorfälle jeder Sollbuchung eine Habenbuchung entspricht, muss in der Summenbilanz eine Wertgleichheit von Soll- und Habenseite gegeben sein.

Konten	Anfangs-bestände (Eröffnungs-bilanz)		Summen-zugänge		Summen-bilanz		Salden-bilanz I		Vorbereitende Abschluss- und Korrektur-buchungen		Salden-bilanz II		Abschluss-bilanz		Erfolgs-übersicht	
	S	H	S	H	S	H	S	H	S	H	S	H	S	H	S	H
													Ver-lust	Ge-winn	Ge-winn	Ver-lust
Summe	S = H		S = H		S = H		S = H		S = H		S = H		S = H		S = H	

In die Saldenbilanz I werden die Salden der einzelnen Konten aus der Summenbilanz übernommen. Dort erscheinen die Salden jeweils auf der größeren Kontenseite. Auch hier muss die Sollsumme wiederum gleich der Habensumme sein. Die Spalte „Vorbereitende Abschlussbuchungen und Korrekturbuchungen" beinhaltet einerseits all jene Vorgänge, die vorhergehend als „vorbereitende Abschlussbuchungen" bezeichnet wurden, also z. B. den Abschluss von Unterkonten auf Hauptkonten, die Verbuchung der Abschreibungen, der Rückstellungsbildung und der Rechnungsabgrenzungsposten.[339] Andererseits werden in dieser Spalte Korrekturbuchungen vorgenommen, wenn z. B. ein Geschäftsvorfall auf den falschen Konten oder gar nicht verbucht worden war. Da die Buchungen nach dem System der doppelten Buchführung vorgenommen werden, ist auch in dieser Spalte die Summe der Soll- und Habenseite wertgleich. Die Spalte „Saldenbilanz II" enthält die nach Vornahme der vorbereitenden Abschlussbuchungen und Korrekturbuchungen veränderten Werte der einzelnen Konten. Folglich ist die Summe der Soll- und Habenseite wertgleich.

Ausgehend von dieser Saldenbilanz II werden die Spalten **„Abschlussbilanz"** und **„Erfolgsübersicht"** erstellt. Die Abschlussbilanz übernimmt aus der Saldenbilanz II die Bestandskonten. Der Aufbau dieser Abschlussbilanz entspricht grundsätzlich dem Aufbau des Schlussbilanzkontos. Eine Ausnahme bildet das Eigenkapitalkonto, das noch nicht um den erzielten Gewinn verändert ist, da dieser erst durch die Saldierung der Erfolgsübersicht ermittelt wird. Auf diese Weise drückt die Differenz zwischen Soll- und Habenseite der Abschlussbilanz den erzielten Erfolg des Geschäftsjahrs aus. Ist die Sollseite größer als die Habenseite, dann ist ein Gewinn, ist die Habenseite größer als die Sollseite, dann ist ein Verlust erzielt worden.

Die **Erfolgsübersicht** übernimmt die Salden der Erfolgskonten aus der Saldenbilanz II. Als Saldo aus Soll- und Habenseite ergibt sich der Erfolg, der der Differenz der Sollsumme und der Habensumme der Abschlussbilanz entsprechen muss.

Auf Seite 323 wird die Funktionsweise der Abschlussübersicht anhand von zwei Konten gezeigt.

Anfangsbestand des Kontos „Fuhrpark":	30.000 €
Zugänge an Pkw und Lkw:	22.000 €
Abgänge an Pkw und Lkw:	3.000 €
Abschreibungen (direkt) auf Pkw und Lkw:	9.000 €
Sonstige Abschreibungen auf Anlagevermögen:	keine

---

[339] Vgl. ausführlicher auf S. 231 ff.

Konten	Anfangs-bestände		Summen-zugänge		Summen-bilanz		Salden-bilanz I		Vorbereitende Abschluss- und Korrektur-buchungen		Salden-bilanz II		Abschluss-bilanz		Erfolgs-übersicht	
	S	H	S	H	S	H	S	H	S	H	S	H	S	H	S	H
Fuhrpark	30.000		22.000	3.000	52.000	3.000	49.000			9.000	40.000		40.000			
· · · ·																
Abschreib. auf AV									9.000		9.000				9.000	
· · · ·																

Der nachfolgenden Abschlussübersicht liegen die Angaben des Übungsfalls 5 (vgl. Seite 308 ff.) zugrunde.[340]

---

[340] (1) Im Unterschied zur sonstigen Verbuchung wird ein eigenes Konto „Wareneinsatz" geführt;

(2) da die Umsatzsteuerschuld erst nach Umbuchung des Vorsteuerkontos auf das Umsatzsteuerkonto ermittelt werden kann, wird die Bezahlung der Umsatzsteuerschuld im Rahmen der vorbereitenden Abschlussbuchungen berücksichtigt;

(3) im Rahmen der Abschlussübersicht wird das Konto „Sonstige Verbindlichkeiten" in seine beiden Bestandteile „Umsatzsteuer" und „Sonstige Verbindlichkeiten" (als Restposition) aufgeteilt;

(4) der Gewinn wird nicht wie bei der Verbuchung direkt dem Eigenkapital zugeschlagen, sondern als eigene Position am Ende der Bilanz ausgewiesen.

Konten	Anfangsbestände		Summen-zugänge		Summenbilanz		Saldenbilanz I		Vorbereitende Abschluss- und Korrekturbuchungen		Saldenbilanz II		Abschlussbilanz		Erfolgsübersicht	
	Soll	Haben	Soll	Haben	Soll	Haben	Soll	Haben	Soll	Haben	Soll	Haben	Soll	Haben	Soll	Haben
Grundstücke u. Gebäude	24.966				24.966		24.966			800	24.166		24.166			
Betriebs- und Geschäftsausstattung	910				910		910				910		910			
Fuhrpark	12.000		25.000		37.000		37.000			500	36.500		36.500			
Wertpapiere des AV	3.500			3.500	3.500	3.500										
Wareneinkauf	23.297		40.000	95.200	63.297	95.200	63.297			32.550	30.747		30.747			
Kundenforderungen	14.280		95.200	3.200	109.480	95.200	14.280			14.280						
Gem. f. Gew.steuer	3.200		2.700		5.900		2.700				2.700		2.700			
Sonstige Forderungen	1.000			1.000	1.000	1.000										
Kasse	6.365			4.800	6.365	4.800	1.565				1.565		1.565			
Aktiver RAP	880			880	880	880			400		400		400			
Dammum			1.100		1.100		1.100			220	880		880			
Dubiose									14.280	8.400	5.880		5.880			
Eigenkapital		36.000				36.000		36.000		9.280		45.280		45.280		
Wertber. auf Anlagen		12.000				12.000		12.000		4.900		16.900		16.900		
Gewerbesteuerrückstellung		2.500	2.500		2.500	2.500				900		900		900		
Prozessrückstellung		8.000	8.000		8.000	8.000										
Darlehensverbindlichkeiten		8.000	6.020	10.100	6.020	18.100		12.080				12.080		12.080		
Bank		9.238	112.844	120.545	112.844	129.783		16.939		2.489		19.428		19.428		
Umsatzsteuer		12.480	12.936	15.200	12.936	27.680		14.744	14.744							
Vorsteuer			12.350	95	12.350	95	12.255			12.255						
Sonstige Verbindlichkeiten		2.000	2.000		2.000	2.000				2.000		2.000		2.000		
Passiver RAP		180	180	180	180	180										
Privatentnahmen			3.200		3.200		3.200			3.200						
Privateinlagen									12.480	12.480						
Privat				12.480		12.480		12.480	12.480							
Lieferantenverbindlichk.	77.350	77.350	77.350	77.350	77.350	77.350										
NaA	2.850	2.850	2.850	2.850	2.850	2.850										

Konten	Anfangsbestände		Summenzugänge		Summenbilanz		Saldenbilanz I		Vorbereitende Abschluss- und Korrekturbuchungen		Saldenbilanz II		Abschlussbilanz		Erfolgsübersicht	
	Soll	Haben	Soll	Haben	Soll	Haben	Soll	Haben	Soll	Haben	Soll	Haben	Soll	Haben	Soll	Haben
Garantierückstellung										6.000		6.000		6.000		
Wareneinsatz									32.550		32.550				32.550	
Kfz-Versicherung			880		880		880				880				880	
Zinsaufwand			1.970		1.970		1.970		220		2.190				2.190	
Sonstige betr.																
Aufwendungen			2.500		2.500		2.500				2.500				2.500	
Mietaufwand			2.800		2.800		2.800			400	2.400				2.400	
Skontoaufwand			2.400		2.400		2.400			2.400						
LuG-Aufwand			20.000		20.000		20.000				20.000				20.000	
Gesetzl. Sozialaufwand			3.600		3.600		3.600				3.600				3.600	
Abschr. auf AV									5.700		5.700				5.700	
Abschr. auf																
Forderungen									8.400		8.400				8.400	
Gewerbesteueraufwand									900		900				900	
Garantieaufwand									6.000		6.000				6.000	
Mieterträge				8.180		8.180		8.180	2.000			6.180				6.180
Skontoerträge				500		500		500	500							
Warenverkauf				80.000		80.000		80.000	2.400			77.600				77.600
Sonstige betr. Erträge				2.500		2.500		2.500				2.500				2.500
Zwischensumme / Gewinn													102.588 → 1.160 Gewinn		85.120 → 1.160 Gewinn	
Summe	90.398	90.398	438.380	438.380	528.778	528.778	195.423	195.423	113.054	113.054	188.868	188.868	103.748	103.748	86.280	86.280

7 Von der Rechtsform des Unternehmens abhängige Verbuchung des Eigenkapitals und der Ergebnisverwendung

Die buchtechnische und bilanzielle Behandlung des Erfolges ist von der Rechtsform des Unternehmens abhängig. Unterschiede in der Erfolgsbeteiligung und -verteilung entstehen z. B. dadurch, dass bei Kapitalgesellschaften **zwingende Vorschriften** über die Gewinnverteilung und den Ausweis der Eigenkapitalpositionen in der Bilanz (Nominalkapital, verschiedene Rücklagenkategorien) bestehen, während bei Personengesellschaften von den Gewinnverteilungsvorschriften des HGB durch **gesellschaftsvertragliche Regelungen** abgewichen werden kann; außerdem hängt hier der Ausweis des Eigenkapitals von der Zahl der Gesellschafter ab. Die folgende Darstellung beschränkt sich auf die wichtigsten buchtechnischen Probleme.

7.1 Die buchtechnische Behandlung der Ergebnisverwendung bei Einzelunternehmen und stillen Gesellschaften

Bei der bisherigen Darstellung der Buchungs- und Bilanztechnik und den dabei verwendeten Beispielen wurde grundsätzlich von einem Einzelunternehmen ausgegangen.

Ein **Einzelunternehmen** ist dadurch charakterisiert, dass ein Kaufmann seinen Betrieb ohne Gesellschafter oder nur mit einem stillen Gesellschafter betreibt. Der Einzelunternehmer haftet für die Verbindlichkeiten seines Unternehmens grundsätzlich allein und **unbeschränkt**, d. h. nicht nur mit dem in seinen Betrieb eingelegten Teil seines Vermögens, sondern auch mit seinem sonstigen „Privatvermögen". Der Gewinn steht dem Einzelunternehmer allein zu, entsprechend treffen ihn auch eingetretene Verluste allein. Bei dieser Rechtsform ist **nur ein Konto** erforderlich, das den Bestand und die Veränderungen des Eigenkapitals wiedergibt. Dieses **Eigenkapitalkonto** nimmt einerseits die Veränderungen auf, die sich durch Privatentnahmen und Privateinlagen ergeben, andererseits verändert es sich durch den erzielten Gewinn oder Verlust. Der Buchungssatz, der zur Übernahme des erzielten Erfolges in das Eigenkapitalkonto führt und somit die Brücke vom Gewinn- und Verlustkonto zum Schlussbilanzkonto darstellt, ist stets – wie bereits wiederholt gezeigt – bei erzieltem Gewinn nach dem Muster „Gewinn- und Verlustkonto an Eigenkapital" bzw. bei erzieltem Verlust nach dem Muster „Eigenkapital an Gewinn- und Verlustkonto" zu bilden. Ist das Eigenkapital aufgebraucht, dann erscheint ein aus einem Verlust resultierender Fehlbetrag auf der Aktivseite der Bilanz als Verlustvortrag.

Die folgenden drei Fälle zeigen schematisch den Einfluss von Gewinn- oder Verlustvorgängen auf das Eigenkapitalkonto.

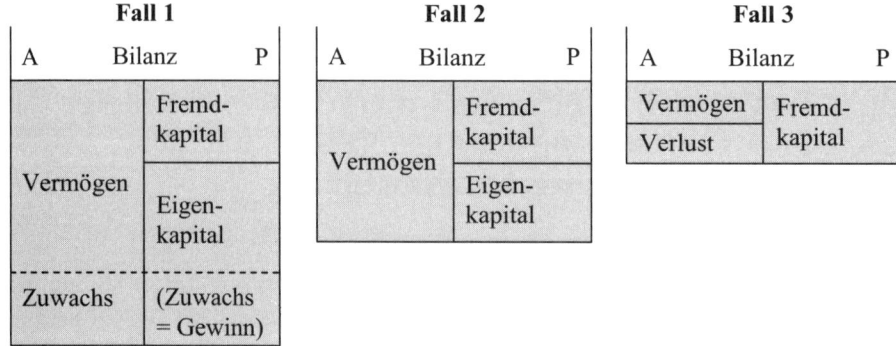

Fall 1:

In einem Einzelunternehmen ist ein Gewinn erzielt worden (Mehrung des Vermögens und der Eigenkapitalposition).

Fall 2:

In einem Einzelunternehmen ist ein Verlust eingetreten (Minderung des Vermögens und der Eigenkapitalposition).

Fall 3:

Das Vermögen eines Einzelunternehmens ist kleiner als das Fremdkapital: Das Eigenkapital ist verloren, ein Verlustvortrag (oder: Fehlkapital) korrigiert das Fremdkapital (Unterbilanz). Das Vermögen ist kleiner als die Bilanzsumme.

Wie auch bei anderen Rechtsformen kann an einem Einzelunternehmen eine **stille Gesellschaft** begründet werden, die als Innengesellschaft nach außen, d. h. gegenüber Dritten, nicht in Erscheinung tritt. Die buchtechnischen Probleme der stillen Gesellschaft sind bei allen Rechtsformen grundsätzlich die gleichen; sie werden im Folgenden für ein Einzelunternehmen aufgezeigt.

Die stille Gesellschaft zählt zu den **Personengesellschaften**, jedoch nicht zu den Handelsgesellschaften, da sie selbst kein Handelsgewerbe betreibt, sondern nur der Inhaber des Betriebes. Inhaber, d. h. tätiger Teilhaber (Hauptgesellschafter), kann ein Einzelunternehmer, eine Personengesellschaft oder eine Kapitalgesellschaft sein. Der Inhaber wird nach § 230 Abs. 2 HGB „aus den in dem Betriebe geschlossenen Geschäften allein berechtigt und verpflichtet", da er nur im eigenen Namen handelt. Der stille Gesellschafter ist nur verpflichtet, seine Einlage zu leisten. Bei Beendigung des Gesellschaftsverhältnisses hat er Anspruch auf Rückzahlung seiner Einlage.

Der stille Gesellschafter muss **stets am Gewinn** beteiligt werden. Eine Verlustbeteiligung kann vertraglich ausgeschlossen werden.[341] Das HGB enthält keine ausreichende Bestimmung über die Gewinnverteilung. Nach § 231 Abs. 1 HGB „gilt ein den Umständen nach angemessener Anteil als bedungen". Es sollte folglich zweckmäßigerweise im Gesell-

---

[341] Vgl. § 231 Abs. 2 HGB.

schaftsvertrag eine Regelung über die Gewinn- und Verlustbeteiligung getroffen werden. Ebenso wie der Kommanditist kann der stille Gesellschafter durch Verlustanteile **nicht mehr als seine Einlage verlieren**. Früher bezogene Gewinnanteile braucht er im Verlustfalle nicht zurückzubezahlen. Zukünftige Gewinnanteile werden ihm jedoch solange nicht ausbezahlt, bis der durch Verluste aufgezehrte Teil seiner Einlage wieder aufgefüllt ist. Scheidet er vor Auffüllung der Einlage aus, so hat er nur einen Anspruch auf Rückzahlung des nicht durch Verluste aufgebrauchten Teils seiner Einlage. Wie beim Kommanditisten vermehren auch beim stillen Gesellschafter nicht entnommene Gewinne die Einlage nicht.[342]

Von der dargestellten sog. **typischen** stillen Gesellschaft unterscheidet sich die **atypische** stille Gesellschaft in erster Linie dadurch, dass der atypische stille Gesellschafter nicht nur am Erfolg, sondern auch **am Vermögen** (stille Rücklagen, Firmenwert) des Unternehmens beteiligt ist.

Bei der typischen stillen Gesellschaft leistet der stille Gesellschafter eine Einlage, die in der Bilanz – im Falle eines Einzelunternehmens – als Bestandteil des Eigenkapitalkontos des Einzelunternehmers ausgewiesen wird. Grundsätzlich verändert sich die stille Einlage nicht durch den Anteil des stillen Gesellschafters am Gewinn des Unternehmens. Da Verluste aber die Einlage vermindern, müssen spätere Gewinne zur Wiederauffüllung der Beteiligung verwendet werden, bis der ursprüngliche Beteiligungsbetrag wieder erreicht ist. Der Gewinnanteil, der dem typischen stillen Gesellschafter zukommt, vermindert den Gewinn des Einzelunternehmers. Bei Einzelunternehmen wird der aus dem Gewinn- und Verlustkonto ersichtliche Gewinn entsprechend dem vereinbarten Verteilungsschlüssel auf das Eigenkapitalkonto des Einzelunternehmers und – sofern nicht der Einlagebetrag des stillen Gesellschafters durch einen Verlust unter seinen Nominalbetrag gesunken ist – auf ein **Gewinnbeteiligungskonto** des stillen Gesellschafters, d.h. ein **Verbindlichkeitskonto** gegenüber dem stillen Gesellschafter, verteilt. Bei – i.d.R. erst im folgenden Jahr erfolgender – Auszahlung des Gewinnanteils an den stillen Gesellschafter wird das Gewinnbeteiligungskonto unter Gegenbuchung auf einem Zahlungskonto aufgelöst (vgl. dazu das folgende Beispiel).

Beispiel:

Der im Einzelunternehmen erzielte Gewinn beträgt 100.000 €. Er wird vereinbarungsgemäß zu 75 % auf den Einzelunternehmer E und zu 25 % auf den stillen Gesellschafter S verteilt.

Buchungssätze:

Gewinn- und Verlustkonto 100.000,—	an	Eigenkapital E	75.000,—
		Gewinnbeteiligungs-konto S	25.000,—

Wird der Betrag an S ausbezahlt, dann lautet die Buchung bei Bezahlung vom Bankkonto:

Gewinnbeteiligungskonto S	an	Bank	25.000,—

---

[342] Vgl. § 232 Abs. 3 HGB.

Da der Anteil am Gewinn bei typischen stillen Gesellschaften zu einer Kürzung des ausgewiesenen und für Zwecke der Besteuerung maßgebenden Jahreserfolges führt, müsste dort der erste Buchungssatz nach dem Typus „Aufwand für stille Beteiligung an Gewinnbeteiligungskonto" erstellt werden, während bei atypischen stillen Beteiligungen eine so große Ähnlichkeit zu Personengesellschaftsbeteiligungen besteht, dass die oben dargestellte Handhabung angebracht ist.

7.2 Die buchtechnische Behandlung der Ergebnisverwendung bei Personengesellschaften

7.2.1 Die Ergebnisverwendung bei der offenen Handelsgesellschaft (OHG)

Die **offene Handelsgesellschaft** (OHG) ist nach § 105 HGB eine Gesellschaft, deren Zweck auf den Betrieb eines Handelsgewerbes unter gemeinsamer Firma gerichtet ist. Die Gesellschafter der OHG haften für die Verbindlichkeiten der Gesellschaft nach § 128 Abs. 1 HGB – ebenso wie der Einzelunternehmer – den Gläubigern **unbeschränkt** mit ihrem gesamten Vermögen, d. h., es haftet nicht nur das Gesellschaftsvermögen, sondern jeder Gesellschafter haftet auch mit seinem **Privatvermögen**, ohne dass er eine Einrede der Vorausklage oder eine Einrede der Teilung hat. Die Gesellschafterhaftung ist **unmittelbar** und **gesamtschuldnerisch**, d. h., der Gläubiger muss nicht zuerst die Gesellschaft in Anspruch nehmen, sondern kann sich sofort an einen einzelnen Gesellschafter halten und von ihm die ganze Leistung, also nicht etwa nur den Teil verlangen, der der Quote des in Anspruch genommenen Gesellschafters am Gesellschaftsvermögen entspricht.

Bei unbeschränkter Haftung wird das **Risiko** des Gesellschafters von der Höhe des vorhandenen Privatvermögens mitbestimmt. Deshalb ist eine **Gewinnverteilung** nach Kapitalanteilen in der Regel nicht angemessen. In der OHG wird der Gewinn **gemäß Gesellschaftsvertrag** verteilt. Gewöhnlich wird für die mitarbeitenden Gesellschafter ein Arbeitsentgelt (Unternehmerlohn) vereinbart, das zunächst den zur Verteilung verbleibenden Gewinn kürzt. Sodann werden die Kapitaleinlagen in vertraglich vereinbarter Höhe verzinst. Der noch verbleibende Gewinn wird nach dem Schlüssel verteilt, in dem der durch die Höhe des mithaftenden Privatvermögens der einzelnen Gesellschafter unterschiedliche Umfang des Risikos seinen Ausdruck findet. Soweit eine vertragliche Gewinnverteilungsregelung nicht getroffen ist, bestimmt **§ 121 HGB**, dass die Kapitaleinlagen mit 4 % zu verzinsen sind und der Rest des Gewinns nach Köpfen zu verteilen ist. Der Gewinnanteil eines Gesellschafters wird seinem Kapitalkonto zugeschrieben. Verlustanteile und Entnahmen werden davon abgezogen.

Die gesetzliche, durch Gesellschaftsvertrag aber abänderbare Erfolgsverteilungsregelung nach § 121 HGB kann folgendermaßen dargestellt werden:

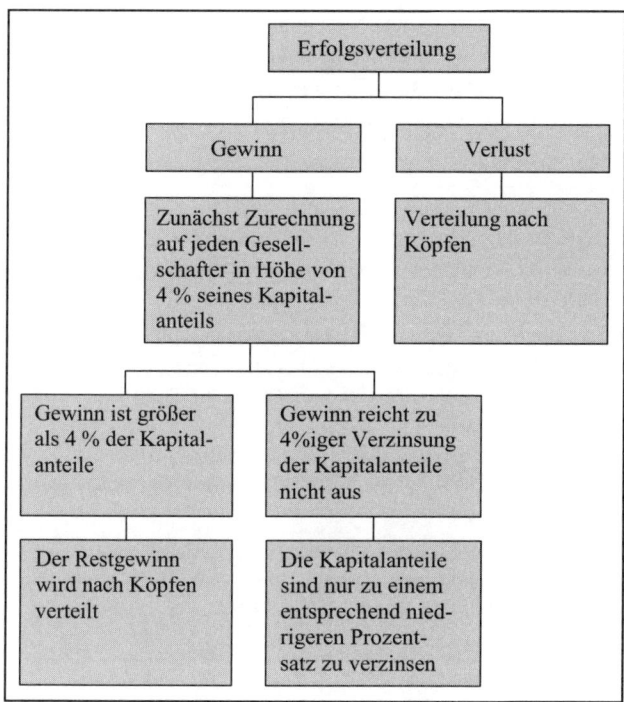

Da an der offenen Handelsgesellschaft mindestens zwei Gesellschafter beteiligt sein müssen, sind auch die entsprechenden Kapitalanteile getrennt auszuweisen. Deshalb wird bei offenen Handelsgesellschaften **für jeden Gesellschafter ein Eigenkapitalkonto** geführt, das im Regelfall[343] durch dieselben Vorgänge verändert wird wie bei Einzelunternehmen: Einerseits führen Privateinlagen und -entnahmen zu Veränderungen der Eigenkapitalkonten; deshalb müssen für jeden Gesellschafter ein **Privatkonto** sowie evtl. als Vorkonten ein Privatentnahme- und ein Privateinlagekonto geführt werden. Andererseits verändert der erzielte Gewinn (Verlust) des Unternehmens die Eigenkapitalkonten, wenn er entsprechend der gesetzlichen oder vertraglichen Regelung den jeweiligen Eigenkapitalkonten zugerechnet wird.

Eine besondere Schwierigkeit bei der praktischen Handhabung ergibt sich aus der Vorschrift des § 121 Abs. 2 HGB, wonach die während des Geschäftsjahrs getätigten **Einlagen bzw. Entnahmen** bei der Bemessung der 4 %igen bzw. niedrigeren Kapitalverzinsung berücksichtigt werden müssen. In der Praxis – wie auch im Folgenden bei der Verbuchung unterstellt – wird deshalb häufig eine gesellschaftsvertragliche Regelung getroffen, nach der die Verzinsung der Kapitalanteile von den Anfangsbeständen der Kapitalkonten auszugehen hat. Auch die übrigen Regelungen des § 121 HGB, die in der vorangegangenen Abbildung zusammengefasst wurden, können gesellschaftsvertraglich abgeändert werden, so dass z. B.

---

[343] Ausnahmsweise kann das Kapitalkonto auch in Höhe der Pflichteinlage, d. h. mit einem festen Betrag, ausgewiesen werden. Die eigenkapitalverändernden Vorgänge werden dann für jeden Gesellschafter auf einem Verrechnungskonto erfasst.

auch eine nur an der Höhe der einzelnen Kapitalanteile orientierte Gewinnverteilung vereinbart werden kann. Ein durch Verluste entstandenes **negatives Kapitalkonto** eines Gesellschafters ist auf der Aktivseite der Bilanz auszuweisen. Bei der Verbuchung wird zweckmäßigerweise eine **Gewinnverteilungsübersicht** verwendet, deren Aufbau das folgende Beispiel zeigt.

Beispiel:

In der ABC-OHG wurde eine Gewinnverteilung entsprechend der gesetzlichen Regelung des § 121 HGB mit der Ausnahme vereinbart, dass für die Gewinnverteilung unabhängig von während des Geschäftsjahrs getätigten Entnahmen und Einlagen von
den Anfangsbeständen der Kapitalkonten auszugehen ist. Die Anfangsbestände der
Kapitalkonten betragen bei A 150.000 €, bei B 100.000 € und bei C 50.000 €. Der Periodengewinn beträgt 60.000 €.

Gewinnverteilungsübersicht:

Gesell-schafter	Anfangs-bestände Kapitalkonten	Gewinnverteilung			Endbestände der Kapital-konten (ohne Privatvor-gänge)
		4 %ige Kapital-verzinsung	Restgewinn nach Köpfen	Gesamtge-winnanteil	
A	150.000,—	6.000,—	16.000,—	22.000,—	172.000,—
B	100.000,—	4.000,—	16.000,—	20.000,—	120.000,—
C	50.000,—	2.000,—	16.000,—	18.000,—	68.000,—

Buchungssatz:

GuV-Konto	60.000,—	an	Eigenkapital A	22.000,—
			Eigenkapital B	20.000,—
			Eigenkapital C	18.000,—

Statt die Gewinn- bzw. Verlustanteile direkt auf die Eigenkapitalkonten zu verbuchen, könnten sie auch zunächst auf ein **Gewinnverteilungskonto** gebucht werden, das seinerseits
durch eine Gegenbuchung auf den Eigenkapitalkonten aufgelöst würde.

7.2.2 Die Ergebnisverwendung bei der Kommanditgesellschaft (KG)

Die **Kommanditgesellschaft** unterscheidet sich von der OHG in erster Linie dadurch, dass
sie zwei Arten von Gesellschaftern hat: Erstens solche, die wie die Gesellschafter der OHG
unbeschränkt mit ihrem gesamten Vermögen haften **(Komplementäre)**, und zweitens solche, deren Haftung auf eine bestimmte, im Handelsregister eingetragene Kapitaleinlage
beschränkt ist **(Kommanditisten)**. Solange die Einlage noch nicht voll eingezahlt ist, haftet
der Kommanditist mit seinem Privatvermögen für die Resteinzahlung. Jede KG muss mindestens einen Komplementär und einen Kommanditisten haben.

Für die KG gelten nach § 161 Abs. 2 i.V.m. §§ 105 ff. HGB die gesetzlichen Regelungen
der OHG, es sei denn, in den §§ 161 bis 177 a HGB ist etwas anderes vorgeschrieben. Auch

bei diesen Regelungen handelt es sich größtenteils um dispositives, d. h. durch vertragliche Regelungen abänderbares Recht.

Auch bei der KG erhalten die geschäftsführenden Gesellschafter in der Regel zu Lasten des verteilungsfähigen Gewinns ein Arbeitsentgelt. Die Kapitaleinlagen werden nach § 168 Abs. 1 i. V. m. § 121 Abs. 1 und 2 HGB – soweit der Gesellschaftsvertrag nichts anderes bestimmt – mit 4 % verzinst. Der verbleibende Gewinn ist **„angemessen"** zu verteilen. Infolge der Haftungsbeschränkung bei den Kommanditisten kommt eine Verteilung des Gewinns nach Köpfen nicht in Betracht. Vielmehr muss der Gesellschaftsvertrag diese Verteilung entsprechend dem **tatsächlichen Risiko** regeln, das bei den Kommanditisten in der Regel dem Verhältnis der Kapitalanteile entspricht, während bei den Komplementären die Höhe des mithaftenden Privatvermögens zusätzlich berücksichtigt werden muss.

Das **Kapitalkonto des Komplementärs** wird in vergleichbarer Weise zu dem des Gesellschafters einer OHG geführt, d. h., es verändert sich durch die Erfolgsverteilung und die Privatvorgänge, zu deren Erfassung ein Privatkonto sowie evtl. ein Privateinlagen- und -entnahmenkonto benötigt wird. Das **Kapitalkonto des Kommanditisten** bleibt nach § 167 Abs. 2 HGB grundsätzlich konstant und wird in Höhe der im Handelsregister eingetragenen sog. „bedungenen" Einlage ausgewiesen. Ist dieser Betrag noch nicht in voller Höhe eingezahlt worden, wird auf der Aktivseite eine Position „Ausstehende Einlagen" als Forderung an den Gesellschafter ausgewiesen. Der Kommanditist kann nach § 169 Abs. 1 HGB grundsätzlich während des Geschäftsjahrs keine Privatentnahmen vornehmen; werden sie dennoch getätigt, sind sie als Forderung der Gesellschaft anzusehen und dürfen nicht mit Kapital- oder Gewinnanteilen verrechnet werden. Die gesetzliche Regelung der Erfolgsverteilung bei der KG nach § 168 HGB lässt sich schematisch folgendermaßen darstellen:

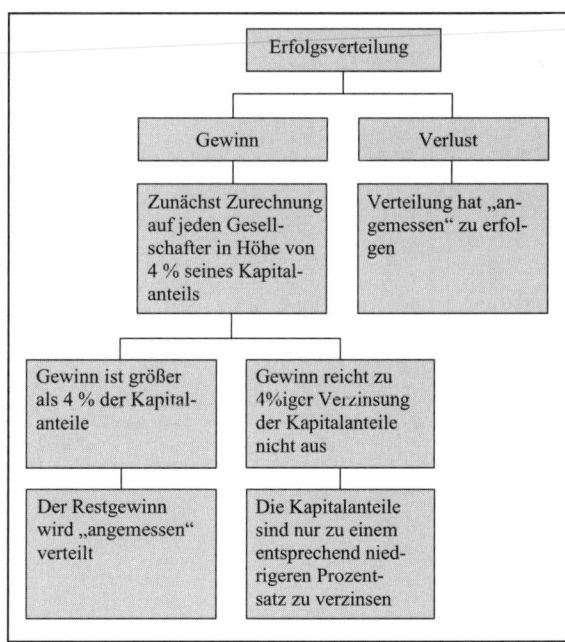

Auch hierbei gilt grundsätzlich die Regelung, dass bei der Bemessung der Kapitalverzinsung die während des Jahres erfolgten **Privatentnahmen und -einlagen** berücksichtigt werden müssen. Während diese Regelung als dispositive Vorschrift häufig vertraglich abgeändert wird, muss die Vorschrift des § 168 Abs. 2 HGB, der nach der 4 %igen Kapitalverzinsung eine **angemessene Restgewinnverzinsung** vorsieht, im Gesellschaftsvertrag geregelt werden, will man sich nicht der Gefahr von permanenten Streitigkeiten im Gesellschafterkreis über die Gewinnverteilung aussetzen. Dasselbe gilt für die gesetzliche Regelung zur Verlustverteilung, die nach § 168 Abs. 2 HGB ebenfalls in angemessener Weise erfolgen muss.

Der Kommanditist hat grundsätzlich einen Anspruch auf die Auszahlung des ihm zustehenden Gewinnanteils. In diesem Fall ist der Gewinnbetrag auf ein **Gewinnbeteiligungskonto** zu buchen, das eine Verbindlichkeit der Gesellschaft gegenüber dem Kommanditisten darstellt (bilanziell als „sonstige Verbindlichkeiten" auszuweisen). In zwei Fällen hat der Kommanditist einen solchen Auszahlungsanspruch nicht: **Erstens** dann, wenn er seine eingetragene („bedungene") Einlage noch nicht voll einbezahlt hat. Dann wird das Konto „Ausstehende Einlagen" in Höhe des Gewinnanteils vermindert, d. h., eine Forderung der Gesellschaft gegenüber dem Gesellschafter wird geringer ausgewiesen; **zweitens** dann, wenn in Vorperioden Verluste erzielt wurden, die dem Gesellschafter in Form eines aktiven Ausgleichspostens auf dem Konto „Verlustbeteiligungskonto" zugeschrieben wurden. Dann wird bei einer Gewinnzuweisung an den Kommanditisten das Verlustbeteiligungskonto aufgelöst, bevor er wieder einen Auszahlungsanspruch hat.

Das folgende Beispiel zeigt die buchtechnische Behandlung; auch hier wird vorausgesetzt, dass die während des Geschäftsjahrs vorgenommenen Privatentnahmen und -einlagen nicht verzinst werden, d. h., bei der Bemessung der Kapitalverzinsung wird von den Anfangsbeständen der Kapitalkonten ausgegangen.

Beispiel:

Die A-KG mit den drei Gesellschaftern A (Komplementär), B und C (Kommanditisten) weist folgende Kapitalkonstellation auf:

A: Anfangsbestand am Jahresbeginn: 100.000 €;

B: Vereinbarte Einlage: 60.000 €; davon wurden erst 50.000 € einbezahlt;

C: Vereinbarte Einlage: 35.000 €, diese ist voll einbezahlt; allerdings weist sein Verlustbeteiligungskonto einen Wert von 5.000 € auf (dieses ist zunächst auszugleichen).

Die Gewinnverteilung erfolgt nach folgender gesellschaftsvertraglicher Regelung:

(1)   Vorweggewinnanteil für Arbeitsleistung an A von 40.000 €;

(2)   10 %ige Verzinsung der Kapitalkonten (bei den Kommanditisten sind die vereinbarten Kapitalkonten um die Negativbeträge zu korrigieren);

(3)   Restgewinnverteilung nach Köpfen.

Der Gewinn beträgt 100.000 €.

Gewinnverteilungsübersicht:

Gesell-schafter	Anfangsbe-stände der Kapitalkonten (korri-giert)	Gewinnverteilung				Endbestände der Kapital-konten (kor-rigiert; mit Gewinnbetei-ligungskon-ten)
		Vorwegge-winnanteil	10 %ige Kapi-talverzinsung	Restgewinn-anteil	Gesamtgewinn-anteil	
A	100.000,—	40.000,—	10.000,—	14.000,—	64.000,—	164.000,—
B	50.000,—	–	5.000,—	14.000,—	19.000,—	69.000,—
C	30.000,—	–	3.000,—	14.000,—	17.000,—	47.000,—

Buchungssatz:

GuV-Konto	100.000,—	an	Eigenkapital A	64.000,—
			Ausstehende Einlagen B	10.000,—
			Gewinnbeteiligungs-konto B	9.000,—
			Verlustbeteiligungs-konto C	5.000,—
			Gewinnbeteiligungs-konto C	12.000,—

7.3 Die buchtechnische Behandlung der Ergebnisverwendung bei Kapitalgesellschaften

7.3.1 Ausweis des Eigenkapitals, des Jahresergebnisses und der Ergebnisverwendung der Kapitalgesellschaften

Im Gegensatz zu den an die Person der Gesellschafter gebundenen Personengesellschaften stehen sich bei den Kapitalgesellschaften die Gesellschaft als **juristische Person** und die Gesellschafter als natürliche oder juristische Personen als fremde Rechtssubjekte gegenüber. Die Kontinuität der betrieblichen Tätigkeit ist von der Person des Gesellschafters unabhängig; ein Wechsel der Gesellschafter hat in der Regel keinen Einfluss auf den Betrieb, da die Gesellschafter zwar als Kapitalgeber das Kapitalrisiko tragen, aber nicht die Verantwortung für die Führung des Betriebes haben, weil die Kapitalgesellschaften als juristische Personen eine eigene Rechtspersönlichkeit besitzen.

Infolge des auf den Kapitalanteil beschränkten Risikos der Gesellschafter erfolgt die **Gewinnverteilung** bei Kapitalgesellschaften grundsätzlich **nach Kapitalanteilen**. Die Kapitaleinlage wird durch die Anteile (Aktie, Geschäftsanteil) verbrieft. Das Vermögen der Kapitalgesellschaft ist Eigentum der Gesellschaft, also der juristischen Person. Sie allein haftet für die Verbindlichkeiten.

Bei Kapitalgesellschaften muss das in der Satzung festgesetzte **Nominalkapital** (Grundkapital der AG, Stammkapital der GmbH) stets **zum Nennwert** passiviert werden. Nicht entnommene Gewinne oder den Nennwert der ausgegebenen Kapitalanteile übersteigende Einlagen (Agio) werden auf **Rücklagepositionen** ausgewiesen. Verluste werden von diesen Positionen abgesetzt oder – wenn die Aufstellung der Bilanz vor der Ergebnisverwendung erfolgt – als Jahresfehlbetrag bilanziert; in bestimmten Fällen können sie als Verlustvortrag ausgewiesen werden. Werden Gewinnteile weder den Rücklagen zugeführt noch ausgeschüttet, so erscheinen sie in der Bilanz der Folgeperiode auf der Passivseite als Gewinnvortrag.

Bei Kapitalgesellschaften besteht nach § 268 Abs. 8 Satz 1 HGB eine Ausschüttungssperre dahingehend, dass im Falle einer Aktivierung selbst erstellter immaterieller Vermögensgegenstände des Anlagevermögens eine Ausschüttung nur soweit erfolgen darf, wie die nach der Ausschüttung frei verfügbaren Rücklagen unter Berücksichtigung eines Gewinn- bzw. Verlustvortrags mindestens den Betrag erreichen, in deren Höhe die Aktivierung erfolgt ist, wobei die hierauf gebildeten passiven latenten Steuern von dem Aktivierungsbetrag mindernd zu berücksichtigen sind. Eine solche Ausschüttungssperre gilt nach § 268 Abs. 8 Satz 2 HGB ebenfalls für den positiven Differenzbetrag zwischen aktiven und passiven latenten Steuern sowie nach § 268 Abs. 8 Satz 3 HGB für den aktiven Unterschiedsbetrag aus der Vermögensverrechnung, welcher sich durch die Anwendung des § 246 Abs. 2 HGB ergeben kann, abzgl. der hierauf gebildeten passiven latenten Steuern.

Den Ausweis des **Eigenkapitals**, des **Jahresergebnisses** und der **Ergebnisverwendung** der **Kapitalgesellschaften** auf der Passivseite zeigt die folgende Übersicht:[344]

Eigenkapital, Jahresergebnis, Ergebnisverwendung	

Mindestgliederung des Eigenkapitals (§ 266 Abs. 3 HGB)	A. Eigenkapital
	    I. Gezeichnetes Kapital
	    II. Kapitalrücklage
	    III. Gewinnrücklagen
	        1. Gesetzliche Rücklage
	        2. Rücklage für Anteile an einem herrschenden oder mehrheitlich beteiligten Unternehmen
	        3. Satzungsmäßige Rücklagen
	        4. Andere Gewinnrücklagen
	    IV. Gewinnvortrag/Verlustvortrag
	    V. Jahresüberschuss/Jahresfehlbetrag

Jahresüberschuss/Jahresfehlbetrag	Saldo zwischen Erträgen und Aufwendungen – Jahresergebnis vor Veränderung der Rücklagen durch Einstellungen oder Entnahmen.
Bilanzgewinn/Bilanzverlust	Jahresüberschuss/Jahresfehlbetrag, korrigiert um Gewinn- oder Verlustvortrag aus dem Vorjahr sowie um Einstellung in die bzw. Entnahmen aus den Rücklagen.

---

[344] Vgl. *Wöhe, G.,* Die Handels- und Steuerbilanz, a. a. O., S. 193 f.

Eigenkapital, Jahresergebnis, Ergebnisverwendung (Forts.)	
Ausweis der Ergebnisverwendung lt. HGB	**§ 268 Abs. 1 HGB:** In der **Bilanz** ist statt des Ausweises des Postens „Jahresüberschuss/Jahresfehlbetrag" der Ausweis des Postens „Bilanzgewinn/Bilanzverlust" zulässig, der sich durch teilweise Verwendung des Jahresergebnisses (Dotierung von Rücklagen) bereits bei der Aufstellung des Jahresabschlusses ergibt. Ein vorhandener Gewinn- oder Verlustvortrag ist in den Posten „Bilanzgewinn/Bilanzverlust" einzubeziehen und in der Bilanz oder im Anhang gesondert anzugeben. **§ 275 Abs. 4 HGB:** In der **GuV-Rechnung** dürfen Veränderungen in den Kapital- und Gewinnrücklagen erst nach dem Posten „Jahresüberschuss/Jahresfehlbetrag" angegeben werden.

Ausweis der Ergebnisverwendung gem. § 158 Abs. 1 AktG	Die GuV-Rechnung nach § 275 HGB ist nach dem Posten „Jahresüberschuss/Jahresfehlbetrag" in Fortführung der Nummerierung zu ergänzen:
	1. Gewinnvortrag/Verlustvortrag aus dem Vorjahr
	2. Entnahmen aus der Kapitalrücklage
	3. Entnahmen aus Gewinnrücklagen
	   a) aus der gesetzlichen Rücklage
	   b) aus der Rücklage für Anteile an einem herrschenden oder mehrheitlich beteiligten Unternehmen
	   c) aus satzungsmäßigen Rücklagen
	   d) aus anderen Gewinnrücklagen
	4. Einstellungen in Gewinnrücklagen
	   a) in die gesetzliche Rücklage
	   b) in die Rücklage für Anteile an einem herrschenden oder mehrheitlich beteiligten Unternehmen
	   c) in satzungsmäßige Rücklagen
	   d) in andere Gewinnrücklagen
	5. Bilanzgewinn/Bilanzverlust.
	
	Über die Verteilung des Bilanzgewinns beschließt die Hauptversammlung. Dabei ist sie an den Gewinnverwendungsvorschlag des Vorstandes nicht gebunden.
	§ 58 AktG begrenzt die Kompetenz des Vorstandes, Teile des Jahresüberschusses in die Gewinnrücklagen einzustellen.

Ergebnisverwendung der GmbH	**§ 29 Abs. 1 Satz 1 GmbHG:** Die Gesellschafter haben Anspruch auf den Jahresüberschuss (+/. /. Gewinnvortrag/Verlustvortrag), es sei denn, die Verteilung an die Gesellschafter ist ausgeschlossen: (1) nach Gesetz; (2) nach Gesellschaftsvertrag; (3) durch Gewinnverwendungsbeschluss, Beträge in die Gewinnrücklagen einzustellen oder als Gewinn vorzutragen (§ 29 Abs. 2 GmbHG); (4) falls sich ein zusätzlicher Aufwand aufgrund des Gewinnverwendungsbeschlusses (z. B. zusätzlicher Körperschaftsteueraufwand) ergibt. **§ 29 Abs. 1 Satz 2 GmbHG:** Wird die Bilanz gem. § 268 Abs. 1 HGB unter Berücksichtigung der teilweisen Ergebnisverwendung aufgestellt (z. B. Einstellungen in Gewinnrücklagen bei der Bilanzaufstellung) oder werden Rücklagen aufgelöst (wodurch der Bilanzgewinn über den Jahresüberschuss steigen kann), so haben die Gesellschafter Anspruch auf den Bilanzgewinn.

7.3.2 Ergebnisverwendung bei der Aktiengesellschaft (AG)

Das Eigenkapital einer AG unterscheidet sich grundsätzlich von dem einer Personengesellschaft. Während bei Letzterer für jeden Gesellschafter ein eigenes Eigenkapitalkonto ausgewiesen wird, erscheint das Eigenkapital einer AG in der Bilanz **gesellschafterunabhängig**; es wird lediglich in Abhängigkeit von seinem Bindungsgrad an das Unternehmen in verschiedene Bilanzpositionen untergliedert.[345]

Das in der Bilanz ausgewiesene **Eigenkapital** der Aktiengesellschaft setzt sich nach § 266 Abs. 3 HGB aus folgenden Posten zusammen:[346]

1.   Das **gezeichnete Kapital** ist das Kapital, „auf das die Haftung der Gesellschafter für die Verbindlichkeiten der Kapitalgesellschaft gegenüber den Gläubigern beschränkt ist".[347] Das gezeichnete Kapital beinhaltet den Gesamtnennbetrag der Aktien (Grundkapital) einer Aktiengesellschaft; es ist in der Satzung fixiert und kann nur durch eine Satzungsänderung verändert werden, nicht aber durch erzielte Gewinne oder Verluste.

2.   Die **Kapitalrücklage** nimmt die „von außen" zugegangenen Kapitalbeträge auf, die nicht gezeichnetes Kapital der Gesellschaft sind. Das HGB[348] zählt eine Anzahl von Beträgen auf, die in die Kapitalrücklage eingestellt werden müssen. Dazu gehören in erster Linie **Agiobeträge**, die bei der Überpari-Ausgabe von Aktien und im Zusammenhang mit der Ausgabe von Wandelschuldverschreibungen entstehen, ferner Beträge aus **Zuzahlungen von Aktionären**, die für das Einräumen von Vorzugsrechten zugeflossen sind, sowie Beträge, die bei vereinfachten Kapitalherabsetzungen gem. § 229 AktG frei geworden sind.

3.   Die **Gewinnrücklagen** nehmen die „von innen", d. h. aus nicht ausgeschütteten Gewinnen des Geschäftsjahrs oder früherer Geschäftsjahre thesaurierten Kapitalbeträge auf. Außer bei kleinen Kapitalgesellschaften i. S. d. § 267 Abs. 1 HGB müssen als gesonderte Bestandteile der Gewinnrücklagen

   a)   die gesetzliche Rücklage,

   b)   die Rücklage für Anteile an einem herrschenden oder mehrheitlich beteiligten Unternehmen,

   c)   die satzungsmäßigen Rücklagen und

   d)   die anderen Gewinnrücklagen

   getrennt ausgewiesen werden. Während der **gesetzlichen Rücklage** nach § 150 Abs. 2 AktG jeweils 5 % des um einen Verlustvortrag aus dem Vorjahr geminderten Jahresüberschusses zugeführt werden müssen, bis die gesetzliche Rücklage und die Kapital-

---

[345] Vgl. § 266 Abs. 3, Buchstabe A HGB.

[346] Vgl. dazu auch § 268 Abs. 1 HGB und § 272 HGB sowie *Buchner, R.,* Buchführung und Jahresabschluss, a. a. O., S. 315 f.; *Eisele, W.,* Technik des betrieblichen Rechnungswesens, a. a. O., S. 472 ff.; *Küting K., Reuter, M.,* in: *Küting, K., Weber, C.-P.,* Handbuch der Rechnungslegung, a. a. O., § 272 HGB, Rn. 2 ff.; *Wöhe, G.,* Bilanzierung und Bilanzpolitik, a. a. O., S. 299 ff. und S. 573 ff.

[347] § 272 Abs. 1 Satz 1 HGB.

[348] Vgl. § 272 Abs. 2 HGB.

rücklage zusammen 10 % (oder einen in der Satzung festgelegten höheren Prozentsatz) des Grundkapitals erreicht haben, ist die Zuführungskompetenz zu den anderen (freien) Gewinnrücklagen für Vorstand und Aufsichtsrat begrenzt. Diese Gremien dürfen **nicht mehr als die Hälfte** des um einen Verlustvortrag und die Zuführung zur gesetzlichen Rücklage und zur Rücklage für eigene Anteile verminderten Jahresüberschusses in die anderen Gewinnrücklagen einstellen, es sei denn, sie sind durch die Satzung zur Zuführung eines größeren Teils ermächtigt. Die Einstellung eines die Hälfte des (korrigierten) Jahresüberschusses übersteigenden Teils ist allerdings nur solange zulässig, wie die gesamten anderen Gewinnrücklagen nicht über die Hälfte des Grundkapitals angewachsen sind. Ist die Hälfte des Grundkapitals erreicht, so darf nach § 58 Abs. 2 AktG nur noch maximal die Hälfte des (korrigierten) Jahresüberschusses zugeführt werden.[349]

Nach § 58 Abs. 3 AktG kann die **Hauptversammlung** beim Beschluss über die Verwendung des Bilanzgewinns den Gewinnrücklagen weitere Beträge zuführen oder sie als Gewinnvortrag stehen lassen.

4. Der **Gewinnvortrag/Verlustvortrag** enthält Bestandteile des Jahresüberschusses und hat folglich den Charakter einer freien Rücklage. Er entsteht dann, wenn die Hauptversammlung einen Teil des zur Ausschüttung bestimmten Jahresüberschusses nicht für Ausschüttungen und Zuführung zu Gewinnrücklagen verwendet, sondern als Gewinnvortrag auf neue Rechnung vorträgt. Während der Gewinnvortrag „ein rechentechnisch bedingter unverteilter Gewinnrest" ist,[350] stellt der Verlustvortrag als Verlust vorhergehender Geschäftsjahre eine Eigenkapitalminderung dar.

5. Der **Jahresüberschuss/Jahresfehlbetrag** ist der Überschuss der Erträge über die Aufwendungen bzw. der Überschuss der Aufwendungen über die Erträge und somit das Ergebnis des laufenden Geschäftsjahrs. Unter Jahresüberschuss ist also der Periodengewinn zu verstehen **vor Abzug**

   – der Einstellungen in Gewinnrücklagen und

   – eines Verlustvortrages

   und **vor Hinzurechnung**

   – der Entnahmen aus der Kapitalrücklage und aus den Gewinnrücklagen und

   – eines Gewinnvortrages.

---

[349] Vgl. zu den Gewinnrücklagen *Kußmaul, H.,* Gewinnthesaurierung, in: *Lück, W.,* Lexikon der Rechnungslegung und Abschlußprüfung, 4. Aufl., München/Wien 1998, S. 330 sowie *Lück, W.,* Rücklagen, in *Lück, W.,* Lexikon der Betriebswirtschaft, 6. Aufl., München/Wien 2004, S. 587.

[350] So *Küting, K., Kessler, H., Hayn, B.,* in: *Küting, K., Weber, C.-P.,* Handbuch der Rechnungslegung, a.a.O., § 272 HGB, Rn. 60; zum Gewinnvortrag vgl. *Kußmaul, H.,* Gewinnvortrag, in: *Lück, W.,* Lexikon der Rechnungslegung und Abschlußprüfung, 4. Aufl., München/Wien 1998, S. 333.

6.   Der **Bilanzgewinn/Bilanzverlust** ergibt sich durch folgende Rechnung:

	Jahresüberschuss/Jahresfehlbetrag
+/. /.	Gewinnvortrag/Verlustvortrag aus dem Vorjahr
+	Entnahmen aus der Kapitalrücklage
+	Entnahmen aus Gewinnrücklagen
	– aus der gesetzlichen Rücklage
	– aus der Rücklage für Anteile an einem herrschenden oder mehrheitlich beteiligten Unternehmen
	– aus satzungsmäßigen Rücklagen
	– aus anderen Gewinnrücklagen
. /.	Einstellungen in Gewinnrücklagen
	– in die gesetzliche Rücklage
	– in die Rücklage für Anteile an einem herrschenden oder mehrheitlich beteiligten Unternehmen
	– in die satzungsmäßigen Rücklagen
	– in die anderen Gewinnrücklagen
=	Bilanzgewinn/Bilanzverlust

Der Bilanzgewinn ist der **„verteilungsfähige Reingewinn"**, d.h. einerseits der Teil des Jahresüberschusses, der vom Vorstand nicht in die Rücklagen überführt worden ist bzw. aufgrund der Vorschriften des § 58 AktG den Rücklagen nicht zugeführt werden kann, andererseits der Teil, der aus einem Gewinnvortrag einer früheren Periode gebildet worden ist oder im Geschäftsjahr den Rücklagen entnommen wird. Ist der Bilanzgewinn größer als der Jahresüberschuss, so ist das ein Zeichen, dass Gewinne früherer Perioden mit zur Ausschüttung gelangen, ist er kleiner, so sind Verluste früherer Perioden getilgt oder Rücklagen gebildet worden.

Sofern die Bilanz nach teilweiser Verwendung des Jahresergebnisses (z.B. zur Bildung von Rücklagen) aufgestellt wird, tritt dieser Posten an die Stelle der unter 4. und 5. genannten Posten; ein vorhandener Gewinn- oder Verlustvortrag ist dann hierin einzubeziehen und in der Bilanz oder im Anhang gesondert anzugeben.[351]

7.   Die **ausstehenden Einlagen auf das gezeichnete Kapital** bezeichnen den Differenzbetrag zwischen dem Nominalkapital der Aktien (Grundkapital, gezeichnetes Kapital) und dem davon einbezahlten Teil. Da die Aktionäre diesen Differenzbetrag noch einzuzahlen haben, handelt es sich um eine **Forderung der Gesellschaft** an ihre Gesellschafter. Die nicht eingeforderten ausstehenden Einlagen sind nach § 272 Abs. 1 HGB vom Posten „Gezeichnetes Kapital" offen abzusetzen, der verbleibende Betrag ist auf der Passivseite unter dem Posten „Eingefordetes Kapital" in der Hauptspalte der Passivseite auszuweisen; die eingeforderten, aber noch nicht eingezahlten Einlagen sind gesondert und unter entsprechender Bezeichnung unter den Forderungen auszuweisen.

---

[351] Vgl. § 268 Abs. 1 HGB.

Über die **Verwendung des Bilanzgewinns** beschließt die Hauptversammlung. Sie kann ihn entweder als Dividende ausschütten oder dem Unternehmen in Form eines Gewinnvortrags oder einer freien Rücklage zur Verfügung stellen. Bei der Verbuchung der Ergebnisverteilung ist zusätzlich zu berücksichtigen, dass bestimmte Personalaufwendungen **von der Größe des Jahreserfolges abhängig** sein können. Dabei handelt es sich um die **Vorstands- und Aufsichtsratstantiemen**, die i.d.R. in Abhängigkeit vom erzielten Gewinn bemessen werden. Die Verbuchung wird aktienrechtlich nach dem im folgenden Schaubild dargestellten Muster durchgeführt:[352]

	Soll	Haben
Vorstandstantiemen	Sie sind ein Teil des Personalaufwandes und in der Gewinn- und Verlustrechnung unter der Aufwandsposition „Löhne und Gehälter" auszuweisen.	Sie sind auf dem Konto „Sonstige Verbindlichkeiten" bilanziell auszuweisen; obwohl sie erst nach dem Bilanzstichtag festgestellt und somit auch gebucht werden können, ist eine rückwirkende Buchung auf den Bilanzstichtag möglich.
Aufsichtsratstantiemen	Da die Aufsichtsräte keine Arbeitnehmer des Unternehmens sind, werden die Aufwendungen als „Sonstige betriebliche Aufwendungen" ausgewiesen.	Entweder werden sie – wenn ihre Höhe satzungsmäßig fixiert ist – ebenfalls rückwirkend als „Sonstige Verbindlichkeiten" eingebucht oder es ist – wenn ihre Höhe noch von der Hauptversammlung bewilligt werden muss – am Jahresende in Höhe des geschätzten Aufwandes eine „Rückstellung für ungewisse Verbindlichkeiten" (Bilanziell: „Sonstige Rückstellungen") zu bilden.

Die **Buchungssätze** am Jahresende haben demzufolge folgendes Aussehen:

Bei Vorstands-	Löhne und Gehälter (Lohn-		
tantiemen:	und Gehaltsaufwand)	an	Sonstige Verbindlichkeiten

Bei Aufsichtsrats-	Sonstige betriebliche Auf-		
tantiemen:	wendungen	an	Sonstige Verbindlichkeiten
			(oder Sonstige Rückstellungen)

---

[352] Die Darstellung erfolgt in Anlehung an *Eisele, W.,* Technik des betrieblichen Rechnungswesens, a.a.O., S. 489; auf S. 475 ff. wird dort ausführlich auf Erfolgsfeststellung und -verwendung und die Zusammenhänge zwischen den erfolgsabhängigen Größen eingegangen.

Außerdem ist der **Jahresüberschuss** bzw. Jahresfehlbetrag analog zu der oben aufgezeigten gesetzlichen Gewinnverwendungsregelung bei Aufstellung des Jahresabschlusses unter Berücksichtigung der vollständigen oder teilweisen Verwendung des Jahresergebnisses[353] in die entsprechenden Konten zu verbuchen. Da über die Verwendung des **Bilanzgewinns** eines Jahres (Ausschüttung, Rücklagenzuführung, Gewinnvortrag) erst die im Folgejahr abgehaltene Hauptversammlung zu beschließen hat, ist dieser Betrag – bei Aufstellung der Bilanz unter Berücksichtigung der teilweisen Verwendung des Jahresergebnisses[354] – bis zu einem diesbezüglichen Beschluss der Hauptversammlung auf dem Konto **„Bilanzgewinn"** oder – nachdem zum Jahresanfang eine entsprechende Umbuchung erfolgte – auf einem **Gewinnverteilungskonto** zu belassen.

Da ausgeschüttete Dividenden einem Quellenabzugsverfahren (Kapitalertragsteuer, die der Anteilseigner auf seine Einkommensteuerschuld anrechnen kann) unterliegen, wird ein Teil **an den Anteilseigner** direkt und ein Teil **an das Finanzamt** abgeführt.[355] Solange der Betrag an das Finanzamt noch nicht gezahlt ist, die entsprechende Verpflichtung aber schon besteht, ist er auf das **Konto „Noch abzuführende Abgaben"** zu verbuchen.

Beispiel:

Eine Aktiengesellschaft erzielt im Jahr 00 einen Jahresüberschuss von 1.000.000 €. Davon müssen zunächst 5 % der gesetzlichen Rücklage zugeführt werden, vom Restbetrag wird die Hälfte den freien Rücklagen zugerechnet. Der verbleibende Betrag wird nach Beschluss der Hauptversammlung, die am 30.06.01 stattfindet, in Höhe von 75.000 € als Gewinnvortrag im Unternehmen belassen, der Restbetrag ist auszuschütten. Am 15.07.01 werden 75 % des Ausschüttungsbetrages an die Aktionäre vom Bankkonto ausbezahlt, 25 % werden am 10.08.01 vom Bankkonto an das Finanzamt überwiesen.[356]

---

[353] Vgl. § 268 Abs. 1 Satz 1 HGB.

[354] Vgl. § 268 Abs. 1 Satz 2 HGB.

[355] Bis zum In-Kraft-Treten des StSenkG (vom 23.10.2000, BGBl 2000 I, S. 1433) kam das körperschaftsteuerliche Anrechnungsverfahren zur Anwendung. Demnach konnte der Anteilseigner neben der Kapitalertragsteuer auch die von der Gesellschaft gezahlte Körperschaftsteuer (Thesaurierungssatz) auf seine Einkommensteuerschuld anrechnen. Zur Funktionsweise des körperschaftsteuerlichen Anrechnungsverfahrens vgl. *Wöhe, G.,* Betriebswirtschaftliche Steuerlehre, Band I, 1. Halbband, a. a. O., S. 224 ff. Das Anrechnungsverfahren wurde durch das Halbeinkünfteverfahren ersetzt. Demnach ist die Körperschaftsteuerbelastung aus der Anwendung eines einheitlichen Satzes von 25% auf Gesellschaftsebene definitiv. Eine resultierende Doppelbesteuerung soll durch den nur hälftigen Einbezug der Ausschüttung in die Steuerbemessungsgrundlage des Anteilseigners gemildert werden. Vgl. ausführlich zum Halbeinkünfteverfahren *Kußmaul, H., Beckmann, S.,* Die Dividendenbesteuerung im nationalen und internationalen Kontext, DB 2001, S. 608 ff. Im Zuge der Unternehmenssteuerreform 2008 wurde das Halbeinkünfteverfahren wiederum durch ein Teileinkünfteverfahren, wonach lediglich 40 % der ausgeschütteten Dividende freigestellt werden, und ergänzend um eine Abgeltungssteuer bei Privatanlegern ersetzt. Im Gegenzug wurde aber der Körperschaftsteuersatz von 25 % auf 15 % gesenkt. Vgl. Art. 1 Nr. 3 sowie Art. 2 Nr. 10 des Unternehmenssteuerreformgesetzes vom 14.08.2007, BGBl I 2007, S. 1912.

[356] Dass noch eine Zahlung an das Finanzamt erfolgt, obwohl der Jahresüberschuss bereits um die Körperschaftsteuer gekürzt ist, beruht auf der noch abzuführenden Kapitalertragsteuer.

Buchungssätze:

Am Jahresende 00:

(1)	GuV-Konto		an	Gesetzliche Rücklage	50.000,—
	GuV-Konto		an	Andere Gewinnrücklagen	475.000,—
	GuV-Konto		an	Bilanzgewinn	475.000,—

Am 01.01.01:

(2)	Bilanzgewinn		an	Gewinnverteilungskonto	475.000,—

Am 30.06.01:

(3)	Gewinnverteilungskonto	475.000,—	an	Gewinnvortrag	75.000,—
				Sonstige Verbindlichkeiten	400.000,—

Am 15.07.01:

(4)	Sonstige Verbindlichkeiten	400.000,—	an	Bank	300.000,—
				Noch abzuführende Abgaben	100.000,—

Am 10.08.01:

(5)	Noch abzuführende Abgaben		an	Bank	100.000,—

7.3.3 Ergebnisverwendung bei der Gesellschaft mit beschränkter Haftung

Die Eigenkapitalstruktur der GmbH gleicht grundsätzlich derjenigen der AG, doch bestehen wesentlich weniger gesetzliche Vorschriften über die Bildung und Verwendung von Rücklagen. Das Nominalkapital (gezeichnetes Kapital) wird bei der GmbH als Stammkapital bezeichnet. Es muss nach § 5 GmbHG mindestens 25.000 € betragen.[357]

Auch bei der GmbH ist es möglich, dass das Nominalkapital nicht voll eingezahlt wurde. In diesem Fall sind die nicht eingeforderten ausstehenden Einlagen offen vom Posten „Gezeichnetes Kapital" abzusetzen, wobei der verbleibende Betrag als „Eingefordertes Kapital"

---

[357] Ohne Aufbringung von Mindestkapital ist die Gründung einer sog. Unternehmergesellschaft nach § 5a GmbHG möglich. Diese hat in ihrer Firma die Bezeichnung „Unternehmergesellschaft (haftungsbeschränkt)" bzw. „UG (haftungsbeschränkt)" zu führen. Die Gesellschaft hat eine gesetzliche Rücklage zu bilden, in die sie 25 % des Jahresüberschusses einzustellen hat. Ist die Mindeststammeinlage von 25.000 € erreicht, finden ausschließlich die Vorschriften über die GmbH Anwendung, die Bezeichnung darf jedoch beibehalten werden.

in der Hauptspalte der Passivseite der Bilanz und die eingeforderten, aber noch nicht eingezahlten Einlagen gesondert und unter entsprechender Bezeichnung unter den Forderungen auszuweisen sind.[358] Ein Zwang zur Rücklagenbildung besteht nicht; das GmbH-Gesetz kennt **keine gesetzliche Rücklage**. Nicht entnommene Gewinne können entweder einer freien Rücklage oder dem Gewinnvortrag zugewiesen werden. Grundsätzlich haben die GmbH-Gesellschafter nach § 29 GmbHG einen Anspruch auf die Vollausschüttung des Gewinns, doch ist diese Regelung – wie auch andere Regelungen des GmbH-Gesetzes – gesellschaftsvertraglich abänderbar.[359]

In der GmbH wird der Gewinn (Verlust) analog zur AG ermittelt, d. h., im Gewinn- und Verlustkonto wird der erzielte **Jahresüberschuss** (Jahresfehlbetrag) ausgewiesen. Werden Teile des Jahresüberschusses von der Geschäftsführung zum Ausgleich eines Verlustvortrages verwendet oder einer Rücklage bzw. dem Gewinnvortrag zugeführt, oder werden von der Geschäftsführung Rücklagen aufgelöst, dann wird der so veränderte Jahresüberschuss in der Bilanz ausgewiesen, sofern nicht eine alternative Ausweismöglichkeit[360] der Gewinnverwendung herangezogen wird. Dasselbe gilt entsprechend für den Fall eines erzielten Jahresfehlbetrages.

Über den in der Bilanz ausgewiesenen Jahresüberschuss (Jahresfehlbetrag) können die Gesellschafter bestimmen, sofern ihnen nicht eine gesellschaftsvertragliche Regelung dieses Recht beschneidet.

Bei Aufstellung der Bilanz unter Berücksichtigung der teilweisen Verwendung des Jahresergebnisses gem. § 268 Abs. 1 HGB wird der **Bilanzgewinn** bei den Eröffnungsbuchungen des der Gewinnerzielung folgenden Geschäftsjahrs dem **Gewinnverteilungskonto** zugeschrieben.

Verzichtet ein Gesellschafter ganz oder teilweise auf die Auszahlung seines Gewinnanteils, ist sein Gewinnanspruch in der Bilanz unter „Sonstige Verbindlichkeiten" auszuweisen.

Die Ergebnisverbuchung der GmbH hat zwar gewisse Ähnlichkeiten mit derjenigen der AG, durch Verwendung der verschiedenen Gewinnanspruchskonten für die einzelnen Gesellschafter ist aber auch die Ähnlichkeit mit der Ergebnisverbuchung der Personengesellschaften – vor allem der KG – nicht zu übersehen.

---

[358] Vgl. § 272 Abs. 1 HGB.

[359] Vgl. *Kußmaul, H.,* Unternehmerkinder – Ihre zivil- und steuerrechtliche Berücksichtigung bei personenbezogenen, mittelständischen Familienunternehmen, Köln/Berlin/Bonn/München 1983, S. 254 ff.

[360] Vgl. § 268 Abs. 1 HGB.

7.4 Übungsaufgabe 6

Eine offene Handelsgesellschaft mit den Gesellschaftern A und B hat am 31.12.00 folgende Schlussbilanz:

Aktiva	Bilanz zum 31.12.00		Passiva
Grundstücke u. Gebäude	37.000,—	Eigenkapital A	30.000,—
Wertpapiere des UV	4.000,—	Eigenkapital B	20.000,—
Waren	7.900,—	Wertberichtigung auf Anlagen	7.160,—
Kundenforderungen	10.710,—	Gewerbesteuerrückstellung	3.000,—
Gemeinde für Gewerbesteuer	2.700,—	Darlehensverbindlichkeiten	10.000,—
Bank	9.153,—	Lieferantenverbindlichkeiten	5.000,—
Kasse	5.547,—	Sonstige Verbindlichkeiten	1.200,—
Aktiver RAP	650,—	Passiver RAP	1.800,—
Damnum	500,—		
	78.160,—		78.160,—

Eröffnen Sie die Konten zum 01.01.01 (ohne Heranziehung eines Eröffnungsbilanzkontos), schreiben Sie auf gesonderten Blättern die mit Angabe der Beträge versehenen Buchungssätze zu den Geschäftsvorfällen, den Abschlussangaben und den vorbereitenden Abschlussbuchungen nieder (in den Fällen, in denen Umsatzsteuer zu berücksichtigen ist, ist dies vermerkt), verbuchen Sie die Buchungssätze und erstellen Sie das Schlussbilanzkonto zum 31.12.01 und das Gewinn- und Verlustkonto für die Zeit vom 01.01.–31.12.01.

Der Warenverkehr ist auf zwei Konten (Wareneinkauf; Warenverkauf), die Umsatzsteuer auf drei Konten (Vorsteuer; Eigenverbrauchsteuer; Umsatzsteuer) zu verbuchen. Von einer monatlichen Umsatzsteuervoranmeldung wird abgesehen; die Umsatzsteuer wird lediglich am Jahresende verrechnet. Eine Pauschalwertberichtigung auf Forderungen wird nicht gebildet.

Geschäftsvorfälle:

1. Folgende Abgrenzungen sind aufzulösen:

    a) Am 27.11.00 wurde Kraftfahrzeugsteuer für die Zeit vom 01.11.00–31.10.01 in Höhe von 780 € über die Bank gezahlt.

    b) Am 18.09.00 gingen auf dem Bankkonto Pachtzinsen für die Zeit vom 01.08.00–31.12.01 in Höhe von 2.550 € ein.

2. Wir kaufen ein ausschließlich betrieblich genutztes Kraftfahrzeug zum Preis von 23.800 € (einschl. 19 % Umsatzsteuer = 3.800 €). Der Händler gewährt 2 % Skonto. Wir zahlen den Rest nach einer Woche über unser Bankkonto.

3. a) Gesellschafter A entnimmt den gesamten Wertpapierbestand zum Tageswert von 4.700 €.

   b) Gesellschafter B bezahlt die am 01.01.01 bestehende Umsatzsteuerschuld aus eigener Tasche (in Höhe von 1.200 €; ausgewiesen bei den sonstigen Verbindlichkeiten).

4. Am 31.03.01 begleichen wir die noch aus dem Jahr 00 stammende Lieferantenverbindlichkeit von 5.000 € durch Überweisung vom Bankkonto.

5. Wir kaufen am 01.07.01 Waren zum Preis von 59.500 € (einschl. 19 % Umsatzsteuer = 9.500 €). Wir überweisen den Kaufpreis nach einer Woche über unser Bankkonto.

6. Der Gewerbesteuerbescheid für das Jahr 00 geht ein. Die Steuerschuld für das Jahr 00 beträgt 8.000 €. Zurückgestellt wurden für diesen Zeitraum 3.000 €, vorausgezahlt 2.700 €. Die Vorauszahlung für das Jahr 01 wird auf 6.000 € festgesetzt. Nach einem Monat erfolgt die Zahlung für die Jahre 00 und 01 über unser Bankkonto.

7. Wir verkaufen am 01.08.01 Waren zum Preis von 95.200 € (einschl. 19 % Umsatzsteuer = 15.200 €). Nach einer Woche überweist unser Kunde den Kaufpreis unter Abzug von 3 % Skonto auf unser Bankkonto.

8. Der Bruttolohn der Arbeitnehmer beträgt 24.000 €, die Lohnsteuer 3.000 €, die Kirchensteuer 250 €, Arbeitgeber- und Arbeitnehmeranteil zur Sozialversicherung betragen jeweils 4.100 €. Die vermögenswirksamen Leistungen von 260 € werden vom Nettolohn der Arbeitnehmer auf ihre Anlagekonten gebucht. Der verbleibende Nettolohn, die vermögenswirksamen Leistungen sowie die Sozialversicherungsbeiträge werden sofort über die Bank gezahlt; die anderen Abgaben werden 10 Tage später über das Bankkonto bezahlt.

9. Wir zahlen über unser Bankkonto Darlehenszinsen für die Zeit vom 01.07.01–31.12.02 in Höhe von 900 € sowie eine Tilgungsrate von 5.000 €. Eine Abgrenzung der für das Jahr 02 gezahlten Zinsen ist vorzunehmen.

10. Wir kaufen am 15.10.01 Waren zu 47.600 € (einschl. 19 % Umsatzsteuer = 7.600 €). Der Lieferant gewährt uns 25 % Rabatt. Wir überweisen den Kaufpreis nach 8 Tagen über das Bankkonto.

11. Am 30.10.01 verkaufen wir die Hälfte der Waren (aus Geschäftsvorfall Nr. 10) zu 35.700 € (einschl. 19 % Umsatzsteuer = 5.700 €), die nach 10 Tagen unter Abzug von 3 % Skonto über das Bankkonto beglichen werden. Die andere Hälfte der Waren wird an den Lieferanten zurückgesendet, der uns eine Gutschrift gewährt, die gegen spätere Verbindlichkeiten verrechnet werden kann.

12. Das Unternehmen kauft am 01.11.01 kurzfristig zu haltende Aktien für 15.000 € (zuzüglich 200 € Bankspesen). Die Bezahlung erfolgt vom Bankkonto. Am 01.12.01 werden diese für 22.000 € (dabei fallen bei uns 300 € Bankspesen an) veräußert. Die Bezahlung erfolgt über das Bankkonto.

Abschlussangaben:

13. Die Abgrenzungen zum 31.12.01 sind – soweit nicht bereits geschehen – vorzunehmen (einschl. des zur Hälfte aufzulösenden Damnums).

14. Es sollen abgeschrieben werden:

    a) indirekt 600 € auf das Gebäude;

    b) direkt eine volle lineare Jahresabschreibung auf das neue Kraftfahrzeug bei einer – wegen der extremen betrieblichen Beanspruchung – geschätzten Nutzungsdauer von 4 Jahren.

15. Über das Vermögen unseres Kunden W, gegenüber dem wir noch aus dem Vorjahr eine Forderung von 10.710 € (einschl. 19 % Umsatzsteuer = 1.710 €) haben, ist das Insolvenzverfahren eröffnet worden. Wir rechnen mit einer Insolvenzquote (Geldeingang zu Gesamtforderung) von 40 % und schreiben entsprechend direkt ab.

16. Für das Jahr 01 schätzen wir den Gewerbesteueraufwand auf 9.000 €.

17. Der Warenendbestand lt. Inventur beträgt 29.385 €.

18. Die am Jahresende fällige Umsatzsteuer wird vom Bankkonto beglichen.

19. Die Gewinn- und Verlustverteilung erfolgt nach den handelsrechtlichen Vorschriften (ausgehend von den Anfangsbeständen).

Lösung:

(1) Buchungssätze zu den Geschäftsvorfällen und Abschlussangaben:

1. a) Kfz-Steuer		an	Aktiver RAP	650,—
b) Passiver RAP		an	Pachterträge	1.800,—
2. a) Fuhrpark	20.000,—	an	Lieferantenverbind-	
Vorsteuer	3.800,—		lichkeiten	23.800,—
b) Lieferanten-				
verbindlichkeiten	23.800,—	an	Skontoerträge	400,—
			Vorsteuer	76,—
			Bank	23.324,—
3. a) Privatentnahmen A	4.700,—	an	Wertpapiere des UV	4.000,—
			Sonstige betriebliche	
			Erträge	700,—
b) Sonstige Verbindlichkeiten		an	Privateinlagen B	1.200,—
4. Lieferantenverbindlichkeiten		an	Bank	5.000,—
5. a) Wareneinkauf	50.000,—	an	Lieferantenver-	
Vorsteuer	9.500,—		bindlichkeiten	59.500,—
b) Lieferantenverbindlichkeiten		an	Bank	59.500,—

6. a) Gewerbesteuer-
        rückstellung   3.000,—   an   Gem. f. Gewerbe-
        Sonstige betriebliche   steuer   8.000,—
        Aufwendungen   5.000,—

    b) Gem. für Gewerbesteuer   an   Bank   11.300,—

7. a) Kundenforde-
        rungen   95.200,—   an   Warenverkauf   80.000,—
                                                       Umsatzsteuer   15.200,—

    b) Skontoaufwand   2.400,—   an   Kundenforderungen 95.200,—
        Umsatzsteuer   456,—
        Bank   92.344,—

8. a) Lohn- und Ge-
        haltsaufwand   24.000,—   an   Bank   24.590,—
        Gesetzl. So-   Bank   260,—
        zialaufwand   4.100,—   Noch abzuf.
                                                       Abgaben   3.250,—

    b) Noch abzuführende Abgaben   an   Bank   3.250,—

9.   Zinsaufwand   900,—   an   Bank   5.900,—
        Darlehensverbind-
        lichkeiten   5.000,—

10. a) Wareneinkauf   30.000,—   an   Lieferantenver-
        Vorsteuer   5.700,—   bindlichkeiten   35.700,—

    b) Lieferantenverbindlichkeiten   an   Bank   35.700,—

11. a) Kundenforde-
        rungen   35.700,—   an   Warenverkauf   30.000,—
                                                       Umsatzsteuer   5.700,—

    b) Skontoaufwand   900,—   an   Kundenforderungen 35.700,—
        Umsatzsteuer   171,—
        Bank   34.629,—

    c) Sonstige
        Forderungen   17.850,—   an   Wareneinkauf   15.000,—
        (Forderungen   Vorsteuer   2.850,—
        an Lieferanten)

12. a) Wertpapiere des UV   an   Bank   15.200,—

   b) Bank   21.700,—   an   Wertpapiere des UV 15.200,—
Sonstige betriebliche
Erträge   6.500,—

13. a) Aktiver RAP   an   Zinsaufwand   600,—
(zu Geschäftsvorfall 9)

   b) Zinsaufwand   an   Damnum   250,—

14. a) Abschreibungen auf AV   an   Wertberichtigung auf
Anlagen   600,—

   b) Abschreibungen auf AV   an   Fuhrpark   4.900,—
(Der Anschaffungswert des neuen Kraftfahrzeugs wird um die Skontoerträge
vermindert; siehe beim Abschluss der Erlösschmälerungskonten)

15. a) Dubiose   an   Kundenforderungen 10.710,—
Abschreibungen auf Forderungen   an   Dubiose   5.400,—

   b) Dubiose   an   Sonstige Forde-
Abschreibungen auf   rungen   6.188,—
Forderungen   5.200,—   an   Dubiose   6.188,—
Umsatzsteuer   988,—

16.   Gewerbesteueraufwand   an   Gewerbesteuerrückstellung   9.000,—

17.   Schlussbilanzkonto   an   Wareneinkauf   29.385,—

18.   (Zuvor ist das Vorsteuerkonto im Rahmen der nach der kontenmäßigen Darstellung
aufgezeigten Vorabschlussbuchungen auf das Umsatzsteuerkonto zu verbuchen.)

      Umsatzsteuer   an   Bank   3.211,—

19.   GuV-Konto   12.785,—   an   Eigenkapital A   6.592,50
Eigenkapital B   6.192,50

Gewinnverteilungsübersicht:

Gesell-schafter	Anfangs-bestände Kapitalkonten	Gewinnverteilung			Endbestände der Kapital-konten (ohne Privatvor-gänge)
		4 %ige Kapi-talverzinsung	Restgewinn nach Köpfen	Gesamtgewinn-anteil	
A	30.000,—	1.200,—	5.392,50	6.592,50	36.592,50
B	20.000,—	800,—	5.392,50	6.192,50	26.192,50

(2) Kontenmäßige Darstellung:

Bestandskonten:

Soll	Grundstücke und Gebäude	Haben
AB	37.000,—	EB 37.000,—

Soll	Wareneinkauf	Haben
AB	7.900,—	(11c) 15.000,—
(5a)	50.000,—	(17) 29.385,—
(10a)	30.000,—	GuV 43.515,—
	87.900,—	87.900,—

Soll	Kundenforderungen	Haben
AB	10.710,—	(7b) 95.200,—
(7a)	95.200,—	(11b) 35.700,—
(11a)	35.700,—	(15a) 10.710,—
	141.610,—	141.610,—

Soll	Fuhrpark	Haben
(2a)	20.000,—	Skonto-erträge 400,—
		(14b) 4.900,—
		EB 14.700,—
	20.000,—	20.000,—

Soll	Wertpapiere des UV	Haben
AB	4.000,—	(3a) 4.000,—
(12a)	15.200,—	(12b) 15.200,—
	19.200,—	19.200,—

Soll	Gem. f. Gewerbesteuer	Haben
AB	2.700,—	(6a) 8.000,—
(6b)	11.300,—	EB 6.000,—
	14.000,—	14.000,—

Soll	Bank	Haben
AB	9.153,—	(2b) 23.324,—
(7b)	92.344,—	(4) 5.000,—
(11b)	34.629,—	(5b) 59.500,—
(12b)	21.700,—	(6b) 11.300,—
EB	29.409,—	(8a) 24.590,—
		(8a) 260,—
		(8b) 3.250,—
		(9) 5.900,—
		(10b) 35.700,—
		(12a) 15.200,—
		(18) 3.211,—
	187.235,—	187.235,—

Soll		Kasse		Haben
AB	5.547,—	EB		5.547,—

Soll		Aktiver RAP		Haben
AB	650,—	(1a)		650,—
(13a)	600,—	EB		600,—
	1.250,—			1.250,—

Soll		Sonstige Forderungen		Haben
(11c)	17.850,—	(15b)		6.188,—
		EB		11.662,—
	17.850,—			17.850,—

Soll		Eigenkapital A		Haben
Privat A	4.700,—	AB		30.000,—
EB	31.892,50	GuV		6.592,50
	36.592,50			36.592,50

Soll		Eigenkapital B		Haben
EB	27.392,50	AB		20.000,—
		Privat B		1.200,—
		GuV		6.192,50
	27.392,50			27.392,50

Soll		Wertberich. auf Anlagen		Haben
EB	7.760,—	AB		7.160,—
		(14a)		600,—
	7.760,—			7.760,—

Soll		Lieferantenverbindlichk.		Haben
(2b)	23.800,—	AB		5.000,—
(4)	5.000,—	(2a)		23.800,—
(5b)	59.500,—	(5a)		59.500,—
(10b)	35.700,—	(10a)		35.700,—
	124.000,—			124.000,—

Soll		Darlehensverbindlichkeiten		Haben
(9)	5.000,—	AB		10.000,—
EB	5.000,—			
	10.000,—			10.000,—

Soll		Damnum		Haben
AB	500,—	(13b)		250,—
		EB		250,—
	250,—			250,—

Soll		Dubiose		Haben
(15a)	10.710,—	(15a)		5.400,—
(15b)	6.188,—	(15b)		6.188,—
		EB		5.310,—
	16.898,—			16.898,—

Soll		Gewerbesteuerrückst.		Haben
(6a)	3.000,—	AB		3.000,—
EB	9.000,—	(16)		9.000,—
	12.000,—			12.000,—

Soll	Vorsteuer		Haben
(2a)	3.800,—	(2b)	76,—
(5a)	9.500,—	(11c)	2.850,—
(10a)	5.700,—	USt	16.074,—
	19.000,—		19.000,—

Soll	Sonstige Verbindlichk.		Haben
(3b)	1.200,—	AB	1.200,—

Soll	Privat A		Haben
Privatentnah-men A	4.700,—	Eigen-kapital A	4.700,—

Soll	Privat B		Haben
Eigen-kapital B	1.200,—	Privatein-lagen B	1.200,—

Soll	Privateinlagen B		Haben
Privat B	1.200,—	(3b)	1.200,—

Soll	Noch abzuführ. Abgaben		Haben
(8b)	3.250,—	(8a)	3.250,—

Soll	Umsatzsteuer		Haben
(7b)	456,—	(7a)	15.200,—
(11b)	171,—	(11a)	5.700,—
(15b)	988,—		
Vor-steuer	16.074,—		
(18)	3.211,—		
	20.900,—		20.900,—

Soll	Passiver RAP		Haben
(1b)	1.800,—	AB	1.800,—

Soll	Privatentnahmen A		Haben
(3a)	4.700,—	Privat A	4.700,—

Erfolgskonten:

Soll	Kfz-Steuer		Haben
(1a)	650,—	GuV	650,—

Soll	Skontoaufwand		Haben
(7b)	2.400,—	Waren-	
(11b)	900,—	verkauf	3.300,—
	3.300,—		3.300,—

Soll	Gesetzl. Sozialaufwand		Haben
(8a)	4.100,—	GuV	4.100,—

Soll	Abschreibungen auf AV		Haben
(14a)	600,—	GuV	5.500,—
(14b)	4.900,—		
	5.500,—		5.500,—

Soll	Gewerbesteueraufwand		Haben
(16)	9.000,—	GuV	9.000,—

Soll	Warenverkauf		Haben
Skonto-		(7a)	80.000,—
aufwand	3.300,—	(11a)	30.000,—
GuV	106.700,—		
	110.000,—		110.000,—

Soll	Sonst. betr. Aufwendungen		Haben
(6a)	5.000,—	GuV	5.000,—
	5.000,—		5.000,—

Soll	Lohn- u. Gehaltsaufwand		Haben
(8a)	24.000,—	GuV	24.000,—

Soll	Zinsaufwand		Haben
(9)	900,—	(13a)	600,—
(13b)	250,—	GuV	550,—
	1.150,—		1.150,—

Soll	Abschreib. auf Forderungen		Haben
(15a)	5.400,—	GuV	10.600,—
(15b)	5.200,—		
	10.600,—		10.600,—

Soll	Skontoerträge		Haben
Fuhr-park	400,—	(2b)	400,—

Soll	Pachterträge		Haben
GuV	1.800,—	(1b)	1.800,—

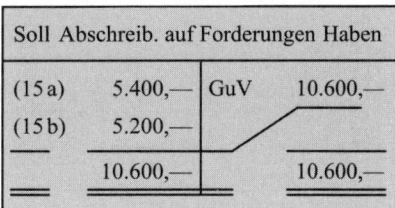

Soll	Sonst. betr. Erträge		Haben
GuV	7.200,—	(3 a)	700,—
		(12 b)	6.500,—
	7.200,—		7.200,—

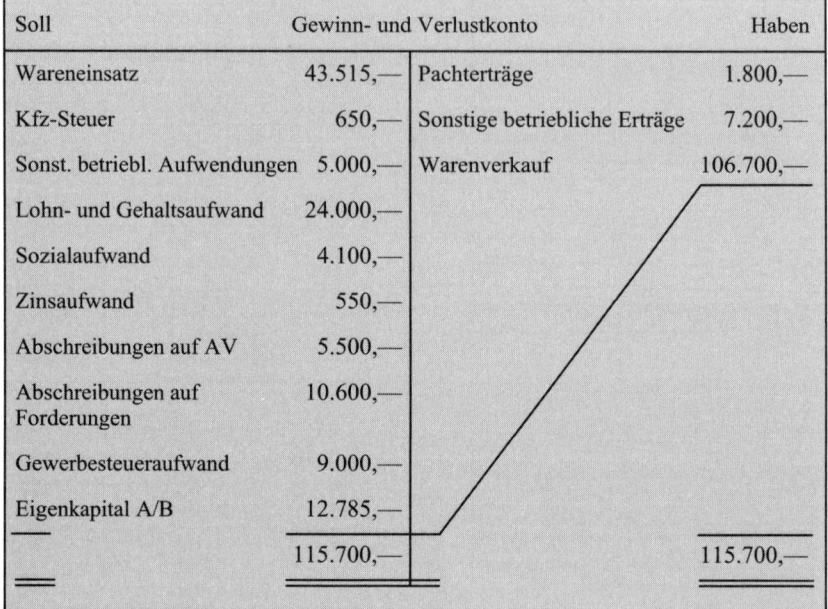

Soll	Gewinn- und Verlustkonto		Haben
Wareneinsatz	43.515,—	Pachterträge	1.800,—
Kfz-Steuer	650,—	Sonstige betriebliche Erträge	7.200,—
Sonst. betriebl. Aufwendungen	5.000,—	Warenverkauf	106.700,—
Lohn- und Gehaltsaufwand	24.000,—		
Sozialaufwand	4.100,—		
Zinsaufwand	550,—		
Abschreibungen auf AV	5.500,—		
Abschreibungen auf Forderungen	10.600,—		
Gewerbesteueraufwand	9.000,—		
Eigenkapital A/B	12.785,—		
	115.700,—		115.700,—

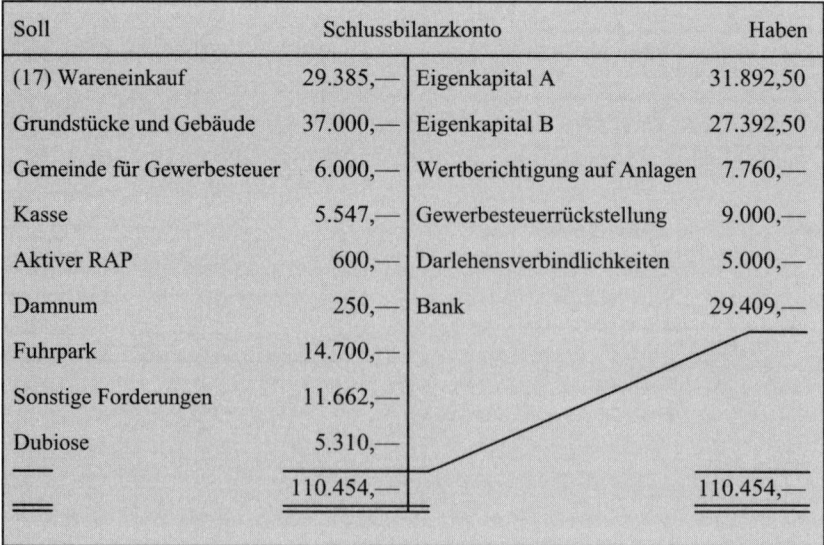

Soll	Schlussbilanzkonto		Haben
(17) Wareneinkauf	29.385,—	Eigenkapital A	31.892,50
Grundstücke und Gebäude	37.000,—	Eigenkapital B	27.392,50
Gemeinde für Gewerbesteuer	6.000,—	Wertberichtigung auf Anlagen	7.760,—
Kasse	5.547,—	Gewerbesteuerrückstellung	9.000,—
Aktiver RAP	600,—	Darlehensverbindlichkeiten	5.000,—
Damnum	250,—	Bank	29.409,—
Fuhrpark	14.700,—		
Sonstige Forderungen	11.662,—		
Dubiose	5.310,—		
	110.454,—		110.454,—

(3) Vorbereitende Abschlussbuchungen:

Privatkonten:

Privat A	an	Privatentnahmen A	4.700,—
Eigenkapital A	an	Privat A	4.700,—
Privateinlagen B	an	Privat B	1.200,—
Privat B	an	Eigenkapital B	1.200,—

Umsatzsteuerkonten:

Umsatzsteuer	an	Vorsteuer	16.074,—

Erlösschmälerungskonten:

Warenverkauf	an	Skontoaufwand	3.300,—
Skontoerträge	an	Fuhrpark	400,—

(4) Abschlussbuchungen:

Aufwands- u. Ertragskonten:

GuV-Konto	an	Wareneinkauf	43.515,—
GuV-Konto	an	Kfz-Steuer	650,—
GuV-Konto	an	Sonst. betriebl. Aufwendungen	5.000,—
GuV-Konto	an	Lohn- und Gehaltsaufwand	24.000,—
GuV-Konto	an	Gesetzl. Sozialaufwand	4.100,—
GuV-Konto	an	Zinsaufwand	550,—
GuV-Konto	an	Abschreibungen auf AV	5.500,—
GuV-Konto	an	Abschreibungen auf Forderungen	10.600,—
GuV-Konto	an	Gewerbesteueraufwand	9.000,—
Pachterträge	an	GuV-Konto	1.800,—
Sonstige betriebliche Erträge	an	GuV-Konto	7.200,—
Warenverkauf	an	GuV-Konto	106.700,—

Gewinn- und Verlustkonto:

siehe Buchungssatz 19

Bestandskonten:

Schlussbilanzkonto	an	Grundstücke und Gebäude	37.000,—
Schlussbilanzkonto	an	Gemeinde für Gewerbesteuer	6.000,—
Schlussbilanzkonto	an	Kasse	5.547,—
Schlussbilanzkonto	an	Aktiver RAP	600,—
Schlussbilanzkonto	an	Damnum	250,—
Schlussbilanzkonto	an	Fuhrpark	14.700,—
Schlussbilanzkonto	an	Sonstige Forderungen	11.662,—
Schlussbilanzkonto	an	Dubiose	5.310,—
Bank	an	Schlussbilanzkonto	29.409,—
Eigenkapital A	an	Schlussbilanzkonto	31.892,50
Eigenkapital B	an	Schlussbilanzkonto	27.392,50
Wertberichtigung auf Anlagen	an	Schlussbilanzkonto	7.760,—
Gewerbesteuerrückstellung	an	Schlussbilanzkonto	9.000,—
Darlehensverbindlichkeiten	an	Schlussbilanzkonto	5.000,—

Literaturverzeichnis

Adler, H./Düring, W./Schmaltz, K.: Rechnungslegung und Prüfung der Aktiengesellschaft, 4. Aufl., Band 1, Stuttgart 1968.

Bähr, G./Fischer-Winkelmann, W.: Buchführung und Jahresabschluß, 6. Aufl., Wiesbaden 1998.
Bähr, G./Fischer-Winkelmann, W./List, S.: Buchführung und Jahresabschluss, 9. Aufl., Wiesbaden 2006.
Baetge, J./Fey, D./Fey, G.: Kommentierung zu § 243 HGB, in: Handbuch der Rechnungslegung, hrsg. von *K. Küting/C.-P. Weber,* 5. Aufl., Stuttgart 2002 ff. (Loseblatt), Stand: November 2009.
Bieg, H., Bilanzierung der Kreditinstitute und Finanzdienstleistungsinstitute, in: Beck'sches Handbuch der Rechnungslegung, hrsg. von *E. Castan* u.a., München 1987 ff. (Loseblatt), Stand: Januar 2009, B 900, 2000, S. 1-142.
Bieg, H./Hossfeld, C./Kußmaul, H./Waschbusch, G., Handbuch der Rechnungslegung nach IFRS – Grundlagen und praktische Anwendung –, 2. Aufl., Düsseldorf 2009.
Bieg, H./Kußmaul, H., Externes Rechnungswesen, 5. Aufl., München 2009.
Bieg, H./Kußmaul, H.: Finanzierung, 2. Aufl., München 2009.
Bieg, H./Kußmaul, H./Petersen, K./Waschbusch, G./Zwirner, C.: Bilanzrechtsmodernisierungsgesetz – Bilanzierung, Berichterstattung und Prüfung nach dem BilMoG, München 2009.
Biergans, E.: Einkommensteuer, 6. Aufl., München/Wien 1992.
Buchner, R.: Buchführung und Jahresabschluss, 7. Aufl., München 2005.
Bundesverband der Deutschen Industrie e.V.: Industriekontenrahmen, Neufassung 1986, Bergisch Gladbach 1986.
Busse von Colbe, W./Pellens, B. (Hrsg.): Lexikon des Rechnungswesens, 4. Aufl., München/Wien 1998.

Castan, E. u.a. (Hrsg.): Beck'sches Handbuch der Rechnungslegung, München 1987 ff. (Loseblatt), Stand: Januar 2009.
Coenenberg, A.G./Wysocki, K. von (Hrsg.): Handwörterbuch der Revision, 2. Aufl., Stuttgart 1992.

Datenverarbeitungsorganisation des steuerberatenden Berufes in der Bundesrepublik Deutschland eG: DATEV-Kontenrahmen (SKR) 04 – Gültig ab 2009.
Deutsche Bundesbank: Die Schaffung eines einheitlichen Verzeichnisses für notenbankfähige Sicherheiten im Euro-Währungsgebiet, Monatsbericht April 2006, S. 31-41.
Döring, U./Buchholz, R.: Buchhaltung und Jahresabschluss, 11. Aufl., Berlin 2009.
Dörner, D./Hayn, S./Knop, W./Lorson, P./Wirth, J.: Kommentierung zu § 268, in: Handbuch der Rechnungslegung, hrsg. von *K. Küting/C.-P. Weber,* 5. Aufl., Stuttgart 2002 ff. (Loseblatt), Stand: November 2009.
Dusemond, M./Heusinger, S./Knop, W.: Kommentierung zu § 266 HGB, in: Handbuch der Rechnungslegung, hrsg. von *K. Küting/C.-P. Weber,* 5. Aufl., Stuttgart 2002 ff. (Loseblatt), Stand: November 2009.

Eisele, W.: Technik des betrieblichen Rechnungswesens. Buchführung – Kostenrechnung – Sonderbilanzen, 7. Aufl., München 2002.
Ellrott, H.: Kommentierung § 256, in: Beck'scher Bilanzkommentar, hrsg. von *H. Ellrott* u.a., 7. Aufl., München 2010.
Ellrott, H. u.a. (Hrsg.): Beck'scher Bilanzkommentar, 7. Aufl., München 2010.
Engelhardt, W./Raffée, H./Wischermann, B.: Grundzüge der doppelten Buchhaltung, 7. Aufl., Wiesbaden 2006.

Falterbaum, H./Bolk, W./Reiß, W./Eberhart, R.: Buchführung und Bilanz, 20. Aufl., Achim 2007.

Federmann, R.: Bilanzierung nach Handels- und Steuerrecht, 11. Aufl., Berlin 2000.

Federmann, R./Kußmaul, H./Müller, S. (Hrsg.): Handbuch der Bilanzierung, Freiburg i. Br. 2003 ff. (Loseblatt), Stand: Dezember 2009.

Haberstock, L./Breithecker, V.: Prüfung des Buchführungssystems, in: Handwörterbuch der Revision, hrsg. von *A.G. Coenenberg/K. von Wysocki* (Hrsg.): Handwörterbuch der Revision, 2. Aufl., Stuttgart 1992, Sp. 295 ff.

Hardt, R.: Wir lernen Buchführung, 7. Aufl., Wiesbaden 1974.

Heinhold, M.: Buchführung in Fallbeispielen, 10. Aufl., Stuttgart 2006.

Hünnekens, H.: Änderungen des Umsatzsteuerrechts durch das Steuerentlastungsgesetz 1999/2000/2002, in: NWB vom 26. 4. 1999, Fach 7, S. 5059 ff.

Institut der Wirtschaftsprüfer (IdW) in Deutschland e.V.: Wirtschaftsprüfer-Handbuch 2006, Bd. I, 13. Aufl., Düsseldorf 2006.

Kresse, W./Döring, J.: So bucht man nach dem neuen Industriekontenrahmen. Eine Einführung für Schule und Praxis, Ausgabe B, 2. Aufl., Stuttgart 1976.

Kuhfus, W., in: Abgabenordnung, Finanzgerichtsordnung, Nebengesetze, hrsg. von *A. von Wedelstädt*, 19. Aufl., Stuttgart 2008, § 146 AO.

Kußmaul, H.: Der Konkurs von Unternehmen. Konkurseröffnung, Folgen und Konkursbeendigung, WiSt 1983, S. 87 ff.

–: Unternehmerkinder – Ihre zivil- und steuerrechtliche Berücksichtigung bei personenbezogenen, mittelständischen Familienunternehmen, Köln/Berlin/Bonn/München 1983.

–: Nutzungsrechte an Grundstücken in Handels- und Steuerbilanz, Hamburg 1987.

–: Betriebliche Altersversorgung von Geschäftsführern. Voraussetzungen und finanzwirtschaftliche Auswirkungen, München 1995.

–: Anlagespiegel, in: Lexikon des Rechnungswesens, hrsg. von *W. Busse von Colbe/B. Pellens*, 4. Aufl., München 1998, S. 32 ff.

–: Gewinnthesaurierung, in: Lexikon der Rechnungslegung und Abschlußprüfung, hrsg. von *W. Lück*, 4. Aufl., München/Wien 1998, S. 330.

–: Gewinnvortrag, in: Lexikon der Rechnungslegung und Abschlußprüfung, hrsg. von *W. Lück*, 4. Aufl., München/Wien 1998, S. 333.

–: Betriebswirtschaftliche Steuerlehre, 5. Aufl., München 2008.

–: Kommentierung zu § 239 HGB, in: Handbuch der Rechnungslegung, hrsg. von *K. Küting/C.-P. Weber*, 5. Aufl., Stuttgart 2002 ff. (Loseblatt), Stand: November 2009.

–: Kommentierung zu § 246 HGB, in: Handbuch der Rechnungslegung, hrsg. von *K. Küting/C.-P. Weber*, 5. Aufl., Stuttgart 2002 ff. (Loseblatt), Stand: November 2009.

–: Zuschreibungen/Wertaufholungen, in: Handbuch der Bilanzierung, hrsg. von *R. Federmann/H. Kußmaul/S. Müller*, Freiburg i. Br. 2003 ff. (Loseblatt), Stand: Dezember 2009, Beitrag Nr. 151, S. 1-40.

Kußmaul, H./Beckmann, S.: Die Dividendenbesteuerung im nationalen und internationalen Kontext, DB 2001, S. 608 ff.

Kußmaul, H./Gräbe, S.: Kommentierung zu § 246 HGB, in: Bilanzrechtsmodernisierungsgesetz, hrsg. von *K. Petersen/C. Zwirner*, München 2009.

Kußmaul,H./Hilmer, K.: Der Entwurf des IASB der IFRS für kleine und mittelgroße Unternehmen, PiR 2007, S. 121 ff.

Kußmaul,H./Hilmer, K.: Die Notwendigkeit von IFRS für kleine und mittelgroße Unternehmen nach dem Bilanzrechtsmodernisierungsgesetz, PiR 2008, S. 126 ff.

Kußmaul, H./Tcherveniachki, V.: Überlegungen zu der Entwicklung der Rechnungslegung mittelständischer Unternehmen im Kontext der Internationalisierung der Bilanzierungspraxis, DStR 2005, S. 616 ff.

Küting, K./Reuter, M.: Kommentierung zu § 272 HGB, in: Handbuch der Rechnungslegung, hrsg. von *K. Küting/C.-P. Weber*, 5. Aufl., Stuttgart 2002 ff. (Loseblatt), Stand: November 2009.

Küting, K./Weber, C.-P. (Hrsg.): Handbuch der Rechnungslegung, 5. Aufl., Stuttgart 2002 ff. (Loseblatt), Stand: November 2009.

Lück, W.: Rücklagen, in *Lück, W.*, Lexikon der Betriebswirtschaft, 6. Aufl., München/Wien 2004, S. 587.
– (Hrsg.): Lexikon der Rechnungslegung und Abschlußprüfung, 4. Aufl., München/Wien 1998.

Macke, H./Wegener, W.: Ablauf eines Insolvenzverfahrens ab dem 1.1.1999, INF 1998, S. 405 ff. und S. 438 ff.
Marettek, A.: Ermessensspielräume bei der Bestimmung wichtiger aktienrechtlicher Wertansätze, WiSt 1976, S. 515 ff.

Perridon, L./Steiner, M./Rathgeber, A.: Finanzwirtschaft der Unternehmung, 15. Aufl., München 2009.
Petersen, K./Zwirner, C. (Hrsg.): Bilanzrechtsmodernisierungsgesetz, München 2009.
Petersen, K./Zwirner, C./Froschhammer, M.: Kommentierung zu § 254 HGB, in: Bilanzrechtsmodernisierungsgesetz, hrsg. von *K. Petersen/C. Zwirner*, München 2009.
Petersen, K., Zwirner, C., Künkele, K., Rückstellungen nach BilMoG – Grundlagen, offene Fragen und bilanzpolitische Aspekte, StuB 2008, S. 693 ff.

Rau, G. u.a., Kommentar zum Umsatzsteuergesetz, 8. Aufl., Köln 1997 ff. (Loseblatt).

Schildbach, T.: Der handelsrechtliche Jahresabschluss, 9. Aufl., Herne 2009.
Schmalenbach, E.: Der Kontenrahmen, Leipzig 1927.
Schmolke, S./Deitermann, M.: Kaufmännische Buchführung für Wirtschaftsschulen, 1. Teil: Einführung in die Finanzbuchhaltung, 43. Aufl., Darmstadt 2008.
Schöttler, J./Spulak, R.: Technik des betrieblichen Rechnungswesens, 10. Aufl., München 2009.
Schuhmann, H., in: *Rau, G.* u.a., Kommentar zum Umsatzsteuergesetz, 8. Aufl., Köln 1997 ff. (Loseblatt).
Selchert, F. W.: Kommentierung zu § 252 HGB, in: Handbuch der Rechnungslegung, hrsg. von *K. Küting/C.-P. Weber,* 5. Aufl., Stuttgart 2002 ff. (Loseblatt), Stand: November 2009.
Strobel, W.: Die Neuerungen des KapCoRiLiG für den Einzel- und Konzernabschluss, DB 2000, S. 53 ff.

von Wedelstädt, A. (Hrsg.): Abgabenordnung, Finanzgerichtsordnung, Nebengesetze, 19. Aufl., Stuttgart 2008.

Wöhe, G.: Sind die Anforderungen an die Ordnungsmäßigkeit der Buchführung noch zeitgemäß?, in: Steuer-Kongreß-Report 1967, München 1967, S. 213 ff.
–: Betriebswirtschaftliche Steuerlehre, Bd. I, 1. Halbband, 6. Aufl., München 1988.
–: Betriebswirtschaftliche Steuerlehre, Bd. I, 2. Halbband, 7. Aufl., München 1992.
–: Bilanzierung und Bilanzpolitik, Betriebswirtschaftlich – Handelsrechtlich – Steuerrechtlich, 9. Aufl., München 1997.
–: Die Handels- und Steuerbilanz, 5. Aufl., München 2005.
Wöhe, G./Bilstein, J./Ernst, D./Häcker, J.: Grundzüge der Unternehmensfinanzierung, 10. Aufl., München 2009.
Wöhe, G./Kaiser, H./Döring, U.: Übungsbuch zur Einführung in die Allgemeine Betriebswirtschaftslehre, 11. Aufl., München 2005.
Wöhe, G./Kaiser, H./Döring, U.: Übungsbuch zur Einführung in die Allgemeine Betriebswirtschaftslehre, 12. Aufl., München 2008.
Wysocki, K. von/Wohlgemuth, M.: Konzernrechnungslegung, 3. Aufl., Tübingen/Düsseldorf 1986.
Wysocki, K. von/Wohlgemuth, M.: Konzernrechnungslegung, 4. Aufl., Tübingen/Düsseldorf 1996.

Stichwortverzeichnis